装备科技译著出版基金

先进集成电路电磁兼容测试与建模

[法] 亚历山大·博耶(Alexandre Boyer) 著
艾·西加(Étienne Sicard)

吴建飞　李彬鸿　王蒙军　郑亦菲　译

国防工业出版社
·北京·

著作权合同登记　图字 01—2022—3642 号

图书在版编目(CIP)数据

先进集成电路电磁兼容测试与建模/(法)亚历山大·博耶,(法)艾·西加著;吴建飞等译.—北京:国防工业出版社,2022.10
书名原文:Basis of Electromagnetic Compatibility of Integrated Circuits
ISBN 978-7-118-12607-5

Ⅰ.①先… Ⅱ.①亚… ②艾… ③吴… Ⅲ.①集成电路-电磁兼容-测试 ②集成电路-电磁兼容-系统建模 Ⅳ.①TN402

中国版本图书馆 CIP 数据核字(2022)第 193083 号

Titre original:《Basis of electromagnetic compatibility of integrated circuits》
de Alexandre BOYER, Étienne SICARD

© 2017, Tous droits réservés aux Presses universitaires du Midi, Toulouse (France)
https://pum.univ-tlse2.fr/

本书简体中文版由 Presses universitaires du Midi(PUM)授权国防工业出版社独家出版发行,版权所有,侵权必究。

※

国防工业出版社出版发行
(北京市海淀区紫竹院南路 23 号　邮政编码 100048)
三河市腾飞印务有限公司印刷
新华书店经售

*

开本 787×1092　1/16　印张 20¾　字数 465 千字
2022 年 10 月第 1 版第 1 次印刷　印数 1—2000 册　定价 128.00 元

(本书如有印装错误,我社负责调换)

国防书店:(010)88540777　　　书店传真:(010)88540776
发行业务:(010)88540717　　　发行传真:(010)88540762

译者序

集成电路(IC)是电子设备 EMC 问题中的关键因素，它们既是干扰源又是被干扰的对象，是大量 EMC 问题导致电路级和设备级失效的根源。尽管半导体器件不受欧洲 EMC 指令或 FCC 15 等 EMC 法规约束，但随着 IC 和半导体工艺的快速发展，MOS 器件尺寸不断缩小、IC 驱动能力及复杂性增加、工作电压降低、IC 之间交换数据速率不断提高，集成电路电磁兼容(IC EMC)问题愈加严峻，如电磁发射、电磁敏感度、信号完整性和电源完整性等方面。40 多年来，研究人员和工程师们致力于提高 IC EMC 性能，不断在测量方法、预测寿命和设计技术等领域展开研究，旨在促进低辐射和高抗扰 IC 的发展。随着市场对高性能 IC(如自动驾驶汽车、5G 通信)要求的不断提高，我国已成立标准工作组制定测试和建模系列国家标准，我们可以肯定，EMC 将是 IC 设计人员的重要关注领域。

本书翻译以表达原意为主，因此对原著中若干专有名词、机构名字及参考文献，因不便提供恰当中文，故均附原文。文中案例都可在 www.ic-emc.org 上下载，例如(examples\ibis\soc_pop.ibs)表示案例具体路径。2020 年是不平凡的一年，翻译本书时正值新冠疫情暴发时期，感谢参加翻译工作的工程师和研究生们，在居家隔离时期安排时间沉下心来为本书翻译工作做出的巨大贡献，他们分别是李宏、李雅菲、张红丽、李向前、吴旭景、安志航、王治安、吴建煜。感谢原著作者 Alexandre Boyer、Étienne Sicard 以及法国国立应用科学学院(INSA)，Étienne Sicard 教授也是我博士时期在法国留学时的导师，更是我在 IC EMC 领域探索的领路人，他创立了 IC EMC 国际研讨会(EMC Compo)，并连续举办了 12 届。感谢 Étienne 和 Alex 提供译著中原图及相关案例代码，还要感谢国防工业出版社的领导及编辑们对出版此书的大力支持。

在本书翻译过程中，由于客观环境的影响以及译者本身的能力，书中难免会出现错误，敬请各位专家和广大读者朋友批评指正，在此表示衷心的感谢。

吴建飞

2021 年 3 月

前言

电磁兼容(EMC)已成为集成电路(IC)的一个重要关注点,IC 终端用户将电子设备级的 EMC 限制延伸到芯片级,迫使研发人员在芯片设计之初就必须考虑电磁兼容问题。同时,随着集成电路的快速发展,工艺规模的缩小以及向 3D 集成的演变,同一电路或封装内异构功能的集成度以及数据交换速率都得到不断提高。由此带来 EMC 寄生效应加剧、开关噪声突出、片内互扰严重等问题,IC EMC 已成为电子系统性能提高的瓶颈。这些技术的进步使集成电路可靠性面临巨大挑战,也促使集成电路电磁兼容得到快速发展。电磁兼容是一门新兴的综合性学科,它主要研究电磁波辐射、电磁干扰、雷击、电磁材料等方面。集成电路电磁兼容是一门交叉性的学科,涉及物理学、电子学、电磁学、数学等多个科学领域。

本书通过建模构成了分析 EMC 问题根源、预测 EMC 性能或在制造前验证设计以减轻 EMC 问题的有力方法。本书的内容涵盖了学习如何在发射、抗扰度和信号完整性问题方面对电路及其周围环境(PCB)进行建模的基本概念,并结合 IC-EMC 仿真软件的实际案例来阐述理论概念及原理。IC-EMC 工具能够对传导、辐射、近场辐射、S 和 Z 参数、抗扰度和信号完整性的测量和模拟进行比较。但它不适用于与 3D 电磁解算器相结合的全芯片仿真,也不致力于解决复杂的 EM 问题,它的目的是让读者熟悉基本概念和建模技术,以便他们通过使用自己大学、实验室或公司提供的专业 CAD 工具解决复杂的 EMC 问题。为了确保芯片的低发射和低敏感度,此书还提出了一些基本的 IC 设计技术,本书章节安排如下:

- 第 1 章定义了电磁干扰和电磁环境的基本概念,简要概述影响电气、电子和无线电设备操作的电磁骚扰源。介绍了由电磁骚扰引起的故障案例及欧洲和美国对 EMC 的各项规范及要求,虽然 EMC 不受集成电路规范的约束,但通过本章节的介绍解释了为什么 EMC 得到 IC 制造商和用户的大力关注。
- 第 2 章介绍集成电路技术的发展和性能趋势,并着重讨论了它们对不同 EM 问题(发射、敏感度和信号完整性)的影响。
- 第 3 章阐述了包括单位、傅里叶变换、互连建模、S 和 Z 参数、辐射和天线等理论概念,熟悉这些概念的读者可以跳过本章,建议新手读者阅读更加专业的书籍,以获得更深入的理解。
- 第 4 章概述了影响电子设备的 EM 问题(信号完整性、功率完整性、传导和辐射发射以及敏感度等方面)。对这些问题的根源做了简要说明,重点介绍影响因素,并给出一些用于初始评估的公式。
- 集成电路始终安装在附近带有无源滤波器的 PCB 上,因此,预测由 IC 引起的 EM

问题需要精确的 PCB 互连和无源器件模型。第 5 章和第 6 章介绍了这两方面内容。

- 以下 3 章致力于测试。第 7 章介绍了 EMC 测试的基本概念(发射和敏感度测试的一般原理,典型的测量设备,测试系统和设备水平的常规测量方法等),熟悉 EMC 测试的读者可以跳过这一章。第 8 章和第 9 章基于 IEC 标准 IEC 61967 和 IEC 62132,介绍了用于表征 IC 发射和敏感度的常用测试方法。

- 最后 3 章讲述了 IC 级电磁问题的建模,建模方法依赖于当前的标准。第 10 章致力于介绍 IC 封装和接口,这对信号完整性有着巨大的影响,所提出的模型符合 IBIS 标准,该标准专用于 I/O 缓冲区行为的宏观建模。第 11 章重点介绍 IC 传导和辐射发射的建模,符合标准 IEC 62433-2,也称为 ICEM 模型。最后,第 12 章根据标准 IEC 62433-4(也称为 ICIM-CI 模型)推广的方法解决了 IC 抗扰度的建模问题。这三章中提出的建模方法也得到了实际案例研究的支持和验证。

致 谢

由衷地感谢在本书中提出众多案例研究的博士研究生：Bertrand Vrignon、Enrique Lamoureux、Cecile Labussiere、Samuel Akue Boulingui、Celine Dupoux、Mickael Deobarro、Amadou Cisse Ndoye、Binhong Li、Jianfei Wu、He Huang、Laurent Guibert、Veljko Tomasevic 和 Chaimae Ghfiri。还要感谢 Sonia Ben Dhia 和 Sebastien Serpaud 对 IC-EMC 软件开发的积极支持和建议，感谢集成电路电磁兼容领域的所有同事通过富有成效的讨论和合作研究激励着我们。

感谢 Delphine Libby-claybrough 和 Marie-agnes Detourbe 的英文编辑协助。感谢工程系列丛书"Presses Universitaires du Midi"的编辑 Jean-marie Dilhac 和 Thierry Monteil 提供的出版机会。感谢所有共同资助我们研究的项目领导，为 IC-EMC 工具的开发做出了贡献，并支持撰写本书(MEDEA、EPEA、SEISME、ANR、IRT Saint-Exupéry 和 MECA)。

感谢家人，耐心鼓励我们完成这项工作。最后，感谢来自欧洲项目 Erasmus + Knowledge Alliance Microelectronics Cloud Alliance 的支持，最终出版此书。

Alexandre Boyer
Étienne Sicard
2017 年 4 月

目 录

第1章 集成电路电磁兼容性介绍 ... 1
- 1.1 电磁干扰 ... 1
- 1.2 电磁环境 ... 2
- 1.3 电子系统中的电磁风险 ... 4
  - 1.3.1 电磁骚扰对无线电通信系统的影响 ... 4
  - 1.3.2 电磁骚扰对医疗器械的影响 ... 5
  - 1.3.3 电磁骚扰对军事系统的影响 ... 5
  - 1.3.4 电磁骚扰对航空系统的影响 ... 6
  - 1.3.5 电磁骚扰对汽车系统的影响 ... 6
- 1.4 什么是 EMC ... 7
  - 1.4.1 定义 ... 7
  - 1.4.2 电磁发射 ... 7
  - 1.4.3 敏感度和抗扰度 ... 7
  - 1.4.4 噪声路径 ... 8
- 1.5 电磁兼容法则 ... 9
  - 1.5.1 欧洲电磁兼容立法 ... 10
  - 1.5.2 美国电磁兼容立法 ... 11
  - 1.5.3 电磁兼容特别立法 ... 11
  - 1.5.4 EMC 法规的演变 ... 12
- 1.6 集成电路电磁兼容 ... 12
  - 1.6.1 为什么在 IC 级解决电磁兼容问题? ... 13
  - 1.6.2 IC EMC 发展简史 ... 13
  - 1.6.3 谁对 IC EMC 感兴趣? ... 14
- 参考文献 ... 15

第2章 集成电路的世界 ... 17
- 2.1 电子工业发展 ... 17
- 2.2 逐渐增加的集成电路复杂度 ... 19
- 2.3 频率 ... 22

2.4 MOS 器件 ·· 24
2.5 供电电压趋势 ·· 25
2.6 I/O 数据速率增加 ·· 25
2.7 工艺发展对 IC EMC 的影响 ································· 26
　　2.7.1 工艺发展对电磁发射的影响 ·························· 27
　　2.7.2 工艺发展对电磁敏感度的影响 ························ 28
2.8 3D 集成发展 ··· 29
2.9 总结 ·· 30
2.10 练习 ··· 31
参考文献 ·· 31

第 3 章　基本概念　33

3.1 EMC 的单位 ··· 33
3.2 信号的时域和频域表示 ····································· 36
　　3.2.1 FFT 计算技巧 ······································ 36
　　3.2.2 基本信号频谱 ····································· 37
　　3.2.3 复杂信号的傅里叶变换 ····························· 38
　　3.2.4 噪声 ··· 39
3.3 互连结构 ·· 42
3.4 互连模型 ·· 43
3.5 关于 50Ω 阻抗 ··· 45
3.6 传输线模型 ·· 45
3.7 阻抗 ·· 47
　　3.7.1 阻抗测量 ··· 47
　　3.7.2 阻抗仿真 ··· 48
　　3.7.3 多端口 S 矩阵和 Z 矩阵 ························· 50
3.8 天线基础 ·· 53
　　3.8.1 $\lambda/4$ 天线 ·································· 53
　　3.8.2 辐射 ··· 54
　　3.8.3 辐射耦合 ··· 56
3.9 总结 ·· 56
3.10 练习 ··· 57
参考文献 ·· 58

第 4 章　EMC 问题概述　59

4.1 信号完整性 ·· 59
　　4.1.1 信号传输 ··· 60
　　4.1.2 串扰 ··· 63

- 4.2 电源完整性 ·············· 66
  - 4.2.1 定义 ·············· 66
  - 4.2.2 目标阻抗和 PDN 设计控制 ·············· 67
  - 4.2.3 反谐振问题 ·············· 69
- 4.3 传导发射 ·············· 70
  - 4.3.1 定义 ·············· 70
  - 4.3.2 差模与共模电流的关系 ·············· 72
- 4.4 辐射发射 ·············· 74
  - 4.4.1 磁场天线 ·············· 74
  - 4.4.2 电场天线 ·············· 74
  - 4.4.3 近场和远场发射 ·············· 74
  - 4.4.4 微带线辐射发射的简单模型 ·············· 76
  - 4.4.5 差模(DM)和共模(CM)辐射 ·············· 77
- 4.5 传导抗扰度 ·············· 78
  - 4.5.1 EMI 引发的模拟电路失效 ·············· 79
  - 4.5.2 EMI 引发的射频电路失效 ·············· 79
  - 4.5.3 EMI 引发的数字电路失效 ·············· 80
  - 4.5.4 传导抗扰度的评估 ·············· 82
- 4.6 辐射抗扰度 ·············· 84
  - 4.6.1 远场耦合 ·············· 85
  - 4.6.2 近场耦合 ·············· 86
- 4.7 总结 ·············· 87
- 4.8 练习 ·············· 88

参考文献 ·············· 92

第 5 章　无源器件建模　　94

- 5.1 章节目标 ·············· 94
- 5.2 表面贴装器件封装 ·············· 95
- 5.3 无源器件高频电气模型 ·············· 96
- 5.4 无源器件阻抗的提取 ·············· 97
- 5.5 电阻 ·············· 98
  - 5.5.1 表面贴装电阻器技术概述 ·············· 98
  - 5.5.2 电阻器的通用高频模型 ·············· 98
  - 5.5.3 SMT 薄膜电阻器的电气模型 ·············· 99
- 5.6 电容 ·············· 101
  - 5.6.1 表面贴装电容技术概述 ·············· 101
  - 5.6.2 电容器的一般电气模型 ·············· 102
  - 5.6.3 陶瓷电容器的电学模型 ·············· 103

  5.6.4　电解电容的电气模型 ················· 105
 5.7　电感和铁氧体 ························· 108
  5.7.1　SMT 电感和铁氧体技术概述 ············· 108
  5.7.2　电感器的通用电气模型 ················ 110
  5.7.3　片式铁氧体磁珠 ··················· 115
 5.8　小结 ····························· 116
 5.9　练习 ····························· 116
 参考文献 ······························ 119

第 6 章　PCB 互连的建模　120

 6.1　PCB 结构概述 ························ 120
 6.2　传输线的电气建模 ······················ 122
 6.3　典型 PCB 布线单位长度参数 ················· 123
  6.3.1　微带线 ······················· 124
  6.3.2　边缘耦合微带线 ··················· 127
  6.3.3　损耗建模 ······················ 130
 6.4　过孔的建模 ························· 133
 6.5　电源和地平面建模 ······················ 135
  6.5.1　矩形电源地平面对的建模 ··············· 135
  6.5.2　应用：IEC 61967 测试板 ··············· 137
 6.6　小结 ····························· 141
 6.7　练习 ····························· 142
 参考文献 ······························ 145

第 7 章　电磁兼容测量基础　147

 7.1　EMC 测量的一般原理 ····················· 147
  7.1.1　电磁发射测量原理 ·················· 147
  7.1.2　电磁敏感度测量原理 ················· 148
 7.2　常用的 EMC 测试设备 ···················· 150
 7.3　标准的作用 ························· 151
 7.4　系统级 EMC 测量的一些例子 ················· 151
  7.4.1　传导发射测量 ···················· 151
  7.4.2　电波暗室辐射发射测量 ················ 152
  7.4.3　电波暗室辐射敏感度测量 ··············· 154
 7.5　EMC 测量的典型设备 ···················· 155
  7.5.1　频谱分析仪 ····················· 155
  7.5.2　EMI 接收机 ····················· 158
  7.5.3　前置放大器 ····················· 158

  7.5.4 信号发生器 ········· 159
  7.5.5 射频功率放大器 ········· 159
  7.5.6 双向耦合器 ········· 160
  7.5.7 功率计 ········· 161
 7.6 练习 ········· 161
 参考文献 ········· 164

第8章 IC 发射的标准测量方法 166

 8.1 标准 IEC 61967 速览 ········· 166
 8.2 IEC 61967-4 1/150Ω 传导发射测量 ········· 168
  8.2.1 IC 级的传导发射 ········· 168
  8.2.2 RF 电流测量-1Ω 探头 ········· 168
  8.2.3 RF 电压测量-150Ω 探头 ········· 169
 8.3 IEC 61967-2-辐射发射-TEM/GTEM 小室 ········· 172
  8.3.1 TEM 小室的描述 ········· 173
  8.3.2 TEM 小室的 IC 发射测量 ········· 174
  8.3.3 TEM 小室和待测 IC 的耦合模型 ········· 174
  8.3.4 远场测量的相关性 ········· 177
  8.3.5 TEM 小室的建议发射限值 ········· 178
  8.3.6 GTEM 小室 ········· 178
 8.4 近场扫描(IEC 61967-3)——IC 级的诊断 ········· 179
  8.4.1 近场扫描仪 ········· 179
  8.4.2 近场探头 ········· 180
  8.4.3 近场探头建模 ········· 181
  8.4.4 IC 近场测量示例 ········· 182
 8.5 练习 ········· 183
 参考文献 ········· 185

第9章 IC 敏感度的标准测量方法 187

 9.1 标准 IEC 62132 速览 ········· 187
 9.2 IEC 62132-4 辐射抗扰度-直接功率注入(DPI) ········· 187
  9.2.1 DPI 测试配置描述 ········· 188
  9.2.2 偏置设计 ········· 189
  9.2.3 DPI 中的功率限值 ········· 190
  9.2.4 DPI 测试的引脚选择 ········· 190
 9.3 根据 IEC 62132-3 的大电流注入(BCI)传导抗扰度测试 ········· 191
  9.3.1 BCI 测试设置简介 ········· 191
  9.3.2 BCI 注入钳建模 ········· 192

  9.3.3 前向功率限值的校准 ………………………………………… 194
  9.3.4 BCI 测试中的电流限值 ………………………………………… 194
 9.4 采用 IEC 62132-2 标准的 TEM 和 GTEM 小室的辐射抗扰度 ………… 195
  9.4.1 用 TEM 小室测量 IC 抗扰度 …………………………………… 195
  9.4.2 TEM 小室辐射敏感性试验建模 ……………………………… 196
  9.4.3 TEM 小室测试中的最大电场 …………………………………… 199
 9.5 辐射抗扰度 IEC 62132-8-IC 带状线 ………………………………… 199
 9.6 练习 ……………………………………………………………………… 200
参考文献 ………………………………………………………………………… 203

第10章 集成电路封装和接口   **205**

 10.1 封装技术 ………………………………………………………………… 205
 10.2 BGA 内部 ………………………………………………………………… 207
 10.3 3D 集成 …………………………………………………………………… 210
 10.4 不同类型的 I/O ………………………………………………………… 212
 10.5 I/O 电磁兼容问题的 IBIS 模型 ……………………………………… 214
 10.6 开发用于 EMC 仿真的 IBIS ………………………………………… 217
  10.6.1 将输入转换为 RLC 图 ………………………………………… 217
  10.6.2 二极管防护器件建模 ………………………………………… 217
  10.6.3 转换输出 ………………………………………………………… 220
  10.6.4 缓冲仿真 ………………………………………………………… 222
 10.7 结论 ……………………………………………………………………… 228
 10.8 练习 ……………………………………………………………………… 228
参考文献 ………………………………………………………………………… 230

第11章 集成电路电磁发射建模   **231**

 11.1 使用模型预测 IC 的 EMC 性能 ……………………………………… 231
 11.2 IEC 62433 …………………………………………………………… 232
 11.3 ICEM-CE 模型 ………………………………………………………… 232
  11.3.1 定义 ……………………………………………………………… 233
  11.3.2 入门 ……………………………………………………………… 234
  11.3.3 应用基本准则 …………………………………………………… 236
  11.3.4 匹配测量 ………………………………………………………… 237
  11.3.5 一个更复杂的 ICEM-CE 模型 ………………………………… 238
  11.3.6 建模内部活动 …………………………………………………… 238
 11.4 案例研究——16 位微控制器 ………………………………………… 244
  11.4.1 EMC 测试板 …………………………………………………… 244
  11.4.2 IBIS 信息 ……………………………………………………… 245

11.4.3	配电网络建模	247
11.4.4	传导发射	248

11.5　结论　257
11.6　练习　257
参考文献　260

第12章　IC敏感度建模——基本概念　262

12.1　集成电路敏感度模型的一般结构　262
　　12.1.1　PDN建模　263
　　12.1.2　对PDN的非线性部分进行建模　265
　　12.1.3　建立电路对电磁干扰响应特性的模型　268
12.2　IEC 62433-4-ICIM-CI 模型　269
12.3　用 IC-EMC 进行敏感度仿真　271
　　12.3.1　仿真流程整体介绍　272
　　12.3.2　射频干扰源　273
　　12.3.3　失效检测　274
　　12.3.4　示例：对固定负载传导注入　275
12.4　案例研究1——建立外部干扰在集成电路内部传播的模型　277
　　12.4.1　案例研究介绍　277
　　12.4.2　测试板建模　279
　　12.4.3　建立PLL的PDN模型　279
　　12.4.4　耦合到VCO电源的电压的仿真　283
12.5　案例研究2——数字I/O端口敏感度的仿真　285
　　12.5.1　设置I/O端口施加的干扰　286
　　12.5.2　测试结果　287
　　12.5.3　I/O敏感度模型结构　287
　　12.5.4　简单模型：耦合路径模型　288
　　12.5.5　复杂模型：IC模型　290
12.6　总结　294
12.7　练习　294
参考文献　297

附录A　词汇表　299
附录B　IC-EMC仿真软件介绍　301
　B.1　IC-EMC概述　301
　B.2　安装和运行IC-EMC　302
　　B.2.1　下载原理图编辑器　302
　　B.2.2　下载WinSPICE　303

B.2.3 初始界面 …………………………………………………… 303
B.2.4 关闭 WinSPICE …………………………………………… 303
B.2.5 关闭 IC-EMC ……………………………………………… 303
B.3 菜单和组件面板的演示 ………………………………………… 304
B.3.1 菜单概述 …………………………………………………… 304
B.3.2 符号面板 …………………………………………………… 306
B.3.3 主要的 EMC 命令 ………………………………………… 306
B.4 使用 IC-EMC ……………………………………………………… 307
B.4.1 建模和仿真流程概述 ……………………………………… 307
B.4.2 实例——微控制器的传导发射的仿真 …………………… 308
B.5 在线文件 ………………………………………………………… 314

第1章 集成电路电磁兼容性介绍

在介绍集成电路(Integrated Circuit, IC)之前,本章定义了电磁干扰和电磁环境的基本概念,简要概述影响电气、电子和无线电设备操作的电磁骚扰源。为了突出电子系统安全运行时存在的风险以及对电磁兼容性(Electromagnetic Compatibility, EMC)的需求,本章还介绍了由电磁骚扰引起的真实故障案例,定义了发射、抗扰度、敏感度和耦合路径的概念。电磁兼容对于安全防护、设备可靠性来说非常重要,已被大多数国家纳入标准规范中,本章简要介绍欧洲和美国对 EMC 的各项要求,虽然 EMC 不受集成电路标准规范的约束,但通过本章节的介绍解释了为什么 EMC 得到 IC 制造商和用户的大力关注。最后,介绍本书的应用范围。

1.1 电磁干扰

电磁干扰(Electromagnetic Interference, EMI)是由外部骚扰源产生的电磁场导致电气或电子设备受到干扰(如导致设备错误、性能损失或降级运行等情况)。

自然或人为行为都会引起电磁干扰,干扰信号或电磁(Electromagnetic, EM)噪声可通过以下三种机制耦合到受扰设备:
- 干扰信号通过电源网络从信号源传导到受扰设备,称为传导耦合;
- 干扰信号是由附近存在的信号源引起的,这种与电场和/或磁场耦合有关的耦合机制称为串扰;
- 干扰源产生 EM 辐射并且耦合到受扰设备,即辐射耦合。

当干扰信号频谱位于射频(Radio Frequency, RF)范围内,即无线电通信的实际频率范围为 30kHz~10GHz 时,EMI 也称为射频干扰(Radio Frequency Interference, RFI)。

我们都很熟悉 EMI,一个典型的例子是射频接收信号时受到的骚扰,如附近电子设备对老式模拟电视接收机的干扰。地面数字视频广播(DVB-T)接收机对电磁骚扰很敏感,如报道[1]中提到的 4G 通用移动通信技术的长期演进(LTE)基站在 800MHz 频段内对 DVB-T 接收机的干扰现象。另一个常见的 EMI 示例是通过扬声器系统来捕获和解调移动电话或 Wi-Fi 信号。

1.2 电磁环境

电磁环境覆盖了指定范围内的所有电磁现象,电磁环境可以产生电磁干扰(EMI),表征电磁环境意味着确定电磁噪声的来源、时间、频域特性以及它们的典型振幅。图 1-1 概括了常用的电磁干扰源。

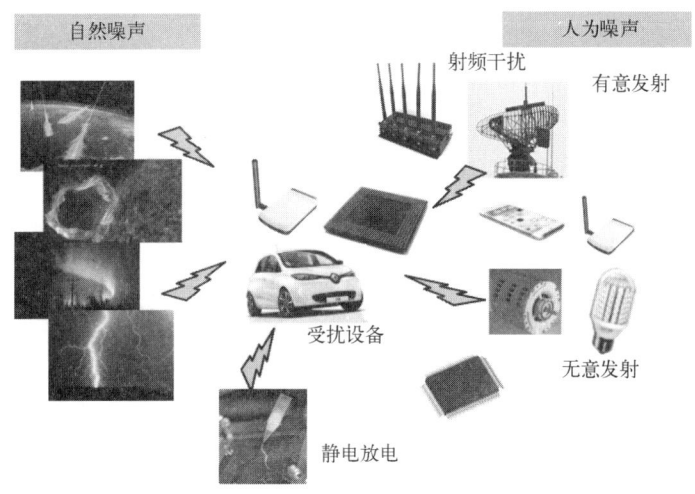

图 1-1 电磁环境:常见 EMI 干扰源

电磁噪声源可以分为两类:自然噪声和人为噪声。

显而易见,自然噪声与自然现象有关,如来自太阳、星系、大气或闪电的辐射。尽管人为噪声可能与人类自然产生的电磁噪声有关,如静电放电(Electrostatic Discharge,ESD),但人为噪声主要是人为引起的在电气和电子设备、设备和系统之间产生的噪声。

人为噪声源可分为几个子类,电磁噪声可专门用于产生电磁辐射,并在受扰设备上产生 EMI。这种有意发射的无线电干扰主要发生在电子信息战争或犯罪违法背景下[2]。相反,无线通信系统或雷达不是用来产生 EMI 的,而是使用电磁辐射来传送信号或进行测量的。然而,它们也可能产生虚假信号从而影响受扰设备,并对其实际操作造成不必要的骚扰,大多数无线电系统产生调制谐波干扰,正如我们所说的窄带骚扰源,其频率范围是很窄的。为了规范无线电频谱资源的使用和减轻由 RF 通信引起的 EMI 的风险,自 20 世纪 30 年代以来,无线电频谱管理已在全球范围内得到了广泛应用。

然而,由于瞬态电流的产生,大多数电器和电子设备会产生无意的电磁噪声,如电动机及其驱动器、开关、继电器、功率转换器、数字器件、LED 灯泡和 LCD 面板等。这些设备本质上具有脉冲波形,占用很宽的频率范围,由于这几十年间它们的频谱是分散的,我们一般讨论宽带干扰源。解决这类干扰源引起的电磁问题是一项复杂的任务,因为降噪技术必须保证在很宽的频率范围内也是有效的。图 1-2 呈现了由两个不同电子设备产生的宽带 EM 噪声频谱。图 1-2(a)频谱显示了沿供电线束传导的开关模式下电源产生的噪声。虽然开关频率等于 230kHz，但大量谐波占用的频率范围很宽，达到近 100MHz。流经微控制器接地引脚的电流具有较低的频谱，如图 1-2(b)所示，嵌入式程序产生一个 6MHz 的周期频率，这个基频的多重谐波在 1GHz 处清晰可见。在这两种情况下，即使传导发射的高次谐波具有较小的幅值，也不可忽略，因为它们可能诱导辐射电磁发射。

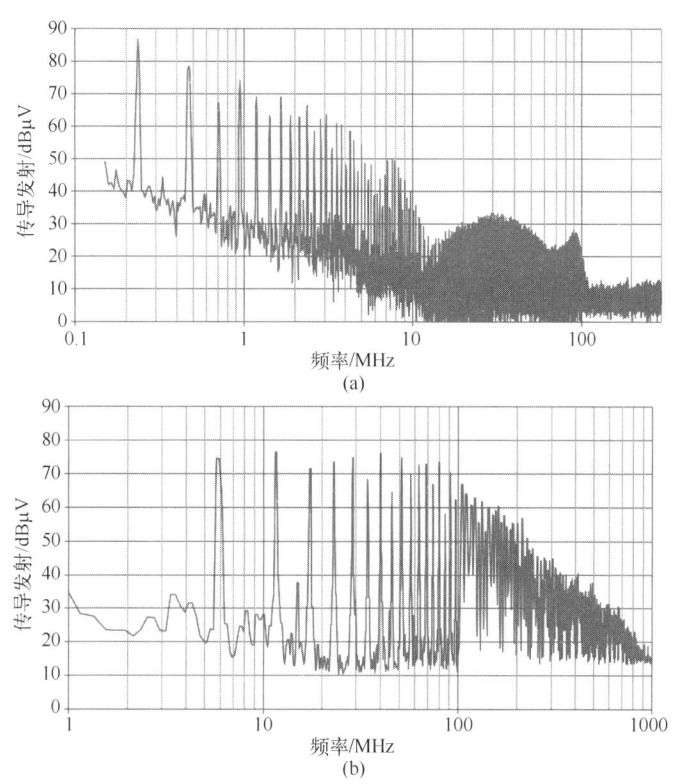

图 1-2 宽带干扰源
(a) 由开关电源产生的传导发射；(b) 由微控制器产生的传导发射。

评估什么是"通常的"电磁场环境是困难的，它可以非常接近射频功率源，如雷达、电视广播发射器、电动机械或手机基站。例如，在距离基站 10m 处，场强可达 20V/m。有关调查显示[3]，在 10kHz~40GHz 的范围内，机场上方电场峰值在 15V/m~1kV/m。在距离电动汽车 70kW 动力传动系 20cm 处，低频磁场可达 150A/m[4]，这些和我们日常生活都密切相关，从而引起了人们对 EMC 和 EM 领域的密切关注。

除了已确定的噪声源之外，还开发了不同的模型来评估不同环境中由于自然和人为噪声造成的环境电磁场(如 ITU-RS32-11 报告所述[5])。图 1-3 显示了本建议针对不同环境类别预测的人造辐射噪声环境，接收机天线被认为是半波偶极子，接收机带宽被设置为 10kHz。人为噪声往往随着频率的下降而下降，此现象在人口密集地区更加明显。

然而，这种对人为噪声的估计现在已过时，因为这些值是从 20 世纪 70 年代的测量中提取的。人为噪声本质上被认为是高斯噪声，尽管实际上它更像脉冲。此外，随着这一时期噪声源的倍增(无线通信系统和数字设备的急剧增加)，预测水平通常偏低。如文献[6]中所示,在半封闭环境(如生产车间、办公室或车辆环境)中,电磁噪声比 ITU-R 372-8 报告预测的要高 20~40dB,在城市和郊区环境中,这些调查表明电场峰值可达 1~20V/m。

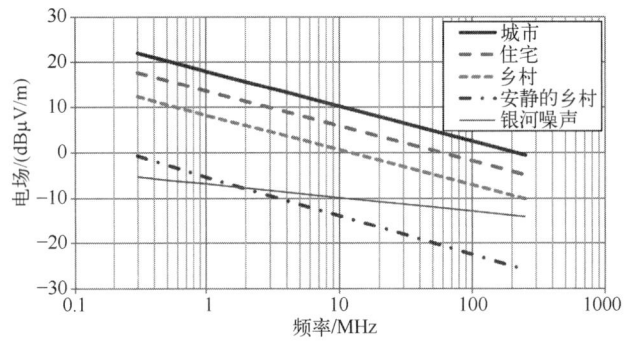

图 1-3　ITU-R372-11 报告预测的由人为噪声引起的环境辐射场
(接收机带宽等于 10kHz,接收天线为半波偶极子)

1.3　电子系统中的电磁风险

本节介绍了一些著名案例,并对各种类型的电磁干扰进行概括。由 EMI 导致的性能损失和消费者面临的风险,使我们更有理由在系统设计期间考虑 EMI,并进行严格的 EMC 特性分析。

1.3.1　电磁骚扰对无线电通信系统的影响

因为噪声无法完全滤除,无线电接收机对其接收带宽内或接近带宽内的任何噪声都很敏感,这些噪声由附近的无线电发射机产生,这些无线电发射机产生带内或相邻带的频带干扰。一个典型的例子是 IEEE 802.11(Wi-Fi)系统在专业环境中受到的干扰,如图 1-4 所示,Wi-Fi 使用的是 2400~2500MHz 无许可证的 ISM 频段,与许多无线电或电子系统(如蓝牙、Zigbee 设备、移动电话、摄像头和微波炉)共享,从而导致潜在的带内干扰。据报道[7],如果这些设备中的一个或多个放置在 Wi-Fi 终端 8m 以内,Wi-Fi 网络的性能就可能受到影响。

无线电干扰也可能由宽带噪声源产生,例如,闪电产生的噪声会严重降低高频频段(1.8~30MHz 之间的频段)的通信。文献[6]报道了一个由人造宽带噪声引起的无线电干扰的有趣案例,报道描述了放置在铁路轨道附近房屋室内的 DVB-T 接收机受到的骚扰,并在实验室中再现了干扰场景,火车经过时产生高脉冲噪声干扰了 850MHz 的电视信号。另一个例子涉及了干扰 DVB-T 接收的 LED 灯[8],为了确保其低功耗和长寿命,LED 灯由开关电路控制,产生的宽带噪声能覆盖的频段从几十千赫到几百兆赫[9]。

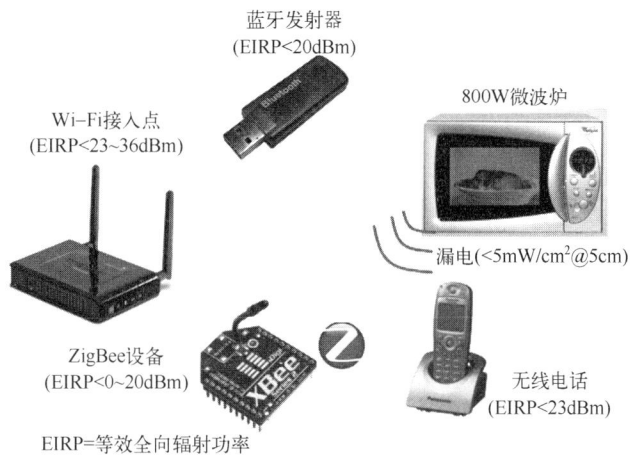

图 1-4 器件在 2.4GHz 辐射能量(可能是干扰源)
(所指示的最大辐射功率根据适用的规定而变化)

1.3.2 电磁骚扰对医疗器械的影响

当涉及医疗设备时,稍有不慎 EMI 便会引起严重的医疗事故。如文献[10]中提到的一个悲惨事例,在通过制造商认证的情况下,EMI 也导致了轮椅意外着火,可见解决医疗器械中的 EMI 问题迫在眉睫。美国食品和药物管理局(FDA)报道了所有与医疗器械有关的 EMI 案例,它们可以在 MAUDE 数据库(制造商和用户设施体验)中找到[11]。表 1-1 总结了 FDA 报告的病例(无论是已被证实的还是类似可疑的病例)以及由于设备(如心脏监护仪、输液泵、起搏器和呼吸器等)受到 EMI 影响而导致的死亡人数。由表 1-1 可见,便携式医疗设备的增加以及医院内存在的大噪声 EM 环境,这些都导致 EMI 问题的增加。

表 1-1 FDA 报告中被 EMI 问题影响的医疗器械[11]

时 期	报道病例	死亡人数
1979—1993	91	6
1994—2005	405	6
2005—2015	4993	22

1.3.3 电磁骚扰对军事系统的影响

从军事上使用无线电开始,EMI 就对军用电子系统产生了一系列影响。即使对射频干扰和军用设备的防护有严格要求,但由于 EMI,军事历史仍然伴随着一些灾难性事件。这里介绍两个著名案例[12]。第一起涉及美国"福莱斯特号"航空母舰,该航空母舰上的雷达所产生的辐射骚扰与一架准备着陆的飞机发生耦合而意外地触发了飞机的武器系统,导弹发射到油箱和弹药库上,造成了 134 名船员死亡。这次事故造成了严重的损失,花费了近 7 个月的时间维修。调查显示,问题的根源在于飞机上阻止 RFI 耦合的屏蔽终端被损坏,在这次重大事故发生后,美国陆军修订了系统级 EMC 的标准。

在第二起事例中,EMI 间接导致了一场灾难。在福克兰群岛战争期间,英国舰队"谢菲尔德号"驱逐舰被阿根廷的"飞鱼"导弹击中,随后沉没,这种情况本不应该发生,因为"谢菲尔德号"驱逐舰配备了 20 世纪 80 年代初期最好的反导弹防御系统。然而,这个系统产生的电磁干扰影响到"鹞"式战斗机与船舶之间的通信系统。在起飞时,为了能与"鹞"式战斗机建立通信,反导弹防御系统脱离了控制。不幸的是,阿根廷飞机利用这一不可预见的情况,发射了 1 枚导弹。爆炸造成 30 名船员死亡,另有 24 人受伤,"谢菲尔德号"驱逐舰在一周后沉没。

1.3.4 电磁骚扰对航空系统的影响

经常乘坐飞机的人都知道,带有无线功能的电子设备必须在起飞降落过程中关闭。这种安全措施的目的是减少干扰飞机无线电系统的风险。如表 1-2 所示,过去 30 年记录的许多 EMC 相关事件都是由乘客携带的电子装置引起的[12]。从 2002 年起,美国联邦航空管理局(FAA)报告了 12 起由于乘客携带电子装置引起的 EMI 事故[13]。

表 1-2 FAA 报告的由乘客的电子设备引起的 EMI 问题(1986—2012 年)

可疑因素	导航设备	通 信	无线电导航(VOR)
手机	7	2	4
笔记本电脑	5	0	2
无线电	3	1	0
全球定位系统	0	0	1
电子游戏	1	0	2
光碟播放器	0	1	1
心脏监测器	0	1	0
电视	1	0	0

1.3.5 电磁骚扰对汽车系统的影响

与航空系统一样,汽车系统的安全性也是十分重要的,因为任何事故都可能对司机、乘客以及随行人员造成严重伤害,这也是为什么 EMI 得到汽车制造商及其设备供应商的密切关注。通常制造商需定期召回汽车,以修复车辆存在的问题,这是一个极其昂贵的且有损于他们声誉的操作。虽然制造商没有透露这些问题的确切性质,但有些问题是与 EMI 有关的[14]。一个著名例子是 20 世纪 80 年代梅赛德斯—奔驰公司,EMI 对其第一代防抱死制动系统(ABS)的影响。一些客户反映,在德国高速公路某路段,汽车会出现严重的刹车问题,工程师们迅速确定了干扰源是附近的无线电发射机,短期的解决办法是在路旁建一个屏蔽网,以减少电磁干扰[12]。

2015 年,克莱斯勒、丰田和本田召回了 212 万辆汽车,因为在没有发生车祸的情况下,安全气囊出现意外状况导致 81 人受伤[15],这些事件的根源是由安全气囊控制单元中一个部件产生的噪声干扰引起的。

1.4 什么是 EMC

1.4.1 定义

电磁兼容（EMC）是所有电气或电子设备必须满足的基本约束条件，以确保附近所有电气或电子设备在给定电磁环境中可同时安全地运行。

电磁兼容性是指组件、设备或系统在给定的电磁环境中能够正常运行，且不会对置于该环境中的系统造成任何有害电磁骚扰的一种能力。

根据定义，电磁兼容性包括两个方面：电磁发射和对电磁干扰的敏感度。

1.4.2 电磁发射

在 IEC 1000-1-1 中[16]，我们找到以下定义：

电磁发射是电磁能量从源发出并释放到其环境中的现象。

除无线应用外，电磁发射是一种有害现象，也称为射频干扰（RFI）。为简化起见，本书称之为发射。发射是由电气/电子设备内部或彼此之间的电荷转移引起的，这些转移导致了瞬态电流的传递。开关器件，如数字 IC、总线驱动器、射频电路、开关电源或电机驱动器是典型的电磁发射源。瞬态电流可以沿电路互连结构、PCB 布线、连接器或电缆线束传递，这种传导发射不仅会引起过电压波动，还会导致电磁辐射或辐射发射。

汽车电磁发射问题如图 1-5 所示，在车辆中，主要的发射源是发动机、电动机、执行器以及电子控制单元或总线驱动器中的数字电路，通过电缆线束传播的传导发射会产生辐射，发射物可能会影响到汽车内其他设备（如安全功能）、射频链路或乘客个人设备的正常工作。

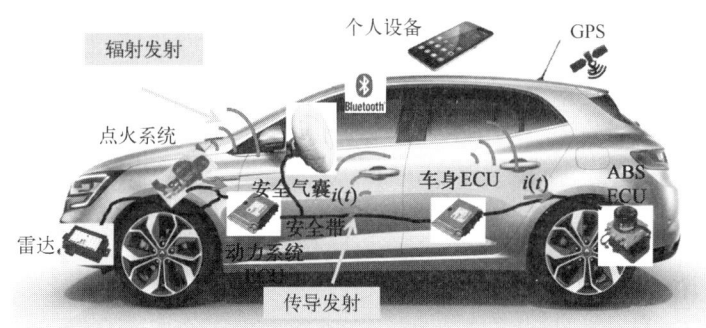

图 1-5 汽车工业中电磁发射问题的说明

1.4.3 敏感度和抗扰度

敏感度和抗扰度是描述同一现象的两个相反的概念。在 IEC 1000-1-1 中[16]，其定义如下：

敏感度是指电气/电子设备、设备或系统（称为受扰设备）在存在电磁骚扰的情况下发生故障或失效的敏感程度。

抗扰度是指电气或电子设备、设备或系统在电磁骚扰存在时能够保持设备无差错、无性能损失或退化的能力。

由辐射骚扰耦合引起的敏感度称为辐射敏感度,在传导耦合的情况下被称为传导敏感度。电磁骚扰的耦合会引起暂时性的故障,如二进制误差、电压漂移、时钟抖动、不必要的复位、射频阻塞等,甚至电子设备(包括短路、氧化物击穿或闩锁)的永久损坏。

在雷达波照射飞机的情况下,对射频干扰的敏感度如图1-6所示,这种情况在机场附近很常见。飞机接收到一个千兆瓦脉冲,它所捕捉到的能量可能流向设备、印制电路板(PCB),最后流向组件,从而导致设备性能上的损失、退化甚至失效。

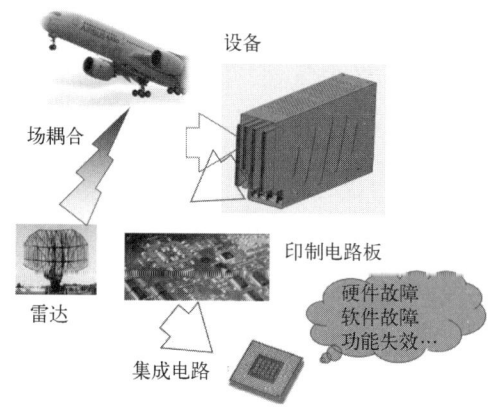

图1-6 航空环境中电磁辐射问题的说明

1.4.4 噪声路径

当电磁发射显著的设备靠近对RFI敏感的设备时,就会产生EMC问题,根据第1章中所提出的耦合机制,电磁骚扰可以有效地从电源耦合到受扰设备。分析EMC问题的基本方法是通过噪声路径,如图1-7所示。噪声路径的构建依赖于识别RFI源、受扰设备以及如何从源到受扰设备进行骚扰。要识别这条路径的每个部分,特别是耦合路径并不容易。

图1-7 噪声路径:源、耦合路径和受扰设备之间的链式连接

以下干预噪声路径的方法中,通过其中一种或者多种可减轻EMC问题:
- 从源头直接抑制电磁发射;
- 噪声到达受扰设备前,在耦合路径上将其切断;
- 使受扰设备在抵御电磁骚扰上具有强鲁棒性。

减轻电磁兼容问题的传统方法是在耦合路径上进行滤波、屏蔽和使其适当接地。不幸的是,EMC问题通常出现在设备级和系统级,即设备接近完成的版本。因此,直接对源或受扰设备采取行动可能会更有效,抑制辐射发射和增强电路鲁棒性可有效减少EMC

问题的发生,并限制了所需的滤波元件或屏蔽的数量,这一点将在1.6节中讨论。

1.5　电磁兼容法则

为了保护公民免受电磁干扰影响,并限制无线电频谱的电磁污染,世界上大多数国家对面向消费者的电子电气设备的EMC都有法律要求。EMC法规规定电子产品必须在指定的电磁环境下安全工作,并且不得产生可能影响其他设备的电磁骚扰。

因此,电子和电气设备制造商主要关注的是其产品的EMC认证,以证明其符合当前的EMC规定,在认证产品上需贴有合格声明和符合标志(表1-3)。许多国家都有相似的电磁兼容要求,但由于监管过程、测量技术和限值方面的差异,某个国家的电磁兼容认证在其他国家不具备系统有效性。例如,CE合格标志在美国没有法律意义,通过欧洲市场认证的产品没有经过FCC认证程序就不能进入美国市场。

这部分简要介绍了欧洲和美国消费电子产品的电磁兼容性法规。更多信息可以在诸如文献[17]这样的书中找到。并非所有行业(如汽车、航空或国防工业)都受相同的EMC规则的约束。从历史上看,这些行业在EMC法规引入消费电子之前就考虑到了EMC,所以它们保持了自己的EMC认证流程,这些认证流程通常比EMC对消费产品的要求更严格。

表1-3　不同的EMC符合性标志及其有效范围

合格标记	合法地区	标志
Conformité Européenne	欧洲经济区	CE
Federal Communications Commission	美国	FC
Voluntary Council for Control of Interference	日本	VCI
China Compulsory Certificate	中国	CCC
Australian Communications Authority (ACA)	澳大利亚/新西兰	
GOST (State Committee for Quality Control and Standardization)	苏联	PCT
Korea Communications Commission	韩国	KC
Bureau of Standards, Metrology and Inspection	台湾	

1.5.1 欧洲电磁兼容立法

在欧盟,所有消费品必须遵守且适用于他们的指令才能获得 CE 标志并在欧洲市场上销售。指令是由欧盟委员会定义并专门针对一个经济部门或行业制定的,旨在为欧洲市场的销售安全和环保产品制定一个共同框架。电气和电子装置必须遵守在欧洲销售法规的若干指令,例如关于安全条例的低电压指令(2006/95/EC)或关于危险物质的 RoHS 指令(2002/95/EC)。

自 1996 年以来,所有电气和电子产品必须符合欧洲 EMC 指令 89/336/EEC,才能进入欧洲市场,该指令于 2007 年被 Directive 2004/108/EC 取代[18],并将在 2016 年被新 EMC 指令 2014/30/EU 取代。EMC 指令适用于所有能够干扰电磁环境或易受电磁骚扰的"装置""部件"和"子组件",但下列情况除外:

- 固定设施,如工业厂房、发电厂或机场设施。但是,其组件必须符合 EMC 指令的要求。
- 符合 R&TTE 指令 1999/5/EC 的无线电和电信终端设备,该标准集成了 EMC 要求。无线电设备指令 2014/53/EU 自 2016 年起取代无线电设备 R&TTE 指令。
- 电子医疗设备,符合医疗设备指令(93/42/EEC),该标准还集成了 EMC 要求。
- 符合特定规定的航空和汽车设备。

EMC 指令要求,欧洲市场上任何"电气设备""组件"或"子组件"必须避免产生能够干扰无线电或电信设备的电磁骚扰,并且更笼统地说是任何设备的操作。相应地,它必须对电磁骚扰有足够的抗扰能力,才能不受影响地运行。

据规定[18],"设备"是指任何作为单一功能单元在商业上可获得的成品,而"组件"或"子组件"则打算纳入终端用户使用的"装置"(如 USB 或图形板)。"电气设备""组件"或"子组件"的制造商必须通过提交符合性声明并将 CE 标志粘贴到其产品上来确认已符合此指令。此外,关于 EMC 符合性测试的技术报告必须在生产后的 10 年内保持有效。

欧洲电磁兼容性指令是否涵盖电子元件?

尽管 EMC 指令提到"组件",但 EMC 指令不包括集成电路等电子组件。实际上,单个电子元件不属于最终用户的功能单元,它们不像成品"设备"那样独立销售,因为它们必须组装在最终产品中。但是,成品的制造商必须保证电子产品组件本身不产生不可接受的电磁干扰,也不容易受到电磁骚扰的影响。

EMC 指令建议使用称为协调标准的参考规范,根据产品及其操作环境进行量身定制,以验证是否符合 EMC 指令。统一的标准界定了发射、抗扰度限值及测试方法。EMC 的统一标准有 3 个来源:国际电工委员会(IEC)、国际无线电干扰特别委员会(CISPR)和欧洲电信标准协会(ETSI),有 3 种协调标准:

- 基本标准定义了测试测量、结果分析、测试报告的一般规范以及测试设备的特性。它们经常被其他协调标准采用。
- 通用标准定义了设备的一般测试和 EMC 限值,无论设备应用于住宅还是工业环境中都需符合通用标准。
- 产品标准定义了特定环境中特定产品系列的测试和 EMC 限值。

显然,制造商必须确定最合适的产品标准。如果没有适用的产品标准,则应用通用标准,它们给出了 CE 标准的最低要求。表 1-4 列出了一些常用协调标准的示例。

表 1-4 CE 标志常用协调标准清单

类 型	名 称	标 题
基本标准	EN 61000-4-X（1SXS33）	EMC-测试和测量技术
通用标准	EN 61000-6-1/2	居住/工业环境的通用抗扰标准
	EN 61000-6-3/4	住宅/工业环境的通用排放标准
产品标准	EN 55011	工业、科学和医疗设备
	EN 55013	广播接收机和相关设备
	EN 55014	家用电器、电动工具及类似器具
	EN 55015	电气照明和类似设备
	EN 55022	信息技术设备
	EN 60601-1-2	医用电气设备-基本安全和基本性能的一般要求-电磁干扰-要求和试验
	EN 330220	电磁兼容和无线电频谱事项；短程设备,25~1000MHz
	EN 330330	电磁兼容和无线电频谱事项；短程设备,9kHz~25MHz

1.5.2 美国电磁兼容立法

自 1975 年以来,电气和电子设备(最初只包括计算机和数字设备)的电磁传导和辐射发射均受《美国联邦法规》第 47 章第 15 部分(电信和无线电设备)约束[19]。此法规是由联邦通信委员会(FCC)为保护无线电和电信而起草的。

本规范涵盖与 FCC 第 15 部分设备市场营销有关的技术规范、管理要求和其他条件。属于第 15 类的设备(信息技术设备、电视接收机、开关电源、低功率发射器、无许可证的个人通信设备等)均需通过 FCC 认证。对于产生电磁发射的工业、科技和医疗设备,即第 18 类设备,这些设备受《联邦条例法典》第 47 章第 18 部分的管制。FCC 规则根据产品应用对传导和辐射发射进行了限制,分为以下两类:
- A 类:商业、工业和商务应用。
- B 类:住宅。

与欧洲一样,汽车、航空航天和军工行业不受 FCC 要求的限制,但受其他机构(即汽车工程师协会、FAA 和国防部)制定的规范限制。值得注意的是,FCC 法规不考虑抗扰度,因为它们不会威胁到无线电或电信系统。但是,许多制造商为抗扰度测试和限值创建了自己的标准。和欧盟一样,电子元件不在 FCC 规定范围内。

1.5.3 电磁兼容特别立法

一些行业,如航空航天、航空电子、汽车或军事部门,都有自己的 EMC 要求。它们不受商业产品(如欧洲 EMC 指令或 FCC 第 15 小节)的 EMC 法规管理。表 1-5 列出了这些工业领域中常用的 EMC 相关标准。

表 1-5 汽车、航空和军事电气/电子应用的 EMC 标准示例

应用领域	标 准
汽车	ISO 7637,ISO 11451/11452,CISPR 25,SAE J1113
航空	RTCA DO-160-G,EUROCAE ED-14
军事	MIL-STD-461E

1.5.4 EMC 法规的演变

随着电气和电子行业对电磁兼容的问题越来越重视,电磁兼容性法规在世界各地得到了广泛应用。虽然关于电磁学、电学和电子学的理论研究已经得到大力发展,但为什么 EMC 问题还没有得到解决,为什么 EMC 专家依旧在接纳新的建议、研究新的测量标准和新的建模工具呢?我们不得不承认,由于 EM 现象的复杂性,EMC 问题是难以解决的,但随着时间的推移,EMC 工程师和电子设计人员的专业技能得到了扩展,其特性越来越明显,建模方法也越来越高效。

只要技术不断发展,EMC 就无法成为静态工程学科。随着新技术的引入,电磁环境也随之发生改变:出现新的干扰源,并带有新的波形和频谱。例如,在无线电通信领域,目前大多数 EMC 标准都是用模拟调制接收机来定义的,但是现在大多数无线电系统都使用复杂的数字调制方案。此外,电气和电子设备在我们的社会中占有越来越重要的位置。只有 EM 环境和附近的电子设备都确保能安全可靠运行时,物联网、可穿戴医疗设备或自动驾驶汽车才能得到进一步发展。

在还未整体规划并近距离布局的情况下,这些新技术的共存都不能得到保证。这就是为什么 EMC 法规和标准必须定期更新,以便我们了解由工艺技术发展而出现的新 EMC 问题。

1.6 集成电路电磁兼容

一般情况下,对于电子行业中的许多利益相关者而言,电磁兼容问题传统上是在 PCB、设备或系统级解决的,所以在 IC 这样的基础层面不存在 EMC 问题。此外,IC 不受 EMC 法规的影响,例如欧洲 EMC 指令,因此普遍认为 IC 不具备抗电磁干扰能力。事实上,虽然它们不是完整的"设备",但它们毕竟属于电子器件,半导体器件常常是电磁干扰的来源和受害者[20]。各种 EM 噪声耦合机制也会发生在集成电路上,包括有线连接(如电源线、封装引线)在电场或磁场上产生的耦合,甚至是电磁场直接耦合到硅片(图 1-8),图 1-8 还展示了通过电缆和 PCB 布线的耦合。综上,PCB 级电磁兼容性取决于安装在其上面 IC 的发射和敏感度。

以下示例阐述了一起由 EMI 导致 IC 故障从而引起系统故障的事故[21]。2011 年 12 月,英属哥伦比亚省的纳奈莫,当船驶近渡轮码头时,渡轮上的舱推进螺距控制没有感应到码头的控制信号,导致该船意外撞上码头,船和渡轮码头都受到严重损伤,7 名乘客和 9 名船员受轻伤。事故发生的源头是船首的弓形螺旋桨,当船舶接近船坞时,它没有做出

减速命令,此时过载保护系统启动。船首螺旋桨的动力由保护模块连续监测,以防止发电机过载和关闭,在推进系统和保护模块之间放置隔离放大器,以保护其免受噪声和干扰。调查表明,这个放大器失效是引起事故的主要原因。虽然在正常情况下它的响应是正确的,但是当施加外部磁场时,它没有提供正确的电压,使船舶无法正确地调节速度,如果使用抗电磁干扰能力更强的放大器,这样的事故是可以被避免的。

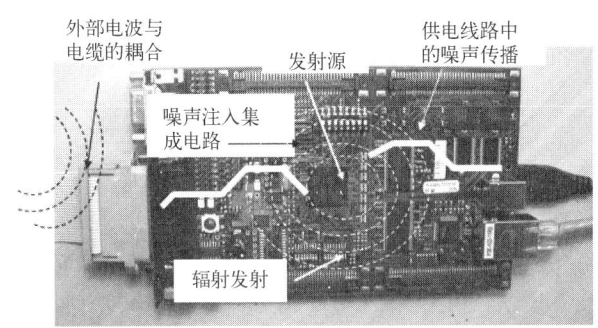

图1-8 集成电路的传导发射、辐射发射和敏感度

1.6.1 为什么在IC级解决电磁兼容问题?

本小节的目的不是要让读者相信EMC问题可以在IC级得到充分解决,因为电磁兼容和PCB布线、外部滤波、设备及系统接地、屏蔽等都有紧密联系,想要充分解决EMC问题是十分困难的。但在电路级解决EMC问题,可以有效减少由于外部RFI造成的噪声和故障,促进EMC在PCB或设备级的减轻,还可以通过移除某些防护设备来降低EMC符合性成本。此外,它减少了PCB级整改设计方案所需时间,这些解决方案必须针对每个新的规范进行重新设计。

例如,让我们假设对于给定的应用,两个IC都是可用的。它们满足pin-to-pin兼容,除了其中一个产生更少的EM发射或不易受RFI影响,其他性能几乎相同。对于EMC关键应用来说,EMI鲁棒性更好的电路对应用设计者来说是十分有优势的,因为在EMC问题上它有助于节省时间和金钱,这些足以使EMC成为IC规范的考量因素之一,EMC也是继功能和功耗问题之后,引起集成电路再设计的第三大原因,解决IC级电磁兼容问题已刻不容缓。

1.6.2 IC EMC发展简史

40多年来,研究人员一直致力于测量方法、预测工具和设计技术的研发,以提高集成电路的EMC性能[22]。对这个问题的研究可以追溯到20世纪60年代,在军事背景下研究核武器产生的电磁脉冲对电子元件的影响。其中一个主要贡献是研制了SPECTRE模拟器,它主要用于研究电磁骚扰对数模集成电路的影响。在70年代,发表了第一批学术性期刊,介绍RFI对模拟半导体电路(如LM741运算放大器)和数字器件(如7400与非门)性能的影响[23-24]。为了阐明RFI对更复杂CMOS电路(如振荡器、存储器和微处理器)的影响,这些研究一直持续到80年代和90年代。同时,随着数字集成电路的密集程度、晶片尺寸和时钟频率的增加,关于开关噪声、相关信号及功率完整性问题的期刊数量明显增加。

20世纪90年代,人们越来越关注汽车和航空系统设备内寄生元件发射对其系统安全性的影响。1996年是欧洲EMC指令(89/336/EEC)生效以来,EMC历史上的一个里程碑。在此期间建立了许多EMC规范制定中心,以确保认证测试符合欧洲指令。虽然EMC指令都不直接适用于IC,但对低发射和高抗扰度IC的需求迅速上升,并促进IC工程师和设计人员不断进步。面对电磁兼容特性方法需求的不断增长,寄生辐射建模方法和IC设计指导方针的需求日益增长,这些都促进了研究项目、出版物和学术会议快速发展。

在20世纪90年代后期,对用于汽车应用的嵌入式处理器而言,电磁辐射建模方面取得了巨大的进展,IC客户对低发射元件的需求日益增加。前沿技术和紧迫的产品上市时间需求相结合,在大规模电路建模方面工程师们投入了大量时间和精力,以便在芯片设计初期阶段就能预测芯片发射以及功率完整性,从而避免高昂的重新设计费用。在过去的15年里,针对模拟电路和总线驱动器对汽车应用的抗干扰要求,IC敏感度建模工程师们也付出了巨大努力。

与此同时,人们对简单、可靠和标准化计量方法的需求也相应增加,这些方法以集成电路为中心,为此,IEC于1996年设立了专门的集成电路47A小组委员会,重点研究集成电路的测量方法。

自从用于辐射和传导发射的标准IEC 61967[25]和用于射频抗扰度的标准IEC 62132[26]发布以来,标准化的要求就不仅涉及测量方法,还涉及集成电路建模方法。1997年,IEC成立了一个新的工作组,将建模和仿真扩展到集成电路领域。这个工作组发布了IEC 62433标准,规定了传导、辐射发射和敏感度预测的微观模式[27]。

随着集成电路工艺的飞速发展,CMOS器件的特征尺寸不断缩小,同一电路或封装内异构功能的集成度以及数据交换速率得到有效提高,这些都促使科研人员在芯片设计之初就将EMC的问题考虑在内,并且研发出更好的EMC导向设计。

1.6.3 谁对IC EMC感兴趣?

集成电路的电磁兼容性关系到电子产品设计的两个主要参与者。显然,首先是集成电路设计者。由于市场对设备发射和敏感度的要求越来越严格,因此在芯片设计阶段的初期就必须考虑EMC,以减少重新设计的成本和缩短产品上市时间,如图1-9所示,IC重新设计平均成本为电路成本的10%。

面向EMC的设计流程需要成熟的工具和方法:
- 用于全芯片分析的高效建模和仿真方法,可预测发射、功率完整性和抗扰度问题。
- 适用于集成电路的标准测量方法,以表征性能并确认客户的EMC要求。
- 集成在CAD工具中的EMC设计规则。

此外,IC制造商还必须为客户提供相关EMC问题支持,包括PCB设计和电路配置的建议,并提供模型和详细的EMC特性参数。

尽管IC终端用户对电路内部设计的了解有限,无法对其进行修改,但由于低发射和高抗扰度电路的选择有利于关键EMC设备的兼容,因此我们也关注电路级EMC,可能是基于下列原因:

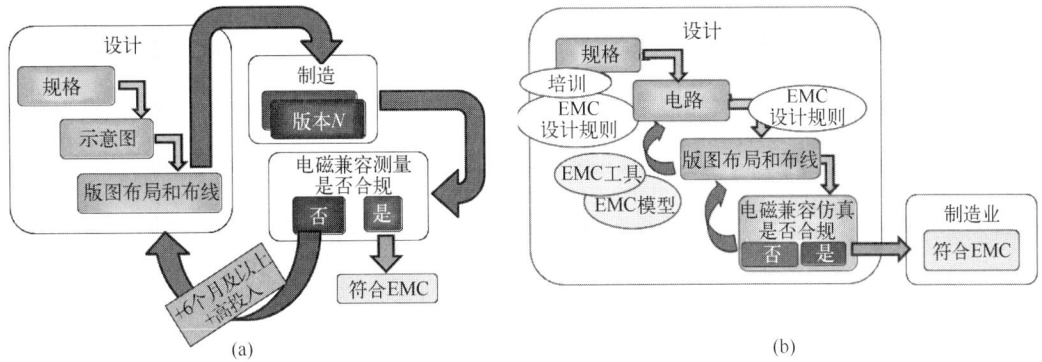

图 1-9 传统 IC 设计流程[20]

(a) EMC 未包含在设计中的设计流程;(b) 面向 EMC 的 IC 设计流程。

- IC 终端用户需要熟悉 IC EMC 测量方法,不仅要向集成电路制造商说明他们的要求,而且要对 IC 进行重新设计,并验证与初始要求的符合性。
- IC 终端用户应具备 IC 级 EMC 经验,为 IC 制造商提供实际规格。
- 拥有非机密 IC 模型对于 PCB 设计者来说是很有优势的,可以模拟发射/抗扰能力。PCB 设计、滤波、去耦和元件放置可以根据设备级的 EMC 要求进行优化和验证。此外,它可以帮助设计者准确分析 EMC 问题,并提出有效解决方案。
- 拥有 IC 模型便于二次采购。
- 某些 IC 的内部配置会影响发射和敏感度(例如内部滤波器、I/O 转换速率、扩频、EMI 鲁棒性软件等)。擅长在电路级解决电磁兼容问题的电子设计人员可以充分利用这些解决方案来缓解 EMC 问题。

参考文献

[1] L. Polak, O. Kaller, L. Klozar, J. Sebesta, T. Kratochvil, "Exploring and Measuring Possible (a-Existences between DVB-T2-Lite and LTE Systems in Ideal and Portable Fading Channels", Journal of Applied Research and Technology, Vol. 13, no. 1, Feb. 2015, pp. 32-44.

[2] S. van de Beek, R. Vogt-Ardatjew, F. Leferink, "Robustness of remote keyless entry systems to intentional electromagnetic interference," EMC Europe 2014, Sep. 2014, pp. 1242-1245.

[3] W. E. Larsen, "Digital Avionics Susceptibility to high Energy Radio Frequency Fields", IEEE National Aerospace and Electronics Conference, 1988.

[4] A. Vassilev, A. Ferber, C. Wehrmann, O. Pinaud, M. Schiling, A. R. Ruddle, "Magnetic Field Exposure Assessment in Electric Vehicles", IEEE Trans. on EMC, Vol. 57, no. 1, Feb. 2015, pp. 35-43.

[5] ITU-R Radiocommunication Sector of ITU, "Recommendation ITU-R P. 372-11 Radio noise," International Telecommunication Union, 2013.

[6] F. Leferink, F. Silva, J. Catrysse, S. Batterman, V. Beauvois, A. Roc'h, "Man-Made Noise in our Living Environments", Radio Science Bulletin, no 334, Sep. 2010, pp. 49-57.

[7] Cisco, "20 Myths of WiFi Interference", White Paper, 2008.

[8] "LED Lights & TV Interference", Australian Communications and Media Authority, May 2016, http://www.acma.gov.au/.

[9] Y. Matsumoto, I. Wu, K. Gotoh, S. Ishigami, "Measurement and Modelling of Electromagnetic Noise from LED Light Bulbs", IEEE EMC Magazine, Vol. 2, Quarter 4, 2013.

[10] D. G. Boerle, F. Leferink, "The Jammed Wheelchair: A Case Study of EMC and Functional Safety", EMC Society Newsletter, Fall 2004, pp. 61-65.

[11] MAUDE-Manufacturer and User Facility Device Experience database, FDA, www.accessdata.fda.gov/scripts/cdrh/ddocs/dmaude/search.dm.

[12] R. D. Leach, M. B. Alexander, "Electronic Systems Failures and Anomalies Attributed to Electromagnetic Interference", NASA Reference Publication 1374, 1995.

[13] ASRS Database Report Set-Passenger Electronic Devices, NASA, Jan. 2012.

[14] "Federal Regulators to Probe Chrysler Recall", Interference Technology, 6 Mar. 2014.

[15] "2.12 Million Vehicles Recalled for Airbag Issues", In Compliance Magazine, 2 Feb. 2015, http://incompliancemag.com.

[16] IEC1000-1-1, "Electromagnetic compatibility(EMC) Part 1: General Section 1: Application and interpretation of fundamental definitions and terms", International Electrotechnical Commission, Apr. 1992.

[17] T. Williams, "EMC for Product Designers-4th Edition", Newnes, 2007.

[18] Directive 2004/108/EC of the European Parliament and of the Council of 15 December 2004 on the approximation of the laws of Member States relating to electromagnetic compatibility and repealing Directive 89/336/EC.

[19] Code of Federal Regulations, Title 47, Part 15 (47 CFR 15)-Radio Frequency Devices, Federal Communications Commission, US Government Printing Office.

[20] S. Ben Dhia, M. Ramdani, E. Sicard, "Electromagnetic Compatibility of Integrated Circuits-Techniques for Low Emission and Susceptibility", Springer, 2006.

[21] Marine Investigation Report M11W0211, Striking of Berth Roll-on/Roll-off Ferry Coastal Inspiration Duke Point, British Columbia, 20 December 2011, Transportation Safety Board of Canada, http://publications.gc.ca/site/fra/44 1094/publication.html.

[22] M. Ramdani, et al., "The Electromagnetic Compatibility of Integrated Circuits-Past, Present, and Future", IEEE Trans. on EMC, Vol. 51, no. 1, February 2009, pp. 78-100.

[23] B. A. Wooley, D. O. Pederson, "A computer-aided evaluation of the 741 amplifier," IEEE Journal of Solid-State Circuits, Vol. 6, no. 6, pp. 357-366, Dec. 1971.

[24] IEEE Trans. on EMC, Special Issue on RF Interference Effects in Semiconductor Discrete Devices and Integrated Circuits, vol. 21, no 4, Nov. 1979.

[25] IEC6196 7-1-edition 1.0: Integrated circuits-Measurement of electromagnetic emissions, 150kHz to 1GHz-Part 1: General conditions and definitions, 2002-03.

[26] IEC62132-1-edition 1.0: Integrated circuits-Measurement of electromagnetic immunity, 150kHz to 1GHz-Part 1: General conditions and definitions, 2006-01.

[27] IEC TS 62433-1-edition 1.0: EMC IC modelling-Part 1: General modelling framework, 2011-04.

第 2 章 集成电路的世界

本章介绍了集成电路制造业发展的主要趋势,包括复杂度、工作频率、器件性能、供电电压以及器件之间数据交换等趋势;总结了微米级到纳米级 CMOS 工艺集成电路性能对应的工艺发展节点,讨论了技术演变对集成电路电磁兼容的影响,并通过案例分析了集成电路电磁兼容的研究现状。

2.1 电子工业发展

过去 40 年中,整个电子市场的增长如图 2-1 所示。可见,直到 1995 年,电子设备占据了电子市场增长的主要份额。从 2000 年开始,消费类电子产品,如家用计算机、互联网相关设备和个人移动电话占据了主导地位。1990—1997 年的经济衰退并未严重影响电子行业,但 2000 年的"电信崩溃"也称为"dot.com"衰退导致电子行业历史性下滑,市场萎缩了近 12%。虽然 DVD、平面屏幕、汽车设备和 3G 手机在 2002—2007 年期间刺激了市场复苏,2008 年的"次贷危机"又使电子经济放缓。在 2010—2019 年期间,随着 4G

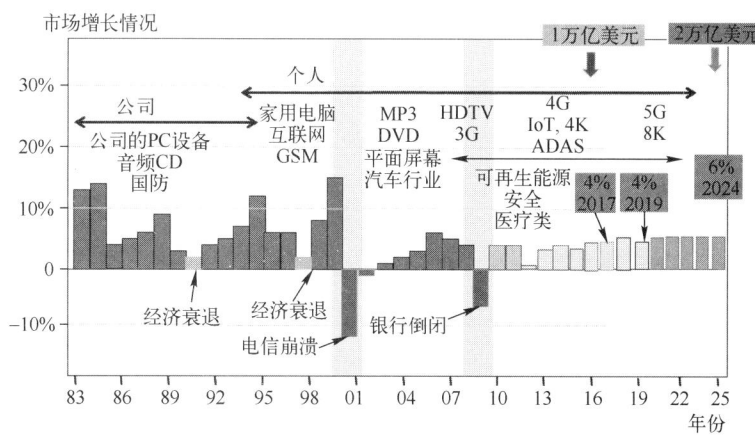

图 2-1 过去 30 年电子工业增长的趋势(改编自 Electronique International 2009)

智能手机、物联网和 4K 电视的可持续增长,总体市场在 2016 年达到 1 万亿美元;预计 2019—2024 年年均复合增长率(ACGR)约为 6%,到 2025 年预计可达 2 万亿美元。

随着市场经济的发展,电子产品价格下降,城市人口增加,互联网、宽带通信网络快速普及,预计物联网、5G 智能手机、4K~8K 分辨率电视机、人工智能、云计算、智能家居/城市、自动驾驶汽车、混合动力智能汽车和医疗(个人医疗)应用的可穿戴设备将大幅增长(图 2-2)。此外,现有电力基础设施的升级、可再生能源(如光伏发电和风能)的开发、电池供电便携式设备对电力管理需求的日益增加,也推动了电力电子市场的高速发展。

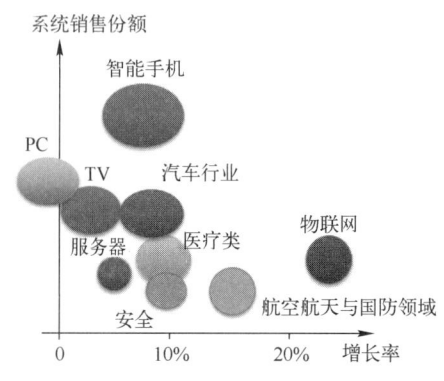

图 2-2　2015—2024 年的市场增长

我们可以划分成 4 个主要类别的组件:微处理器、逻辑电路、模拟电路和存储器。2014 年,IC 市场约为 2500 亿美元。微处理器是笔记本电脑的主要组件,需要外部组件来运行,而微控制器通常包含多种类型的存储器和接口,如用于实现自动执行操作的模拟转换器和总线。

电子产品可分为多类别,如分立器件、传感器、系统模块和集成电路。集成电路是电子系统的基本组成部分,是电子市场的重要组成部分。2019 年半导体行业市场为 4400 亿美元,在 2016—2018 年期间平均增长 13%。预计到 2024 年将达到 5730 亿美元。主要的 IC 分为以下四大类:

- 微处理器和微控制器:2018 年市场规模为 650 亿美元,增长 3.5%。
- 逻辑电路(例如可编程逻辑器件,专用集成电路):2018 年市场规模为 1080 亿美元,增长 7%。
- 内存(主要是 NAND 闪存和 DRAM):2018 年市场规模为 1340 亿美元,增长 9.3%。
- 模拟组件:2018 年市场规模为 560 亿美元,增长 6.1%。

微处理器是笔记本电脑的主要组件,而微控制器通常包括几种类型的存储器和接口,如用于实现自动执行操作的模拟转换器和总线。

微处理器/微控制器的插图:

单击"File > IBIS File";
在\case_study\mpc5534 目录下,选择"ampc5534-324.ibs";
这显示了 BGA 封装和电路的 3D 视图;
其他 IBIS 文件可以在\ibis 目录中找到。

MPC 5534 是基于 PowerPC 的内核,具有嵌入式存储器和各种模拟、总线和其他接口。有关该组件的应用说明见文献[1],该组件有近 500 个 I/O,分别为电源、地平面和通用 I/O。

图 2-3 显示了在 IC-EMC 软件中从 IBIS 文件信息重建的封装 3D 视图。通用 I/O 引脚用黄色表示,接地引脚用蓝色表示,电源引脚用红色表示。

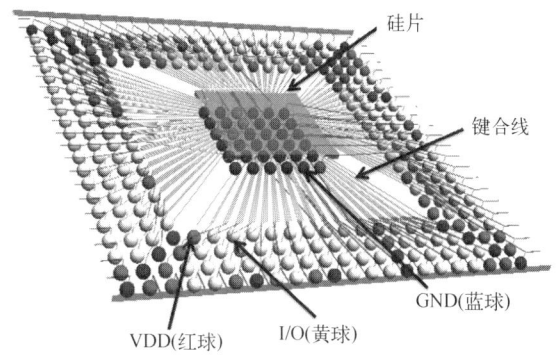

图 2-3 从 IBIS 数据表描述中重建的 32 位微控制器的 3D 视图[1]
（case_study\mpc5534\mpc5534-324ibs）

2.2 逐渐增加的集成电路复杂度

CMOS 数字集成电路(如微处理机和存储器)的发展遵循摩尔定律,即随着 MOS 器件的物理尺寸不断缩小,同一个芯片上的晶体管数量每 18 个月将翻倍。这一定律推动了集成电路领域的快速发展,以较低的成本向终端用户提供更高性能和更多功能的电子设备。如图 2-4 所示,我们可以认为一个 32 位微处理器(μP)的复杂度约为 100 万个晶体管(单位:MT),一个双核 64 位处理器的复杂度大约为 100 个 MT,以及一个 8 核多处理器的复杂度超过十亿个晶体管(GT)。又以 2G 到 5G 的移动时代为例,图 2-5 展示了数字集成电路的复杂性及其 2022 年的趋势。尽管由于成本、设计和成品率问题,每个芯片上的器件数量可能会饱和,但直至 2020 年,随着先进封装技术(如 3D 堆叠或内插技术)的发展,可能会提供约 1500 亿晶体管。例如,华为 Mate 30 中的麒麟 990 5G SoC 芯片在 7nm 工艺制造中集成了 100 亿个器件,其 5G 处理系统包括 8 个 32 位微处理器(MCU)、8K 图像处理、4~8 个摄像头、约 16 个图形处理单元(GPU),以及专用于人工智能(AI)、定位加密及毫米波处理器新开放的 27GHz 带宽中的通信设备。

可预计,无人驾驶汽车也将需要高度密集和可靠计算,需采用嵌入 100~1000 个处理器并具有极高数据速率的多传感器方法,以实现混合动力/电动汽车低碳排放的全球趋势。

减小特征尺寸的两个重要目的是减小芯片尺寸和降低功耗,从 90~14nm 技术可实现芯片 20 倍的缩小,同时将相同功能的功耗大大降低[3](图 2-6)。通过减少电容负载和电源电压,采用更短沟道、更高开关效率和更低阈值电压,可使每个门电路的功耗得到有效降低。制造工艺在 90~65nm,65~40nm 等之间的电路功率可降低 40%。

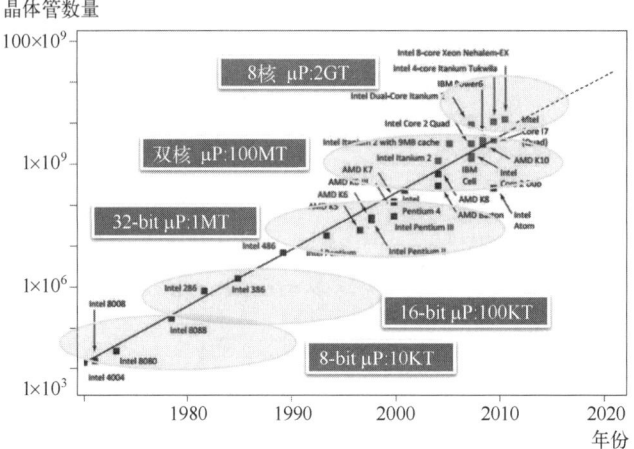

图 2-4 微处理器设计复杂度逐渐递增[2]

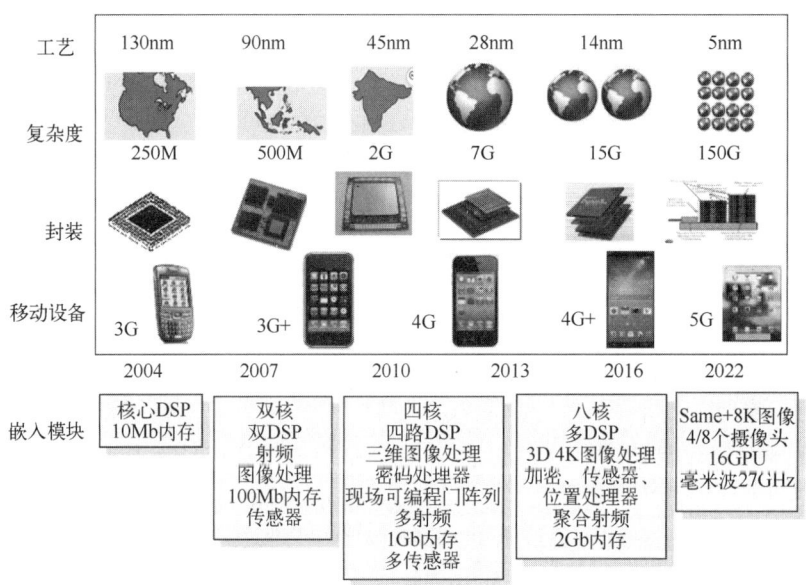

图 2-5 截至 2022 年日益增长的复杂度和趋势的说明

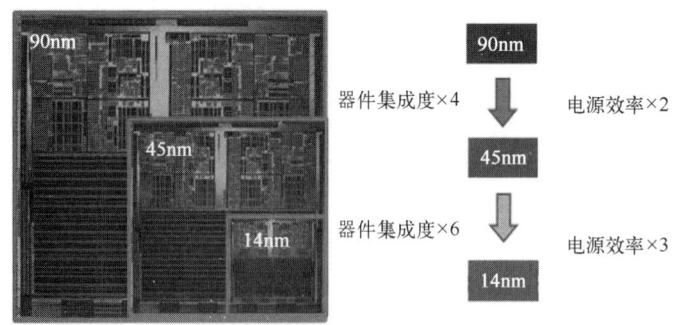

图 2-6 特征尺寸和功耗降低的趋势,尺寸从 90nm 降低至 45nm
器件密度翻了 4 倍,功耗节省 6 倍

类似地,对于其他类别的IC(例如模拟IC),复杂度不仅根据MOS器件的小型化而增加,还由于嵌入在同一电路内功能模块的多样化而增加。这种趋势被称为"超摩尔"定律,其基础是将异构功能(例如电源、RF、数字、传感器等)集成在同一封装内。例如,智能功率IC的发展,将复杂的芯片系统(包括数字信号处理器以及功率器件,如单片DC-DC转换器、功率驱动器、总线收发器或电池管理电路)集成在汽车电子产品中是可以实现的。在这些电路中,功率器件、驱动器、滤波器、命令、配置和诊断功能模块集成在同一芯片中,以降低成本并提高安全性。智能功率IC将继续在汽车电子中发挥重要作用,同时在移动设备和高级驾驶员辅助系统所需的高级传感器开发,或使用自适应天线阵列进行波束成形的5G无线网络中,异构集成也是至关重要的。

以下插图的目的是比较两代组件:一个是采用0.25μm工艺制造的16位微控制器,安装在144引脚四方扁平封装(QFP)上;另一个是采用28nm工艺制造的用于3G移动平台的片上系统(SoC),安装在1000引脚的球栅阵列(BGA)上。

安装在QFP上的16位微控制器的3D视图:

> 单击"File > Load IBIS File";
> 选择"examples\ibis\S12X_v2.ibs";
> 单击"3D draw"。

所选示例为一款2003年设计的16位微控制器,其复杂度大约为10万个门。图2-7所示的绘图表示QFP封装,它用于将6mm×6mm集成电路(中心灰色)连接到印制电路板。其引脚通过144条金属引线连接到印制电路板上。在这144个引脚中,约有15对用于接地和供电。S12X硅片采用0.25μm 3.3V和2.5V工艺,时钟频率约为40MHz,I/O数据速率约为每个引脚25Mb/s。这种封装工艺提供了低成本和高可靠性,但是对于较长的金属路径,只能提供有限数量的I/O和带宽。

图2-7　144引脚QFP的3D视图(examples\ibis\ S12X_v2.ibs)

安装在微型BGA封装中的SoC的3D视图:

> 单击"File > Load IBIS File";
> 在目录"examples\ibis\omap5430.ibs"中进行选择;
> 单击"3D draw"。

第二个例子为一款 SoC 芯片,它拥有大约 10 个专用处理器(ARM、DSP、视频处理器、加密处理器等),设计于 2012 年,其复杂程度约为 1 亿门,在相同的裸片尺寸下大约比前一种情况复杂 100 倍。图 2-8 为 BGA 封装的 3D 视图,用于将集成电路(中心的粉红色正方形)连接到印制电路板。大约 1000 个直径为 150μm 的焊球用于 PCB 连接,其中,大约 300 个专用于接地以及 266 个用于供电。OMAP5 硅片(5mm×5mm)采用 28nm 1.2V 工艺,时钟频率约为 2GHz,每个引脚的 I/O 交换数据速率高达 500Mb/s。

图 2-8　具有 1000 个引脚的微型 BGA 封装的 3D 视图
(examples\ibis\omap5430.ibs)

2.3　频　　率

图 2-9 显示了 CPU 时钟频率的饱和效应,2015—2020 年,其平均值为 2~3GHz,但是高端产品(如 Intel Core i9 和 AMD A-10)正在接近 5GHz。这种饱和效应是由工艺规模缩小、IC 互连中的寄生电容和延迟效应所致,它往往会限制电路的开关性能。显然,主要趋势是通过多核而非单核设计来补偿这种频率饱和,单个 SoC 中最多可实现 30 个专用处理器,可用于处理第五代移动通信。

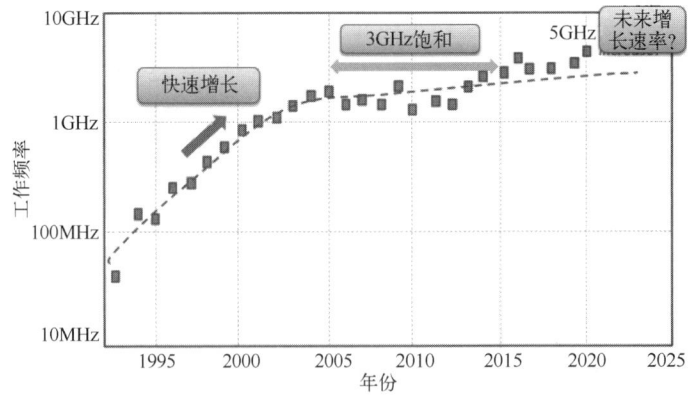

图 2-9　根据 ISSCC 路线图得到的 CPU 时钟频率趋于饱和的趋势[4]

同时，2~6G 通信许可带宽大范围重组了的小带宽应用，如图 2-10 所示，每个小带宽在效率、允许用户数、调制和传播特性方面都有自己的特点。在频率低于 1GHz 时，有效的电波传播能够构建大型无线电通信单元（即减少基站的数量）。由于带宽通常会大大减少，并且运营商会共享带宽，因此数据速率受到限制。在 1~5GHz 带宽中，传播开始变得更加有效，但允许的带宽更大，这意味着大小和数据速率不会大幅度增加。只有更大的带宽才能实现高数据速率，如在用于 5G 系统中的 27GHz 带宽中，传播效率大大降低，因此需要大量的基站与用户的设备进行通信。

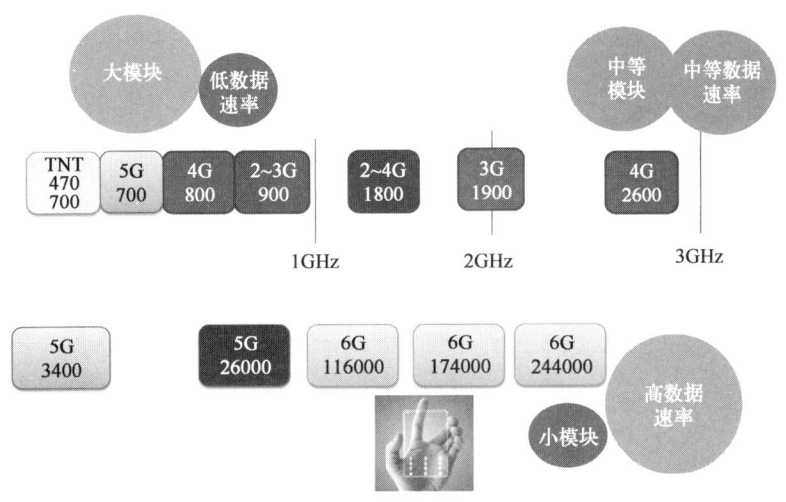

图 2-10　5G 移动带宽，以及 100GHz 范围内预期的 6G 带宽

目前，IC 级 EMC 的典型频率高达 6GHz。大多数测量标准（如针对发射的 IEC 61967 和针对抗扰性的 IEC 62132）可覆盖 150kHz~1GHz 的范围。扩展标准建议将频率扩展到 3~6GHz 甚至 10~25GHz，如 GTEM 单元。但是，由于毫米波 5G 工作在 27GHz，而 6G 工作在 100~200GHz（图 2-11），因此需要对现有方法进行实质性扩展或设计全新的测量方法来表征集成电路未来的电磁兼容性。

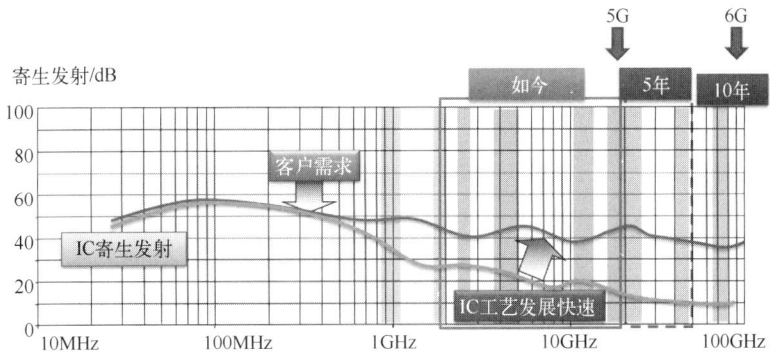

图 2-11　客户对较低寄生发射和测量扩展到数千兆赫兹

2.4 MOS 器件

随着光刻技术的改进、应变增强的高 K 栅极介电材料、金属栅极以及最近的 FD-SOI 尤其是 FinFET 工艺的引入,使 MOS 器件的本征电流开关能力不断提高(由导通状态下的漏电流表征)。图 2-12 中的三条线(I_{off} = 100nA/μm、10nA/μm 和 1nA/μm)说明了 I_{on}(开关性能)和 I_{off}(寄生泄漏)电流之间的趋势[2]。高性能可承受更高的漏电流(100nA/μm),而低功率仅能承受漏电 1nA/μm,且开关性能降低。可见,如 IMEC 和三星[4]所言,从 5nm 至更高的"终极"纳米 CMOS 技术节点将用所谓的全能多栅极器件(GAA-MG)替代 FinFET。为了制造整个嵌入式电子设备,需要考虑多种材料,其中一些非常稀有或关键的材料如图 2-13 所示。

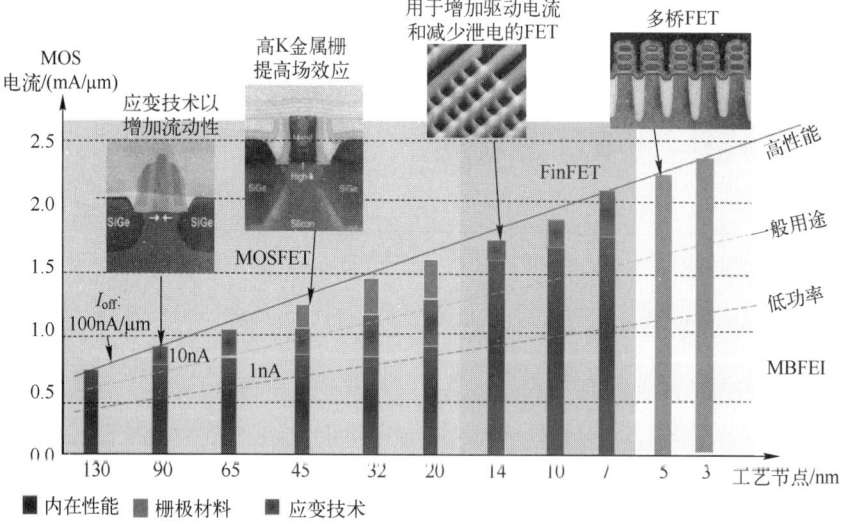

图 2-12 MOS 器件电流驱动能力增加的趋势[5]

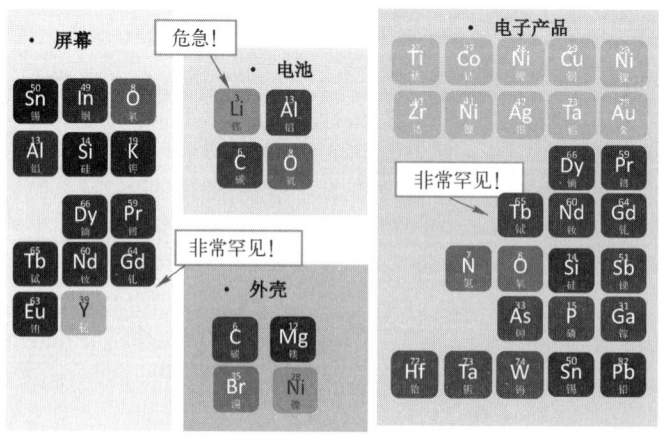

图 2-13 用于制造嵌入式设备(如智能手机)的一些关键材料

2.5 供电电压趋势

为了提升芯片可靠性,避免因动态电流引起散热问题,根据工艺尺寸降低了集成电路的电源电压。如图 2-14 所示,0.35μm~45nm 工艺区间内,电源电压可迅速减小,但在 90nm 和 7nm 工艺之间降低缓慢,因为电源电压的缩放会带来一系列问题:降低电源电压会引起 I_{on} 的降低,但同时又会降低晶体管性能,虽然可以通过降低阈值电压来补偿,但阈值电压的降低又会带来漏电流的增加。为了阈值电压可得到相应调整,大多数晶圆代工厂从 7nm 开始引入 FinFET 工艺以便进一步降低 VDD 电源。考虑到噪声容限约为电源的±10%,噪声容限已从 180nm 工艺的 300mV 迅速降低到 7nm 工艺的 50mV 及以下。

降低电源电压对模拟集成电路的设计也有一定的影响。通常,模拟子系统由几个晶体管的堆叠构成,这需要足够的电压电势。随着阈值电压的降低,这种情况变得更糟。在纳米工艺中混合数字和模拟功能,并确保优异的性能是设计师们正在面临的巨大挑战,必须通过折中选择,平衡性能以此来突破瓶颈。

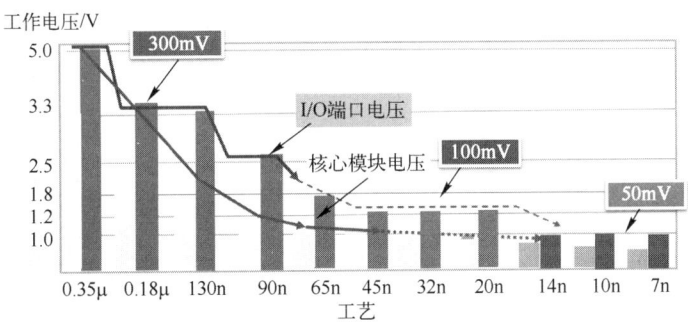

图 2-14 IC 供电电压的趋势显示、7nm 工艺的 VDD 将下降至 0.5V 左右

2.6 I/O 数据速率增加

为了达到高性能计算,高速联网、高分辨率实时图形处理所需的交换数据速率、微处理器和存储器之间的连接一直是深入研究的主题。建议的解决方案之一是双倍数据速率(DDR)和千兆位双倍数据速率(GDDR)。换言之,数据传输比时钟快 2 倍、3 倍甚至 4 倍。

根据国际固态电路会议[4],图 2-15 显示了 CPU 与外部存储器之间数据交换速率的快速增长。电源电压全面下降(DDR1 为 2.5V,DDR4 为 1.2V),而数据速率已达每引脚每秒 10 千兆位。

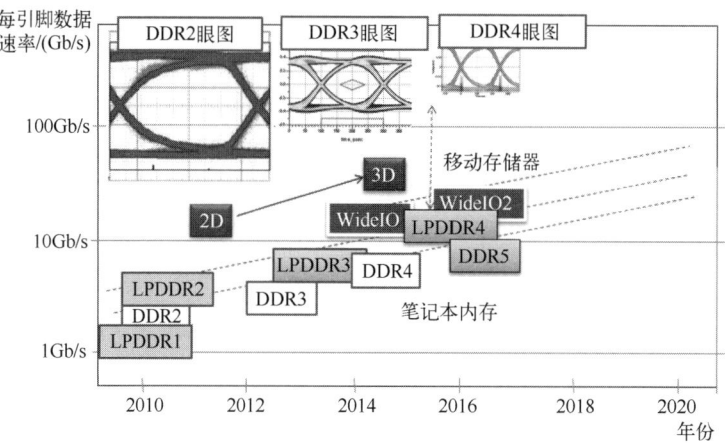

图 2-15 根据 ISSCC 路线图[4],CPU 内存数据速率发展趋势

2.7 工艺发展对 IC EMC 的影响

表 2-1 将 Ramdani[6] 发布的路线图扩展到 14nm 工艺,它侧重于电源电压、典型动态电流消耗、栅极密度、存储器尺寸、每个栅极电流、每个栅极电容以及每个栅极的典型延迟。最明显的趋势是:

表 2-1 改编自参考文献[6]的半导体扩展路线图,重点关注 EMC

工艺节点	生产年份	I/O 电压 /V	工作电压 /V	最大动态电流/A	栅极密度 /(K/mm²)	SRAM 面积 /μm²	栅极电流 /mA	栅极电容 /pF	栅极延迟时间/ps
0.8μ	1990	5	5	<1	15	80	0.9	40	180
0.5μ	1993	5	5	3	28	40	0.75	30	130
0.3μ	1995	5	3.3	12	50	20	0.6	25	100
0.25μ	1997	5	2.5	30	90	10	0.4	20	75
0.18μ	1999	3.3	1.8	50	160	5	0.3	15	50
0.12μ	2001	2.5	1.2	150	240	2.4	0.2	10	35
90nm	2004	2.5	1.0	186	480	1.4	0.1	7	25
65nm	2006	2.5	1.0	236	900	0.6	0.07	5	22
45nm	2008	1.8	1.0	283	2000	0.35	0.05	3	18
32nm	2010	1.8	0.9	290	3500	0.2	0.04	3	14
28nm	2012	1.5	0.9	300	4800	0.15	0.03	2	10
20nm	2014	1.2	0.8	300	8000	0.1	0.02	1.5	8
14nm	2016	1.2	0.8	350	15000	0.07	0.015	1.0	6
10nm	2018	1.0	0.6	350	30000	0.03	0.011	0.8	4
7nm	2020	1.0	0.5	350	50000	0.02	0.008	0.6	3

- 降低片外和片上的电源电压,当前为 0.5V。通过增加处理器(群)和存储器(群)之间的交互,达到减小 I/O 负载的效果,从而降低 I/O 的电源电压。
- 最大电流在 350A 时饱和,以保持 100~300W 的总功耗。
- 集成电路的复杂度急剧增加,在 28nm 工艺时每个芯片接近 20 亿个晶体管,再结合 3D 集成技术,到 2020 年可能增加到 1000 亿个晶体管。
- 静态 RAM 单元尺寸的减小,在 20nm 节点中提供了一个高达 100MB 的片上高速缓存器,并可能在 7nm 节点接近 1Gb。
- 随着工艺技术的发展,特征尺寸的减小导致栅极电流越来越小。栅极电流受限于逻辑单元的 3D 电容效应和 RC 效应引起的互连延迟。
- 尽管 FinFET 提供了更好的开关性能,但由于寄生效应(如 3D 电容耦合和高 RC 延迟)的累积,正常工作条件下的总单元延迟可能会超过 1ps。

集成电路技术的演进是复杂的,可能对芯片级发射和敏感度产生不一致的影响。因此,很难对电磁兼容风险的增加得出明确结论。本小结介绍各种可能的影响,并强调对 IC 设计人员的影响。

2.7.1　工艺发展对电磁发射的影响

IC 的电磁传导发射主要取决于两个参数:
- 动态电流消耗,与 IC 内部行为和 I/O 开关有关;
- 集成电路内部互连和封装引脚提供的滤波,主要与电源和地线有关。

辐射发射还取决于互连线的长度和外部去耦电容器之间的距离。动态电流消耗取决于可同时开关的 I/O 端口和数字门数量,以及每个门消耗的动态电流。MOS 器件工艺尺寸的减小导致栅极动态电流的降低,但这种效应会随着芯片每层器件数量的增加而降低。从功耗的角度来看,工艺的发展导致 IC 产生的噪声急剧增加是不切实际的,但随着芯片或封装内器件数量的增加,迫使 IC 设计人员控制和限制传导发射,如确保功率完整性(PI)。一个典型的方法是使片上去耦电容尽可能靠近噪声区域。可预计,MOS 器件的小型化趋势不会减少芯片上去耦电容的面积。

随着数据交换速率和 I/O 缓冲器速度的增加,电磁发射高频分量也随之提高。由于互连长度的减小,芯片内部噪声也会出现同样的趋势。尽管 IC 芯片之间的互连线较短(如 TSV),减少了寄生天线的有效长度,但如果不加以控制,也可能会被较高频率的电流激励。此外,高速 I/O 缓冲器的发展不仅需要建立更严格的时间裕度,也需要更严格的电压裕度,且不会降低信号完整性(SI),这需要互连设计和信号处理领域不断地发展。只有进行了严格的对称设计,才有利于通过使用差分总线来降低共模辐射。

互连长度的减小会引起信号完整性的衰减,对辐射发射问题也有着严重影响,但它可以降低如近场或基板耦合的风险,尤其是混合信号电路、异构功能的三维组装、射频/微波封装。评估这些耦合现象需要依赖精确的 3D 电磁仿真(用于近场耦合)和 TCAD 仿真(用于半导体衬底耦合)。

半导体技术及芯片封装技术的日新月异为设计人员研发高复杂性、高集成度的 IC 提供了新的可能,同时也带来了新的挑战,用于提前预测芯片 EMC 性能的模拟建模便是其中之一。高集成度的芯片使全芯片仿真越来越耗时,并且难以在工业过程中获得精确和高效的仿真结果,减少模型阶数并为 IC 设计人员提供有效的预测工具是非常必要的。随着互连密度的增加和 3D 技术的发展,先进的封装技术中也存在相似的电磁仿真问题。集成电路封装印制电路板的协同仿真是进行 SI、PI 和辐射发射预测的基础,为了验证芯片可靠性,必须不断努力,制定简化的建模程序和有效的模拟工具。

集成电路复杂性的增加也给终端用户验证其最终产品的电磁兼容性带来了巨大挑战,从终端用户的角度来看,IC 是一个黑匣子。集成电路制造商很少公开与集成电路相关的高水平知识产权,无法帮助终端用户开发与集成电路等效的模型,即使他们能提供标准的等效模型,如用于 SI 模拟的 IBIS 文件,也很少能提供用于 PI 和发射模拟的等效模型,即使存在技术解决方案(如 IEC 62433-2 标准集成电路发射模型(ICEM)和 ANSYS 芯片功率模型),该方案也并不成熟。为了模拟集成电路的发射问题,还须付出更大的努力来开发标准的可交换等效的模型。

2.7.2　工艺发展对电磁敏感度的影响

集成电路对电磁干扰的敏感度主要取决于以下几个参数:
- 互连和封装引脚对传导干扰的滤波;
- 静电防护结构带来的钳位干扰;
- 片上电路模块固有的敏感度。

集成电路电磁敏感度很大程度上取决于芯片内部设计。例如,与数字模块相比,射频接收机对其输入和电源耦合的电磁噪声极其敏感,因此很难根据工艺发展对电磁敏感度的影响做出明确结论。很明显,电源电压的降低减小了数模电路的噪声电压阈值。由于抗扰度等级在系统级不变,因此需要更多的外部滤波或设计鲁棒性更高的 IC。对于模拟模块,降低电源电压也是具有挑战性的。为了提高模拟模块的鲁棒性,设计人员一直在寻求折中方案,但随着电源电压的降低,折中设计也越来越困难。

小型化和先进封装使混合信号功能集成在更小体积中。射频、模拟、数字和电源管理系统封装在同一衬底上,增加了集成电路系统内部干扰的风险。一方面,为了确保不同功能模块的有效集成,需要更好的噪声滤波、更先进的衬底隔离技术、更少的噪声和更强的可靠性,这些都会给集成电路设计者带来更大的压力;另一方面,所提出解决方案的验证依赖于足够精确和高效的建模仿真工具,而这些工具在智能功率器件中仍存在缺乏衬底耦合的问题。

集成电路对瞬态干扰的敏感度,如静电放电(ESD)或电快速瞬态脉冲(EFT),与芯片上静电放电(ESD)防护能力密切相关。当 MOS 器件栅氧化物变薄时,半导体器件的击穿电压也随之降低。不幸的是自 20 世纪 90 年代中期以来,集成电路对静电放电的防护等级持续下降(从 1993 年的近 6kV 高压电势水平下降到 2020 年的不到 2kV)。这种趋势主要是由于芯片工艺和设计的持续发展,从而降低了静电防护等级的要求,同时也给集成电路抗高水平瞬态干扰带来了严重影响。设计人员必须研发出越来越复杂的 ESD 防护方案,以泄放电流,提高芯片可靠性,这可能会对 EMC 产生负面影响。同时由于静电防护方案复杂性的增加,导致集成电路建模仿真难度的增加,特别是对于必须遵守瞬态抗扰要求的汽车设备制造商而言,静电防护方案属于高度机密性文件,制造商无法提供同等型号的静电防护产品,对终端用户来说,静电防护仍然是一个黑匣子。

与 SI、PI 或发射问题相反，静电问题不存在成熟的标准 IC 模型，仅开发了标准建议书，如 IEC 62433-4（用于射频传导抗扰度建模的集成电路抗扰度模型），以及正在建立的系统级 ESD 建模瞬态干扰抗扰度方案（由 ESD 协会第 26 工作组负责）。

2.8　3D 集成发展

走向 3D 集成的原因是 2D 工艺中固有的带宽限制。过长的互连线会引入过多的寄生电阻、电容和电感，由此导致大量功耗和高速信号失真。叠层封装（PoP,Package-on-Package）技术缩短了 IC 之间的物理距离，从而提高了信号有效传输效率，同时限制了功耗（图 2-16）。封装通过专用的模制通孔（TMV）连接，从而使封装的底部和顶部引脚之间的电气连接尽可能短。但同时也会引起封装的电感性、高度耦合信号布线，以及与封装堆叠有关的散热和可靠性问题。

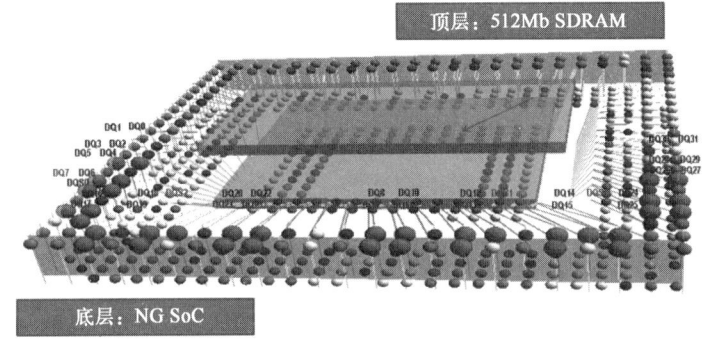

图 2-16　叠层封装技术的示例,底部为 SoC,顶部为 DDR2 SDRAM

（examples\ibis\soc_pop.ibs）

微控制器连接存储器的 2D 实现的典型示例[7]如图 2-17 所示,显示了微控制器-存储器的两种互连方式：

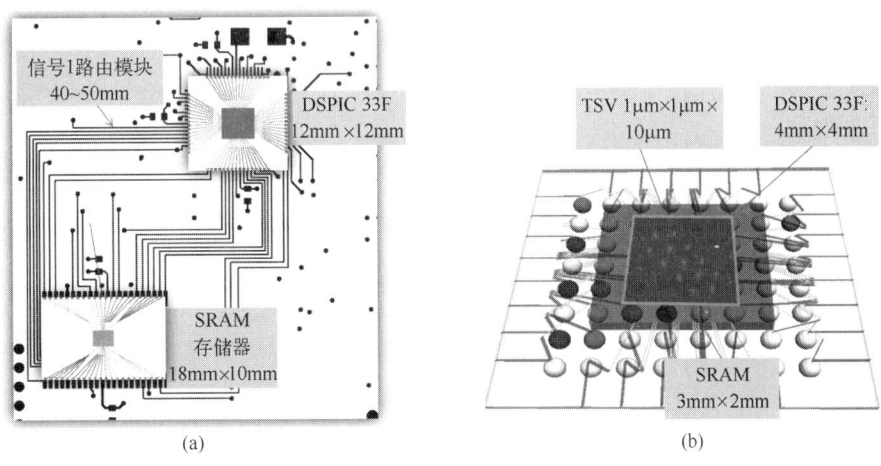

图 2-17　传统布线示例

（a）具有 2 个独立组件的传统 PCB；（b）3D 集成:紧凑型 BGA 处理器上的内存。

- 2D PCB 互连；
- 具有硅通孔(TSV)的 3D,这是一种垂直连接硅芯片的技术。

采用 3D IC 推动了数据的快速交换、更低功耗和更小芯片尺寸等需求的发展。由于高性能网络对带宽以及增加存储容量的需求,直到现在全球 3D IC 市场仍被信息和通信技术领域所控制。半导体和封装行业的主要引领者(TSMC、Xilinx、Samsung 和 Terrazon)已进入 3D IC 集成领域,竞争异常激烈。

对于 PoP 技术,堆叠于处理器上的存储器是首批商用 3D IC 产品,具有以下主要优点[8]：

- 由于使用 TSV 而不是传统的 I/O 引脚,带宽大幅增加;
- 通过 3D 堆叠来混合异构处理技术,从而增加片上存储容量;
- 通过减少与片外存储器关联的互连和 I/O 驱动器,以此实现降低功耗这一目标。

图 2-18 显示了一个 3D IC 的例子,使用直接键合互连(DBI)和 TSV 将硅裸片直接堆叠然后连接在一起。请注意,上部存储器裸片被减薄到 10μm,并且可以将更薄的裸片堆叠在该结构的顶部。

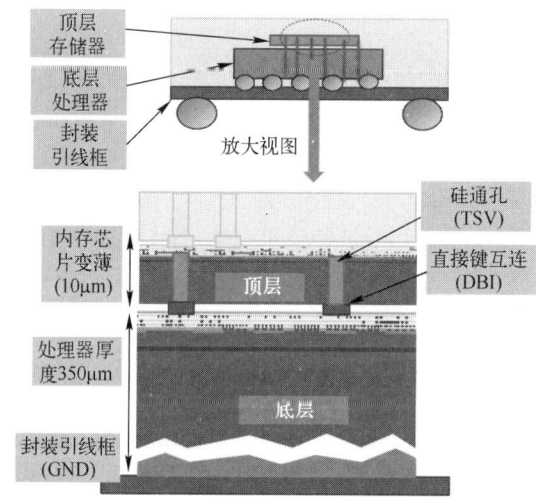

图 2-18 3D IC 的例子(examples\ibis\omap5340.ibs)

2.9 总　结

本章介绍了当前半导体市场的趋势,重点介绍了全球市场增长趋势,包括集成电路驱动能力及复杂性增加、工作电压减少、IC 之间交换数据速率提高以及向 3D 集成的发展趋势。本章还重点介绍了工艺发展对电磁问题的影响,如电磁发射、电磁敏感度、信号完整性和电源完整性。由于这些技术发展会导致电磁发射和敏感度的降级,因此迫使 IC 设计人员不断努力开发低发射和高抗扰度的 IC。随着新市场对高性能 IC(例如自动驾驶汽车、5G 通信)的不断发展,我们可以肯定,EMC 将仍然是 IC 设计人员的关注重点和令人振奋的研究课题。

2.10 练 习

练习1

从表2-1中可得7nm工艺中1GHz晶体管芯片的裸片尺寸。5mm×5mm裸片中晶体管的最大数量是多少？将其与本章中给出的S12X和SoC示例进行比较。

练习2

在CMOS集成电路中有不同的外部和内部电压供应的主要原因是什么？

练习3

工艺节点中是否存在物理限制？

参考答案 练习1

考虑到每平方毫米有50,000×1,000个门的门密度(表2-1)以及每个门的平均数量为4个晶体管(反相器中2个晶体管；与非门、或非门和传输门中4个；同或门和异或门中为6~12个；D寄存器中为10~20个)，需要20mm²的硅来实现1GHz晶体管芯片，增加I/O、防护网络、时钟和供电系统，尺寸为25mm²，即5mm×5mm。

参考答案 练习2

在尽可能低的电源电压下实现最小功耗。此外，内部MOS器件的栅极氧化层非常薄，只能在低电源电压下工作。但是，输入/输出电路应符合I/O电源标准，最流行的是5V、3.3V、2.5V、1.8V、1.2V或1.0V。由输出级产生的用于传输目的的射频信号需在比逻辑和模拟电源高得多的电压下工作。根据应用情况，应该配备一些高压接口。因此，应该提供从低/高电压到高/低电压的电压转换器，以及如双氧或三氧化物之类的技术选择。

参考答案 练习3

在本书完成时(2016年底)，5nm和3nm技术处于研究阶段，可能在2020—2025年进行部署。3nm的最小特征相当于大约10个硅原子碳纳米管，被认为是取代MOS器件的理想选择，也可以用作互连。单壁结构[9]中它们的最小直径约为0.5nm。

参考文献

[1] E. Sicard, B. Vrignon, MPC 5534 Case study, application note, on-line, at www.ic-emc.org.
[2] International Technology Roadmap for semiconductors, 2015, www.itrs2.net.
[3] L. Capodieci, "Beyond 28nm: New Frontiers and Innovations in Design for Manufacturability at the

Limits of the Scaling Roadmap", GlobaiFoundries, DAC 2013, Austin, USA.

[4] ISSCC Trends, the InternationalSolid State Circuits Conference, Feb. 17-21, 2013, document, on-line, http://isscc.org/doc/20 13/2013_Trends.pdf.

[5] H. lwai, B. De Salvo, "Scaling and Beyond for Logic and Memories. Which perspectives?" ISCDG Sep. 26th, 2012, Minatec, Grenoble-France.

[6] M. Ramdani, E. Sicard, A. Boyer, S. Ben Dhia, J. J. Whalen, T. Hubing, M. Coenen, O. Wada, "The Electromagnetic Compatibility of Integrated Circuits-Past, Present and Future", IEEE Trans. on EMC, Vol. 51, No. 1, pp. 78-100, Feb. 2009.

[7] E. Sicard, Wu Jian-fei, Li Jian-cheng, "Signal integrity and EMC performance enhancement using 3D Integrated Circuis-A Case Study", EMC Compo 2013, Nara, Japan.

[8] G. H. Loh, G. H, Y. Xie, "3D Stacked Microprocessor: Are We There Yet?" Micro, IEEE, Vol. 30, no. 3, pp. 60, 64, May-June 2010.

[9] https://en.wikipedia.org/wiki/Carbon_nanotube.

第3章 基本概念

本章旨在介绍基本数学、电气和电磁概念,这些概念对于解决一般电磁兼容问题是非常必要的,尤其是在 IC 级。本章列出了在 EMC 中使用的主要物理量,通过如正弦形、方形和三角形脉冲的基本例子来说明时域和频谱之间的关系。还引入噪声概念,结合理论公式,采用分布式和理想传输线模型分析信号传播形式。

通过具体的案例分析,给出了基于 Z 参数和 S 参数矩阵的多端口电路建模方法。结合理论公式,将辐射天线概念应用于封装引线、键合线和 PCB 布线,以此阐述电路和印制电路板级的辐射发射模式,同时还讨论了小型互连结构上的电磁耦合问题。

3.1 EMC 的单位

电气工程和电磁工程领域之间的物理量对应关系如表 3-1 所示。尽管所采用单位和量级相互一致,但这些表达式并不总是表达相同的物理意义。例如,电气领域的阻抗 Z 和电磁领域特征阻抗都以欧姆表示,但是特征阻抗不同于电气工程中阻抗,不能直接测量,本章后面将详细介绍它对导体几何特性的依赖性。

表 3-1 电气工程和电磁工程领域之间物理量的对应关系

电气领域	电磁领域
电压 $V(\text{V})$	电场 $E(\text{V/m})$
电流 $I(\text{A})$	磁场 $H(\text{A/m})$
阻抗 $Z(\Omega)$	特征阻抗 $Z_0(\Omega)$
$Z=V/I(\Omega)$	自由空间中 $\eta=E/H=377\Omega$
功率 $P=I^2 \times R(\text{W})$	功率密度 $P=E \times H=E^2/\eta=H^2 \times \eta(\text{W/m}^2)$,在远场条件下

EMC 中信号的动态范围,通常从微级(10^{-6})到千级(10^3),使用 dB(分贝)表示而不是线性表示。电压和电流从线性表示转换为 dB 表示的表达式见式(3-1)和式(3-2)。

需要注意的是,以 dB 为单位的值通常是两个参量之间的比值,是针对参考数值的转换结果:1V 对应 1dBV,1A 对应 1dBA。

$$dBV = 20 \times \log U \tag{3-1}$$

$$dBA = 20 \times \log I \tag{3-2}$$

在分析发射等级时,通常以"dBμV"表示,这是一个表示小信号的单位,很少使用 dBV 和 dBA 等级的单位。因此考虑传导模式时,大多数寄生发射频谱假定为 dBμV 和 dBμA,参考值为 1μV 或 1μA。例如典型的移动电话天线灵敏度等级为 10~100μV,采用式(3-3),得到的发射等级为 20~40dBμV。

$$V_{dB\mu V} = 20 \times \log(10^6 U) = 20 \times \log U + 120 \tag{3-3}$$

根据式(3-1)的定义,图 3-1 给出了线性方程和对数刻度之间的对应关系。线性刻度乘以 10 相当于增加 20dB(图 3-1 左)。在 dBμV 刻度下,1μV 相当于 0dBμV,乘以 10 也等于增加 20dB。

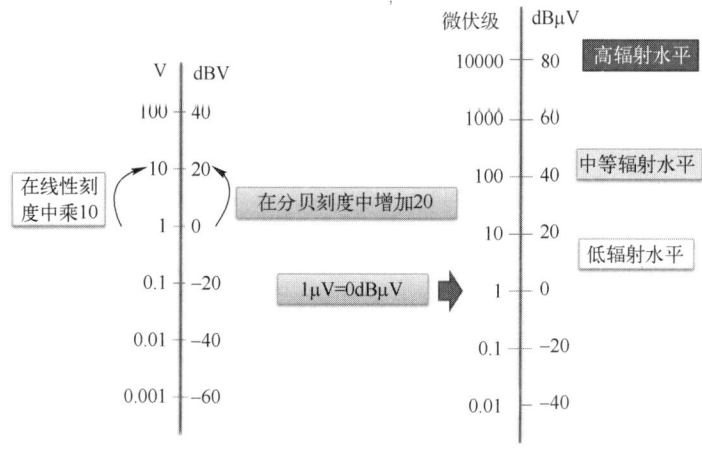

图 3-1 线性刻度与 dBV(左)和 dBμV(右)之间的对应关系

采用一般的等级划分方法,IC 的传导发射水平低于 20dBμV 属于低等级,20~40dBμV 属于中低等级,40~60dBμV 为中高等级,大于 60dBμV 为高等级。在 IC-EMC 软件中有一个用于线性到 dB 转换的工具,在 IC-EMC 菜单中通过命令"Tools>dB/linear Unit Converter"来实现。如图 3-2 中,右边选择"dBμV"单元,左边是"V"。输入值"0.001"(相当于 1mV),选择"dB to Linear"。结果如图 3-2 所示,为 60dBμV。

远场辐射发射通常根据电场发射来表征,单位为 V/m,但由于辐射发射等级很小,通常以 dBμV/m 表示。相反地,辐射敏感度测试以 V/m 表示,因为辐射骚扰等级较高(家用电子产品为 3~10V/m、汽车电子为 25~200V/m、IC 为 200V/m、航空航天可达到 800V/m)。式(3-3)还可用于实现 V/m 和 dBμV/m 的电场值之间的转换,参考值为 1μV/m。采用近似的等级划分方法,考察距离电子设备 3m 远处,辐射发射水平低于 20dBμV/m 属于低等级,20~40dBμV/m 属于中低等级,40~60dBμV/m 为中高等级,大于 60dBμV/m 为高等级。

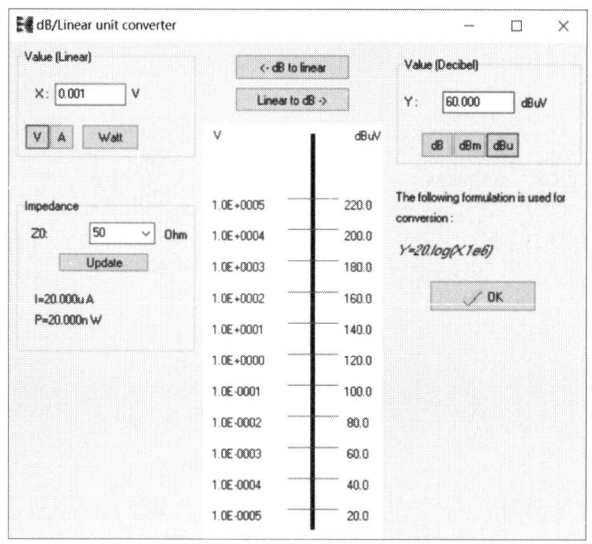

图 3-2　利用 IC-EMC 的 dB/线性单元转换器将 1mV 转换成 dBμV

$$P_{\text{dBmW}} = 10 \times \log\left(\frac{10^3 P}{1\text{mW}}\right) = 10 \times \log P + 30 \quad (3-4)$$

对于射频干扰的瞬态传导抗扰度，通常单位为"dBm"，定义为"dBmW"（式 3-4）。基本上，0dBm 对应于 1mW（10^{-3}W）。需要注意图 3-3 中，这里采用了 10 而不是 20 的对数刻度。每次乘以 10 会增加 10dB，乘以 10000 相当于加上 30dB。采用近似的等级划分方法，针对 IC 引脚上的传导注入（在第 9 章中描述的直接功率注入测试），抗扰度数值低于 10dBm 的为低等级，10～20dBm 为中低等级，20～30dBm 为中高等级，在 30dBm 以上时，电路被认为是稳定可靠的。

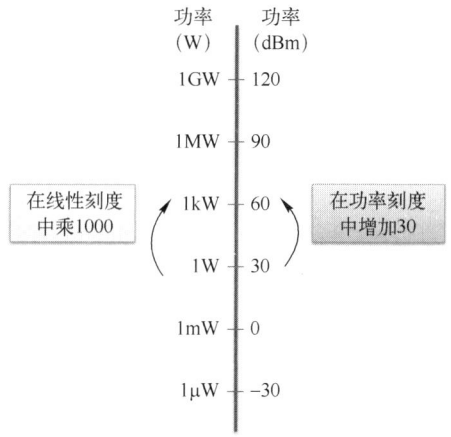

图 3-3　功率刻度不同于分贝刻度，0dBm 参考值对应于 1mW

功率、电压和电流之间的转换通常需要 50Ω 阻抗匹配（图 3-4），在 EMC 测量中使用的许多设备中更是如此，如频谱分析仪或网络分析仪。关于"为什么采用 50Ω？"的问题，这是一个有效的折中方案，在本章后面有更详细的关于选择 50Ω 阻抗匹配的讨论。

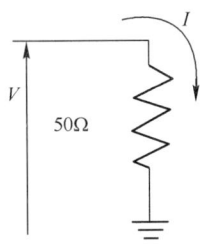

图 3-4　在 50Ω 电阻上通常进行电压、功率和电流之间的转换

3.2　信号的时域和频域表示

在发射和敏感度分析中通常采用频域的方法,当然时域也是表征仿真的重要方法。为了能够将仿真计算的时域波形转换为与测量一致的频域波形,需要使用傅里叶变换,如图 3-5 所示。

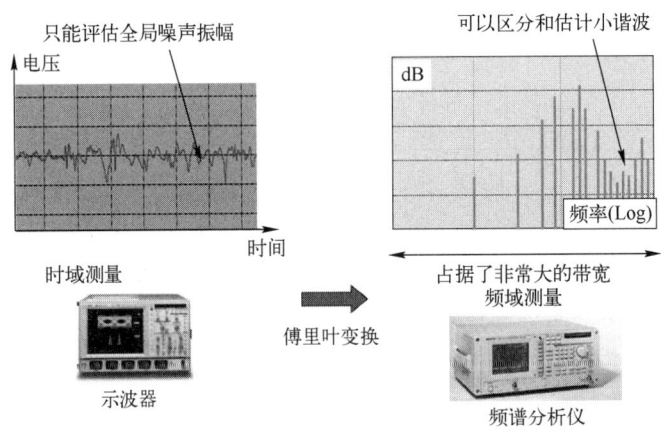

图 3-5　傅里叶变换能够在非常宽的带宽中精确地估计谐波分量

3.2.1　FFT 计算技巧

大多数 EMC 仿真工具包括"快速傅里叶变换",也称为 FFT,它能够快速计算出信号的频域信息,只需要 2^n 个时域信息采样点值。这就是为什么发射窗口"EMC>Emission"的 FFT 包括 N 的个数选择,都是 2 的幂次:$N = 256(2^8)$,$N = 512(2^9)$,$N = 1024(2^{10})$ 等。数目越大,频率分辨率越高。这也是为什么 IC-EMC 将 FFT 大小调整为 2 的最大幂次方。如果 IC-EMC 加载 10000 个仿真点,则最佳分辨率为 $N = 8192(2^{13})$。如果手动分配较低的 FFT 分辨率,由于频率分辨率降低(图 3-6),在低频率下的精度损失最为明显。

同时还应考虑的两个重要参数:频谱上限 F_{max},它和采样频率 F_s 的关系见式(3-5),F_s 是采样步骤 Δt 的倒数(式(3-6))。F_s 默认值为 10GHz,相当于 IC-EMC 中 10ps 的 Δt,所以 F_{max} 是 5GHz。换言之,电压和电流波形以 10ps 的速率采样,可计算的有效频谱达到 5GHz。

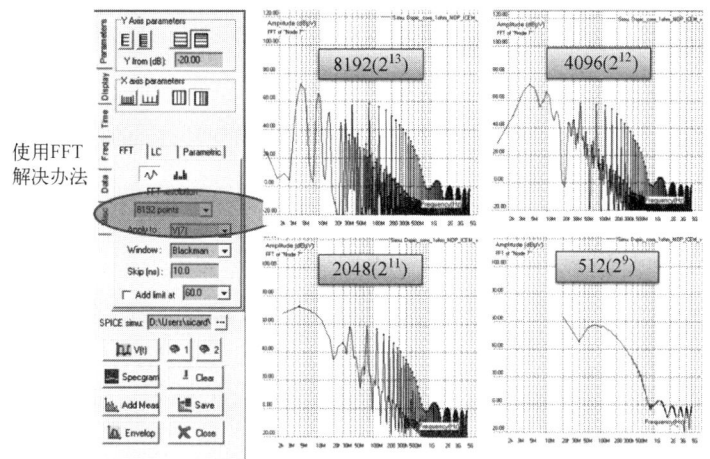

图 3-6　FFT 分辨率变化及对频谱精度的影响

$$F_{\max} = \frac{F_s}{2} \tag{3-5}$$

$$F_s = \frac{1}{\Delta t} \tag{3-6}$$

频谱分辨率 Δf，由 FFT 产生的每个谱线是 Δf 的整数倍。Δf 的表达式由式(3-7)给出，其中 N 是 FFT 的点数。当 $f_s = 10\text{GHz}$，$N = 8192$ 时，频谱的频率分辨率为 1.2MHz。更精确的频谱需要更小的 Δf，需要更大的仿真时间实现，这会产生更多的采样点，从而增加 N 值。

$$\Delta f = \frac{F_s}{N} \tag{3-7}$$

开窗也对频谱计算有重要影响。通过菜单可以设置窗口访问，使用"Blackman window"可抑制数字噪声，获得最可靠的计算结果。

3.2.2　基本信号频谱

如图 3-7 所示，创建一个幅值 1V 的简单正弦波，并设置一个电阻作为负载，以避免因"引脚悬空"引起的错误。设置一个电压探针，从中得到 FFT 的采样点(图 3-7)，单击".tran"开始仿真。IC-EMC 将瞬态仿真的要求设置如下：具有 0.1ns 的时间步长 Δt(根据式(3-5)和式(3-6)可得频率为 5GHz)，模拟时间为 100ns，相当于 100 个周期。仿真结果为 120dBμV(即 1V)峰值，具有较低的数值噪声(低频除外)。

方波的傅里叶变换谐波 C_n 由式(3-8)表示，由于脉冲具有显著的上升和下降时间，图 3-8 中计算的 FFT 不是精确的正弦函数，是近似精确解析。注意脉冲在时钟周期的 10 倍以上才具有显著的谐波特性。脉冲越尖锐，越接近 Dirac 脉冲，谐波级数理论上是无限大的。

$$|C_n| = \frac{2A\tau}{T} \left| \frac{\sin\left(n\pi \frac{\tau}{T}\right)}{n\pi \frac{\tau}{T}} \right| \left| \frac{\sin\left(n\pi \frac{t_r}{T}\right)}{n\pi \frac{t_r}{T}} \right|, n>0 \tag{3-8}$$

式中 A——信号的幅值(图3-8中的I1);

T——信号的周期(图3-8中的周期);

τ——信号的脉冲宽度(图3-8中的PW);

t_r——时钟信号的上升沿(下降沿假设等于上升沿)(图3-8中的TR、TF)。

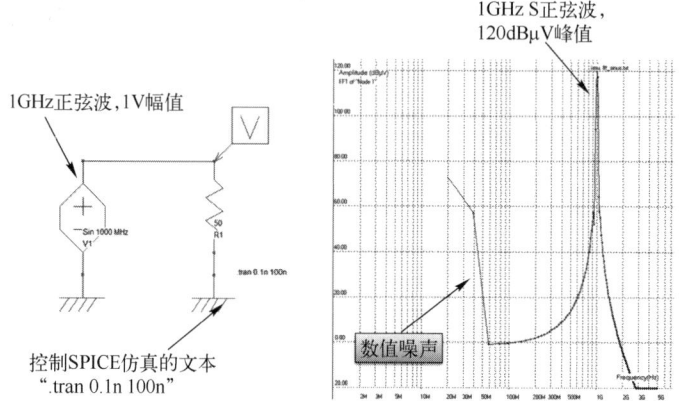

图3-7　1GHz正弦波的FFT(book\ch3\FFT-sinus.sch)

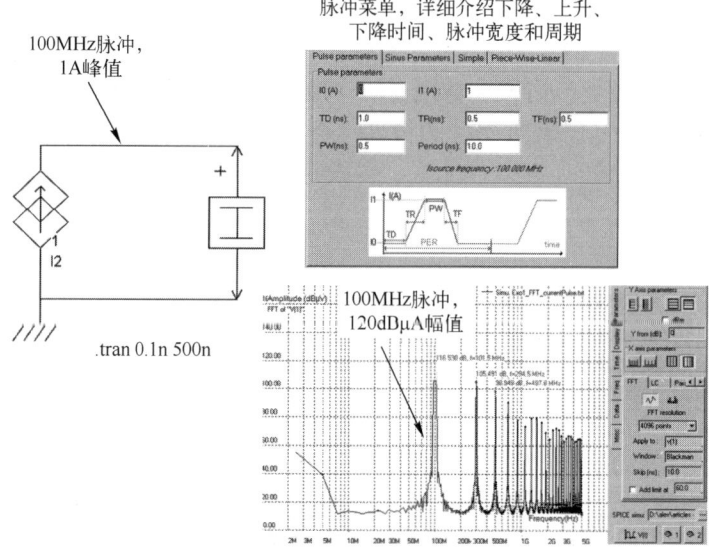

图3-8　由电源产生的100MHz时钟信号的FFT(book\ch3\FFT-pulse.sch)

3.2.3　复杂信号的傅里叶变换

在IC-EMC中,电流源和电压源基本上是正弦和脉冲形式。然而为了创建更复杂的波形,可以使用如图3-9所示菜单栏中波的分段线性(PWL)描述。

信　号　源	描　　述
1.5 * sin(2 * pi * 100e6 * t)	100MHz的正弦波,振幅为1.5V
white(1.5)	1.5V振幅的白噪声

(续)

信 号 源	描 述
Gauss(2.0)	2.0V 振幅的高斯噪声
$10*\exp(-\mathrm{sqr}((t-100e-9)/100e9))*\sin(2*\mathrm{pi}*100e6*t)$	雷达脉冲
$0.1*\sin(2*\mathrm{pi}*100e6*t)*\sin(2*\mathrm{pi}*10e6*t)$	100MHz 和 10MHz 相乘的正弦波
$2*(\exp(-t*/100e-9)-\exp(-t*/0.15e-9))$	超宽带脉冲,上升时间 150ps,下降时间 100ns
$0.25*\mathrm{pos}(\sin(2*\mathrm{pi}*1e9*t))$	1GHz 正弦波的正数部分
11010111101010100010000100001111	随机数列,自定义信息率

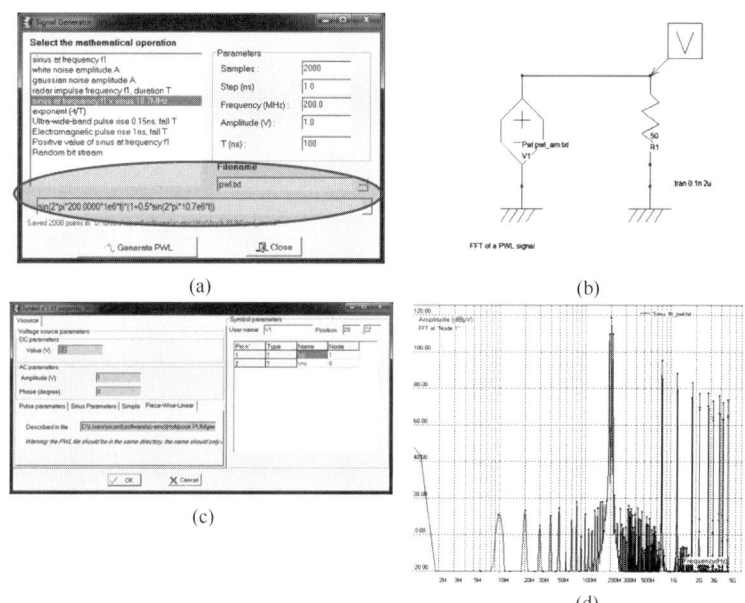

图 3-9 基于 IC-EMC 对波形进行分段线性(PWL)描述

(a) 使用数学表达式生成所需的信号,并保存在文本文件"pwl.txt"中;(b) 瞬态电压源,增加一个负载和一个探头,以及相关的接地;(c) 指定电压源《pwl.txt》的描述文件;(d) 仿真和计算对应的 FFT。

利用丰富的数学函数集,添加白噪声或高斯噪声可以描述非常复杂的输入模式(包括噪声),还可以描述产生的信号,如瞬时脉冲或任意 PWL 类型的调制信号,这些在下一节中会给出。

3.2.4 噪声

噪声在任何类型的测量中都是很常见的,例如本底噪声,如图 3-10 所示。由于频谱分析仪分辨率带宽在低于和高于 100MHz 时不同,因此测量值不能低于某一值(100MHz 以下为 5dBμV,1GHz 时为 15dBμV)。这些本底噪声取决于频谱分析仪的本身性能,高性能的分析仪具有很低的本底噪声,从而增强了信号的测量信噪比和测量精度。此外采用滤波或自动校正可以帮助降低本底噪声,但会增加测量时间。这种噪声属于宽带噪声,它们出现在整个频带范围内。

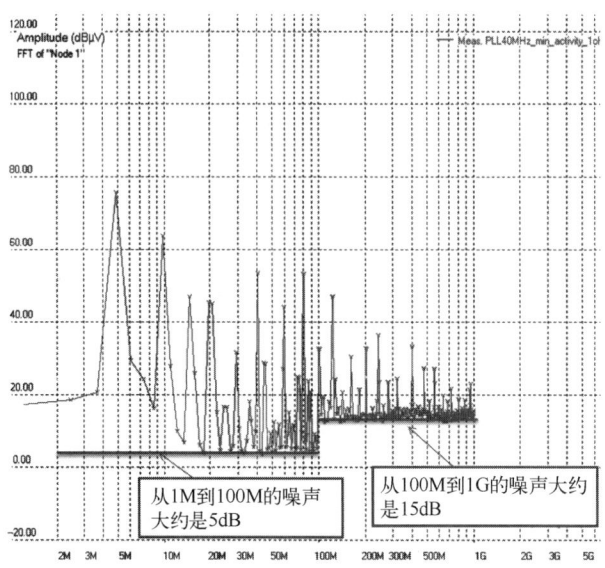

图 3-10　测量不仅表征被测器件,而且还具有广泛的寄生噪声。本底噪声取决于频谱分析仪的质量和设置(book\ch3\dspic33f_1ohm.tab)

某些情况下,以图 3-11 为例,频谱中出现的 1.8GHz 峰值谐波,不是源于被测试设备本身,而是来自外部干扰源,如移动通信站。如果在法拉第笼中进行测量而不在腔室中打开任何装置,那么可以去除这样的窄带噪声(典型如在 2G 移动设备中为 200kHz,3G 移动设备中为 5MHz)。它可以通过关闭 DUT 和所有辅助设备来确认。

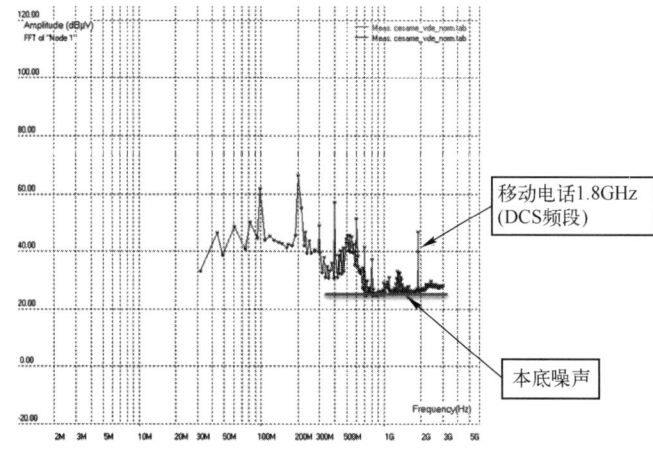

图 3-11　如果测量设备不与外界隔开,一些寄生峰值会由于本地设备的干扰而出现(case_study\emission\cesame\cesame_vde_norm.tab)

在 IC-EMC 中有几种方法可以产生噪声,有利于模拟电气过程中的随机特性。最常采用的是"白噪声",需要在每个给定的时间步长上产生随机值,这里的时间是 1ns。在菜单"Tools>PWL generator Tools>PWL generator"中,只需选择"White noise"并调整所需的边界即可(默认为±1)。

如图 3-12 所示,每个随机数值出现概率相同,范围为 -1.0~1.0。注意每次单击

"Generate PWL"时,都会生成一组新的随机数值。由于白噪声源是以 1ns 时间步长定义的,所以理论幅度应该恒定在 1GHz。不难理解,这种类型的噪声只是抽象的数学模型,而不是自然条件下的真实噪声。在原子尺度上,在电流传输过程中半导体硅材料上每个分子振动时电子或空穴的随机位置能够用均匀随机分布表示,如图 3-12 所示。

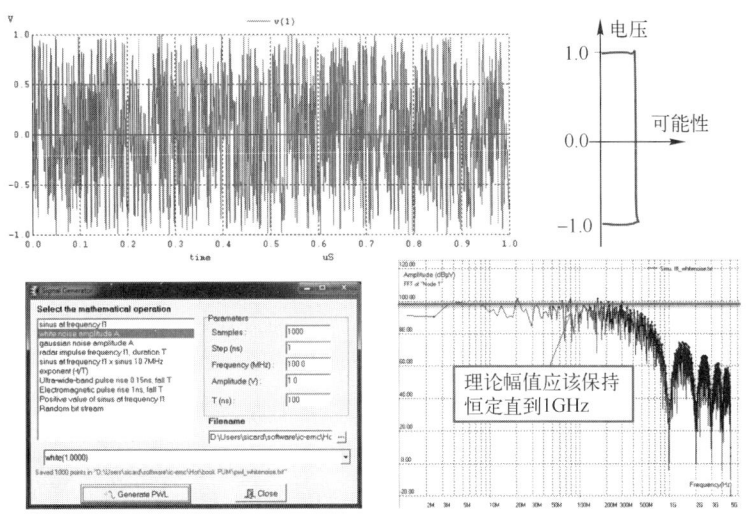

图 3-12　使用 IC-EMC 中的 PWL 工具生成白噪声(book\ch 3\fft_whitenoise.sch)

在实际测量中,"高斯噪声"是通过添加大量的白噪声来处理的。通常条件下,尽管电子表现为"白噪声"形式,但大量载流子运动形成的电流表现为"高斯噪声"形式。仿真时,IC-EMC 软件中通过叠加生成的 15 个随机数,就能够获得高斯分布信号,如图 3-13 所示。

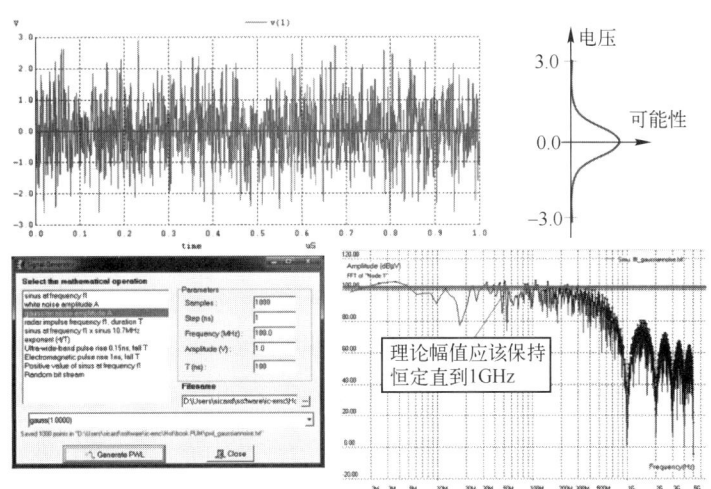

图 3-13　使用 IC-EMC 中的 PWL 工具生成高斯噪声(book\ch 3\fft_gaussian noise.sch)

高斯分布在概率密度中显示得非常清楚:0.0 数值附件的概率最高,两侧概率值迅速下降。与白噪声相比,其频谱密度相对恒定,与白噪声不同的是,1GHz 的截止频率与时间步长相关,这些数值和其标准误差是明显不同的。

3.3 互连结构

集成电路的 EMC 中使用了许多类型的互连结构,图 3-14 中给出了部分互连结构实例。

图 3-14 中(a)等效为金属导线结构,当导线"远离地平面"时,均可等效为金属导线模型。实际研究中,等效地平面总是存在的,嵌入墙面和地下建筑的金属结构均可以看作是地平面。这种情况类似于"远离地平面"的封装和管芯之间的键合线。此时的主要效应是电感,分析采用 1nH/mm 法则。当金属线接近地平面时,电感值减小。

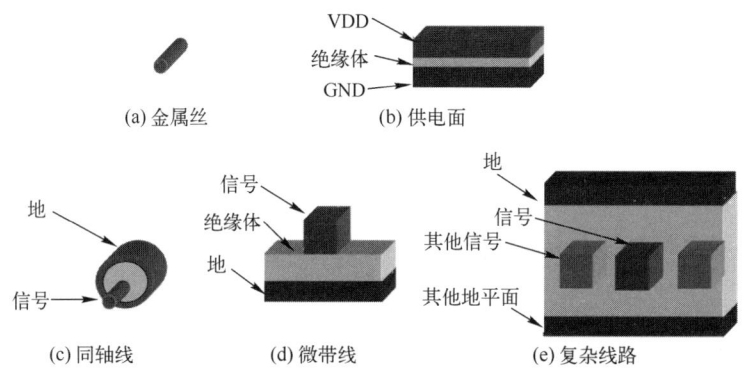

图 3-14 五种类型的互连,具有不同的显性效应

图 3-14(b)等效为两个金属板之间的电容。这种方式对应于印制电路板中一层进行 VDD 布线,另一层进行 VSS 布线,这是双面板甚至是多层板中常见的布线方式。

图 3-14(c)同轴电缆可以等效为电感(约 0.3nH/mm)和电容(约 0.1pF/mm,取决于绝缘体)。值得注意的是,对于给定的横截面,C 值和 L 值不取决于同轴电缆本身的直径,而取决于纵横比,即内导体和外导体之间的比率。

图 3-14(d)对应于参考平面或接地平面上的导体,称为"微带线"。在不同情况下,这就是 PCB、封装和集成电路内部等效情况。然而,情况很少像图 3-14(d)那样简单。大多数情况下,存在其他旁路信号,不应只考虑一个地平面(图 3-14(e))。可以使用 IC-EMC 软件中的"Tools>Interconnect Parameter"功能计算不同情况下 PCB、封装结构和 IC 内部中各种互连的等效 L、C 值,如表 3-2 所示。

表 3-2 在 PCB、封装和片上结构中常见导体中 L、C 值的示例

配 置	宽度 /μm	厚度 /μm	到地板的高度 /μm	L/(nH/nm)	C(pF/mm)
PCB 布线	100	35	150	0.457	0.078
键合线	直径 25μm		500	0.876	0.057
QPF 封装盖	100	50	500	0.67	0.050
μBGA 封装盖	40	20	50	0.413	0087
IC 中的功率分配网络	10	1	1	0.094	0.467

"Interconnect Parameters"工具用于分析专用于信号和电源的 PCB、封装和片上布线的 L 和 C 数值。由于距离地面非常近,IC 中 PDN 的电感仅为 0.1nH/mm,电容接近 0.5 pF/mm,其他情况下的 L 数值通常略低于 1nH/mm,电容通常略低于 0.1pF/mm。

因此根据经验,可以估算出封装 IC 寄生电感为 1nH/mm,寄生电容为 0.1pF/mm。

3.4 互连模型

为了通过仿真观察互连结构上信号传播规律,在一阶近似下,互连结构被等效为单位电感 L、电容 C 和电阻 R。在 IC-EMC 软件中("Tools > Interconnect parameters"),已经使用了几种分析方法来分析不同导体结构的等效 R、L、C 数值,如图 3-15 所示。在多个有源信号的情况下,列出了如"串扰电容"和导体之间的"电感耦合系数"等新的参数,关于互连结构建模的更多细节将在第 6 章中介绍。

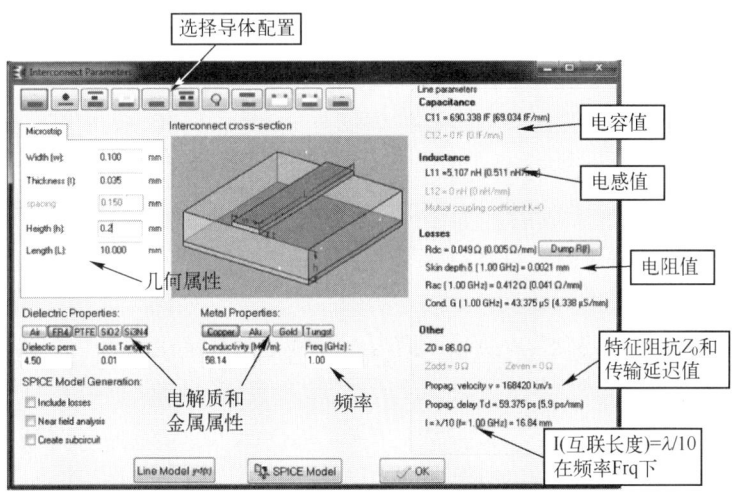

图 3-15 使用 IC-EMC 互连参数工具评估 R、L、C

决定是否应该用这 3 个值取决于结构和建模对象。在低频时,通常会忽略许多电感效应,重点考察分析大电容和电阻值。然而在高频时,通常会使用 3 个 R、L、C 组件,并且由于趋肤效应和介电损耗,甚至会增加电阻的频率相关模型。

在 IC-EMC 软件中,特征阻抗使用比例 L/C 的平方根进行评估,如式(3-9)所示,在分析典型 PCB 板时,这样的简化模型是可行的。"Interconnect Parameters"工具中默认几何结构的等效电感为 69pF/mm,电容为 0.51nH/mm,所对应的特征匹配阻抗为 86Ω。注意串联电阻与特征阻抗完全不同,串联电阻(低频时为 5 mΩ/mm,在 1GHz 时为 41mΩ/mm)可通过欧姆表测量,并随互连长度线性增加。特性阻抗不取决于互连长度,它仅取决于横截面的几何形状和材料属性。

$$Z_0 \approx \sqrt{\frac{L}{C}} \tag{3-9}$$

$$Z_0 = \sqrt{\frac{R+jL\omega}{G+jC\omega}} \tag{3-10}$$

式(3-10)给出了考虑了互连结构电阻 R 和电导 G 的更精确的特性阻抗分析方法。

在左下方"Interconnect Parameters"菜单中出现的传播延迟是指将信号从互连结构近端传播到远端所需的时间。传播延迟 t_d 可以写成互连长度 $l(\mathrm{m})$,光速 $c(\mathrm{m/s})$ 和介电常数 ε_r 的函数。在图 3-16 的例子中,传播延迟估计为 5.9ps/mm,换句话说,在 1mm 长的互连上传播大约需要 6ps。

$$t_d = l\frac{\sqrt{\varepsilon_r}}{c} \tag{3-11}$$

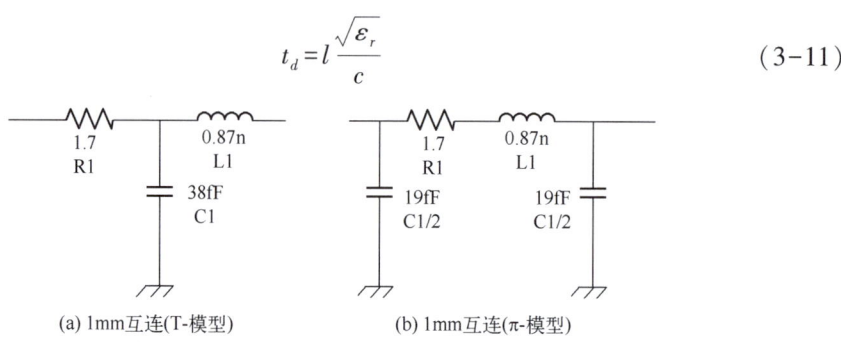

(a) 1mm互连(T-模型)　　(b) 1mm互连(π-模型)

图 3-16　在 T 形和 π 形互连结构模型中计算 R、L、C

(book\ch3\interconnect_model.sch)

使用 R、L 和 C 来模拟互连结构中信号传播的正确方法是考虑由电阻 R 和电感 L 串联,电容 C 与地平面并联形成的基本单元。最简单的模型如图 3-16(a)所示。显示在图 3-16(b)中的选项包括将 C 分成两部分并构建 π 形模型。如果使用 T 形模型,结果不会发生明显变化。

简单 RLC 单元的主要缺点是工作频率受限,因为它不能在高频下沿着互连结构实现电磁波传播。参考"$\lambda/10$"规则(式 3-12),将最高频率信号的波长与互连结构长度本身进行比较。假设研究的最高频率是 1GHz,其波长是 33cm,λ 除以 10 得到 3cm。如果互连结构长度小于 3cm,那么一个简单的 RLC 单元(π 形、T 形结构,见图 3-16)就很好。如果互连结构长度较大,则应将 RLC 单元分成几个子单元,其长度可由式(3-9)等效。图 3-17 显示了 20mm 长线路的一个示例,其中只有一个 RLC 单元的模型在 840MHz 下有效,为确保 1GHz 频率下的有效性,该模型必须至少包含两个 π 形 RLC 单元,这种基于几个 RLC 单元的建模方法被称为集总模型。

$$l < \frac{\lambda}{10} \tag{3-12}$$

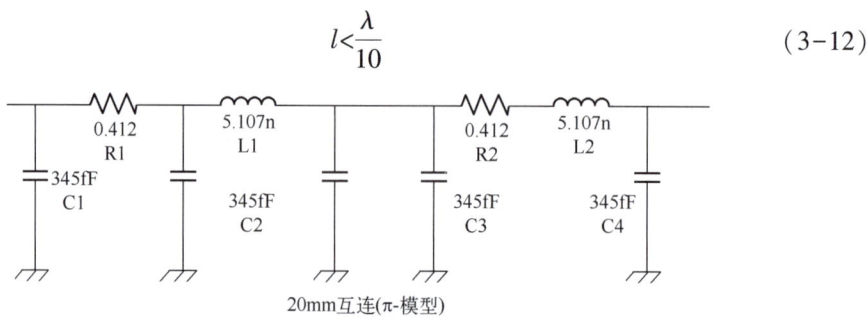

20mm互连(π-模型)

图 3-17　两个单元代替一个单元将模拟的精度扩展到更高的频率,总的 R、C 和 L 应该保持不变(book\ch3\interconnect_model.sch)

3.5 关于 50Ω 阻抗

可能经常接触"50Ω 阻抗"电缆或"50Ω 匹配输入阻抗"等概念，50 是一个折中并且易于记忆的数值，它并不是一个物理常量。表 3-3 总结了两种内导体的具体参数，其中一个内导体半径较小(小型内导体)，另一个内导体半径较大(大型内导体)。从这些估算中可以推出，特征阻抗 Z_0 根据内导体尺寸而变化，并且在损耗方面没有"理想"情况。电缆阻抗有两个重要的"最佳"值：

77Ω 时损耗最小(用于将小能量信号传输至检测设备，如射频接收器)；
32Ω 时功率传输最大(用于传输高能信号，如用于移动通信的基站)；
50Ω 值在某种程度上是损耗和功率传输之间的最优折中。

表 3-3 比较两种不同性能和特性阻抗的同轴电缆

结构类型	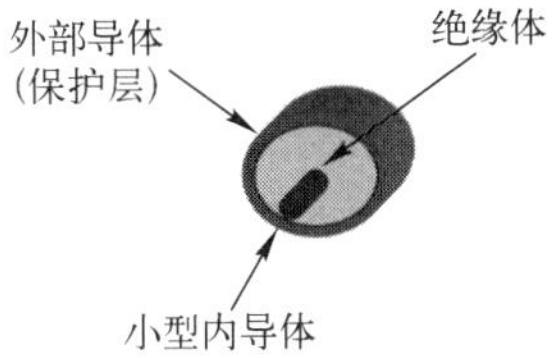 （小型内导体结构图）	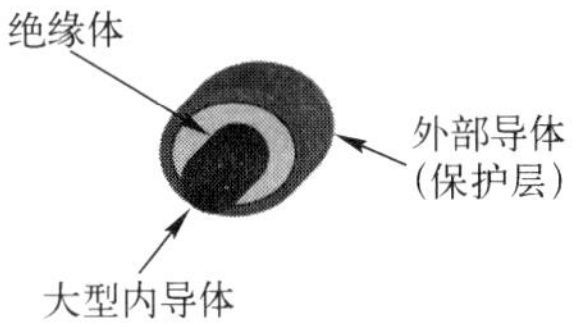 （大型内导体结构图）
额定功率	很小，由于内部导体直径很小	最佳
弯曲度	最优	由于内部大导体导致电缆难以弯曲
重量	低	高，由于内部存在大金属
损耗	低介质损耗，由于介质很厚(高频表现更好)	低欧姆损耗，由于内部导体很大(高频表现更好)
电容	很小，由于绝缘体很厚	很大，由于绝缘体很薄
电感	很大，由于内部导体远离地面	很小，由于内部导体接近地面
特性阻抗 Z_0	约 50Ω（L/C 很高）	约 30Ω（L/C 很低）

3.6 传输线模型

IC-EMC 仿真软件建议不仅将互连结构表示为一组离散 RLC 单元，还要采用所谓的"传输线"模型。传输线符号可以在符号菜单中找到。用户只需定义两个参数：特征阻抗 Z_0 和传播延迟 t_d。集总模型的主要缺点是线路的电阻、电容和电感行为是局部的，而实际上它们是沿着互连线分布的。

与 3.4 节中介绍的集总模型相反，传输线模型能够正确模拟电磁波沿互连结构的传播且没有频率限制。

正如式(3-9)所示,Z_0、L 和 C 之间存在直接关系。在传输模型中,Z_0 直接作用并且不必考虑关于 L 和 C 的任何细节。关于延迟(式 3-11)可以输入数值,也可以参考线路长度和介电常数导致的延迟(图 3-18),这里应该指出,只需进行两条无损导体传输线的建模。当传输线上加载 1~6Hz 的时钟激励,并使用与 50Ω 不同的阻抗负载(这里的阻抗为 1500Ω)时,传输线远端可以清楚地看到一些尖锐的毛刺(图 3-19),这是由于传输线的特性阻抗和每个线路终端的阻抗不匹配导致沿着线路传播波的多次反射。

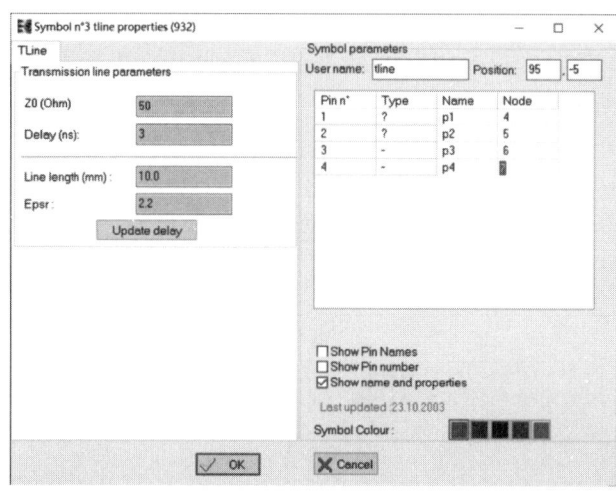

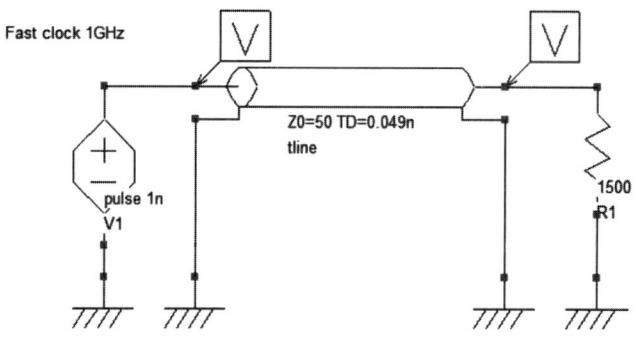

图 3-18　在信号传输仿真(book\ch3\tline-50ohm.sch)中使用传输线($Z_0 = 50Ω, t_d = 49\text{ps}$)

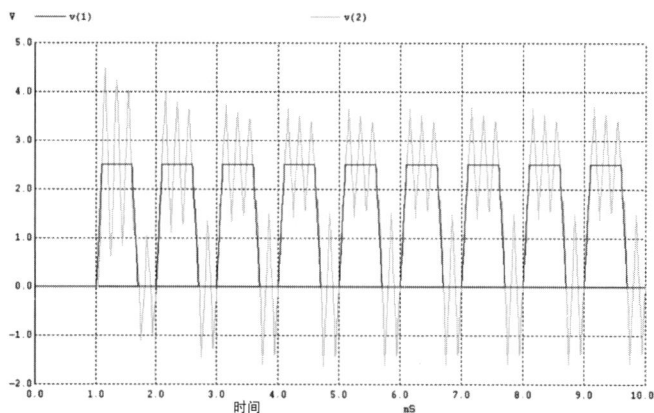

图 3-19　使用 1500Ω 终端连接模拟传输线上的 1GHz 时钟传输($Z_0 = 50Ω, t_d = 49\text{ps}$)(tline-50ohm.sch)

如图 3-20 所示,如果采用 50Ω 阻抗负载,则不会发生短路的情况,并且传输线近端和远端之间的延迟与作为参数给出的延迟相对应(图 3-18 所示菜单的"Delay"属性中给出的延迟参数为 49ps)。

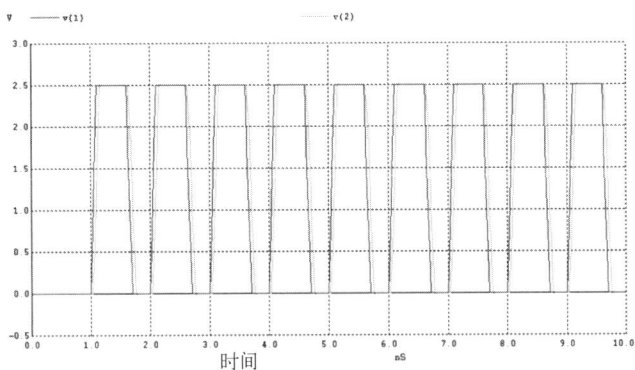

图 3-20　使用 50Ω 终端负载进行相同仿真
(tline-50ohm.sch)

3.7　阻　抗

集成电路模型中 EMC 预测的关键先决条件与无源分配网络(尤其是电源分配网络)有关,或者说就是从两个不同的接入引脚看到的阻抗。发射特性和抗扰特性与无源分配网络的阻抗密切相关。

3.7.1　阻抗测量

通常基于矢量网络分析仪(VNA)的散射参数(S 参数)来进行阻抗的测量。

图 3-21 示出了 S 参数测量原理,利用一个小信号正弦波,分析被测器件上 p1 和 p2 端口的前向功率波(a1)和反射功率波(b1)。

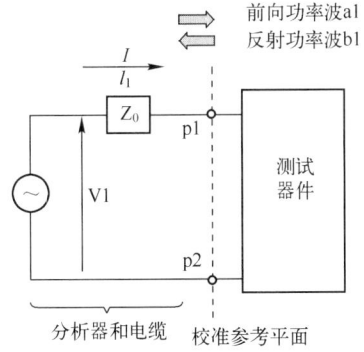

图 3-21　阻抗的 S 参数测量原理

$$S_{11} = \frac{b_1}{a_1} \tag{3-13}$$

其中

$$a_1 = \frac{V_1 + Z_0 I_1}{2} \tag{3-14}$$

$$b_1 = \frac{V_1 - Z_0 I_1}{2} \tag{3-15}$$

3个参数 a_1、b_1 和 S_{11} 是复数。S_{11} 可以表示为

$$S_{11} = R + jX \tag{3-16}$$

阻抗 Z_{11} 与在两个引脚 p1 和 p2 之间测量的 S_{11} 有关,并由 S_{11} 简化表示,即

$$Z_{11} = Z_0 \frac{1 + S_{11}}{1 - S_{11}} = Z_0 \left[\frac{1 - R^2 - X^2}{(1-R)^2 + X^2} + j \frac{2X}{(1-R)^2 + X^2} \right] \tag{3-17}$$

实际上,可以直接在封装引脚上测量阻抗,也可以使用专用测试板,如图 3-22 所示。如果目标是表征芯片本身的阻抗,还有一些特殊的探头可以直接在芯片上进行探测。

图 3-22 使用特定的高频探头测量阻抗

IC-EMC 软件在两个工具中使用 S 参数测量文件,这些工具可以在 EMC 菜单中选择"EMC>Impedance"(如图 3-23 所示,通过在文件格式菜单中选择 Touchstone 或 S1P)和"EMC > S Parameters"。通过将原始数据转换为 $Z(f)$,"Impedance vs. Frequency"模块仅考虑阻抗,而"S Parameters"模块直接利用原始测量文件,并具有多个扩展选项。

3.7.2 阻抗仿真

典型的 IC 芯片 VDD 和 GND 引脚之间 IC 阻抗测量的结果表明,低频时为 -20dB/十倍频程变化,这可以通过电容建模;高于 100MHz 时为 +20dB/十倍频程变化,可等效为一个电感。最低阻抗对应于几欧的最小电阻。对于 DSP 芯片[1](图 3-24),突出显示了两对电源引脚:微控制器的模拟部分引脚 AVDD/AVSS;用于内核引脚 VDD-10/VSS-9。同时引脚 25/26 和 38/41 上也有电源对,它们的 $Z(f)$ 分布图非常相似,说明芯片上所有 VDD(10,26,38)均在内部相连,VSS 的情况也是相同的(9,25,41)。

第 3 章 基本概念

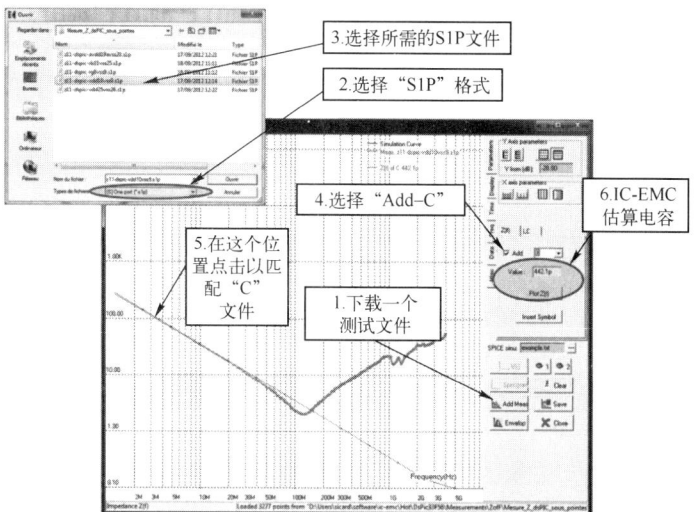

图 3-23 "Impedance vs. Frequency"工具用于下载 S1P 测量文件并识别低频时的等效电容(book\ch3\z11-dspic-vdd 10vss9.s1p)

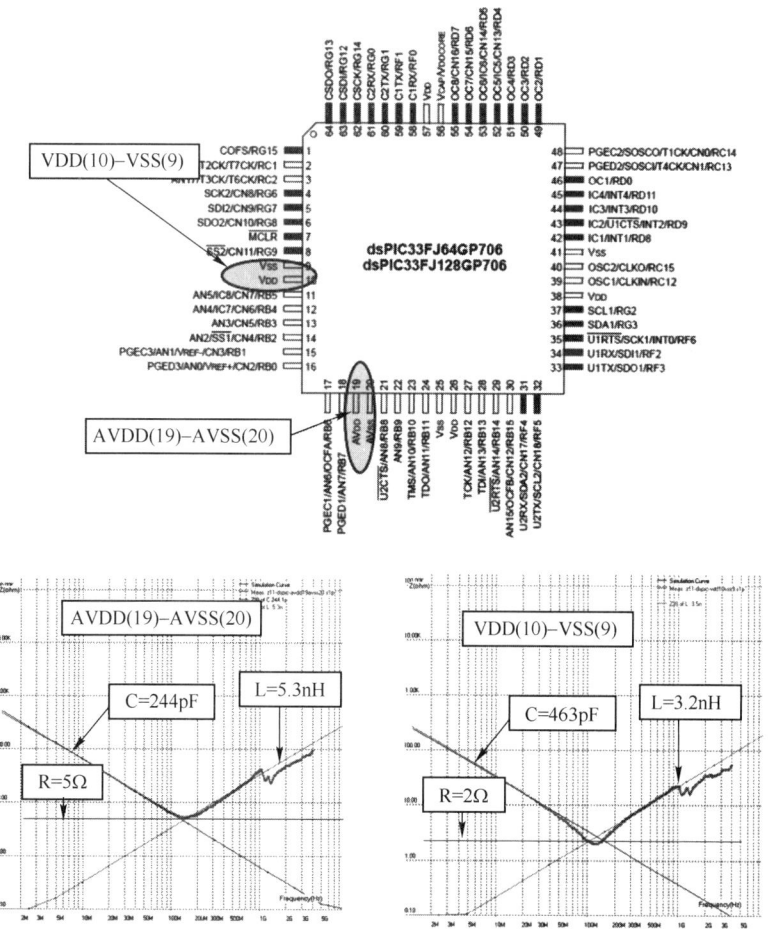

图 3-24 识别两个电源对的 RLC 值,左侧为模拟电源(book\ch3\z11-dspic-avdd19avss20.s1p),右侧为逻辑内核电源(book\ch3\z11-dspic-vdd10vss9.s1p)

建议用最少数量的分立元件对阻抗进行建模,并尽可能考虑其物理意义。这意味着只考虑一个全局电容 C(封装和芯片电容,后者占主导地位)和两个电感来表示封装的引脚,每个电感大小是全局电感的一半。需要注意的是,这次与封装引脚和键合线电感相比,片上电感可以忽略不计。换句话说,芯片主要等效为电容和电阻特性,封装主要等效为电感特性。

所提出的模型仿真与测量之间的结果比较如图 3-25 所示。内核部分电容大于模拟部分电容,可能是由于导线较短,其电感更小;由于电路短路和片内低阻抗电源线的存在,其电阻更小。

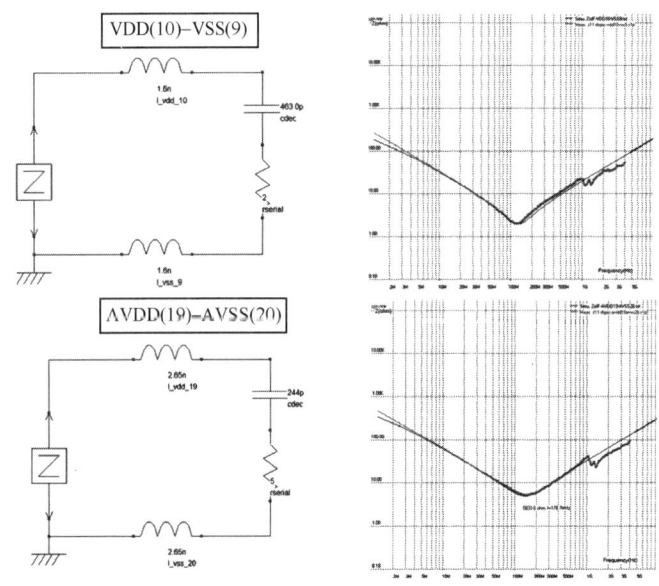

图 3-25　关于逻辑内核电源(上部分,book\ch3\ZofF-VDD10-VSS9.sch)和模拟电源
(下部分,book\ch3\ZofF-AVDD19-AVSS20.sch)测量及建模结果的对比

3.7.3　多端口 S 矩阵和 Z 矩阵

使用 VNA(矢量网络分析仪)进行的 S 参数测量可扩展到多端口器件,以分析和建模不同端口之间的耦合(如同一电路的两个不同电源域之间的耦合)。实际上,商用 VNA 包括两个或四个 RF 端口。图 3-26 描述了双端口 S 参数测量的原理。

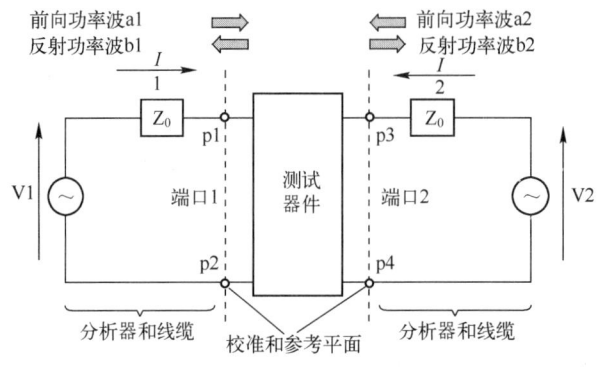

图 3-26　双端口 S 参数测量的原理

S_{11} 和 S_{22} 是每个端口的反射系数(式(3-18)和式(3-19))。S_{21} 和 S_{12} 是从端口 2 到端口 1 或从端口 1 到端口 2 的传输系数(式(3-20)和式(3-21))。对于无源器件,S_{12} 和 S_{21} 是相同的。

$$S_{11} = \frac{b_1}{a_1}\bigg|_{a_2=0} \tag{3-18}$$

$$S_{21} = \frac{b_2}{a_1}\bigg|_{a_2=0} \tag{3-19}$$

$$a_2 = \frac{V_2 + Z_0 I_2}{2\sqrt{Z_0}} \tag{3-20}$$

$$b_2 = \frac{V_2 - Z_0 I_2}{2\sqrt{Z_0}} \tag{3-21}$$

Z 矩阵可以由式(3-23)表示,这个公式可以扩展到多端口器件的 $N×N$ 矩阵。Z_{11} 和 Z_{22} 是端口 1 和端口 2 的输入阻抗,而 Z_{12} 和 Z_{21} 是从一个端口到另一个端口的转换阻抗,即当一个端口作为激励时在另一个端口上测量的电压。$[I]$ 是单位矩阵。

$$[S] = \begin{bmatrix} S_{11} & S_{12} \\ S_{21} & S_{22} \end{bmatrix} \tag{3-22}$$

$$[Z] = \begin{bmatrix} Z_{11} & Z_{12} \\ Z_{21} & Z_{22} \end{bmatrix} = Z_0 \frac{[I]+[S]}{[I]-[S]} \tag{3-23}$$

对于 IC 建模,传输系数或传输阻抗给出了关于两个不同引脚之间的耦合信息,如连接到相同的电源分布网络或通过相邻互连结构或 IC 基板之间的串扰产生寄生耦合。两个端口之间的传输系数或传输阻抗较小意味着两个端口之间的耦合较小。

以下示例[2]介绍了两个不同 FPGA 供电电源之间的 S 参数测量。第一个端口位于 3.3V 电源和 I/O 电源(VDDIO/VSSIO)的接地引脚之间,第二个端口位于可编程内核域(VDDCOREA/VSSCORE)的 1.2V 电源和接地引脚之间。在内部两个电源区域是分开的,但是 I/O 和内核的地平面在 FPGA 封装内是互相连接的。图 3-27 和图 3-28 分别显示了两个端口之间测得的 S 参数和 Z 参数。标准 Touchstone 文件 FPGA_VddIO_VddCore.s2p 需要通过使用工具"EMC>S parameters"加载。

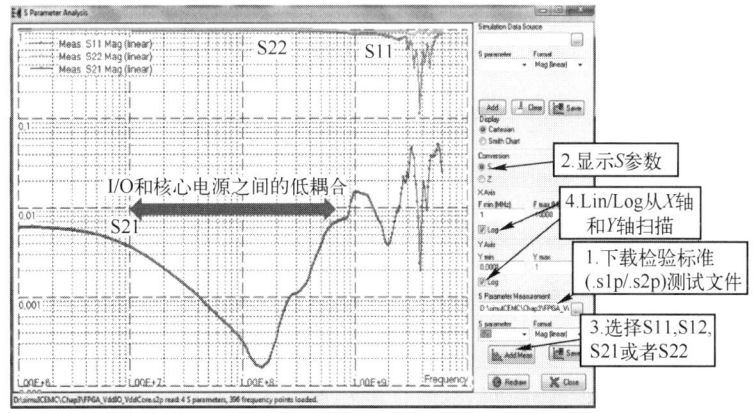

图 3-27 "S parameter analysis"工具用于加载 S2P 测量文件,显示 S 参数以识别 FPGA I/O 和核心电源域之间的耦合(book\ch3\FPGA_VddIO_VddCore.s2p)

反射系数等于1时表明等效电源阻抗与50Ω阻抗不匹配,传输系数很小时(小于0.01至1GHz之间时)意味着I/O引脚和内核电源之间存在耦合。

通过"Conversion"命令菜单可将S参数转换为Z参数。Z_{11}和Z_{22}曲线表明,考虑等效电容和封装电感,I/O和内核电源可能出现几十兆赫的自感电容。传输阻抗具有相同的规律,但低于Z_{11}和Z_{22},表明两个电源部分之间存在很小的互感耦合。因此,由于I/O切换引起的任何噪声都可能耦合到内核电源上,并影响内核工作,如通过在时钟信号上产生的抖动。

通过对Z参数的分析,可以建立一个等效的电气模型。图3-28中增加了电容和电感的拟合值,最终模型如图3-29所示。内核和I/O电源之间主要的三条耦合路径:低频条件下电源之间的电容耦合;超过100MHz时通过IC衬底的电阻耦合;在封装上通过接地互连耦合。测量过程中通过调整模型参数以符合仿真Z参数数值(图3-30)。

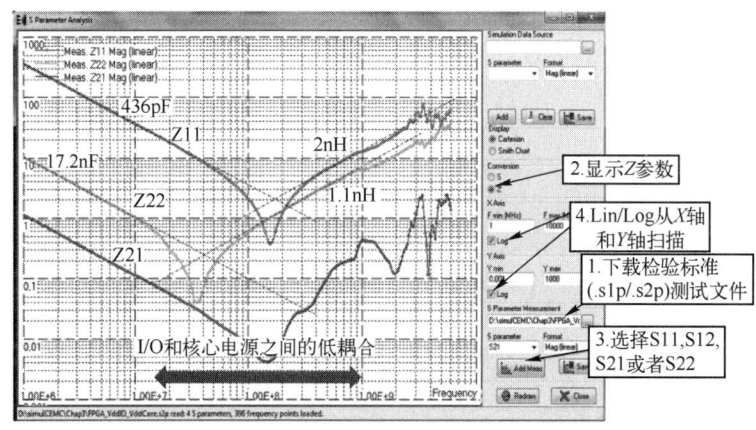

图3-28 使用Z转换显示S2P测量文件-垂直轴以Ω为单位,对数刻度
(book\ch3\FPGA_VddIO_VddCore.s2p)

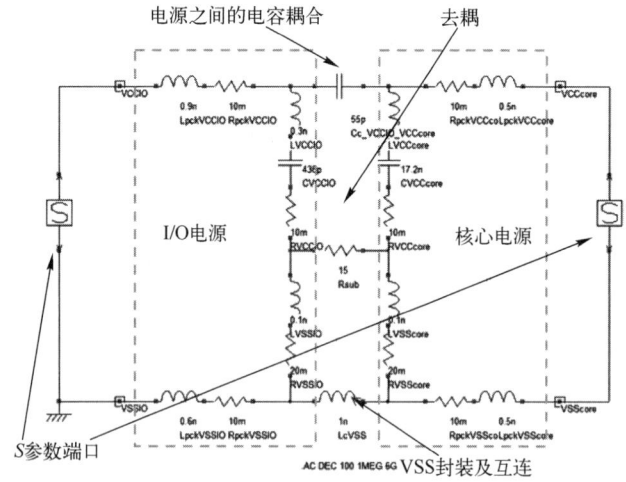

图3-29 I/O和FPGA内核的电源模型,包括耦合元件
(book\ch3\Coupling_FPGA_power_supplies.sch)

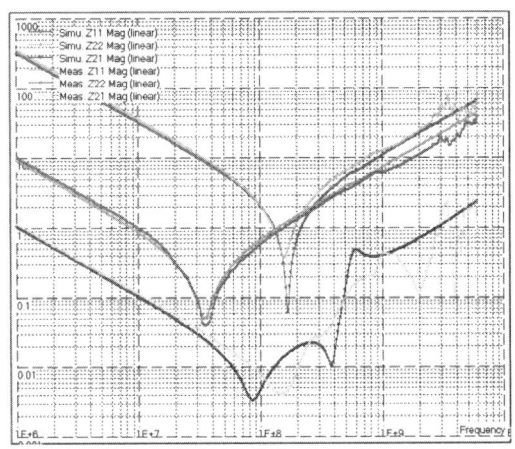

图 3-30 Z 参数的测量和仿真结果之间的比较
(book\ch3\Coupling_FPGA_power_supplies.sch)

3.8 天线基础

图 3-31 给出了三星 Galaxy™ 移动电话"理想"天线示意图。移动电话中存在由简单的金属导线组成的辐射导线。天线设计的常用方法是将信号(通常是具有相位调制的 1V 峰-峰正弦波形)发送到金属导线,金属导线辐射大部分电能并转换成传播电磁波;反过来也可以有效地接收电磁波,并将这些辐射能转化为电能。

3.8.1 λ/4 天线

天线长度是指从馈电点到金属导线的最远端,遵循式(3-24)。电波频率越高,天线长度越短。这就是为什么 900MHz 频段(历史上第一个 GSM 允许带宽)会产生最长的天线,大约 8cm。

$$\text{length} = \frac{\lambda}{4} = \frac{c}{4f} \tag{3-24}$$

式中 c——光速;
f——信号频率。

从图 3-31 可以看出,金属结构之间距离应该足够远以确保有效辐射。换言之,如果天线的尺寸与波长相匹配时遮蔽效果最小,此时天线性能最佳。从电子设计的角度,λ/4 天线与功率放大器的最佳辐射阻抗为 Z_a,根据天线设计理论,其范围为 10~100Ω。

表 3-4 总结了 3MHz~3THz 的频带划分,对应 λ/4 波长天线尺寸和应用场景。图 3-32 显示了一些潜在的干扰源及其瞬时功率。最强的电磁干扰源包括雷暴、脉冲雷达和无线电/电视发射机,可见,微波(2.45GHz)范围内存在各种干扰源,极易影响工作在相同频率范围 Wi-Fi、蓝牙等设备。

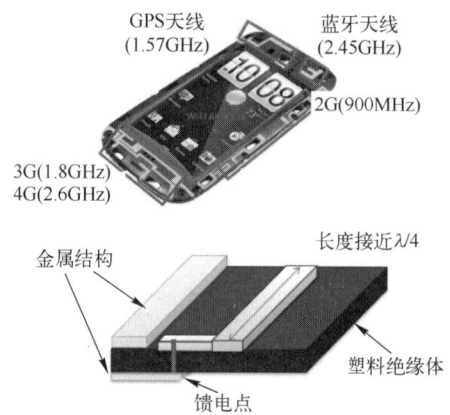

图 3-31 在 4G Samsung Galaxy© 移动电话中实现的移动通信天线(三星提供)以及辐射天线原理

表 3-4 频带和可能的天线耦合的关系

简 称	频 带	范 围	λ/4	应 用
HF	高频	3~30MHz	25~2.5m	飞机
VHF	甚高频	30~300MHz	2.5~0.25m	汽车,电缆
UHF	特高频	300MHz~3GHz	0.25m~2.5cm	电路板
SHF	超高频	3~30GHz	25~2.5mm	元件
XHF	极高频	30~300GHz	2.5~0.25mm	小元件
THF	超级高频	300GHz~30THz	0.25mm~25μm	导线,过孔

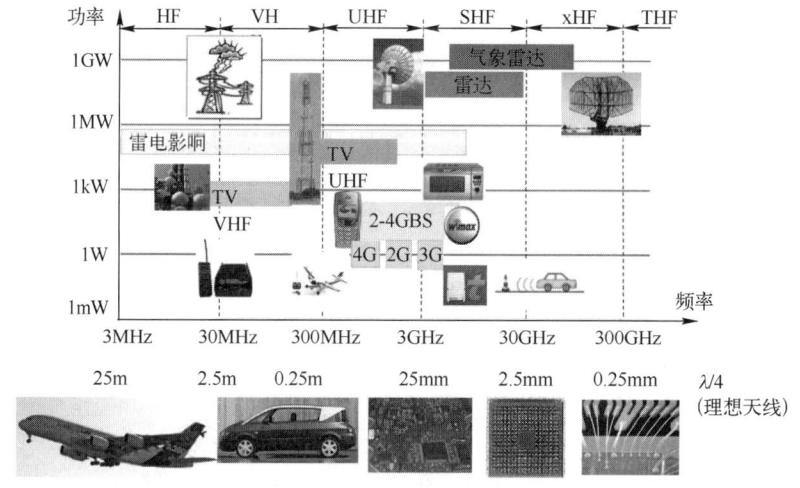

图 3-32 从 1MHz 到 1THz 的干扰源和相关天线尺寸图解

3.8.2 辐射

本小节首先介绍电场 E 和磁场 H 计算的基础知识,以说明 IC-EMC 中是如何计算 E 场和 H 场的(图 3-33)。导线中的任何瞬态电流都会产生磁场和电场,设定电流幅值 I_0,频率 f,电小尺寸导体($h \ll r$),H 场和 E 场由式(3-25)~式(3-29)表示。IC-EMC 的近场分析工具使用这些表达式来计算基本电流偶极子辐射形成的电场和磁场。

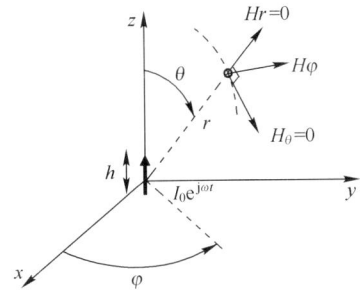

图 3-33　导体中的电流 I_0 产生一个磁场

$$E_r = 2\frac{\eta\beta^2 I_0 h}{4\pi}\cos\theta\left(\frac{1}{\beta^2 r^2}-\frac{j}{\beta^3 r^3}\right)e^{-j\beta r} \cdot e^{j\omega t} \quad (3-25)$$

$$E_\theta = \frac{\eta\beta^2 I_0 h}{4\pi}\sin\theta\left(\frac{1}{\beta^2 r^2}+\frac{j}{\beta r}-\frac{j}{\beta^3 r^3}\right)e^{-j\beta r} \cdot e^{j\omega t} \quad (3-26)$$

$$H_\phi = \frac{\beta^2 I_0 h}{4\pi}\sin\theta\left(\frac{1}{\beta^2 r^2}+j\frac{j}{\beta r}\right)e^{-j\beta r} \cdot e^{j\omega t} \quad (3-27)$$

$$E_\phi = H_r = H_\theta = 0 \quad (3-28)$$

$$E = E_\theta + E_\phi \quad (3-29)$$

式中　$\omega = 2\pi f$；

$\beta = \dfrac{2\pi}{\lambda}$。

参数 η_0 是波的特征阻抗，可以写成电场和磁场之间的比率。在真空或空气中，其值为 377Ω。

$$\eta_0 = \frac{E}{H} = \sqrt{\frac{\mu}{\varepsilon}} \approx 377\Omega \quad (3-30)$$

近场和远场的区别通常是由 β 值决定的，如表 3-5 所示。

表 3-5　近场和远场的区别

位置	条件	描述
近场	$r \ll \dfrac{\lambda}{2\pi}$	与波长除以 2π 相比，电流源和观察点之间的距离非常小
远场	$r \gg \dfrac{\lambda}{2\pi}$	与波长除以 2π 相比，电流源和观察点之间的距离非常大

在近场条件下，主要是一次平方项，这产生了简化方程(3-31)。r^2 的依赖性意味着接近辐射源时磁场的快速增加。同样电场分量的振幅在 r^3 中迅速增加。扫描电磁源时会有一个有趣的现象，当辐射强度增强时 E 场和 H 场密度也会随之提高。

$$H_\phi \approx \frac{I_0 h}{4\pi}\sin\theta \cdot e^{-j\beta r} \quad (3-31)$$

在远场中，磁场分布主要是第二项，这产生了不同的简化式(3-32)。同样简化电场公式。E 场和 H 场具有以下性质：它们具有相同的相位，它们彼此垂直，且与传播方向 r

有关,二者的关系见式(3-34),其中 η_0 是真空波阻抗。它们形成所谓的横磁波(TEM)。

$$H_\phi \approx \frac{\beta I_0 h}{4\pi}\sin\theta \cdot e^{-j\beta r} \quad (3-32)$$

$$E \approx E_\theta \quad (3-33)$$

$$|E| \approx \eta_0 |H| = \mu_0 c |H| \quad (3-34)$$

式中 $\eta_0 = 377\Omega$;

$\mu_0 = 4\pi \times 10^{-7} \mathrm{kg \cdot m \cdot A^{-2} \cdot s^{-2}}$;

c 为光速,取 $3 \times 10^8 \mathrm{m/s}$。

3.8.3 辐射耦合

当电磁场辐射到达任何导体结构(天线、电缆导线、PCB 布线、封装引脚……)时,E 场和 H 场耦合并引起寄生电流和电压。除了由两个并行小段导线组成的互连结构(图 3-34)之外,很难确定干扰的精确表达式。这种情况看似很简单,但它有助于理解 E 场和 H 场的耦合过程。

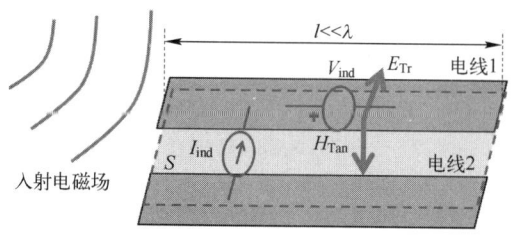

图 3-34 两线互连的电磁场耦合

这里考虑正弦干扰信号源,不考虑 E 场和 H 场的极化方向,不考虑近场或远场区域中的结构形式,都可以从式(3-35)和式(3-36)推导出感应电压和电流。由于是短线,作用在结构上的场分布可以认为是恒定的,并且 H 场的耦合可以由依赖于频率的局部电压源、两条线之间面积 S 以及与该表面 H_{Tan} 切向的磁场来建模。

类似地,E 场耦合可以通过线路两条导线之间的局部电流源来建模,这取决于频率、互连结构的单位长度电容和电场的横向分量 E_{Tr}。这两种感应源都会导致传导干扰沿着连线传播。在线路两端感应的电压取决于线路特性和终端阻抗。

$$V_{\mathrm{ind}} = j\omega\mu_0 S H_{\mathrm{Tan}} \quad (3-35)$$

$$I_{\mathrm{ind}} = j\omega C l E_{\mathrm{Tr}} \quad (3-36)$$

式中 $\mu_0 = 4\pi \times 10^{-7} \mathrm{kg \cdot m \cdot A^{-2} \cdot s^{-2}}$;

C——单位长度上的互连电容;

l——线的长度;

S——两线之间的表面积。

3.9 总 结

本章首先介绍了集成电路 EMC 中的基础知识,讨论了信号时域和频域的表征方法,介绍了傅里叶变换,并对电磁兼容测量中出现的噪声进行了描述;然后提出了一些互连模型,讨论了50Ω阻抗匹配的来源,并以同轴电缆为例进行说明;还介绍了阻抗的测量和仿真,详细介绍了IC-EMC中的散射参数和利用这些信息的方法。本章结尾介绍了辐射天线及其相关的公式,在近场和远场中的近似法,以及场耦合到传输线的机理。

3.10 练 习

练习1 单位换算
采用 IC-EMC 单元转换器,将 50Ω 负载电阻中注入的 0dBm 转换为 dBμV。

练习2 单位换算
移动电话接收的功率大约为 90dBm。在 50Ω 输入负载和 100MΩ 输入负载上它各代表多少电压?知道低噪声放大器的典型增益是 20dB,需要多少个放大器才能获得 100mV 的峰−峰信号?

练习3 FFT 窗
探讨"窗口"对简单信号频谱的作用。

练习4 FFT 点
UFFT 分辨率 V 对信号频谱的影响是什么?

练习5 电容
两个 10cm×10cm 的金属板分隔板,由一个 300μm 厚的 FR4 氧化物隔开,平板电容是多少?

练习6 电感
2cm×2cm QFP 封装引线的近似电感值是多少?

练习7 近场
在 10mm 的距离,10mA、1GHz 的电流在 10mm² 的封装引线上产生的磁场振幅是多少?

参考答案 练习1
一个 0dBm 的功率对应于 10^{-3} W。使用 $p = V^2/R$,我们推导出 $V = 0.22$V,即 107dBμV。

$$V = \sqrt{PR} = \sqrt{10^{-3} \times 50} = 0.22\text{V} = 107\text{dB}\mu\text{V}$$

参考答案 练习2

−90dBm 的功率对应于 10^{-12}W，即 1pW。

$$V = \sqrt{PR} = \sqrt{10^{-12} \times 50} = 7\mu V$$

为了获得 100mV，需要−83dB 的放大，这相当于 4 个 LNA 级。

$$V = \sqrt{PR} = \sqrt{10^{-12} \times 10^6} = 1mV$$

为了获得 100mV，需要−40dB 的放大，这相当于 2 个 LNA 级。

参考答案 练习3

Blackman 和 Hamming 窗给出了类似的结果。矩形窗显著地降低了数值噪声，而峰值能量在频率和振幅上相似。

参考答案 练习4

在较低的点数上应用 FFT 降低了其精度。增加点的数量迫使软件向不存在的点添加零值，导致整个频谱的修改。

参考答案 练习5

利用平板电容公式 $\varepsilon_0\varepsilon_r S/e$，得到 $8.85\times10^{-12}\times3.9\times10^{-2}\times10^{-2}/0.3\times10^{-3} \approx 1.15\text{nF}$（$11\text{pF}/\text{cm}^2$）。

参考答案 练习6

假设芯片尺寸为封装尺寸的 1/3（7mm×7mm），QFP 封装的最大引线长度为 10mm，最坏情况下为 10nH。

参考答案 练习7

应用式(3-31)，$h = 10\text{mm}$，$r = 10\text{mm}$，$I_0 = 10\text{mA}$，最大磁场为 $1/4\pi = 0.08\text{A/m}$。

$$H \approx \frac{I_0 h}{4\pi r^2}\sin\theta \cdot e^{-j\beta r}$$

参考文献

[1] C. Ghfiri, A. Boyer, A. Durier, C. Marot, S. Ben Dhia, "Construction of an Integrated Qrcuit Emission Model of a FPGA", 2016 Asia-Pacific Int Symp. on Electromagnetic EMC and SI, May 18−21, 2016, Shenzhen, China.

[2] E. Sicard, Wu Jian-fei, Li Jian-chengf "Signal integrity and EMC performance enhancement using 3D Integrated Crcuis-A Case Study", EMC Compo 2013, Nara, Japan.

第4章 EMC 问题概述

本章旨在介绍本书中提到的 EMC 问题,并了解其起源。电子设备所面临的 EMC 问题,如图 4-1 所示。即使它们表现为不同的问题,但通常具有相同的原因,解决其中一个问题可有助于同时缓解几个问题。以下部分旨在介绍理解这些失效机制的基本物理机制,本章还将给出简单的模型,以便对电子应用上的 EMC 问题进行初次评估。

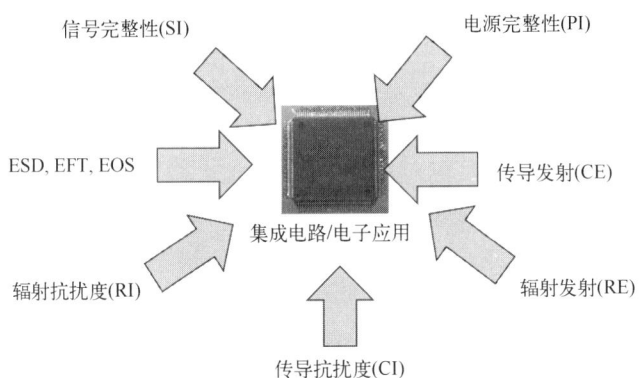

图 4-1 集成电路级 EMC 问题的主要方面概述

4.1 信号完整性

信号完整性(Signal Integrity,SI)是指电子设备上电信号(主要是数字信号)在物理互连结构(PCB 布线或布局、封装引线、片上互连)之间传输的质量。

因为互连长度、特性及数据传输速率等因素的影响,可能会导致电信号波形衰变,从而使接收到的数据不可靠。图 4-2 给出了一个简单的例子来说明一些 SI 问题,两条 PCB 布线连接数字驱动器和接收机,只有一个驱动器处于活动状态,因此第二条线处于高阻抗状态。驱动器电路传输上升沿和下降沿为 2ns 的方波信号,第一条线末端的波形及第二条线两端的波形(称为近端(NEXT)和远端(FEXT))由示波器捕获。

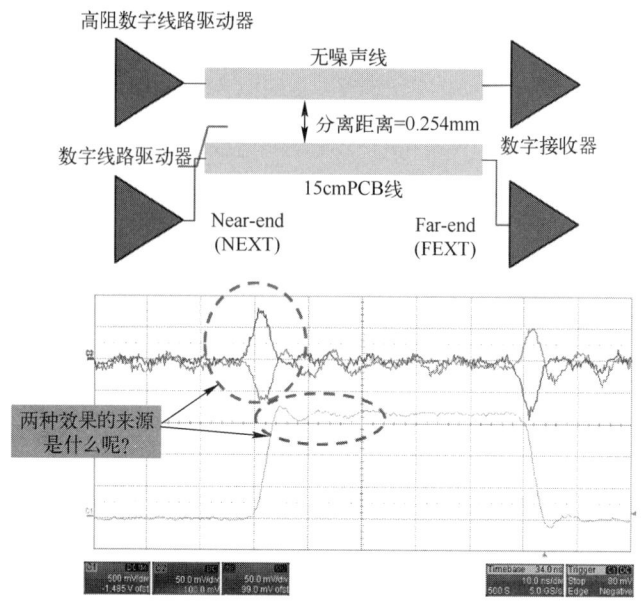

图 4-2 相邻 PCB 线路上的 SI 问题说明

即使保留了接收信号的完整性,在每次信号转换之后仍会受到周期性振荡(振铃)的影响。在实验中,可以很容易地看出,这些振荡的幅度和周期主要与线路长度和阻抗终端有关。信号的衰变实际上与沿着不匹配的传输线传播的电磁波有关。尽管第二条线路不受数字驱动器的激励,但在第一条线路驱动器的每个转换处,在两个端子上会出现快速突发的电压波动,这些峰值可能大到足以被接收机视为逻辑脉冲并产生错误的逻辑状态,这种效应是由于两条线路之间意外的电磁耦合(即所谓的串扰)引起的。感应电压脉冲的极性取决于跃迁的性质,NEXT 和 FEXT 噪声的幅度与信号跃迁的行间距、上升和下降时间有关。一般来说,FEXT 噪声比 NEXT 噪声问题更大,因为它影响接收机输入端的信号完整性。

4.1.1 信号传输

了解先前信号的起源需要对信号传输进行物理描述。与一些电子工程师的观点相反,互连不是简单的等电位参考,而是用作电磁波传播的物理支持的传输线。传输线由至少两个导体组成,这些导体可确保通向和返回电流的路径。在这一部分中,仅考虑沿两条导体传输线的传输来表示 SI 问题的起源,有关多导体传输线建模见文献[1]。

在图 4-3 中,数字信号处理器和存储器之间的数字数据传输通过 PCB 布线来实现。参考平面(通常是接地平面)作为传输线返回电流的第二导体。图 4-3 也给出了一个简单的等效电路,其中传播介质和导线都假定是均匀的,忽略线路损耗问题,传输线路长度为 L,由传播速度 v 和特性阻抗 Z_c 来表征,其特性取决于传输线尺度和介质特性,实际公式将在第 6 章中给出。IC-EMC 软件中"Interconnect parameters"工具涵盖了用于计算各种线型的这些参数的数学公式。线路驱动器由一个电压发生器 V_G 建模,后面跟着一个串联阻抗 Z_G,而接收机被建模为一个负载阻抗 Z_L,两个阻抗应该是频率独立和线性的。

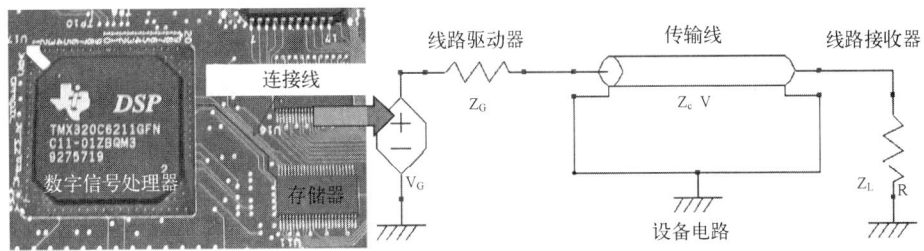

图 4-3 双导体传输线互连模型

如果导体长度是电小尺寸的,则横电磁(TEM)波可沿传输线在两个相反方向以速度 V 传播。这两种波被称为前向波和反向波,记为 V^+ 和 V^-,当线路驱动器激励时会出现。根据传输线方程,电压和电流在线上的任何时间 t 和任何位置 z 是两个波叠加的结果(式(4-1)和式(4-2))。

$$V(z,t) = V^+\left(t-\frac{z}{v}\right) + V^-\left(t-\frac{z}{v}\right) \tag{4-1}$$

$$I(z,t) = \frac{1}{Z_c}V^+\left(t-\frac{z}{v}\right) + \frac{1}{Z_c}V^-\left(t-\frac{z}{v}\right) \tag{4-2}$$

这个简单的模型可用于预测线路驱动器激励线路时线路终端的电压波形。线路的激发产生了一个以恒定速度 v 在负载方向上传播的前向波。当传播时间 T_d 等于 L/v 后,前向波达到负载。一部分输送功率被传送到负载,另一部分被反射并产生反向波 V^-。其幅度取决于负载侧的反射系数 Γ_L(式(4-3))。反向波在相反的方向上传播并叠加到前向波,当它到达驱动器侧时,一部分携带的功率被传递到驱动器阻抗,而另一部分被反射并且叠加到初始前向波 V^+,驱动器侧反射波的幅度取决于反射系数 Γ_G(式(4-4))。

$$\Gamma_L = \frac{V^-}{V^+} = \frac{Z_L - Z_C}{Z_L + Z_C} \tag{4-3}$$

$$\Gamma_G = \frac{V^+}{V^-} = \frac{Z_G - Z_C}{Z_G + Z_C} \tag{4-4}$$

实际上,由于每次波形反射时功率传输和线路的衰减,此过程会在一些周期后停止。图 4-4 显示了一个由步进电压发生器产生激励并终止于线路两端电阻的传输线反射图,

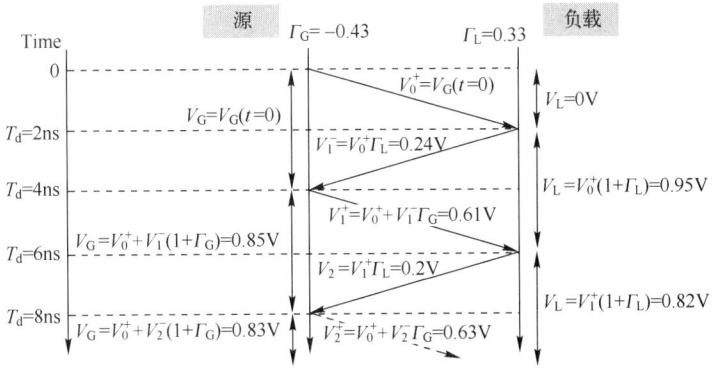

图 4-4 反射图

这个简单的图形工具说明了传输线对脉冲或阶跃激励的瞬态响应。根据反射系数的不同,前后波会在两个线端反弹几次。每当新的波前到达时,线路端子处测得的电压都会发生变化,导致与阻抗失配和传输线不连续性相关的复杂瞬态行为。建议使用 IC-EMC 仿真来确认反射图的结果。

$$V_G = 1V, Z_G = 20\Omega, Z_L = 100\Omega, Z_C = 50\Omega, T_d = 2\text{ns}$$

$$V_G(t=0) = \frac{Z_C}{Z_G + Z_C} V_G = 0.71V$$

应用:使用 IC-EMC 模拟传输线上的信号反弹。

单击"File>Open>book\ch4\Bounce.sch",两个线路端子都放置电压探头,通过行命令"tran 0.1n 20n"设置瞬态模拟参数;单击按钮 ▶ 生成 SPICE 网络,启动 WinSPICE 并打开 Bounce.cir;打开"EMC>Voltage vs Time"窗口 ⊔丿,显示信号转换时的模拟电压波形。将电压与反射图结果进行比较:

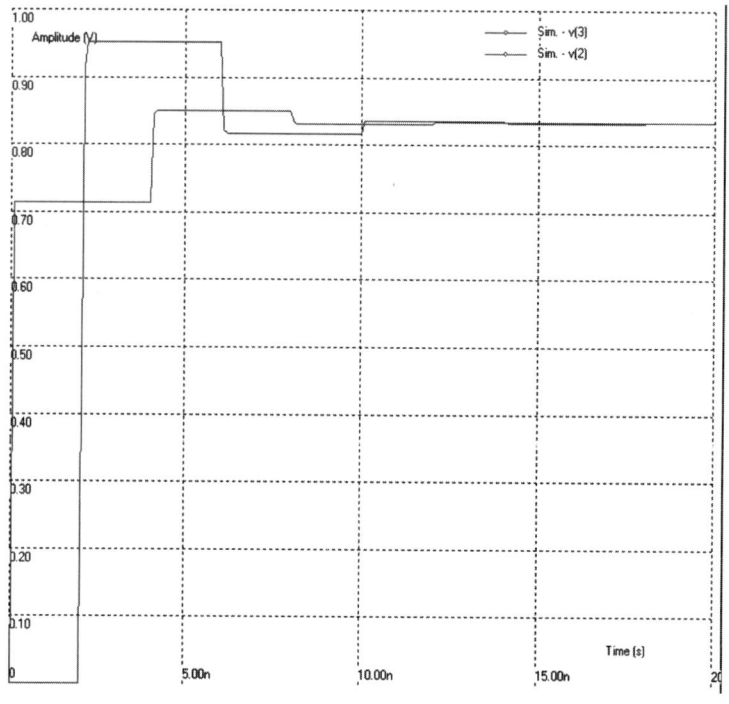

图 4-5 总结了数字信号的失真,转换和位建立时间可能会减慢,这限制了最大数据传输速率。每次转换后可能会出现很大的下冲和过冲,并可能给电子设备带来压力。振铃也可能导致数字接收机的逻辑状态被误导,因此,快速数字数据传输需要 SI 分析以确保信号质量。

在 PCB 级,当数据速率超过几十兆比特

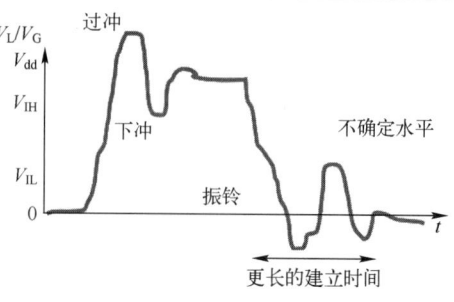

图 4-5 数字信号的失真

每秒时,必须考虑 SI 问题。信号传输只有在线路很长时才会受到传输线效应的影响。换句话说,当两个连续波阵面存在"重要"延迟时,当传输线传播时间 T_P 与上升(或下降)时间 $T_r(T_f)$ 相比不可忽略时,SI 问题变得至关重要。一种实际的标准由式(4-5)[2]给出。

$$T_P \leqslant \frac{T_r}{10} \tag{4-5}$$

如果降低了传输线的不连续性且在两个线路终端确保了阻抗匹配条件(式(4-6)),则信号失真会降低。先进的 I/O 设计技术,如阻抗控制,预加重或均衡都可用于克服 SI 问题。

$$\begin{aligned}\Gamma_L = 0 &\Rightarrow Z_L = Z_C \\ \Gamma_G = 0 &\Rightarrow Z_G = Z_C\end{aligned} \tag{4-6}$$

SI 的预测依赖于对传输线、线路驱动器和接收端的精确建模。然而实际上,由于互连结构的不连续性和损耗,并且驱动器和接收端阻抗是非线性的,因此简单的数学公式或图解被快速限制。基于电气模拟器的仿真通常用于 SI 预测。关于互连建模的细节将在第 6 章中给出,而有关 I/O 建模和 SI 预测的更多细节将在第 10 章中提供。

4.1.2 串扰

串扰问题与近距离的传输线(电缆线、PCB 布线、焊接线)有关,这种情况下可能会出现明显的近场耦合,这可能导致系统内干扰问题,例如寄生电磁发射的噪声源和受扰体来自同一系统。串扰现象可以用接地平面上方两条相邻线路作为基础情况来说明(图 4-6)。布线 1 由电压发生器激励,称为发射线路,终端两个电阻的阻抗为 R_S 和 R_L,电流沿着这条线按照微带线传播模式循环。布线 2 被称为受扰线,两条线之间的近场相互作用在布线 2 上引起电流循环,并在两个终端阻抗 R_{NE} 和 R_{FE} 上产生电压。在这部分中,建议使用两个近似模型来评估串扰噪声的振幅。

在近场耦合中,电场和磁场耦合是分开处理的。在电气领域里,电场耦合被建模为分布电容 C_M,其将电流注入到受扰线中,而磁场耦合被建模为受扰线上感应电压的分布式互感 L_M。两条线路上的电压和电流可以通过求解多传输线(MTL)公式来精确计算[1]。在这里,为了忽略传输线的影响并得出关于串扰的一般结论,分析仅限于电小尺寸线路。如图 4-6(b)所示,电耦合和磁耦合建模为集中互感器 L_M 和电容器 C_M。对于长线来说,这些元件呈分布式。此外,两条线路之间的弱耦合假定为不考虑受扰线对发射线的反作用,将先前的模型进行了简化,如图 4-6(c)所示:电容耦合等效于受扰线上的电流注入 I_C,而电感耦合等效于受扰线上感应电压生成器 V_M。如果考虑正弦激励,这些等效源由式(4-7)和式(4-8)给出。

$$I_C = \frac{C_M R_L}{R_L + R_S} j\omega V_S \tag{4-7}$$

$$V_M = \frac{L_M}{R_L + R_S} j\omega V_S \tag{4-8}$$

近端和远端的终端电压由以下公式给出。第一项与电场耦合相关,第二项与磁场耦合相关,它们要么在计算近端时相加,要么在计算远端时相减。NEXT 和 FEXT 电压的频域演化如图 4-7 所示。根据该模型,耦合随着频率线性增加,直到准静态近似无效。它解释了在受扰线路终端测量电压的行为,如图 4-7 所示:只有发射线路上的快速瞬态信号会干扰受扰线路上的信号,串扰的幅度取决于通过分布式互感和电容线路之间的耦合,计算基本线路配置的分析公式将在第 6 章中给出。这些元件可以插入到电气模型中,以模拟 SPICE 仿真器之间的串扰。

$$\frac{V_{\mathrm{NE}}}{V_{\mathrm{S}}} = \frac{\mathrm{j}\omega}{R_{\mathrm{L}}+R_{\mathrm{S}}} \left(\frac{R_{\mathrm{NE}}R_{\mathrm{FE}}}{R_{\mathrm{FE}}+R_{\mathrm{NE}}} R_{\mathrm{L}}C_{\mathrm{M}} + \frac{R_{\mathrm{NE}}}{R_{\mathrm{FE}}+R_{\mathrm{NE}}} L_{\mathrm{M}} \right) \tag{4-9}$$

$$\frac{V_{\mathrm{FE}}}{V_{\mathrm{S}}} = \frac{\mathrm{j}\omega}{R_{\mathrm{L}}+R_{\mathrm{S}}} \left(\frac{R_{\mathrm{NE}}R_{\mathrm{FE}}}{R_{\mathrm{FE}}+R_{\mathrm{NE}}} R_{\mathrm{L}}C_{\mathrm{M}} - \frac{R_{\mathrm{NE}}}{R_{\mathrm{FE}}+R_{\mathrm{NE}}} L_{\mathrm{M}} \right) \tag{4-10}$$

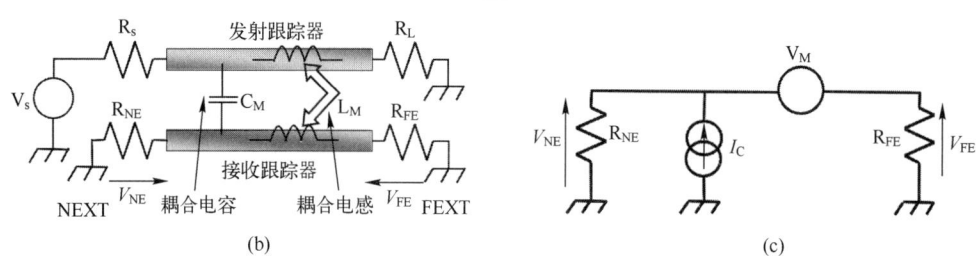

图 4-6 串扰现象及等效电气模型

(a) 两条相邻布线之间的串扰;(b) 具有分布式互感器和电容器的等效电气模型;
(c) 具有集总电流和电压源的等效电气模型。

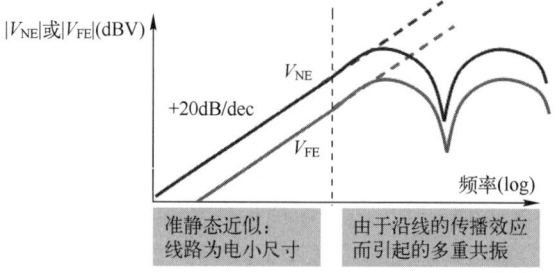

图 4-7 受扰线路上感应到的电压随频率的变化而变化

> 应用:提取两条平行的微带线之间的互感和电容。
> 单击"Tools>Interconnect Parameters":选择边缘耦合微带线。

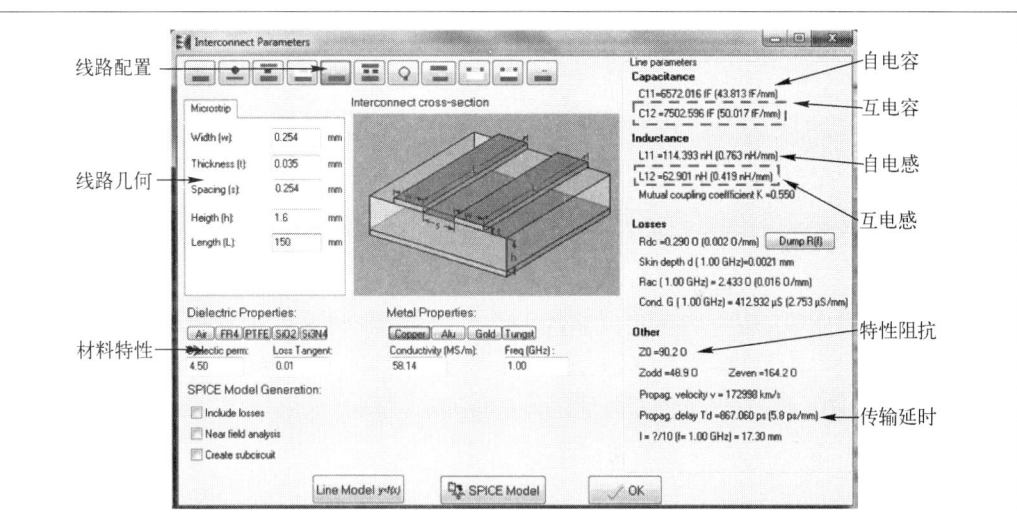

定义线的几何尺寸:线宽、间距、长度和与地平面的高度,如图4-6(a)所示。选择电介质和材料属性(例如 FR4 和铜)。

单击"Line model"按钮,线路的电气特性被更新并显示在右栏中,线路之间的互感等于 0.42nH/mm,而耦合电容等于 50pF/mm。

减少距离可以降低电容耦合和电感耦合。根据式(4-9)和式(4-10),近端和远端电压将下降。

应用:两个平行微带线的情况。

在连接两个数字驱动器和接收机的两条相邻/平行的微带线之间会出现一种熟悉而简单的串扰情况,它们都以单端模式驱动。微带线通过电阻 R_0 在两端匹配,电阻 R_0 等于线特性阻抗 Z_0。图 4-8 显示了具有电容和电感耦合的两条线路的等效集总电路模型,可以通过数值模拟或分析公式来评估该线路的特性(Z_0,传播延迟 T_d,自身电容 C_S 和自身电感 L_S,互耦电容 C_M 和互耦电感 L_M),例如 IC-EMC 互连参数工具 "Interconnect Parameters"。

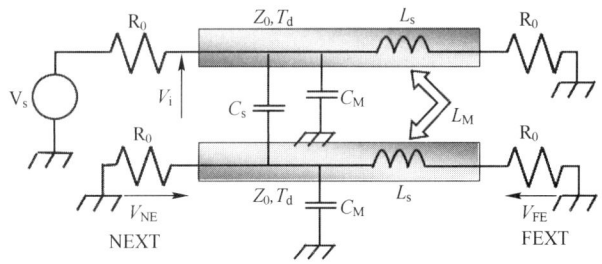

图 4-8 两条平行微带线的集总电气模型

如果两条线都匹配,并且假设有弱耦合,则静态线路终端上的 NEXT 和 FEXT 电压可根据式(4-11)和式(4-12)[3]进行估算,其中 dV_i/dt 表示输入信号传输速率,传输速率越高,串扰噪声越高。

$$V_{NE} = \frac{T_d}{2}\left(\frac{C_M}{C_S+C_M}+\frac{L_M}{L_S}\right)\frac{dV_i(t-2T_d)}{dt} \qquad (4-11)$$

$$V_{FE} = \frac{T_d}{2}\left(\frac{C_M}{C_S+C_M} - \frac{L_M}{L_S}\right)\frac{dV_i(t-T_d)}{dt} \qquad (4-12)$$

在实际情况下,由于FEXT噪声会影响接收端,因此存在更多问题。显然FEXT噪声低于NEXT噪声,因为电感耦合会减去电容耦合。如果这条线路是在一个均匀介质中传输的,则由公式(4-13)验证:

$$\frac{C_M}{C_S+C_M} = \frac{L_M}{L_S} \qquad (4-13)$$

并且FEXT噪声应该被消除。实际上,这些线路布局于有空气的绝缘衬底上,在此种非均匀介质中,对于平行微带线,L_M/L_S大于$C_M/(C_M+C_S)$,因此FEXT不能被消除。减少FEXT噪声的一种可能的解决方案是Tabbed routing(指将特定形状和尺寸的铜皮,按照一定的规则添加到走线上的一种布线处理方法),使互耦电容增加而不改变互耦电感[4]。

4.2 电源完整性

4.2.1 定义

电路的电源完整性(PI)与降低电源和参考地的电压反射有关。通过配电网络(PDN)同时切换大量数字门或I/O驱动器(同步开关噪声(SSN)),由此产生的快速瞬态电流的循环引起了电源和参考地之间的电压反射。电源电压基准上的电压波动可能会改变电路性能,如它可以通过数字电路改变传播时间,增加同步数字电路中的时钟抖动和误码,降低SI,干扰模拟转换结果等。

由于集成电路消耗的瞬态电流幅度取决于技术和应用,因此集成电路用户很少有机会减少电流幅度以改善PI,所以不得不专注于PCB和封装层面的PDN设计[5]。在传统的电子应用中,PDN的通常结构见图4-9,它由PCB、封装和IC互连组成,这些互连引入了不可忽略的串联电感器和电阻器。放置在电源V_{dd}和地V_{ss}之间固有和寄生的电容用于确保快速电流所需的去耦,它会在电源和地线之间产生复杂且与频率相关的阻抗。

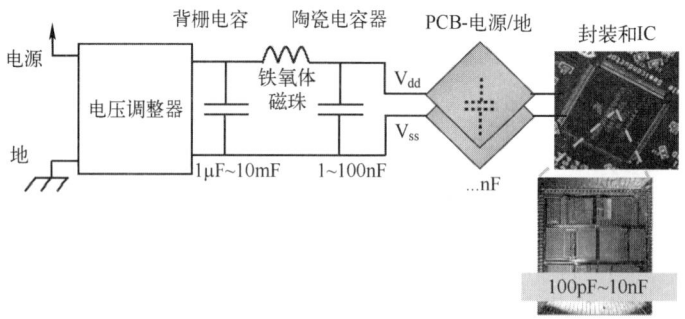

图4-9 电路板配电网络(PDN)的典型结构

沿着PDN互连的瞬态电流i的循环引起功率和地电压反射,PDN的分布式串行寄生电感和电阻沿电源和地线引入电压波动ΔV。它们的贡献分别是Δ-I噪声和IR压降,如式(4-14)所示。由于电流的快速变化率,Δ-I 噪声通常占主导地位。

$$\Delta V = \underbrace{R_{PDN} i}_{\text{电流电阻下降}} + \underbrace{L_{PDN} \frac{\text{d}i}{\text{d}t}}_{\Delta\text{-I 噪声}} \qquad (4\text{-}14)$$

应用:评估 CMOS 28nm 数字电路中的电压反射。

根据第 2 章中表 2-1 给出的数字,采用 CMOS 28nm 技术设计的数字门通常在接近 10ps 时消耗 0.03mA 的峰值电流,这似乎是一个微不足道的电流,但一个 $1mm^2$ 的芯片可以包含高达 500 万个门。假设只有 1000 个门同时切换,峰值电流便可达到 30mA。如果 PDN 寄生串联电感为 1nH,串联电阻为 100mΩ,则 IR 压降仅为 3mV,而 Δ-I 噪声达到 3V,这是典型电源的 3 倍!它证明了 PDN 设计的基本规则之一:尽可能地减少串联电感。

注:由于未考虑电路电容和去耦电容器,因此先前的评估高估了电源电压降,该电容有助于使电压变化趋于平滑。

图 4-10 给出了一个在数字电路的电源上测量电压波动的例子[6]。这里,由电路封装电感引入的 Δ-I 噪声占主导地位,并产生在每个时钟沿出现的快速电压峰值,Δ-I 噪声被电路片上电容衰减。IC 封装电感及局部 IC 和 PCB 去耦电容引入一个 LC 谐振,在每个时钟沿后伪周期为 4.5ns,从而产生阻尼振荡。

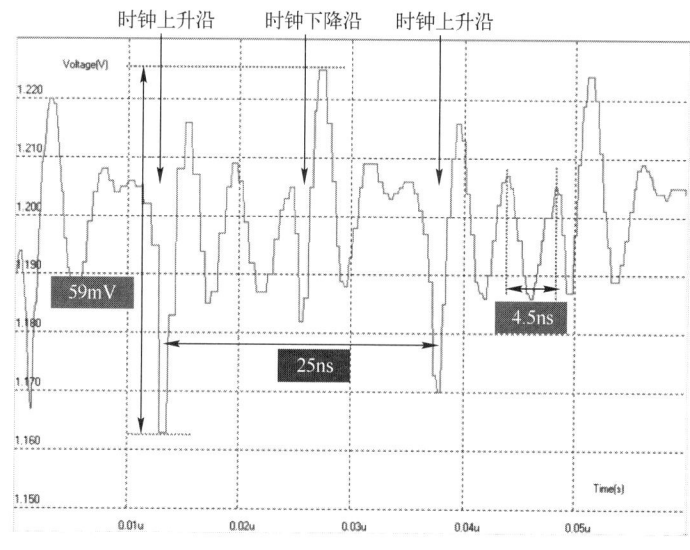

图 4-10 电源电压反弹的测量(book\ch4\Core1_VddNoise_2.tran)

4.2.2 目标阻抗和 PDN 设计控制

PDN 设计基于不同集成电路对电源 V_{dd} 和地 V_{ss}(PDN 阻抗 Z_{PDN})之间的阻抗进行控制。图 4-11 显示了 IC 活动引起的电源电压波动的基本模型,由于内部结构的切换,电流 I_{IC} 产生并沿着 V_{dd} 和 V_{ss} 平面循环。在频域中,V_{dd} 和 V_{ss} 之间的电压波动 ΔV_{dd} 取决于 Z_{PDN} 和固定 I_{IC}(式 4-14)。由 IC 活动产生的快速电流脉冲具有宽带频谱,这些电压反射的减少要求在电流频谱所占据的频率范围内保持尽可能低的 PDN 阻抗。

$$\Delta V_{dd}(f) = Z_{PDN}(f) \times I_{IC}(f) \quad (4\text{-}14)$$

式(4-15)中的目标阻抗 Z_T 定义了最大 PDN 阻抗的条件,将电源电压波动限制在阈值 $\Delta V_{dd\,max}$ 以下。

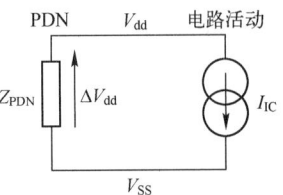

图 4-11 PI 分析的基本模型:PI 与 IC 电流和 PDN 阻抗有关

对于数字设备,最大电源电压波动通常在电源电压的 5%~10% 范围内,如果 ΔV_{dd} 低于此限值,则认为电源稳定。

目标阻抗取决于 IC 活动产生的瞬态电流,其振幅随频率而改变。严格评估 Z_T 需要精确了解电流的频率成分,这需要模拟 IC 产生的电流波形。一个更方便的评估方法是使用平均电流法则,但也会带来更严格的设计约束。

$$Z_T = \frac{\Delta V_{dd\,max}}{I_{av}} \quad (4\text{-}15)$$

图 4-12 显示了一个 PDN 阻抗曲线的例子。该测量是通过连接在 10cm×10cm 四层 PCB 的电源和地平面之间的 VNA 进行的,一个微控制器安装在这个 PCB 上,并且由一个内部 PLL 以 40MHz 的频率提供时钟,电源和地平面形成一个复杂的结构,充当谐振腔。在第 5 章中,将提供对这种结构建模的描述。当频率低于 60MHz 时,PDN 阻抗由平面电容(1.7nF)和 IC 内部电容(450pF)决定。在 60MHz 以上,会出现平面电容、IC 内部电容和 IC 封装电感与电源层之间的 LC 谐振。在此频率以上,PDN 阻抗趋于变为电感性(接近 3nH)。该示例中,在 IC 电流频谱幅度非常大的 MHz 范围内,PDN 阻抗仍然非常高。

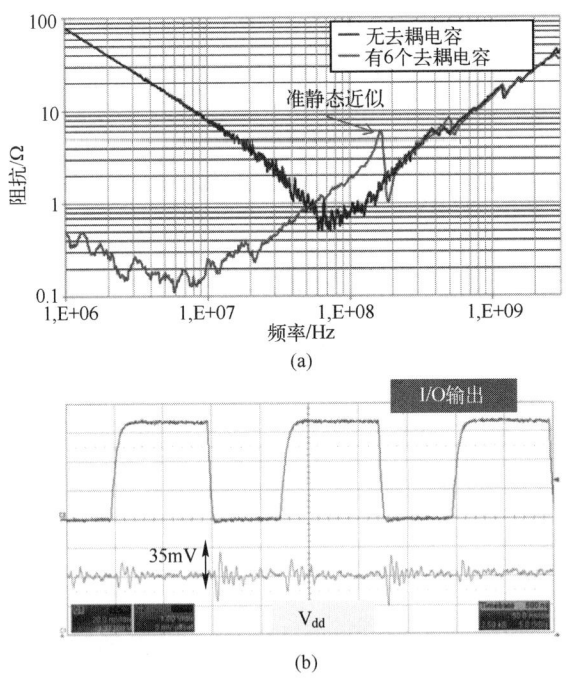

图 4-12 PDN 阻抗曲线的例子

(a) PDN 阻抗曲线示例;(b) 由于 I/O 总线切换而引起的电源电压反弹的测量。

在电源和地平面之间尽可能靠近噪声源的地方添加去耦电容是降低 PDN 阻抗的常用方法,也是降低 PI 问题的常用方法。它们充当本地电荷储存单元,对 IC 开关引起的电荷需求作出快速反应。但该方法并不理想,只能在有限的频率范围内有效(关于无源器件建模,请参见第 5 章)。在操作过程中需小心放置去耦电容,并避免由于反谐振问题而导致不必要的阻抗增加,这将在 4.2.3 节中讨论。

4.2.3 反谐振问题

在之前的测试板上,安装了 4 个 100nF X7R 陶瓷电容器。PDN 阻抗曲线的比较如图 4-12 所示,去耦电容器可有效降低 PDN 阻抗,最高可达数十兆赫。在几十兆赫以上,去耦电容降低 PDN 阻抗的效率不高。另一个严重的问题出现在 160MHz 时,PDN 阻抗突然增加。该峰值的起源是 L-C 谐振器的反谐振,该谐振器由去耦电容的寄生电感与 IC 和平面间电容并联形成。在这个例子中,16 个 I/O 缓冲器同时切换所产生的电流是宽带的,足以产生 160MHz 的谐波分量,并激励该 L-C 谐振器。如图 4-12 所示,每个上升沿和下降沿之后都会出现快速阻尼振荡。由于良好的去耦性,该峰峰值幅度不超过 35mV,对电路无害,有意思的是,这些振荡的伪频率大约为 160MHz。以下示例说明了反谐振问题,它提出一个基本模型,用于 PI 模拟一个由 100nF 陶瓷电容去耦的电路。

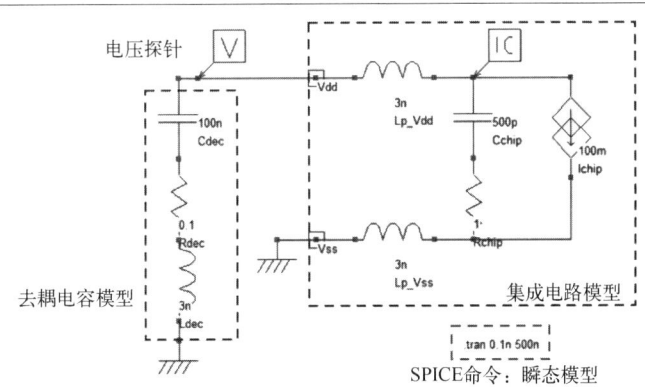

打开 file book\ch4\anti-resonance_issue.sch:

电路活动由三角形电流发生器 I_{chip} 建模,每 50ns 产生一个快速电流脉冲。电路的 PDN 由等效电容器 C_{chip} 建模。封装引脚电源和地由两个电感 $L_{p\text{-}Vdd}$ 和 $L_{p\text{-}Vss}$ 建模。电容器模型集成了一个寄生电阻 Rdec(ESR)和一个电感 Ldec(ESL)。

地平面 Vss 应该是等电位。启动瞬态仿真来模拟电源平面 V_{dd} 的电压波动。

单击按钮 ▶ 生成 SPICE 网表。启动 WinSPICE 并打开 anti-resonance_issue.cir。

打开"EMC>Voltage vs Time" 窗口,显示模拟的瞬态波形,打开"EMC> Emission vs Frequency" 窗口,显示频谱(图 4-13)。

在时域上每 50ns 出现一个尖锐的脉冲,然后是阻尼振荡,它的伪频率约为 75MHz,这是由 LC 反谐振问题引起的。在频域中,频谱范围很广,覆盖近 20 倍频程。由于在接近 75MHz 处观察到峰值,反谐振问题也是可见的。反谐振频率由式(4-16)给出,理论上的反谐振频率 f_a 等于 75MHz。

$$f_a = \frac{1}{2\pi \sqrt{(L_{dec}+L_{chip})\frac{C_{dec}C_{chip}}{C_{dec}+C_{chip}}}} \approx \frac{1}{2\pi \sqrt{(L_{dec}+L_{chip})C_{chip}}}, \quad C_{chip} \ll C_{dec} \quad (4-16)$$

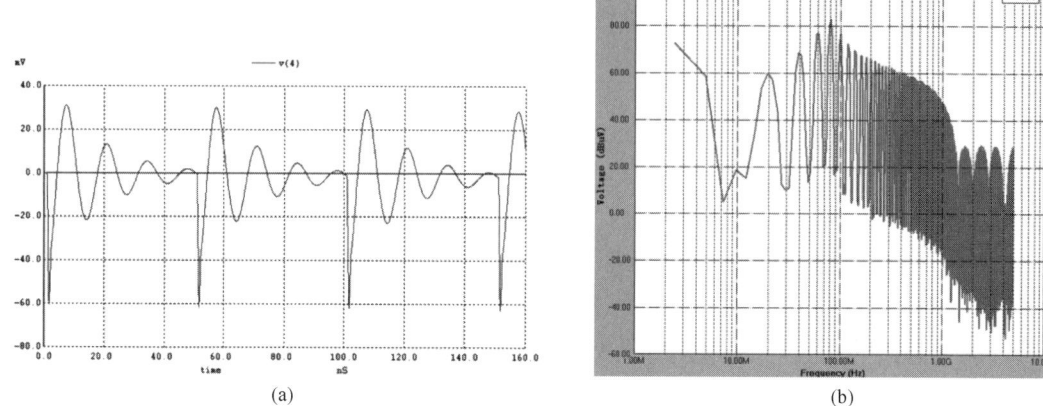

(a)　　　　　　　　　　　　　　　　(b)

图 4-13　电源电压弹跳的仿真
（a）时域曲线；（b）频谱曲线。

4.3　传导发射

4.3.1　定义

电路的切换引起具有高频谱含量的瞬态电流的循环,该瞬态电流沿着电源或通信线路传播。根据耦合路径和滤波器的阻抗,可能会出现电压波动并干扰其他设备的操作,这称为传导发射(CE)。而且,正如传导发射开关电源的应用所示,沿着大型互连结构的瞬态电流的循环可能会产生辐射发射。

CE 与电路电流和电流传播路径的阻抗有关。图 4-14 显示了一个非常基本的模型,强调了传播路径阻抗的基本理论规则,该传播路径阻抗是降低传导发射电平所需的。该模型旨在评估终端负载 Z_L 两端的电压波动 ΔV_{CE},终端负载 Z_L 是由沿着耦合路径的电路电流 I_{IC} 的循环引起的,耦合路径应该是一个双端口器件,其特征是 2×2 的阻抗矩阵[Z]。

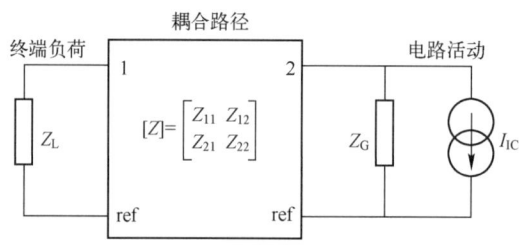

图 4-14　传导发射问题的基本模型

端子负载上的电压波动 ΔV_{CE} 与噪声电流之间的比率由阻抗转移代数式(式(4-17))给出,CE 噪声的降低依赖于通过选择合适的滤波器来最小化该比率。

EMC 滤波器用于抑制传导发射。由于 EMC 滤波器是一种低通滤波器,其目的是抑制高频干扰。

两种基本的 EMC 滤波器:
- 置于源极和负载之间的并联低阻抗(例如电容器),可降低传输阻抗 Z_{21} 并旁路从电路流出的电流。
- 置于电源和负载之间的串联高阻抗(例如电感或铁氧体),会增加 Z_{11}、Z_{22} 和 Z_{12} 从而阻断电路中的电流。

可以使用基于串联电感器和并联电容器不同组合的滤波器拓扑结构,具体选择模式取决于源和负载阻抗 Z_G 和 Z_L(参见练习3)。无论是哪种滤波器,必须考虑无源器件的寄生元件来计算实际衰减,有关无源器件建模的更多细节将在第5章中介绍。

$$\frac{\Delta V_{CE}(f)}{I_{IC}(f)} = \frac{Z_{21}Z_G Z_L}{(Z_{11}+Z_G)(Z_{22}+Z_L)-Z_{12}Z_{21}} \quad (4-17)$$

应用:传导发射开关电源。

以下示例从下变频器开关模式电源(SMPS)的操作中展示了 CE,它构成了 CE 的典型来源[7]。电路结构如图 4-15 所示,DC-DC 转换器将 12V 电池电压转换为稳定的 5V 电源,平均电流消耗约为 500mA,转换器的开关操作与一个接近 90kHz 的内部振荡器同步。在每次转换器切换时,会产生大量的瞬态电流,它在输出级和不同滤波级之间循环,旨在减少输出电压纹波和沿电源线的 CE。转换器、电池和电缆线束安装在地平面上方,在 DC-DC 转换器和电池之间放置一个线路稳定阻抗网络(LISN,参见第7章)以设置恒定的线路阻抗。将电流探头放置在电源 12V 或 0V 线上,分别测量电流 I_{CE_12V} 和 I_{CE_0V} 或者分别测量在频域中的电流,测量的频率范围为 10kHz~150MHz。

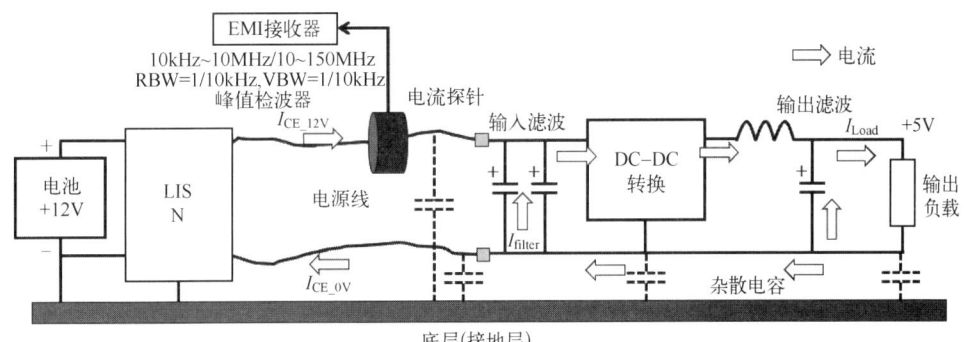

图 4-15 SMPS 的结构和瞬态电流的循环

测量结果如图 4-16 所示,SMPS 在较大的频率范围内通过 12V 和 0V 导线产生 CE。由于转换器输入滤波和 SMPS 产生的噪声滚降,在 180kHz 测得最大幅值,随着频率升高至 1.5MHz,CE 的幅值趋于降低。然而,大多数峰值出现在 10~100MHz 之间,它们由电源电缆共振产生,并取决于电缆特性、终端阻抗、到接地平面的距离、组件与机壳的连接等。例如,一个不可忽略的电流沿 30MHz 的电源电缆循环,输入滤波不会抑制此频率范围内的 CE。

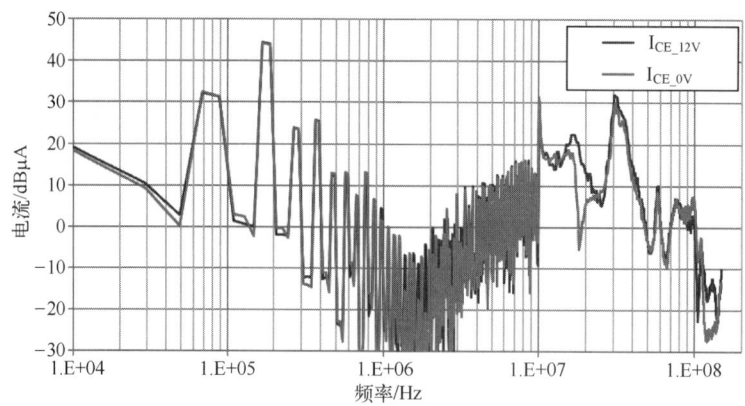

图 4-16 沿电源线电流的测量结果

由观察可发现:沿两条线路流动的电流似乎是相同的,但是如果仔细观察,会看到不同之处,特别是在 10~100MHz 范围内。返回电流的一部分不会通过 0V 电线返回电池,而是通过接地层。尽管负载和 DC-DC 转换器并未直接连接到机箱,但部分返回电流是通过沿所有设备分布的杂散电容形成的,这种 12V 和 0V 电线之间的电流不平衡是共模电流的来源,这是 EMC 的主要问题,4.3.2 节将解决这个问题。

4.3.2 差模与共模电流的关系

解决 EMC 问题的一个重要考虑因素是电流返回路径,必须确保其正确。通常电流返回其源头的路径是接地平面,它被认为是一个收集所有返回电流的等电位参考。但是,这只是一种理想化的假设,从来没有完美的接地平面。有些电流可能流过其他线路,原因有三个:

- 接地阻抗不等于零。地线甚至接地平面呈现寄生串联电感器,并且在接地平面上可能存在电位差。
- 邻近导体可能存在寄生耦合,并为电流提供了其他返回路径。这种耦合通常由杂散电容的存在而产生,因此识别这种耦合路径是困难的。而且,杂散电容和接地互连的串联电感引入谐振。
- 在差分信号中,两条信号线之间的任何不对称都会导致当前循环的不平衡。这种不对称是由于存在与邻近导体的寄生耦合或参考平面中的间隙,线路驱动器的上升和下降时间不同。

其后果是多重的:由 CE 引起的潜在差异会干扰其他电路的操作,射频电流不受控制的循环可能会严重增加辐射发射(见 4.4 节),反过来也会增加辐射的敏感度,SI 和传导抗扰度也受到影响。基本上,这个问题与沿多个导体循环的电流不平衡有关,差模和共模电流的概念已被定义为模拟这种不平衡。在以下部分中,仅在两个导体的情况下才会介绍它们(图 4-17),由于线路的不对称性(例如由于与其他结构的寄生耦合),两个导体上的电流 I_1 和 I_2 是不同的。沿着这条线的电流传播可以被建模为两种不同传播模式的叠加:作为正常模式的差模(DM)(正向和返回电流)以及由两个导体之间的任何不对称引入的共模(CM)。式(4-18)和式(4-19)给出导体上的电流与共模和差模电流 I_{CM} 和 I_{DM} 之间的关系,幅度和频谱分布主要与串联互连电感和附近导体的寄生电容有关。CM 电流的控制和预测很困难,因为这些杂散阻抗是分布式的,在电路原理图中从未明确定义。

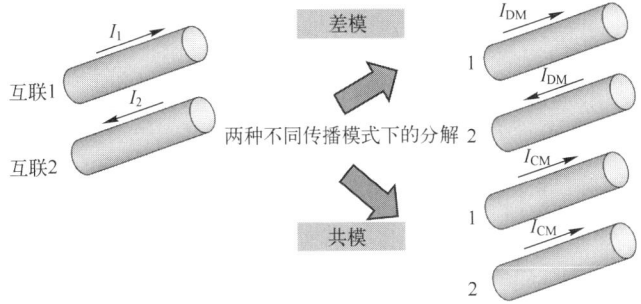

图 4-17　差模和共模下的电流分解

$$\begin{cases} I_{DM} = \dfrac{I_1 - I_2}{2} \\ I_{CM} = I_1 + I_2 \end{cases} \qquad (4-18)$$

$$\begin{cases} I_1 = \dfrac{I_{CM}}{2} + I_{DM} \\ I_2 = \dfrac{I_{CM}}{2} - I_{DM} \end{cases} \qquad (4-19)$$

应用:开关电源产生的共模电流。

还是使用第 3.1 节介绍的 SMPS 的例子。在电源电缆的每条导线上进行的电流测量显示出电流不平衡,即证明存在 CM 电流,测量配置可以很容易地改变,以表征 CM 或 DM 电流,如图 4-18 所示,测量结果显示 DM 电流在低频中占主导地位,频率可达近 10MHz。CM 电流在 10~100MHz 之间不可忽略,特别是在谐振频率。在这些频率下,可能会出现很高的辐射发射。

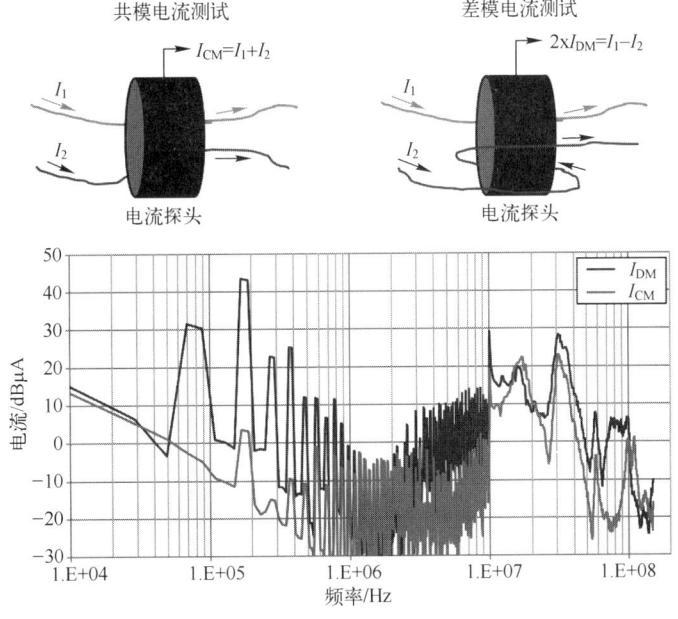

图 4-18　沿开关电源的电源线测量共模和差模电流

4.4 辐射发射

任何导体如封装引线、PCB 布线或电缆,如果受到电子设备操作产生的瞬态电流的激励,都是潜在的天线。它可能会产生辐射电磁场,可能会在附近的导体上耦合,从而干扰放置在其附近的设备。这种现象称为辐射发射(RE),对 RE 的预测是十分困难的,因为它依赖于对天线的识别和麦克斯韦方程的解析。在大多数实际情况下,没有简单的公式来精确计算这些天线产生的电磁场,从而全波电磁仿真器是必要的。尽管如此,在简单情况下,几个基本概念对识别 RE 的来源和评估 RE 水平十分有效,以下部分将对它们进行介绍。

在实际的电子设备中,可以区分两种类型的天线,如下所述。

4.4.1 磁场天线

磁场天线由一个由瞬态电流激励的环路组成,并由低阻抗负载端接。任何有明显 di/dt 的环路周围都会在近场区域内产生磁场,电磁波在更远的距离(如远场区域)产生并传播,理想的模型是等效磁偶极子。RE 取决于几个参数,例如环路的面积和周围材料的磁导率。在 PCB 或 IC 层面,重要的瞬态电流沿着 PDN 循环,PDN 在电路和本地去耦之间形成回路。如前所述,PDN 为低阻抗,可用作磁场天线,如图 4-19 所示。

4.4.2 电场天线

该天线由一个电压源激励线路组成,并由高阻抗负载端接。携带明显 dv/dt 的导体会在近场区域中产生电场。同样在更远的距离(如远场区域),电磁波产生并传播。理想的模型是等效电偶极子,其电磁场可以根据式(3.22)~式(3.26)计算。RE 取决于导体的物理长度以及周围材料的介电常数,如图 4-19 时钟引线就是电场天线的一个很好的例子。

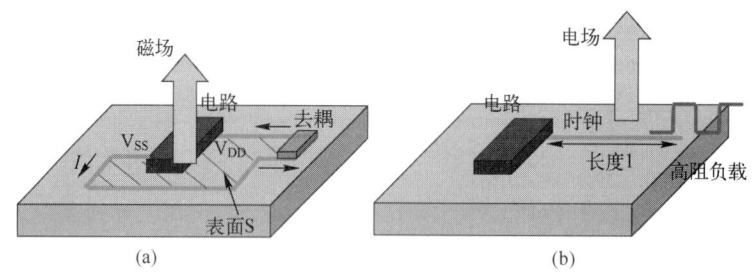

图 4-19 两个基本辐射发射机制的示例
(a) 磁场天线;(b) 电场天线。

4.4.3 近场和远场发射

如第 2 章所示,必须围绕辐射结构(天线、PCB 布线、电路)区分两个区域:

① 靠近辐射源的近场区或感应区;
② 距离辐射源足够大距离的远场区或辐射区。

图 4-20 显示了辐射结构上方的这些不同区域,例如在顶部安装了多个电子设备的 PCB。近场区和远场区之间并没有清晰的界线,它们取决于辐射元件的频率和大小。在非常靠近辐射结构的地方,电磁场不会形成平面波,也不会辐射(电磁场不带有有功功率),与该区域内的附近设备耦合是由于感应耦合(容性耦合和/或磁耦合),这些耦合范围非常小,即它们紧靠近场源,并且随着距离 r (按照与辐射源的距离的 $1/r^2$,源的尺寸和接地平面的存在与否)迅速衰减。随着距离的增加,电磁场分布发生变化:感应耦合变得可以忽略不计,场辐射开始占据主导。该过渡区域就是辐射近场区域。在足够大的距离处,则进入远场区,在该区域电磁场局部形成平面波并辐射。

用于电子器件分析的感应近场区的一个有趣特性是它随距离变大会迅速减小。非常接近近场源的 E 场和 H 场的分布基本上取决于在该结构上循环的最近的电流和电荷。通过测量感应近场区域中的电场或磁场,这种非接触式测量方法,便可以分别确定局部电荷或电流的分布情况。在下面的例子中说明:根据近场扫描方法,使用微型校准天线在简单的微带线上产生的 E 场和 H 场是在线(1mm、10mm、100mm)以上的不同距离或高度处测量的[8](见第 8 章)。该线长 10cm,其特征阻抗等于 85Ω,并以 50Ω 负载端接,它受到 1GHz 和 2V 正弦信号的激励,切线 H 场在垂直面上的线上方的不同点上被捕获。所呈现的结果以 dBA/m 表示,下面介绍用 IC-EMC 显示结果的步骤。

- 启动近场扫描界面 ,单击 Add Measure 按钮,在 book\ch4\microstrip_scan_1GHz_Htan_1mm.xml 中加载以下测量结果文件。microstrip_scan_1GHz_Htan_10mm.xml 或 microstrip_scan_1GHz_Htan_100mm.xml 中,这三个扫描高度分别为 1mm、10mm 和 100mm。
- 调整显示标签中的图像大小和扫描颜色。
- 图 4-21 显示微带线上方 1mm、10mm 和 100mm 处的切向磁场,指示字段的最大值和最小值。

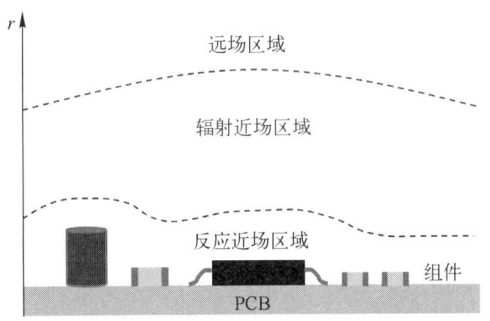

图 4-20 PCB 板上方的近场和远场区域

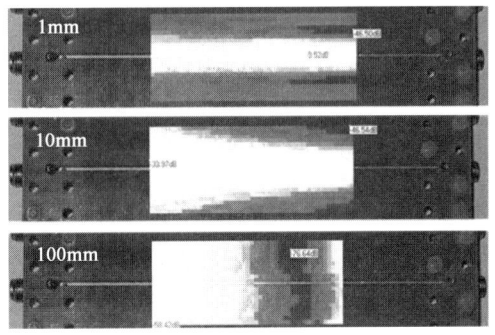

图 4-21 在三个不同的高度测量由 1GHz 微带线产生的切向磁场: 1mm(顶部)、10mm(中间)、100mm(底部)

在微带线的正上方(1mm),H 场占主导地位并且非常强烈,它的幅度取决于正下方微带线上循环的电流。由于线路阻抗不匹配,导致沿导线的电流幅度和场幅度不是恒定的。在微带线上10mm处,仍属于近场区测量,场幅度显著降低(-25dB),H场仍然位于该线的上方,但其分布扩大。从近场扫描测量中定位产生磁场的电流变得不太准确,在100mm处,在近场和远场区域之间的边界进行测量,磁场的分布取决于沿着线路循环的所有电流的贡献。当平面波形成时,所有关于磁场源的信息都丢失了。

4.4.4 微带线辐射发射的简单模型

微带线是PCB中的典型布线,为实际PCB布线和IC封装的RE预测建立了简化模型。

在近场区,微带线上方近场E场和H场的精确表达式非常复杂,并且在实践中需要电磁仿真。在短距离R处,由直径为t并由电流I穿过的长导线产生的磁场$H_{\tan}$可根据式(4-20)进行估算,该表达式在导线尺寸$t<$测量距离R,且$R<$波长λ时有效。

$$H_{\tan} = \frac{I}{2\pi R}, t \ll R \text{ 且 } R \ll \lambda \tag{4-20}$$

然而,如图4-22所示,因为返回电流可通过附近的导体回流,这种关系在电路或PCB层面上的实际作用有限。在微带线中,电流通过位于线下的接地层返回,根据镜像平面理论和式(4-20),还可以通过组合导线中的电流和其镜像的贡献来评估磁场(式4-21)。假定接地平面足够大,可以忽略由板边界引起的辐射。

$$H_{\tan} = \frac{I}{2\pi R} - \frac{I}{2\pi(R+t+2h)} \approx \frac{hI}{\pi R(R+2h)}, t \ll h, t \ll R, h, R \ll \lambda \tag{4-21}$$

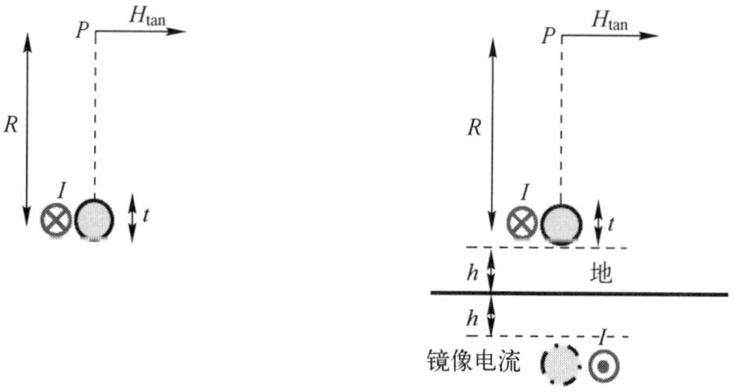

图4-22 长导线(左侧)和微带线(右侧)的横截面与电流I交叉示意图

在远场区,有封闭式表达式来计算微带线产生的电磁场。式(4-22)显示了在水平面上设计的微带线产生的E场,根据其对线路的距离r以及方向[9],得出的一般紧凑公式。假定接地平面足够大,线路被谐波信号激励。V_S和Z_S是源电压和阻抗,ε_{eff}是PCB基板的有效介电常数,h为厚度,线路阻抗记为Z_C,并假设完全匹配,不匹配线路的通用表达式见参考文献[9]。

$$E = \frac{-j\omega\mu_0}{2\pi} \frac{e^{-jk_0 r}}{r} h \frac{V_S}{Z_S + Z_C} \frac{1 - e^{-j(\beta-k_x)L}}{\sqrt{\varepsilon_{\text{eff}}} - \sin\theta\cos\theta} \left[\left(\cos\Phi - \frac{\sqrt{\varepsilon_{\text{eff}}}}{\varepsilon_r}\sin\theta\right) e_\theta - \cos\theta\sin\Phi e_\Phi \right]; \beta - k_x = k_0(\sqrt{\varepsilon_{\text{eff}}} - \sin\theta\cos\Phi) \tag{4-22}$$

为了评估PCB布线辐射的包络谱,已经提出了估算最大电场的近似公式。式(4-23)提供了其中一个模型。L是线长,I是激励电流,h为PCB基板厚度(假设电薄),f 为频率。当线路足够短(远小于波长)时,对于给定的电流幅度,其包络频谱以每十倍频呈 40dB 的斜率上升,而当线路够长时,它以每十倍频呈 20dB 的斜率上升。

$$\begin{cases} |E_{\max}| = \dfrac{2\pi\mu_0}{c_0 r} h L f^2 I, L \ll \lambda \\ |E_{\max}| = \dfrac{2\mu_0}{r} h f I, \text{其他} \end{cases} \quad (4\text{-}23)$$

4.4.5 差模(DM)和共模(CM)辐射

当电路产生到达外部电缆的共模电流时,便会产生称为共模辐射的强烈辐射,与差模电流分布并相互抵消的差模辐射相反,共模电流的分布会叠加。

为了说明这种差异,考虑基本的双导体线路以便计算远场发射,本节所提出的 CM 辐射发射模型仅适用于电缆,来自 PCB 等其他结构的 RE 要复杂得多。例如,PCB 封装在导电外壳内的情况,预测辐射发射极其困难,除几何结构简单的情况外,还需要进行数字电磁仿真。图 4-23 给出了一个简单的问题描述,该线由一个频率为 $f(\text{Hz})$ 的谐波信号激励,并假设电小尺寸,所有尺寸均以 m 为单位。根据差模和共模电流 I_{DM} 和 $I_{\text{CM}}(\text{A})$[10],式(4-24)和式(4-25)给出了在距线路 r 处产生的最大差模和共模辐射发射。

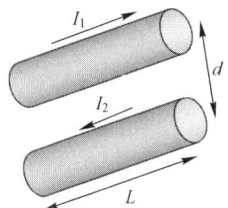

图 4-23 根据式(4-24)和式(4-25)(短线模型)比较了两种辐射模式的演变

$$|E_{\text{D}}|_{\max} = 1.316 \times 10^{-14} \frac{L d f^2}{r} I_{\text{DM}} \quad (4\text{-}24)$$

$$|E_{\text{C}}|_{\max} = 1.257 \times 10^{-6} \frac{L f}{r} I_{\text{CM}} \quad (4\text{-}25)$$

由于线长 1m,模型有效性限制为 30MHz。图 4-23 还显示了考虑线路电气长度时两种辐射模式的演变(长线模型),为了确保线路上的恒定电流幅度,假设该线完全匹配。这个例子清楚地表明 CM 电流是 RE 的主要贡献者,特别是在低频时,可以做出几点观察:首先,只要线路够短,RE 往往会随频率而有规律地增加。当线路长度是波长一半的奇数倍或偶数倍时,会出现电缆共振并产生 RE 最大值和最小值。这就是为什么 CE 通常被认为是"低频"问题(在 EMC 标准中高达 30MHz)以及 RE 是"高频"问题(通常超过 80MHz)的原因。其次,尽管实际上 CM 电流比 DM 电流小得多,但它对 RE 的贡献远大于 DM 电流[11],EN55022 标准设置的 3m RE 限值添加到图 4-24[12]中,并且超过了 CM 电流的贡献。最后,DM RE 与导体之间的面积成正比,而 CM RE 与导体长度成正比。减少电缆长度和导体分离会降低辐射发射水平。降低 RE 的一般规则都涉及寄生天线尺寸(环路面积或导体长度)和激励电流(主要是 CM 电流)的限制。

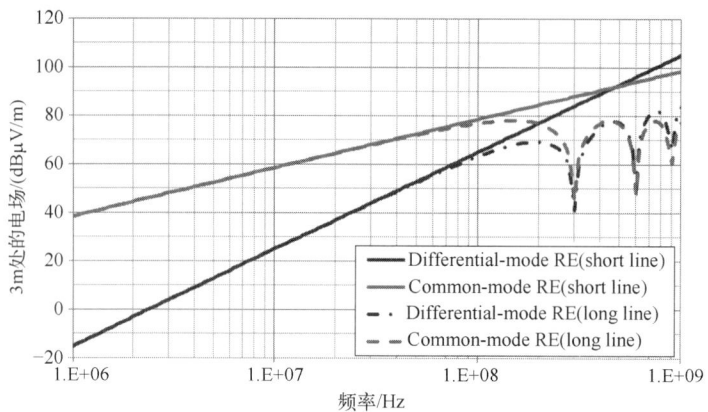

图 4-24 共模辐射与差模辐射的比较（$L=1\text{m}$, $d=2\text{mm}$, $r=3\text{m}$, $I_{DM}=20\text{mA}$, $I_{CM}=200\mu\text{A}$）

4.5 传导抗扰度

抗扰度（或敏感度）是指设备对传导或辐射电磁干扰的抵抗力（或敏感度），这些电磁干扰可能会干扰设备的运行，例如性能损失、输出信号降级、错误响应、故障甚至完全失效。所有电路都不可避免地受一定程度的电磁干扰影响，重要的一点是：给定的电路在给定的环境中是否容易受到其他设备的影响？要回答这个问题，必须定义通常的干扰波形和水平。显然，它们取决于设备工作环境：电动车辆或工业工厂的配电网络肯定比家用电网拥有更嘈杂的电磁环境。

在真实环境中，干扰类型是多重的并且混合存在。根据它们的起源（自然噪声与人为噪声[13-14]）、统计特性（例如高斯噪声与脉冲噪声）或其来源，可以分为几类，这里，我们提供了干扰源的快速概览及其主要特征。无线电发射机构成了第一类无线电频率干扰源：它们产生振幅和/或相位调制的正弦波形，这些干扰是窄带干扰，仅在国家监管机构（例如法国的 ANFR，美国的 FCC）规定的特定频带内发射，这些辐射干扰可以通过电子系统中的任何寄生天线（电缆，PCB 线路）耦合。干扰幅度取决于到射频发射器的距离。例如，在距离移动电话基站数百米处，电场可以在 1～10V/m 之间变化；在汽车等半封闭环境中，这个水平可能达到 30V/m[15]；在雷达等高能量发射体存在的情况下，平均振幅可达 3kV/m[16]。

第二类也是最重要的一类干扰，是由诸如电机、雷击、点火装置的火花隙等感应负荷开关所产生的瞬态和脉冲……它们频繁地在电源或通信接口上产生快速和大的电压波动，涵盖了很宽的频率范围。例如，文献[17-18]等调查显示，在主电源上，超过 100V 的瞬态电压，工业环境中大概每小时发生 18 次，在商业环境中每小时发生 3 次。

另一类有害干扰是由人或机器与电子设备接触产生的静电放电（ESD）。当靠近导电物体时，通过摩擦电效应在人体表面累积的电荷可以迅速释放[19]。根据相对湿度、尺寸和运动形式，人体相当于一个 150pF 的电容器，可以充电到几千伏。当它流入一个导电物体时，会产生数十安的纳秒级电流。电子器件引脚上的直接放电会产生较大的电压波动,从而影响其工作甚至造成失效。间接耦合也可能发生在附近的导体中并产生故障。

对电路的影响取决于干扰的性质和电路的功能。可以划分为两种类型的失效:

(1) 硬失效或故障:耦合的干扰对电路造成永久性损坏甚至毁坏。如果干扰的能量超过破坏阈值,就会发生这种情况。硬失效不在涉及 EMC 的书籍范围之内。

(2) 软失效或故障:耦合的干扰会导致功能和性能暂时丧失。如果干扰中断,则恢复正常操作。本书针对这种类型的失效做了总结介绍。

4.5.1 EMI 引发的模拟电路失效

模拟和射频电路对连续干扰非常敏感,在带内干扰叠加到模拟信号上而没有被滤除的情况下会改变信噪比,例如,数/模转换的准确性可能会降低。尽管可以从带内信号中滤除带外干扰,但它们仍可能对模拟电路产生损害。由于其固有的非线性行为,传入的干扰会得到纠正,但可能会产生非预期直流电压的偏移,从而影响电路偏置。校正耦合在运算放大器输入或电源上的射频干扰成为一个典型问题[20]。图 4-25 显示了射频干扰如何通过带隙基准电压进行纠正,通常用于电压调节器作为内部参考电压。一个 100MHz 的正弦信号在 VBG 带隙的电源引脚上传导,在其输出 V_{out} 处提供 1.2V 参考电压,在带隙输出端放置一个低通滤波器以消除高频波动。如图 4-25 示波器捕获图所示,当 RF 骚扰应用于带隙电源时,带隙输出会产生约 130mV 的负偏移,干扰振幅和偏移之间几乎是二次方的关系,该偏移可能会降低由线性或开关模式电压调节器提供的调节电压。

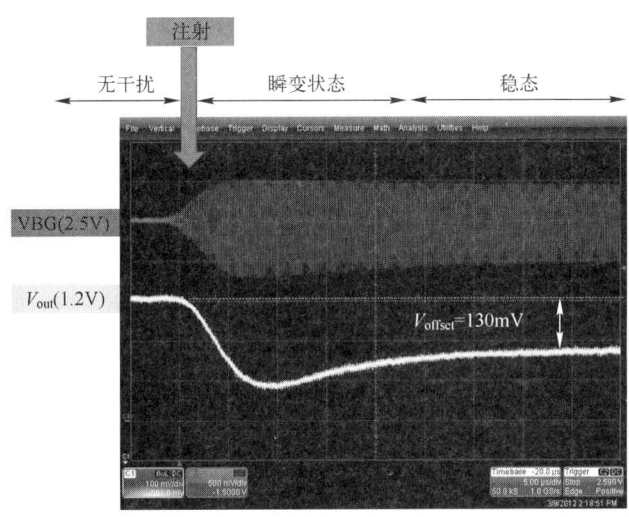

图 4-25 模拟电路的整流效果示例

4.5.2 EMI 引发的射频电路失效

由于其灵敏度,射频接收机成了最易受影响的电路类型。表 4-1 给出了一些无线电通信接收机的典型灵敏度。任何振幅高于灵敏度的带内或相邻噪声,耦合在射频输入上,落入或接近接收频带,都可能导致干扰。可能会导致接收机的灵敏度降低、接收错误增加、吞吐量降低、信道阻塞等。射频接收机还连接至混频/数字系统中的系统内部,由于它们嵌入在靠近噪声模块(如 CPU、RF 功率放大器、稳压器等)的电子设备中,因此可能会受到传导模式(通过配电网络)、辐射模式(噪声由系统的孔径辐射并由天线耦合)或由于近场耦合造成的干扰。

表 4-1 射频接收器的典型灵敏度

(数字取决于许多参数,如调制、编码方案、移动性……)

接收机技术	欧洲频率/MHz	接收机灵敏度/dBm
DVB-T	174~230 和 470~826	-85~-75
LTE	791~821 和 832~862 2500~2570 和 2620~2690	-106~-95
GPS	1227.6 和 1575.42	-145~-135
IEEE 802.11.b/g(Wi-Fi)	2400~2483.5	-80~-70
IEEE 802.15.1(蓝牙)	2400~2483.5	-90~-70
IEEE 802.15.4(Zigbee)	2400~2483.5	<-90

即使电磁干扰不直接耦合到 RF 输入端,由于其他失效机制,它们可能会降低 RF 接收机的运行。例如,沿着电源进行的周期性电压波动会在时钟上产生时间抖动,导致数字数据传输中的误码率增加。射频信号受到相位噪声增加的影响,可能出现杂散发射,这会妨碍发射信号满足频谱使用的规范,带 RF 电路的振荡器也可能受到干扰。根据振荡器的结构,如果干扰频率接近振荡器自由运行频率,会出现注入锁定现象,从而导致重要的相位噪声或频率漂移[21-22]。

4.5.3 EMI 引发的数字电路失效

数字电路对连续和脉冲干扰很敏感,这些干扰可能会破坏在系统上运行的应用程序的实时执行[23]。电磁干扰与供电网络和总线时钟的耦合可能会产生影响应用程序执行的瞬态故障,如应用程序故障、调度失灵、实时问题、输出错误的结果或系统崩溃。在物理上,这些瞬态故障与两种截然不同的失效机制有关,如下所述。

数字电路对连续和脉冲干扰很敏感,这些干扰可能会通过位翻转(即数字信号的干扰叠加引起位状态的变化)或通过妨碍时序约束[24]来破坏二进制数据。图 4-26 描述了确保同步电路正确工作所必须满足的两个时序约束条件:建立时间和保持时间。

在时钟 clk_B 上升沿之前,数据必须稳定,至少有一个最小的设置时间 $T_{setupmin}$。设置时间裕度 $M_{setupnom}$ 是标称状态下实际设置时间与确保正确操作所需的最小设置时间之间的差值,并且必须为正值(式(4-26))。而且,在上升沿 clk_B 之后,数据必须保持稳定至少一个最小保持时间。保持时间裕度 $M_{holdnom}$ 是标称状态下实际保持时间与确保正确操作所需的最短保持时间之间的差值,且必须为正值(式(4-27))。

$$M_{setupnom} = T_{setupnom} - T_{setupmin} = T_{clk} + \Delta clk_{nom} - T_p - \Delta data_{nom} - T_{setupmin} > 0 \quad (4-26)$$

$$M_{holdnom} = T_{holdnom} - T_{holdmin} = T_p + \Delta data_{nom} - \Delta clk_{nom} - T_{holdmin} > 0 \quad (4-27)$$

式中,T_{clk} 为时钟周期;T_p 为锁存维持时间;Δclk_{nom}、$\Delta data_{nom}$ 分别为标称工作条件下时钟和数据线的延迟。但是,当 EM 干扰耦合到时钟、数据、电源或地线时,会引起数字组件传播时间的变化。时钟和数据线上的电磁干扰(EMI)引起的延迟 Δclk_{EMI} 和 $\Delta data_{EMI}$ 是随机的,并取决于与时钟和数据信号相近的干扰振幅、频率和相对相位,这些随机延迟也称为抖动。在 Δclk 和 $\Delta data$ 存在 EMI 时,时钟和数据线上的实际延迟由式(4-28)和式(4-29)给出。

$$\Delta clk = \Delta clk_{nom} + \Delta clk_{EMI} \tag{4-28}$$

$$\Delta data = \Delta data_{nom} + \Delta data_{EMI} \tag{4-29}$$

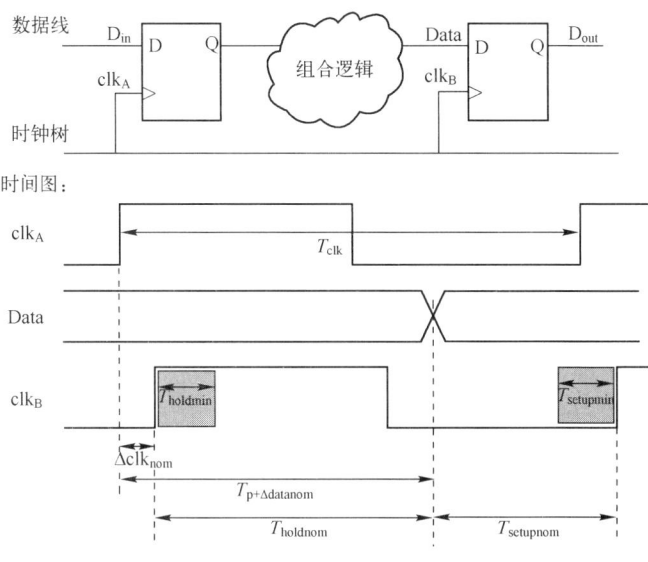

图 4-26 同步数字电路的时序约束

在存在 EMI(式(4-30)和式(4-31))的情况下,可以重写建立和保持时间裕度,并且可以建立数据和时钟信号之间相对时序变化的边界条件(式(4-22))。例如,如果 EMI 引发较大的正向数据延迟,同时引发较大的负向时钟延迟(即数据到达延迟而时钟 B 提前到达),则会导致负的建立时间裕度,并且实际的建立时间将小于最小建立时间,可能导致位传输错误。

$$M_{setupEMI} = T_{clk} + \Delta clk - T_p - T_{setupmin} = M_{setupnom} + \Delta clk_{EMI} - \Delta data_{EMI} > 0 \tag{4-30}$$

$$M_{holdEMI} = T_p + \Delta data - \Delta clk - T_{holdmin} = M_{holdnom} + \Delta data_{EMI} - \Delta clk_{EMI} > 0 \tag{4-31}$$

$$-M_{holdnom} < \Delta data_{EMI} - \Delta clk_{EMI} < M_{setupnom} \tag{4-32}$$

图 4-27 说明了这个问题,它展示了带有和不带有 EMI 的 9 D 锁存器链输入和输出的示波器捕获图。这些链路通过一个共同的 20MHz 时钟同步,形成一个 450ns 的延迟线。在输入端 D_{in} 施加 500ns 的方波信号,模拟一个由 5 个连续的"1"位和 5 个连续的"0"位组成的周期性帧,左边的捕获图显示了标称操作中的时序剖面,在电路的输入和输出之间存在 450ns 的延迟(或者在输入和输出转换之间延迟了-50ns)。当具有足够幅度的 316MHz 正弦干扰传导到电路电源 V_{dd} 上时,"1"到"0"的转换会随机偏移一个时钟周期,从而导致位传输错误。电源的电压波动会随机改变电路内数据和时钟的传播延迟。当时钟信号和数据信号之间的相对变化为负值时,则认为数据的逻辑状态过早。

假设数字信号为具有有限上升沿和下降沿的方波,式(4-33)描绘了数字信号上耦合的电压波动与时序变化或抖动幅度 T_j 之间的关系。耦合干扰是假设的谐波,如图 4-28

所示。A 是数字信号的幅度，T_r 是其上升(或下降)时间，V_{EMI} 是干扰的幅度。

$$T_j = 2\frac{V_{EMI}}{A}T_r \tag{4-33}$$

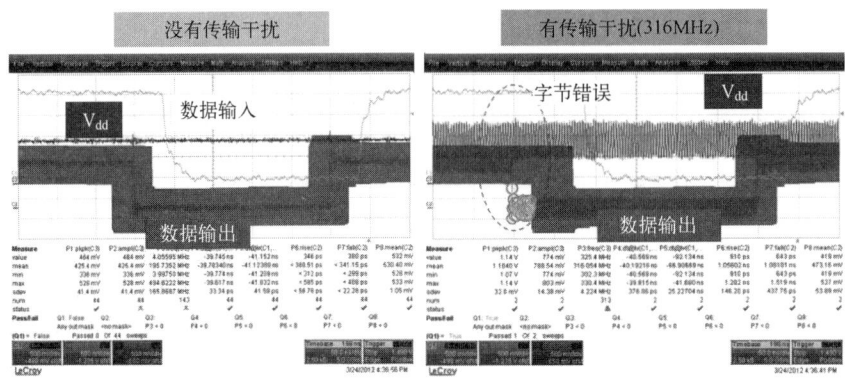

图 4-27 EMI 引起时序违规错误的图示

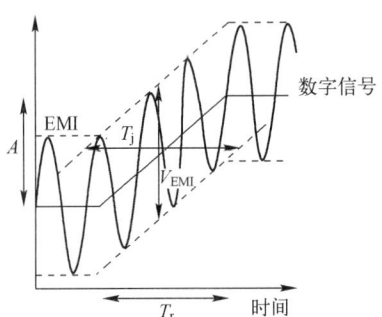

图 4-28 电压波动与时序变化或抖动幅度的关系图

4.5.4 传导抗扰度的评估

传导抗扰度(CI)不仅取决于干扰函数对输入干扰的敏感性，还取决于输入干扰量。与 CE 问题一样，CI 电平与干扰的电路阻抗和传播路径有关。图 4-29 给出了一个非常基本的模型，用于强调有关降低 CI 水平所需传播路径阻抗的基本理论规则。该模型旨在评估由传导电磁干扰引起的终端负载 Z_L 两端的电压波动 ΔV_L(例如电路引脚的等效阻抗)。它由一个等效的戴维宁发生器 V_{EMI} 建模，干扰通过一个复杂的耦合路径(该路径由 2×2 阻抗矩阵 $[Z]$ 建模)耦合到终端负载。式(4-34)给出了端子负载两端的电压波动 ΔV_L，降低此电压可提高电路的抗干扰性，它依赖于负载阻抗 Z_L 和/或耦合路径 Z_{12} 的传输阻抗减小。因此，具有低输入阻抗的电路引脚将不受传导干扰影响，因为较低的电压波动将会耦合到该引脚。此外，沿耦合路径阻抗加入适当的去耦合和滤波降低了耦合路径的传输阻抗，并因此降低了耦合到终端负载两端的电压，提高了抗扰度。

$$\Delta V_L(f) = \frac{Z_{21}Z_L}{(Z_{11}+Z_{EMI})(Z_{22}+Z_L)-Z_{12}Z_{21}} \times \Delta V_{EMI}(f) \tag{4-34}$$

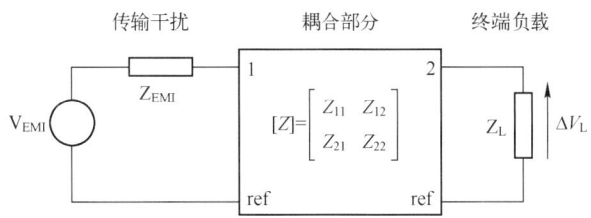

图 4-29 传导抗扰度问题的基本模型

应用:用 IC-EMC 模拟数字输入的传导抗扰度。

为了突出负载和耦合路径阻抗对抗扰度水平的影响,下面的例子给出了一个具有数字 I/O 引脚传导抗扰度的 IC-EMC 仿真。I/O 缓冲器和焊盘由 5pF 电容 C_{pin} 建模,接着是由 6nH 电感建模的封装引脚。该引脚通过 5 厘米 PCB 线(理想传输线模型)连接到正弦波干扰源。根据 DPI 标准测试[25](见第 9 章)进行仿真:对于各种测试频率,正弦干扰源的振幅被扫描,直到出现失效或达到振源的最大振幅。对于连接到短线路的数字 I/O,DPI 测试期间建议的功率限制范围为 10~17dBm,传导干扰的幅度用前向功率(dBm)表示,干扰源的频率从 1MHz 扫描到 1GHz。在这个模拟中,当电压扰动(C_{pin} 上)超过 1V 时,I/O 被认为是失效的。这里进行了两种模拟:在 PCB 线末端和电路板末端之间放置和不放置 1nF 滤波电容 I/O 引脚。这两种情况下的结果如图 4-30 所示。下面介绍启动模拟并显示结果的步骤:

- 打开文件 book\ch4\IO_pin-Cl. sch. ,移除 Cfilt、Lfilt 和 Rfilt,以便模拟在没有滤波电容时的敏感度。

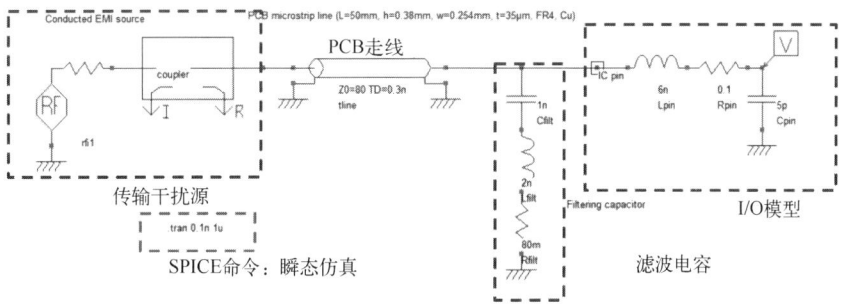

- 单击按键 设置模拟参数:干扰源频率和幅度扫描,失效条件的定义(上限电压=1V)和功率限值(20dBm)。单击按钮 ,启动 WinSPICE 并打开文件 IO_pin_Cl. cir。
- 在模拟结束时,单击按钮"Get power",然后单击"Add forward power"来绘制敏感度水平。

如图 4-30 所示,在没有滤波电容的情况下,抗扰度很低,几乎恒定在几兆赫以下。由于 I/O 相当于一个小电容,它的阻抗很高,并且受到一个很大的电压波动的影响,尽管只有一个低电平干扰(2~4dBm),但还是会引起较大的电压波动。增加滤波电容有助于减少干扰源与 I/O 之间的传输阻抗,从而提高 I/O 的抗干扰能力。但是滤波受电容及其寄生电感值的频带限制(10~700MHz),它在电容器的 LC 谐振频率处(112MHz)表现最佳。

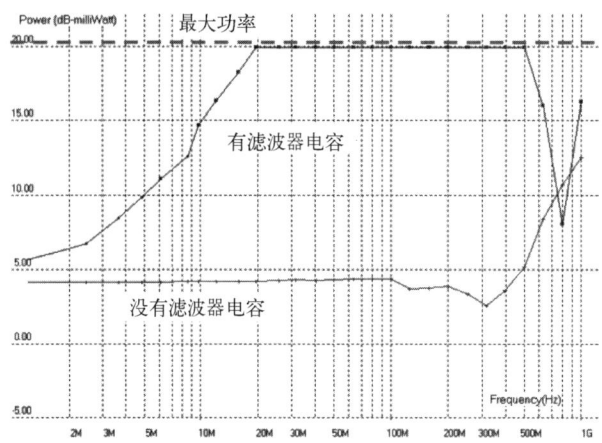

图 4-30 模拟数字 I/O 在有和没有 1nF 滤波电容器的情况下的传导抗扰度
(book\ch4\IO_pin_CI.sch)

这里重新使用图 4-12 所示的案例作为第二个例子。已经表明，PDN 的非预期反谐振降低了由微控制器 I/O 的切换产生的电源电压波动,该微控制器的 CI 也被测量。根据 DPI 标准测试,在微控制器板的电源平面上进行正弦干扰,对于 1MHz~1GHz 范围内的频率,除非达到最大干扰幅度(高达 35dBm),否则会一直增加干扰幅度,直到检测到微控制器运行失效。测试结果如图 4-31 所示:除 150MHz 外,未观察到任何失效。在此频率下,内部稳压器和时钟发生器模块会触发复位,并且在干扰停止时微控制器无法重新启动,片上性能监测器可监控电源和系统时钟的完整性。

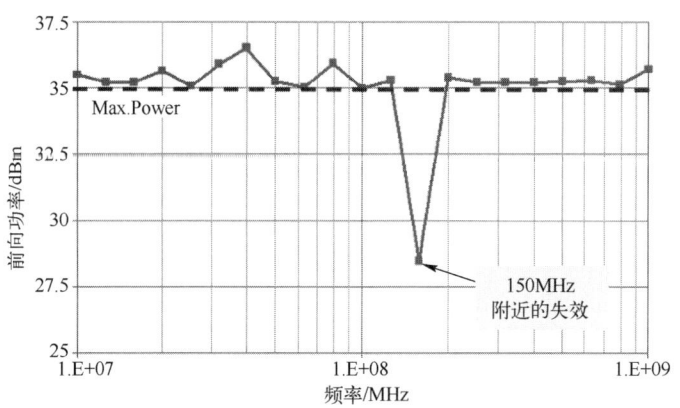

图 4-31 微控制器传导敏感度的测量

在 150MHz 的注入期间,这些监测功能可以检测到过度的电源电压波动。该敏感频率正好与微控制器板 PDN 的反谐振频率一致。

4.6 辐射抗扰度

在 4.4 节(辐射发射)中,有人指出,诸如封装引线、PCB 布线或电缆线束之类的任何导体都可能成为发射天线。根据互易原理,它也能成为具有完全相同特性的接收天线。入射电磁场可以耦合在这些导体上,感应可能引起电路故障的电压和电流。这种可预测的被称为辐射抗扰度(RI)的现象并非显而易见,因为它依赖于识别不确定的接收天线和对麦克斯韦方程的解析。在大多数实际情况下,没有简单的公式来精确计算这些天线耦合的电磁场,因而全波电磁仿真器是必要的。尽管如此,在简单情况下评估 RI 水平有几个可用的基本概念。必须区分两种耦合情况:

- 远场耦合:干扰源远离受扰体,通过平面波耦合;
- 近场耦合:受扰体位于干扰源的近场区域。电场耦合和磁场耦合必须分开分析。

4.6.1 远场耦合

为了解释远场耦合的机理,本节考虑了由稳态正弦均匀平面波照射的基本双导体线。图 4-32 给出了壳体的几何结构,这是 PCB 微带线的典型特征。第一个导体是 PCB 布线,第二个导体是接地平面的镜像导体,电磁波的耦合沿着线路感应差模电流。所提出的是基于场到传输线耦合的泰勒模型[26],并且旨在预测该线路的每个终端上感应的电压。这种建模可以扩展为多导体线路,其中也能感应到共模电流[1],但它不在本书的讨论范围之内。该线路由两个小导体组成,两个小导体相隔的距离小于波长,线路由两个阻抗 Z_S 和 Z_L 端接,同时假定周围介质是均匀的,导体损耗可以忽略不计。在这些条件下,确保了沿这条线的准 TEM 传播模式,输入电磁波的方向是未知的,但是线路上只有波耦合的两个分量:电场的横向分量 E_y 和垂直于线路导体之间的表面的磁场 H_z 的分量。

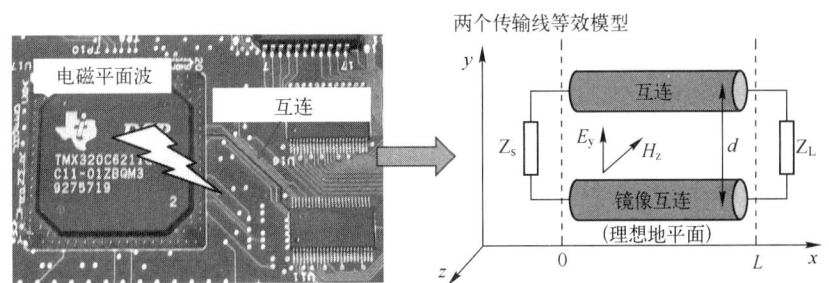

图 4-32 平面波与双导线的耦合

在以 x 为中心的传输线的电小尺度部分 dl 上磁场的耦合感应了由式(4-35)给出的电动势 dV。电压与磁场幅度、频率以及两个导体之间的面积成正比。根据式(4-36),线路 dl 基本部分上的耦合电场在两个导线之间感应出位移电流 dI。电流与电场强度、频率、两根导线之间的面积以及线路的单位长度电容 c 成正比。

$$dV(x) = j\omega\mu_0 \int_0^d \int_x^{x+dl} H_z dx dy \tag{4-35}$$

$$dI(x) = -j\omega x \int_0^d \int_x^{x+dl} E_y dx dy \tag{4-36}$$

每个线路终端感应的电压等于感应电压和沿传输线分布的电流源的贡献之和。确切的解决方案需要通过求解传输线方程来考虑线路的传播效应[1]。为了提供一个实际的公式,线路长度应该小于波长。忽略沿线的传播效应,整条线上的电场和磁场耦合由一个电压和一个电流源建模(图4-33)。每个线路终端感应的电压由式(4-37)和式(4-38)给出。右边的第一项与磁场耦合有关,而第二项则与电场耦合有关。与电场耦合相反,磁场耦合在两个端子上产生相反的贡献。

$$V_S = \frac{Z_S}{Z_S+Z_L} j\omega\mu_0 LdH_z - \frac{Z_S Z_L}{Z_S+Z_L} j\omega cLdE_y \quad (4-37)$$

$$V_L = \frac{Z_L}{Z_S+Z_L} j\omega\mu_0 LdH_z - \frac{Z_S Z_L}{Z_S+Z_L} j\omega cLdE_y \quad (4-38)$$

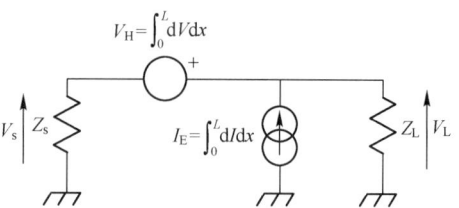

图4-33 电短双导体输电线路上电磁场耦合的等效模型

图4-34比较了由短线模型(short line)预测的由平面波照射的10cm长PCB微带线两端感应电压的演变。根据IC-EMC "Interconnect parameters"工具,线路特性阻抗等于80Ω,其单位长度电容等于75pF/m。该线在两端终止150Ω负载。电磁波的极化如图4-34所示。电场幅度设置为10V/m,这是商业产品RI测试的典型限值。线路在140MHz以内是电短的,由泰勒模型的精确分辨率预测的电压也被绘制出来(长线模型)。两个模型在200MHz以上开始发散。

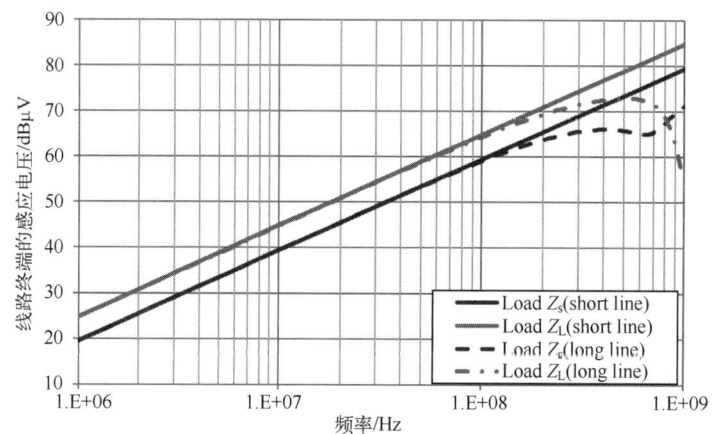

图4-34 预测入射平面波在微带线上感应的电压
($L=10\text{cm}, d=0.38\text{mm}, c=75\text{pF/m}, Z_s=Z_L=150\Omega, E=10\text{V/m}, H=0.027\text{A/m}$)

电磁波耦合趋于随着频率线性增加,直到线路不再电小。在此频率以上,电缆共振会产生耦合的最大值和最小值。这就是为什么RI通常被认为是"高频"问题(商用产品的RI测试始于80MHz)。通过屏蔽可以确保减少入射电磁波的耦合,简单模型表明,减小线路两根导线之间的表面积会减少耦合,从而提高抗扰度。

4.6.2 近场耦合

远场耦合对集成电路的影响通常可以忽略不计,因为它们的尺寸很小。即使入射的平面波非常强,通常大多也只能耦合在PCB布线或线束上。然而,IC上的近场耦合不应被低估,因为在干扰源附近会产生很大的E场和H场。由于干扰源或"辐射IC"放置在受扰IC附近,因此辐射IC产生的E场和H场与受扰IC耦合可能会大到对受扰IC有害。

特别是在由异构 IC 组成的高集成度组件中(例如高密度 PCB、系统级封装),这种情况尤其会发生。一个典型的例子是由 SMPS 或微处理器产生的宽带噪声的耦合,这些噪声耦合到安装在附近的无线电接收器上。

由于近场随距离增大会快速衰减,近场耦合是局部的,可以通过改变位置和布线来解决,以便将干扰集成电路与受扰集成电路分开(只有当组件的机械限制允许这种解决方案时)。

在近场区域,E 场和 H 场的分布相当复杂,它可以通过数值电磁模拟或等效电偶极子的近似来确定(式(3-22)~式(3-26))。虽然电场和磁场耦合必须分别处理,但通常其中一种耦合占主导地位。同时存在不同的建模方法,一种方法是用一个由电容(E 场耦合)和一个互感器(H 场耦合)组成的等效电路对近场耦合进行建模。当器件具有基本的几何形状时,该等效电路的构造可以基于闭式表达式。等效电路也可以从干扰源和受扰设备之间的 S 参数测量中提取。

如果可以计算由辐射装置产生的 E 场和 H 场,并且如果识别出受扰线,则场到传输线耦合模型构成另一种方法。例如,如果受扰线是双导线传输线,泰勒模型(将在 6.1 节中介绍)可用于评估线路终端上耦合的电压。由于 E 场或 H 场在近场区域占主导地位,耦合分别被建模为等效电流或电压源。而且,由于近场耦合是局部的,所以只需要一个局部源。

4.7 总　　结

为了总结本章,表 4-2 提出了一些指导原则,以确定通常涉及本章所述问题的电子功能。电子功能列表并非详尽无遗。原则一栏提供了对电子功能进行分类必须满足的条件。

表 4-2　集成电路 EMC 指导原则

EMC 问题	原　　则	举　　例
信号完整性(SI)	具有高数据传输速率的所有接口电路(大于几十兆比特每秒)	涉及单端和差分 I/O 的数字 I/O 端口(数据、地址、时钟),MPU 到存储器链路,MPU 到 TFT 屏幕
电源完整性(PI)	对电源波动敏感的开关设备	数字电路(MPU、MCU、DSP、GPU),I/O 端口,放大器,时钟发生器
传导发射(CE)	共享配电网络、通信线路驱动器的开关设备	开关电源,PWM 控制器,高端驱动器,H 桥,总线驱动器(以太网、CAN、USB……),电力线通信驱动器,D 类放大器
辐射发射(RE)	连接到长线路的开关设备(电流的频率应超过 30MHz)	数字 I/O,总线驱动器,开关电源,RF 输出,数字电路 PDN
传导抗扰度(CI)	所有对电压波动的容忍能力较弱的功能,所有对功能安全性要求较高的功能,连接到长互连线(潜在接收天线)的设备	低压电路,模拟电路(运放、带隙、线性稳压器),振荡器,无线电接收机
辐射抗扰度(RI)		

4.8 练 习

练习1 串扰

在 0.4mm 厚的 FR4 印制电路板上绘制两条接近的微带线(介电常数 $\varepsilon_r = 4.5$),线条宽 0.5mm,长 5cm,间隔 0.25mm,它们由 35μm 厚的铜制成。一条线路被驱动器激励,另一条线路没有激励并且是受扰线路。本练习旨在计算由于串扰而在受扰线路上耦合的噪声最大幅度。

1. 计算耦合的微带线的每单位长度参数。可以使用 IC-EMC 互连参数工具,假设线为无损的情况,请给出每条微带线的单端特性阻抗和传播延迟。

2. 驱动器产生具有以下特征的方波信号:
- 最小电压 $V_{min} = 0V$,最大电压 $V_{max} = 2.5V$;
- 周期 = 20ns,占空比 = 50%;
- 上升和下降时间 T_r 和 $T_f = 2ns$。

每个线路终端负载为 50Ω。匹配对这些线路是至关重要的吗?

3. 估算无激励线路终端上的近端和远端电压幅度,近端和远端电压是否对称?

4. 使用 IC-EMC 互连参数工具,建立有效频率高达 1GHz 的线路电气模型(按钮 SPICE 模型)。添加驱动程序的模型和终端电阻,模拟并计算无激励线路终端上的近端和远端电压瞬态波形,与问题3的结果进行比较。

练习2 数字电路的电源完整性

用于数字应用电路板的初版设计完成后,必须在制作 PCB 之前验证此设计。此时应重点关注电源完整性问题。在这个 PCB 上安装的所有器件中,FPGA 是应用程序动态电流消耗的主要贡献者。该微处理器采用低功耗 CMOS28nm 技术设计。它由 1.2V 稳压电源供电。

FPGA 采用 324 引脚 BGA 封装,片上时钟将工作频率设置为 80MHz,在最终的应用程序中将激活众多的 I/O 缓冲区和高速接口。

图 4-35 提供了在 PCB 的电源和接地层之间测量的频域中阻抗曲线的仿真。在该模型中,除 FPGA 外,所有去耦电容都已组装完毕。测量文件由 Z11_PG_plane_PCB.s1p 文件给出。

1. 从阻抗测量中,建立电源地平面的等效电气模型,该模型有效至 1GHz。

2. FPGA 的平均电流消耗估计为 1A,为电源-地平面的阻抗提出一个目标阻抗。

3. 考虑到上一个问题中选择的目标阻抗,你认为该电路板设计是否足够?目标阻抗是否过于保守?是否有某些频段的电源完整性出现了问题?

4. 图 4-36 给出了电路动态电流消耗的估算。封装的电源和接地引脚的最大电阻和电感应该是多少?最严格的限制又是多少?

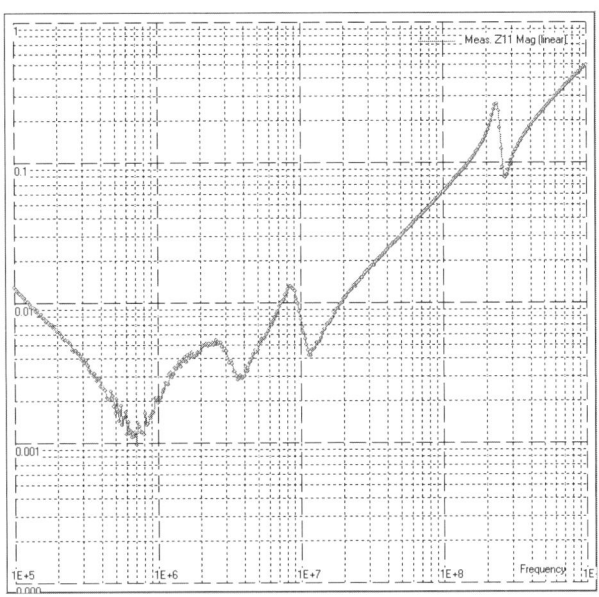

图4-35 在PCB的电源和接地层之间测量的频域中阻抗曲线的仿真

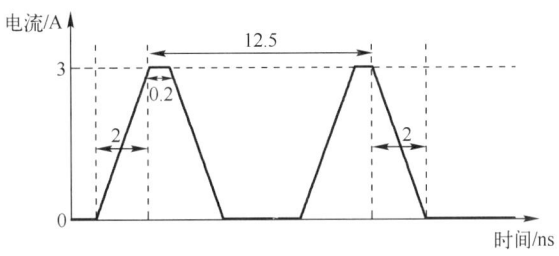

图4-36 电路动态电流消耗估算

5. 完成PCB模型,估算模拟电源电压波动所需的电流消耗。在时域和频域中均进行模拟,并评论模拟结果。

6. 片上电压波动的幅度是否可以接受?如果不能,给出减小电压波动的解决方案。

练习3 用于传导发射的简单EMC滤波器

EMC滤波器始终立足于低通滤波。其目的是衰减沿信号或电源线传导的电磁干扰的高频成分,并避免不必要的辐射。图4-37提出了8种不同的简单EMC滤波器拓扑结构,滤波器放置在干扰源和负载Z之间,由终端阻抗Z_S和Z_L定义。在练习中,假设终端阻抗是纯阻性的。考虑3个电阻值:

- 低阻抗——10Ω;
- 中阻抗——50Ω;
- 高阻抗——150Ω。

本练习旨在比较不同类型的EMC滤波器并确定终端阻抗的条件。

滤波器有效性的典型指标是插入损耗(IL)。它是一个比值,定义为在干扰源和负载之间未连接滤波器的负载电压与连接滤波器的负载电压之比。在本练习中,$L=1\mu H$,

$C = 10\text{nF}$。

1. 在图 4-36 描述的八种滤波器配置中,哪些是 EMC 滤波器?
2. 使用 IC-EMC 的模拟测试平台来模拟滤波器的插入损耗。
3. 对于每个滤波器配置,确定优化滤波器衰减的终端阻抗条件。
4. 根据滚降衰减比较滤波器。
5. 预测的滤波器衰减是否真实?预测滤波器实际的衰减应该考虑什么?

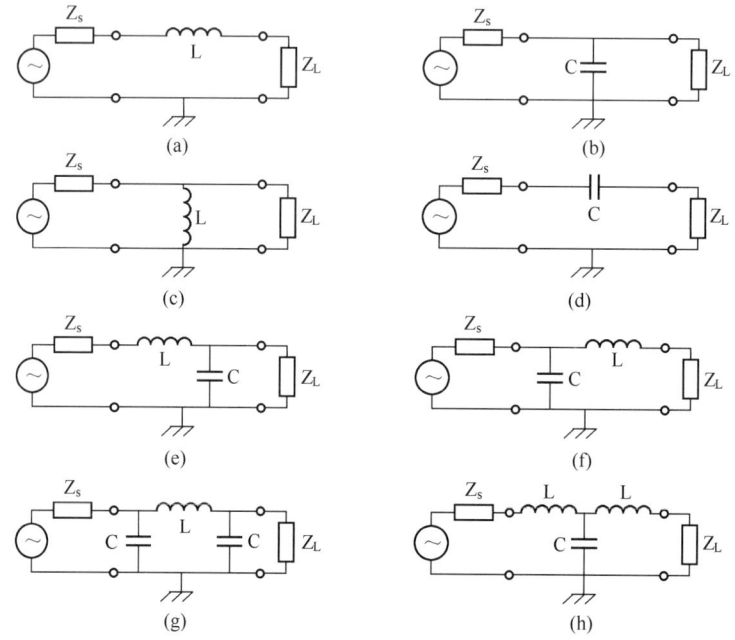

图 4-37 八种不同的简单 EMC 滤波器拓扑结构

练习 4　SMPS 的辐射发射

在本练习中考虑了图 4-15 中所示的 SMPS 的传导发射及其在图 4-17 中的结果。目的是估计 SMPS 和 LISN 之间电源电缆上电流循环产生的辐射。电缆长度为 1.5m,电缆由两根彼此相距 2mm 的导线制成。

1. 电短线近似是否在 30MHz 时成立?
2. 在 180kHz、8MHz 和 30MHz 处评估离 SMPS 电缆 3m 处的最大差模辐射发射。
3. 针对共模辐射发射,评估相同的问题。
4. 比较差模和共模电流对辐射发射的影响。如果考虑图 4-22 中所示的 3m 辐射发射限值(EN55022 A 类),SMPS 连带其电源电缆的辐射发射是否可接受?

练习 5　辐射敏感性

多层 PCB 设计的初版现已准备就绪,你的下一个任务是在 PCB 制造之前识别可能的 EMC 问题。在对设计进行第一次检查后,你需要注意两条 PCB 布线:

- 具有以下特性的数字时钟:幅度 = 0～3.3V,周期 = 40ns,上升/下降时间 = 3ns,时钟抖动不应超过 1.5ns;

- 模拟信号传送到 8 位模数转换器,3.3V 供电。

两条线都采用微带配置在顶层布线。它们具有完全相同的尺寸:总长度为 70mm,布线宽度为 0.25mm,与参考平面的高度为 0.38mm。布线由铜制成,设计在 FR4 板上。安装在线路终端的电路的输入和输出阻抗是未知的,假设它们是恒定的并且等于 150Ω。电路板必须进行辐射敏感性测试,其中它将由最大幅度为 50V/m 的平面波照射,频率范围为 80MHz~1GHz。

1. PCB 布线是否为电气短路?
2. 计算在敏感度测试期间,线路终端感应到的最坏情况下的电压振幅。
3. 考虑到连接到 PCB 布线端子的电路,你认为辐射干扰是否会导致失效?
4. 哪些对 PCB 设计进行修改的建议可以减轻辐射敏感性问题?

练习 6 EMC 问题的识别

对于以下集成电路,讨论可能的 EMC 相关问题:
- TFT 液晶显示器的驱动芯片;
- 低压差线性稳压器;
- 升压转换器;
- IEEE 802.15.4;
- Zigbee 收发器芯片;
- 支持多种高速接口的 FPGA;
- 用于汽车应用的 LIN 总线驱动器。

参考答案 练习 1

1. $c_{11} = 111\text{fF/mm}$,$c_{12} = 41\text{fF/m}$,$l_{11} = 0.39\text{nH/mm}$,$l_{12} = 0.14\text{nH/mm}$,特性阻抗 $Z_0 = 51\Omega$,传播延迟 $t_d = 329\text{ps}$。
2. $t_d < T_r/10$,因此必须进行线路匹配和阻抗控制。
3. 近端电压 = 64mV(式(4-11)),远端电压 = 9mV(式(4-12))。

参考答案 练习 2

2. $Z_T = 120\text{m}\Omega$。
3. 233MHz 的反谐振对于电源完整性是有问题的。
4. $R < 40\text{m}\Omega$ 和 $L < 80\text{pH}$。
5. 提高板级去耦,增加片上电容,降低 FPGA 的动态电流消耗。

参考答案 练习 4

1. 是的,电缆长度是 30MHz 对应波长的 1/8。
2. 使用式(4-24)。
3. 使用式(4-25)。
4. 差模电流对辐射发射的影响与共模电流相比可以忽略不计。

参考答案 练习5

1. 高达200MHz。
2. 80~1000MHz之间,5~60mV(式(4-36)和式(4-37))。
3. 数字时钟曲线没有问题,但存在模拟信号布线上的辐射干扰耦合导致转换错误的风险。
4. 成本高昂的解决方案:滤波。廉价的解决方案:缩短布线或将其埋在参考平面之间。

参考文献

[1] C. R. Paul,"Analysis of Multiconductor Transmission Lines-2nd Edition",Wiley,2007.

[2] M. I. Montrose,"EMC and the Printed Circuit Board:Design,Theory and Layout made Simple",Wiley-IEEE Press,1998.

[3] Y. S. Sohn,J. C. Lee,H. G. Park,S. I. Cho,"Empirical Equations on Electrical Parameters of coupled Microstrip Lines for Crosstalk Estimation in Printed Circuit Board",IEEE Trans. On Adv. Pack.,Vol. 24,no. 4,Nov. 2001.

[4] S. K. Lee,K. Lee,H. J. Park,J. Y. Sim,"FEXT-eliminated stub-alternated microstrip line for multi-gigabit/second parallel links",Electronics Letters,14th Feb. 2008,Vol. 44,no. 4.

[5] M. Swaminathan,A. Ege Engin,"Power Integrity Modeling and Design for Semiconductors and Systems",Prentice Hall Signal Integrity Library,2007.

[6] A. Boyer,S. Ben Dhia,"Effect of Electrical Stresses on Digital Integrated Circuits Power Integrity",IEEE Workshop on. Signal and Power Integrity(SPI),Paris,France,May 2013.

[7] K. Mainali,R. Oruganti,"Conducted EMI Mitigation Techniques for Switch-Mode Power Converters:A Survey",IEEE Trans. on Power Electronics,Vol. 25,no 9,Sep. 2010.

[8] IEC 61967-3,"Integrated Circuits-Measurement of electromagnetic emission,150kHz to 1GHz-Part 3:Measurement of radiated emissions,surface scan method",IEC,2005.

[9] M. Leone,"Closed-Form Expressions for the Electromagnetic Radiation of Microstrip Signal Traces",IEEE Trans. on EMC,Vol. 49,no 2,May 2007.

[10] C. R. Paul,"Introduction to Electromagnetic Compatibility-2nd Edition",Wiley,2006.

[11] C. R. Paul,"A Comparison of the Contributions of Common-Mode and Differential-Mode Currents in Radiated Emissions",IEEE Trans. on EMC,Vol. 31,no 2,May 1989.

[12] EN55022,"Information Technology Equipment-Radio disturbance characteristics-Limits and methods of measurement(CISPR 22:2005),European Standard,CENELEC,2006.

[13] D. Middleton,"Man-made noise in urban environments and transportation systems:Models and Measurements",IEEE Trans. on vehicular technology,Vol. VT-22,no. 4,pp. 148-157,1973.

[14] F. Leferink,F. Silva,J. Catrysse,S. Batterman,V. Beauvois,A. Roc'h,"Man-Made Noise in our Living Environments", International Union of Radio Science (URSI),Radio Science Bulletin no 334,Sept. 2010.

[15] Y. Tarasuwa,S. Nishiki,T. Nojima,"Fine Positioning Three-Dimensional Electric-Field Measurements in Automotive Environments",IEEE Trans. On Vehicular Technology,Vol. 56,no 3,May 2007.

[16] W. E. Larsen,"Digital Avionics Susceptibility to high Energy Radio Frequency Fields",IEEE National

[17] J. J. Goedbloed,"Transients in Low-Voltage Supply Networks",IEEE Trans. on EMC,Vol. 29,no 2, May 1987,pp. 104-115.

[18] J. J. Goedbloed,"Characterization of Transient and CW Disturbances induced in Telephone Subscriber Lines",7th IEE Int. Conference on EMC,York,Aug. 1990.

[19] A. Z. H. Wang,"On-Chip ESD Protection for Integrated Circuits-An IC Design Perspective",Kluwer Academic Publishers,2002.

[20] J.-M. Redouté,M. Steyaert,EMC of Analog Integrated Circuits,Springer,2010.

[21] B. Razavi,"A Study of Injection Locking and Pulling in Oscillators",IEEE Journal of Solid-State Circuits,Vol. 39,no 9,Sep. 2004,pp. 1415-1424.

[22] J. Raoult,A. Blain,A. Doridant,S. Jarrix,"Interference Signal Effects on a High-Frequency Monolithic Voltage-Controlled Oscillator: Experiments and Simulations",IEEE Trans. on EMC,Vol. 56,no 1,Feb. 2014.

[23] N. lgnat,B. Nicolescu,Y. Savari,G. Nicolescu,"Soft-Error Classification and Impact Analysis on Real-Time Operating Systems",IEEE Design,Automation and Test in Europe,2006.

[24] J. F. Chappel,S. G. Zaky,"EMI Effects and Timing Design for Increased Reliability in Digital Systems",IEEE Trans. on Circuits and Systems,Vol. 44,no 2,Feb. 1997,pp. 130-142.

[25] IEC 62132-4,"Integrated Circuits-Measurement of electromagnetic immunity,150kHz to 1GHz-Part 4:Direct RF Power Injection Method",IEC,2006.

[26] C. D. Taylor,R. S. Satterwhite,W. Jr. Harrison,"The response of terminated two-wire transmission line excited by a nonuniform electromagnetic field",IEEE Trans. on Antennas and Propagation,Vol. AP-13,1965,pp. 987-989.

第5章 无源器件建模

集成电路总是装配在机械结构上,用于和安装在同一或外部结构上的其他器件互连,这个结构称为印制电路板(PCB)。将无源器件直接集成在 IC 级是有利的,但由于成本原因,大多数滤波、去耦或匹配的专用无源器件仍然是外接的,并需要安装在 PCB 上。因此,PCB 和无源器件共同形成了集成电路工作环境。PCB 布线、平面和无源器件对电磁问题有重要影响。以信号完整性为例,其依赖于 PCB 布线设计;针对电源完整性,辐射发射或敏感度不仅依赖于 PCB 电源-地平面,还依赖于安装在 PCB 上的去耦电容。因此为了预测集成电路相关的电磁问题,必须准确建模无源器件和 PCB 布线,这是下面两章的目的。

5.1 章节目标

为了确保电气互连,电子元件通常的机械支撑是 PCB。图 5-1 提供了一个典型的多层电路板,安装在其表面的组件(集成电路、无源器件、连接器等)之间有多种类型的互连。不同形式的互连(布线、平面、过孔、焊盘)是由层叠在绝缘衬底上的蚀刻导电片(如铜)制成的。最简单的印制电路板在每一面都有一个铜导线层,对于更复杂的多层 PCB 可能嵌入四、六、八层或更多的铜布线层。组件通过通孔或表面贴装结构安装在 PCB 的每一面,由于元件尺寸和组装成本方面的显著优势,表面贴装技术(SMT)已被工业界广泛采用。

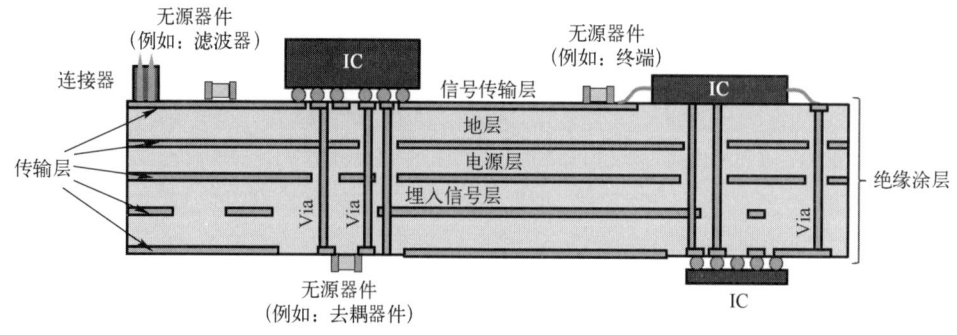

图 5-1 安装在多层电路板上的组件

布线设计用来传输信号和分配电源或地面参考。PCB 布线设计和组件位置的摆放对信号完整性和 EMC 有重要影响,忽视布线和无源器件的特性会导致对许多 EMC 问题理解错误。许多专著和论文都涉及 EMC PCB 的设计指南[1],它们描述了改善 EMC 性能的最佳案例实践,如层堆叠配置、布线或平面的设计以及平面和无源器件的放置等。

为了实现对 IC 信号传输和功率分配,以下两章为建立 PCB 布线的高频电气模型提供了基础。例如,无源器件通过沿着这些布线来实现滤波、去耦或匹配的目的。建立电气模型是至关重要的,在这些章节中,无源器件和 PCB 布线假设是线性的,因此我们集中预测它们的阻抗或 S 参数,它们也对 PCB 和无源器件的结构以及用于提取阻抗的测量技术(如矢量网络分析仪)进行了简单描述。本章集中于无源器件的建模,特别关注如去耦电容、扼流圈电感、共模扼流圈和铁氧体磁珠等用于 EMC 滤波器件的建模。下一章将讨论 PCB 布线的建模。

5.2 表面贴装器件封装

本部分旨在简要介绍无源器件相关技术。由于 SMT 是在 PCB 上组装元器件的主要过程,因此本节将只讨论表面贴装器件(SMD),主要介绍了典型电容器、电阻器、电感和铁氧体的内部结构和特性,重点研究这些组件高频行为的建模技术。对于无源器件对温度、电压和老化的敏感程度,虽然预测模型应该整合这些有影响力的参数,但是为了达到简化目的,本书中不再涉及。本节假设无源器件是线性时不变的。

在本节中将只讨论 PCB 上的 SMT 无源器件,不涉及更多高集成的无源器件,如集成无源器件(IPD)。尽管这些技术在高频率下具有出色的性能,但是它们的使用仍然局限于系统封装。本章提出的 SMT 无源器件模型为 IPD 电气模型的构造提供了充分的依据。

SMD 的分类是一项复杂的任务,因为许多外壳编码和标记已经被开发和标准化。这一部分并不旨在提供所有现有封装的详尽命名。在下文中,将只考虑安装在矩形封装中的双端子组件。表 5-1 给出了符合联合电子器件工程委员会(JEDEC)标准的形状和尺寸。这个标准编码给出了封装的长和宽,以英寸的百分之一(英制)或毫米(公制)为单位。额定功率取决于 SMD 尺寸,这个编码广泛应用于表面贴装电阻、陶瓷和钽电容。

表 5-1 JEDEC 定义的双端表面安装设备的外壳编码

英制编码	公制编码	功 率
01005(0.016in×0.008in×0.008in)	0402(0.4mm×0.2mm×0.2mm)	1/30W
0201(0.024in×0.012in×0.01in)	0603(0.6mm×0.3mm×0.25mm)	1/20W
0402(0.04in×0.02in×0.014in)	1005(1.0mm×0.5mm×0.35mm)	1/16W
0603(0.06in×0.03in×0.018in)	1608(1.55mm×0.85mm×0.45mm)	1/10W
0805(0.08in×0.05in×0.018in)	2012(2.0mm×1.2mm×0.45mm)	1/8W
1206(0.12in×0.06in×0.022in)	3216(3.2mm×1.6mm×0.55mm)	1/4W
1210(0.12in×0.1in×0.022in)	3225(3.2mm×2.5mm×0.55mm)	1/2W
1218(0.12in×0.18in×0.022in)	3246(3.2mm×4.6mm×0.55mm)	1W

其他产品或制造商特定编码也是存在的,例如,表 5-2 给出了松下公司提出的 SMT 铝电解电容器的尺寸。

表 5-2 铝电解电容器外壳编码

尺寸编码	尺寸(宽×长)
A	3.3mm×4.5mm
B	4.3mm×5.5mm
C	5.3mm×6.5mm
D	6.6mm×7.8mm
E	8.3mm×9.5mm
F	8.3mm×10mm
G	10.3mm×12mm

5.3 无源器件高频电气模型

尽管无源器件看起来很简单,但其性能并不理想,例如,它们不是线性的且参数不随时间和频率的变化而变化。其特性依赖于温度、电压偏置、电流和频率。如图 5-2 所示,一个电阻器的模型可能非常复杂,由于存在寄生的电容和电感,电阻不单是纯阻性,阻抗 Z_R 实际上与频率有关。此外,损耗的频率依赖性会改变电容器和电感器的品质因数。为了预测高频时的阻抗曲线,所有这些寄生因素都必须进行精确表征和建模。由于 SMT 无源器件的物理尺寸较小,它们可以被建模为高达几吉赫的集总 RLC 元件。

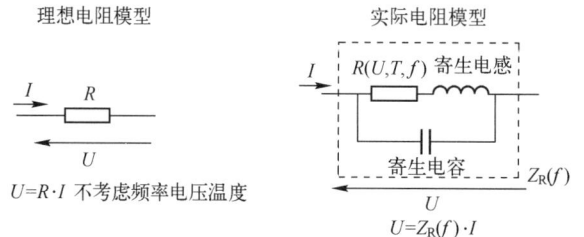

图 5-2 电阻理想模型和实际模型

封装尺寸对阻抗有明显的影响,例如图 5-3 比较了 4 个有相同特征但是安装在不同封装尺寸上(从 0402 到 1206)[2]的陶瓷电容器的阻抗。在电容器自谐振频率以上的高频处可以看出差异,其中寄生电感或等效串联电感(ESL)占主导地位(电感值在图中已标出)。因为电流环的表面积随封装尺寸的增加而增加,所以 ESL 随着封装尺寸的增加而增加。需要注意的是,这个电感是器件所固有的,如果电容器安装在 PCB 上用于去耦,则诸如焊盘和过孔之类的互连将引入额外的电感,其值根据封装的尺寸和过孔的位置可能达到 1~3nH。

ESL 是无源器件的一个缺陷,例如当电容器是电容性时,它会限制频率范围,这也是滤波和去耦所要求的。

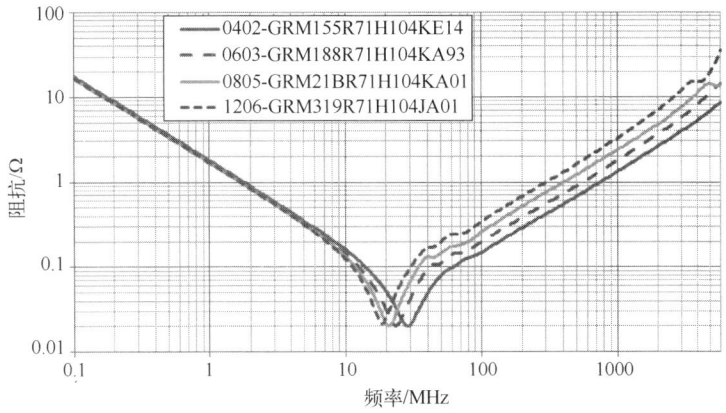

图 5-3 器件封装对 HF 陶瓷电容器阻抗的影响（Murata 50V X7R 100nF 通用陶瓷电容器）

5.4 无源器件阻抗的提取

无源器件的电学特性通过其复阻抗给出，有几种提取阻抗的方法，如电桥法、I-V 或 RF-IV 测量[3]、时域反射或矢量网络分析仪（VNA）测量[4]。由于 VNA 具有频率范围大、动态范围大和通用性强等优点，它一直是提取无源器件阻抗最常用的方法。最基本的测量方法是单端口测量，它将设备连接到 VNA 的一个端口并测量反射系数 S_{11}。无源器件的阻抗 Z_d 通过下面的公式给出，其中 Z_C 是测量系统的特征阻抗（一般为 50Ω）。

$$Z_d = Z_C \frac{1+S_{11}}{1-S_{11}} \tag{5-1}$$

然而，单端口测量方法只能确保阻抗的不确定度，该阻抗近似等于 Z_C。由于电容和电感的阻抗是随频率变化而变化的，所以这种方法由于存在较大的不确定性而不适用。此外，测量会受到 DUT 接入互连寄生阻抗的影响。这个问题可以通过改变 DUT 安装和采用双端口测量来克服，如图 5-4 所示，串联配置在测量高阻抗时能够达到更好的精度，而并联结构更适用于低阻抗器件。图 5-5 比较了 47μF 铝电解电容在单端口和双端口并联配置中的阻抗测量。由于阻抗低于 Z_C，所以双端口测量要比单端口测量更准确。在双端口测量中，测量的串联电感较小，因为在这种配置中消除了 DUT 接入阻抗的影响。

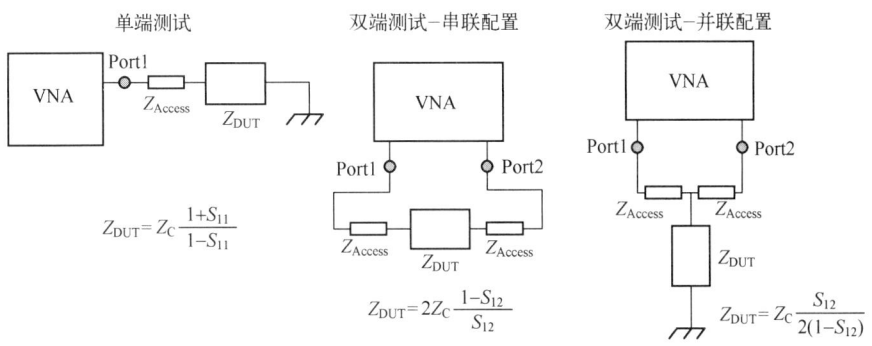

图 5-4 用 VNA 表征无源器件的三种配置

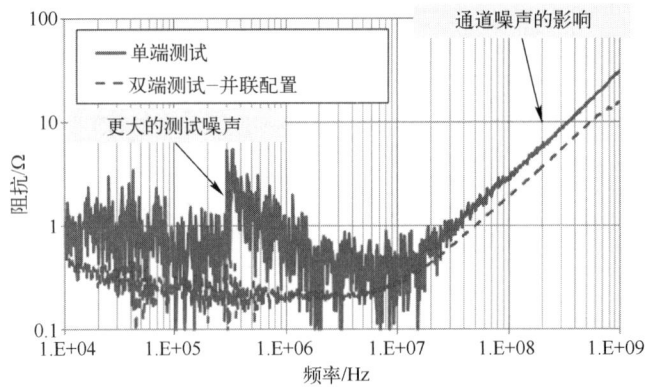

图 5-5　比较 47μF 电容在单端口和双端口并联配置测量的阻抗

5.5　电　阻

5.5.1　表面贴装电阻器技术概述

SMT 电阻一般安装在扁平矩形封装上。它们是由在陶瓷基底上形成的厚膜或薄膜层金属氧化物制成,在薄膜上方添加保护涂层。导线连接到放置在器件边缘的两个端子上。图 5-6 描述了薄膜和厚膜电阻器的结构。厚膜电阻通常比薄膜电阻便宜,但它们不够精确(厚膜电阻误差在±0.5%~±5%之间;薄膜电阻在±0.1%~±0.5%之间)。

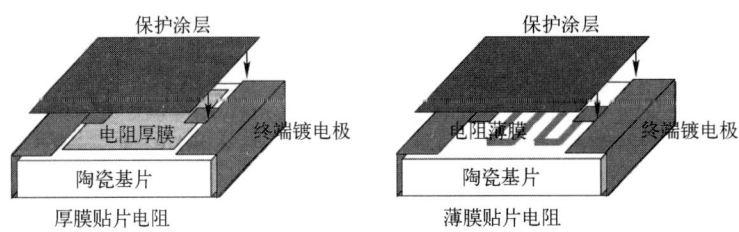

图 5-6　厚膜和薄膜电阻器结构

影响电阻器选择的主要特性如下:
- 最大功率和电压,防止电阻器降额;
- 容差(以%计);
- 工作温度范围;
- 温度稳定性(以 ppm/℃ 为单位的温度系数)。

5.5.2　电阻器的通用高频模型

图 5-7 给出了电阻器高频电气模型的一般形式。在该模型中,电阻器受寄生串联电感 L_s 的影响,该串联电感 L_s 与通过它的电流有关。此

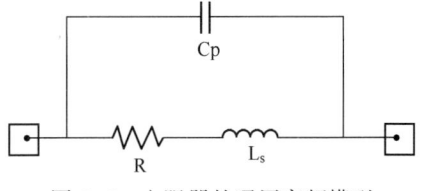

图 5-7　电阻器的通用高频模型

外,在电阻器端子之间会产生并联电容 C_P。为了扩展该模型的频率有效范围,该模型应该等效成 R、L 和 C 组件。

5.5.3 SMT 薄膜电阻器的电气模型

在这部分,建立了 SMT 薄膜或厚膜电阻器的电气模型,实现用 VNA 测量阻抗曲线。下面描述了加载 S 参数或 Z 参数测量、用 IC-EMC 绘制阻抗曲线和 S 参数模拟运行的步骤。S 参数测量记录在 Touchstone 文件中,扩展名为 .snp,其中 N 是测量期间使用的端口数。

第一个例子针对具有 0805 封装形式(松下公司 ERJ6RQF1 ROV)的 1Ω 厚膜金属电阻器的双端口 S 参数特性测量。该电阻值通常采用标准 IEC61967-4 传导发射测量中提出的 1Ω 探针进行测试(见第 8 章)。该电阻的测量阻抗曲线如图 5-8 所示,是按照下面描述的过程绘制的。在这个案例中,测量频率范围为 100kHz~6GHz。

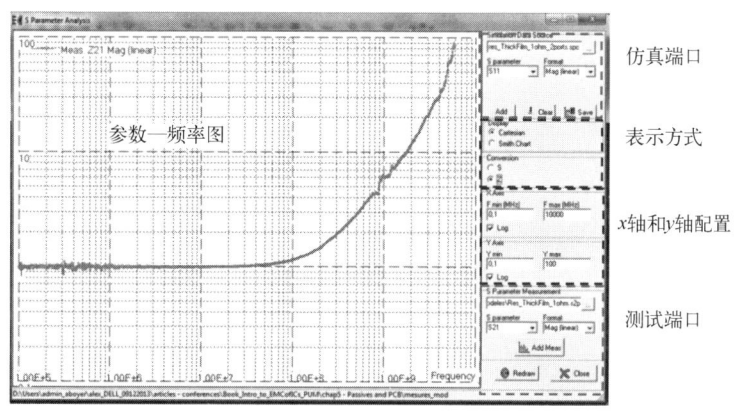

图 5-8　1Ω 厚膜金属电阻的阻抗测量分布图(book\ch5\res_ThickFilm_1 ohm_2ports.sch)

运行 S 参数分析界面 ✦。在 S 参数测量字段中打开测量文件(Book\ch5\Res_ThinFilm_1ohm.s2p)。

使用显示字段选择显示模式(笛卡尔图或波德图)。使用转换字段选择绘制的数据格式(S 参数或 Z 参数)。选择 Z 参数绘制阻抗曲线图。

使用格式框选择要显示的参数(S 参数框)及其格式(大小、相位)。选择 Z_{12} 参数的大小。

单击添加测量按钮 以显示 S 参数或 Z 参数曲线图。

改变 x 轴和 y 轴的边界,在 x 轴和 y 轴字段中可以切换线性或对数扫描。

阻抗稳定在 50MHz 附近,在该频率以上,其模量随频率线性增加,相位趋于 90°。从测得的阻抗曲线中提取具有双端口阻抗测量电阻器的等效电气模型,并在图 5-9 中给出。阻抗由设备的寄生串联电感 L_0 决定,约为 0.9nH。寄生并联电容 C_0 的影响在 4GHz 以下忽略不计。电感 L_{acc1} 和 L_{acc2} 与测量点和 1Ω 电阻之间的引线相连,S 模块是一个端口的符号。

按照以下步骤将仿真阻抗曲线与测量曲线进行比较。图 5-10 比较了两个曲线。

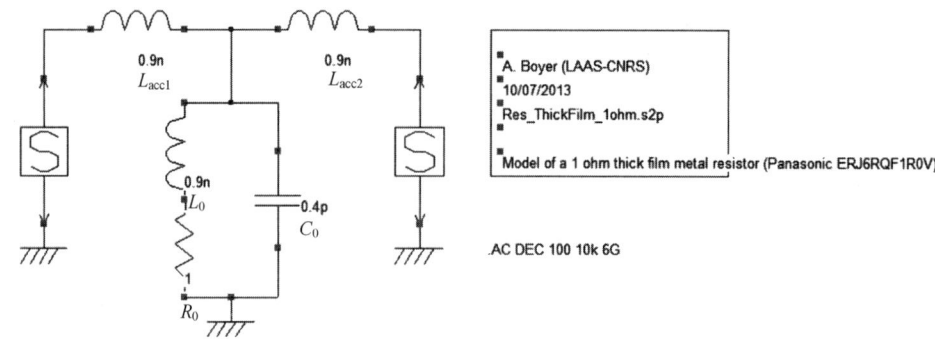

图 5-9 1Ω 厚膜金属电阻的等效电气模型(book\ch5\res_ThickFilm_1 ohm_2ports.sch)

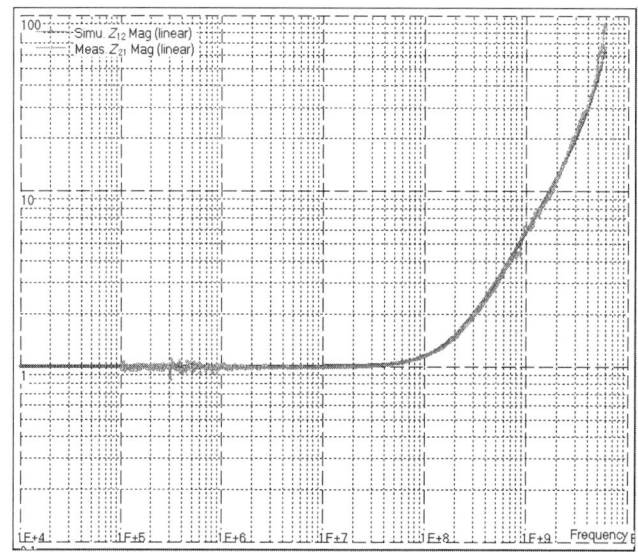

图 5-10 1Ω 厚膜金属电阻器测量与模拟 Z_{21} 曲线图之间的比较
(book\ch5\res_ThickFilm_1ohm_2ports.sch)

- 运行 S 参数分析界面 ❀。使用模拟数据源字段打开 S 参数仿真结果文件(扩展名.SPC)。
- 使用显示字段选择显示模式(笛卡尔图或波德图)。使用转换字段选择绘制的数据格式(S 参数或 Z 参数)。
- 使用格式框选择要显示的参数(S 参数框)及其格式(大小、相位)。在这个案例中,S_{21} 为幅度线性格式。
- 单击 "Add" 按钮以显示 S 参数或 Z 参数曲线图。

改变 x 轴和 y 轴的边界,在 x 轴和 y 轴字段中可以切换线性或对数扫描。

第二个例子针对一个具有 0805 封装形式的 200Ω 厚膜金属电阻(松下 ERA6AEB201V)的单端口 S 参数特性测量,如图 5-11 所示。寄生并联电容(C_0)取决于壳体尺寸,所以即使其在高达 3GHz 时受到的影响并不显著,模型中的 0.9nH 电感也会保持不变。添加第二串联电感(L_{acc})以表征测量点和 1Ω 电阻之间接入布线的电感。

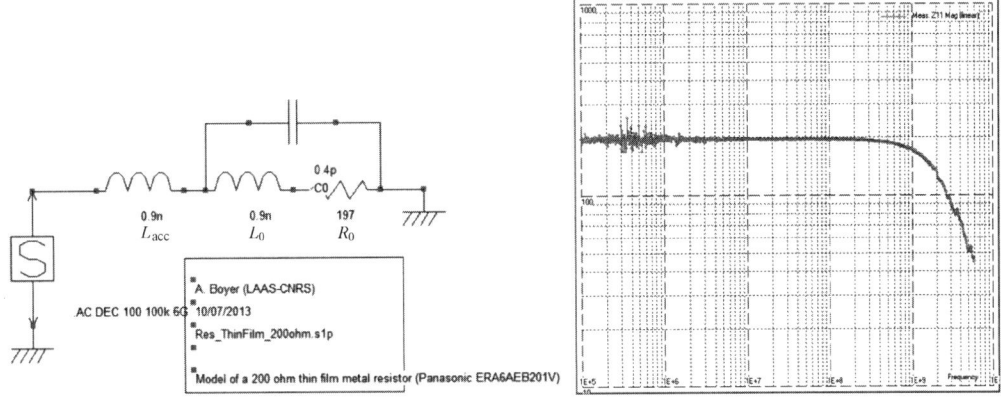

图 5-11 200Ω 厚膜金属电阻的等效电气模型(book\ch5\res_ThickFilm_200ohms.sch)和测量阻抗与模拟阻抗曲线的比较(book\ch5\Res_ThinFilm_200ohms.s1p)

5.6 电　　容

5.6.1 表面贴装电容技术概述

根据电容范围、工作温度、降额电压和成本等因素,SMT 电容器采用了几种不同的技术。表 5-3 对 SMT 电容器的类型作了概述,介绍了它们的特点、应用、优缺点。在下面的章节中,将只讨论专用于 EMC 目的(如去耦和滤波)的铝、钽和陶瓷电容器。

表 5-3　SMT 电容器特性概述

电容器类型	特点及应用	优点/缺点
铝电解电容	在铝中的两个电极之间形成液体电解质。绝缘体是氧化铝的薄层。用于电源的整体去耦和开关电源的滤波	优点: ① 大储能容量(高达数百毫法); ② 价格低廉; ③ 高耐压(高达 500V)。 缺点: ① 低温稳定性,温度范围仅在 −40~+85℃; ② 极化; ③ 高分散度(±20%); ④ 高等效串联电阻; ⑤ 在存储和运行条件下会有相关的温度老化
固体电解钽电容	在二氧化锰和钽两个电极之间形成。绝缘体是氧化钽的薄层。致力于电源的整体去耦和开关电源的滤波	优点: ① 比铝电解电容更少的磨损; ② 大储能容量(高达数十毫法); ③ 宽的温度范围(−55~+125℃); ④ 比铝电解电容低的分散度(±5%~±20%)。 缺点: ① 只能达到 100V; ② 极化; ③ 高等效串联电阻; ④ 昂贵

(续)

电容器类型	特点及应用	优点/缺点
多层陶瓷电容	由陶瓷铁电介质(例如 BAT03)分离的电极,专用于高频应用,如局部去耦	优点: ① 非常低的等效串联电阻,低的串行电感; ② 高纹波电流; ③ 不磨损; ④ 宽温度范围(-55~125℃); ⑤ 小的分散度(±5%~±10%)。 缺点: ① 小能量存储器(仅仅到达几十微法); ② 电压、温度和时间依赖性(取决于陶瓷基板); ③ 电容随电压降低
聚合物电解电容	电解质是一种固体导电聚合物。服务器主板和图形板上的专用 CPU 核心调节器	优点: ① 低的等效串联电阻; ② 在宽的温度范围内有稳定性; ③ 对于一个合理体积的电容具有相对较大的电容值。 缺点: ① 低的 CV 乘积(电容×电压),限制在几个微法; ② 在 105℃ 以上快速降解; ③ 昂贵
薄膜电容	聚酯,聚丙烯,聚苯乙烯 无电磁兼容应用	优点: ① 非常低的串联电阻; ② 高耐压。 缺点: ① 昂贵; ② 仅限低值

选择电容器时应注意的主要特性如下:
- 最大电压和纹波电流,防止电阻器降额;
- 容差(以%计);
- 工作温度范围;
- 温度稳定性(以 ppm/℃ 为单位的温度系数);
- 泄漏量或 DC 电流;
- 等效串联电阻(ESR)。

因数 Q 和耗散因数 DF,通过以下关系与电容器的 ESR 和虚部 X_C 相关:

$$DF = \frac{1}{Q} = \frac{ESR}{X_C}$$

自谐振频率 F_R 和等效串联电感(ESL)的相关式子为 $F_R = \frac{1}{2\pi\sqrt{ESL \times C}}$,其中 C 为电容值滞后现象。

5.6.2 电容器的一般电气模型

图 5-12 显示了电容器高频电气模型的一般示意图。该结构会根据电容器类型和频率的变化而变化。在这个模型中,电容器受到寄生串联电感或 ESL L_S 的影响,ESL L_S 与通过电容器的循环 AC 电流相关联,而电阻 R_S 则对损耗进行建模。两种类型的损耗都必须考虑:
- 与电解电容器的电极和电解质相关的传导损耗;

- 由于介电弛豫现象导致的介电或极化损耗。

因为同频率相关,因此应建立一个复杂的串联电阻等效模型,以便准确地再现损耗的频率依赖性。为了扩展该模型的频率有效范围,模型应该包含 R、L 和 C 组件。

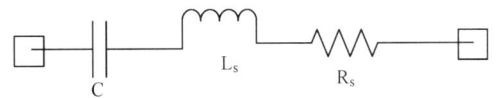

图 5-12 电容器的一般等效电气模型

5.6.3 陶瓷电容器的电学模型

陶瓷电容器广泛应用于各种领域,特别是 EMC 领域,如高频和局部去耦。它们单位体积电容特性较好(在小体积内可以集成几百纳法)和 ESR 较低。多层陶瓷电容器(MLCC)是电子系统中最常用的电容器。图 5-13 描述了安装在 SMT 扁平封装中多层陶瓷电容器的典型结构,它是由陶瓷电介质隔开的几层金属电极组成。

电容器的特性,例如电容范围、温度、电压和时间依赖性,都与陶瓷电介质的性质有关。陶瓷电容器根据陶瓷材料、电容范围和温度的不同分为以下 2 种类型。第 I 类型陶瓷电容器(金属氧化物、钛酸盐)的特征是低介电常数(小于 200)、小电容值(达到几纳法)、低容差和良好的温度稳定性,此类电容具有良好的精度和稳定性,但由于所提出的电容范围小导致它们很少被用于 EMC 用途。第 II 类型陶瓷电容器(钛酸盐、锆酸盐)的特征是具有较高的介电常数值(介于 200 和 10000 之间)、较高的电容值(高达几法)、平均容差(10%~15%)和温度稳定性。表 5-4 描述了由 EIA 提出的编码方式,根据其温度范围和依赖性(标准 EIA-1981-1-F)对第 II 类型陶瓷电容器进行分类。

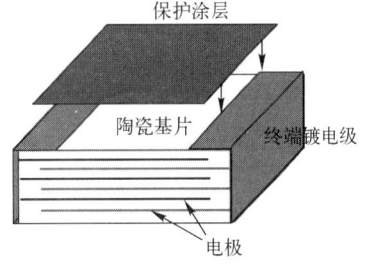

图 5-13 SMT 多层陶瓷电容器的结构

表 5-4 由 EIA 定义的第 II 类型陶瓷电容器的温度范围和相关编码

第一字符	最小温度	第二字符	最大温度	第三字符	相对电容变化
Z	+10℃	2	+45℃	A	±1%
Y	−30℃	4	+65℃	B	±1.5%
X	−55℃	5	+85℃	C	±2.2%
		6	+105℃	D	±3.3%
		7	+125℃	E	±4.7%
		8	+150℃	F	±7.5%
		9	+200℃	P	±10%
				R	±15%
				S	±22%
				T	+22%~−33%
				U	+22%~−56%
				V	+22%~−82%

编码由3个字符组成:前两个给出温度范围,最后一个提供在温度范围内的相对电容变化。例如,X7R电容器经常用于高频去耦,因为它们在容差、温度范围、稳定性、电容值范围和成本之间提供了良好的平衡。

陶瓷电容器的特点通常是导电和介电损耗较低,并因此具有高品质因数。图5-14显示了一个50V X7R 100nF电容器(参考Murata GCM21 BR71H104KA37 L)的阻抗测量,该电容安装在0805外壳上。基于图5-15中详细描述的电容器的一般电气模型,以及根据所测量的阻抗分布建立了一个等效的电气模型。寄生电感或ESL值可直接从高于自谐振频率的阻抗中提取。串联电阻是由一个单一恒定电阻值来建模,它等于在自谐振频率上阻抗的实部。因为阻抗曲线主要取决于电容或电感特性,这个简单的模型通常适用于高质量的器件,如陶瓷电容器。图5-14比较了测量和模拟阻抗曲线。RLC元件足以对最高达1GHz的阻抗分布进行建模。

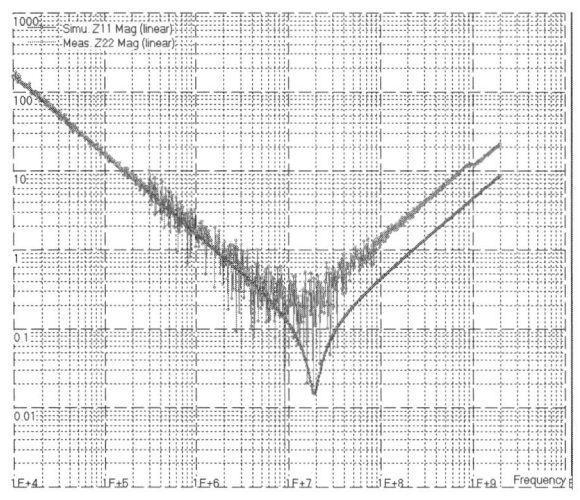

图5-14　50V X7R 100nF 陶瓷电容器测量阻抗与模拟阻抗曲线的比较
(book\ch5\Capa_ceramic_100n.s2p)

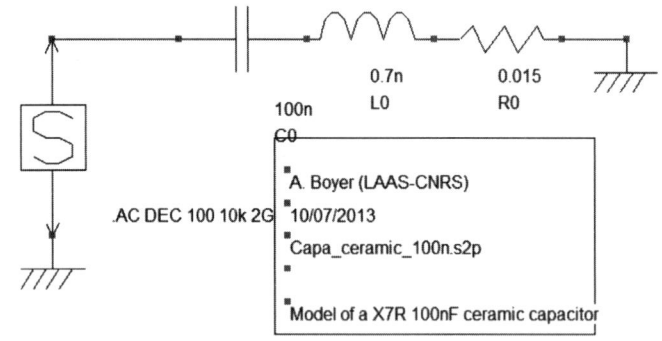

图5-15　50V X7R 100nF 陶瓷电容器模型(book\ch5\capa_ceramic_100n.sch)

通过比较来自相同电容器系列(相同的工艺过程、相同的封装)但具有不同值的电容器阻抗曲线,可以突显出损耗的频率依赖性。图5-16所示的曲线图比较了X7R电容器系列中(Murata low ESL系列,安装在0805封装中)几个样品的阻抗曲线,范围为4.7~220nF。自谐振频率与电容值成反比,ESR在自谐振频率下很容易测量。很明显,它们的

ESR 往往不是线性增加的,而是随频率的平方根增加。

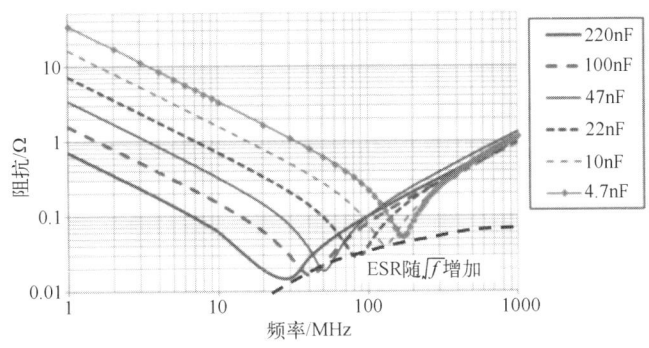

图 5-16 X7R 陶瓷电容器系列的损耗效应

如图 5-17 所示,X2Y 电容器是一种专用于去耦应用的新型 SMT 陶瓷电容器,与 MLCC 不同,它是一个四端口设备。为了增加电源和接地平面之间瞬态电流循环所产生的抵消磁场,在该装置中添加了屏蔽电极。从电学来讲,屏蔽电极可以减少电容器的 ESL,从而改善去耦或滤波性能。此外,屏蔽电极的存在提供静电遏制,减少了与相邻器件的电磁耦合,唯一的缺点是为屏蔽电极放置两个额外的焊盘需要占用很大的面积。

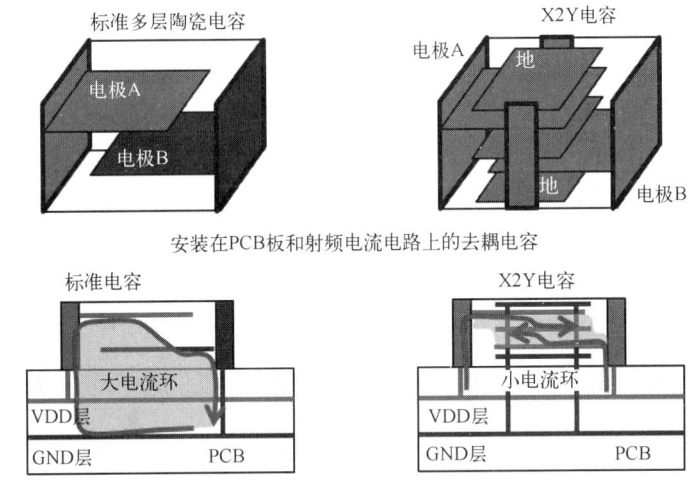

图 5-17 标准多层陶瓷电容器与 X2Y 电容器的比较

还有其他特殊的构造方法来降低电容器的 ESL,例如三端电容器或馈通电容器,在练习 3 中讨论三端电容器。

5.6.4 电解电容的电气模型

考虑两种类型的电解电容器:钽电容器和铝电容器。虽然它们应用于 EMC 领域(整体解耦),但它们的特性和阻抗分布是完全不同的。钽电容器能够提供更大的温度范围、更低的 ESR 和更好的可靠性,但价格更高。

1. 钽电容

图 5-18 给出了低 ESR 100μF 钽电容器的阻抗曲线(参考 KEMET T91D107K010AT,

安装在 D 封装中)。VNA 测量也基于双端口特性,以降低低阻抗器件测量的不确定性。在 S 参数分析窗口中绘制阻抗分布图,器件阻抗由 Z_{12} 参数直接给出,除了 ESR 较大之外(接近 60mΩ),其阻抗曲线与陶瓷电容器的曲线相似。然而,ESR 可以用单个恒定电阻建模,而不会降低预测阻抗分布的准确度。

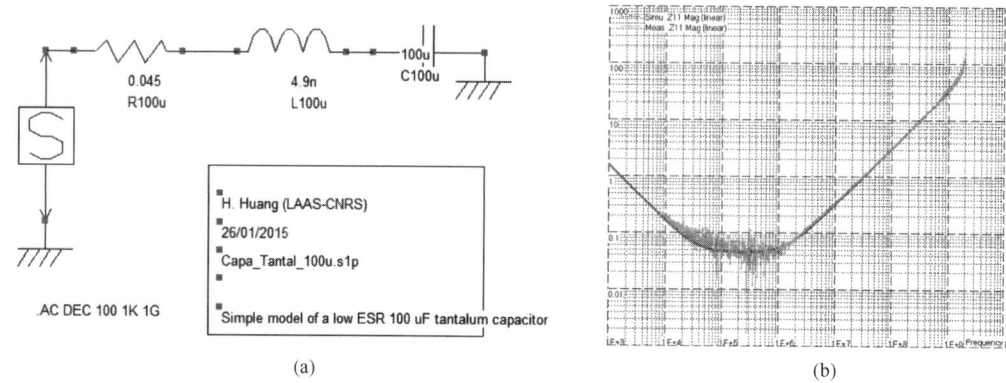

图 5-18 低 ESR 100μF 钽电容器模型与阻抗曲线

(a) 100μF 钽电容器模型(book\ch5\capa_tantal_100u.sch);
(b) 测量阻抗与模拟阻抗分布的比较(book\ch5\Capa_Tantal_100u.s1p)。

2. 铝电容

铝电解电容器的内部结构如图 5-19 所述。这些电容器通常安装在圆柱形罐中,占用大量空间。由于其电能存储容量大,因此被广泛应用于整体解耦。

图 5-20 展示了 100μF 铝电解电容器的阻抗曲线(Panasonic EEEHBA101UAP,安装在 D 封装中)。VNA 测量也基于双端口特性以降低低阻抗测量的不确定性,在 S 参数分析窗口中绘制阻抗曲线图,器件阻抗由 Z_{12} 参数直接给出,与钽电容器阻抗分布曲线相比,ESR 要大十倍并且明显与频率相关。铝电解电容器影响 ESR 值的 3 个主要来源如下:

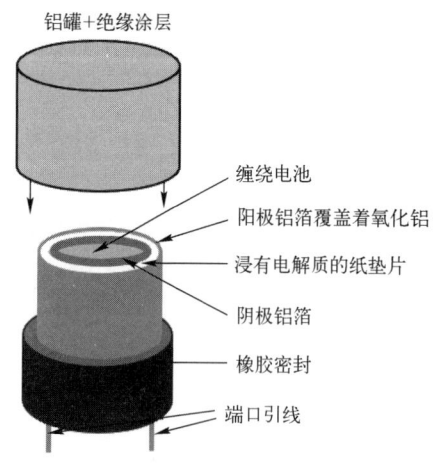

图 5-19 铝电解电容器的结构

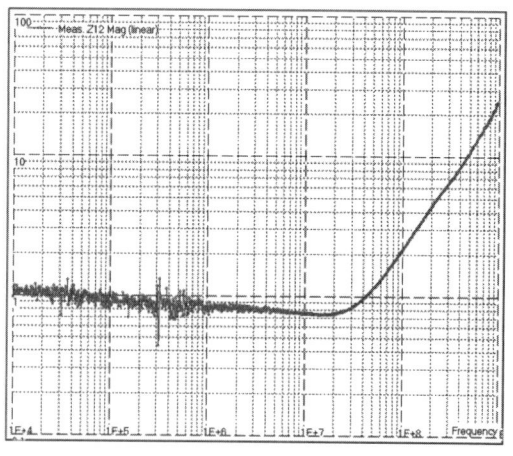

图 5-20 100μF 铝电解电容器的阻抗曲线
(book\ch5\Capa_Alum_100u.s2p)

- 氧化物电介质,可产生随频率降低而降低的电阻;
- 电解质,可产生对温度敏感的电阻;

- 箔片、接头和端子，由于传导损耗而产生相对恒定的电阻。

第一个模型的建立基于典型电容器模型，如图 5-21 所示。设备电容值通过万用表测量来提取，ESL 和平均 ESR R_0 都是从阻抗曲线中推导出来的，测量和仿真之间的差异在可接受范围，但显然 ESR 的频散没有精确建模。

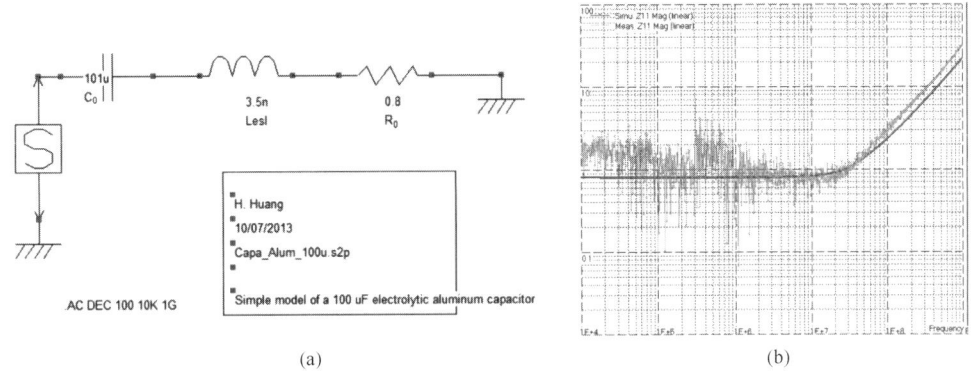

(a)   (b)

图 5-21 铝电解电容器的简化模型与阻抗曲线

(a) 100μF 铝电解电容器的简化模型(book\ch5\capa_alu_100u_v1.sch)；(b) 测量阻抗与模拟阻抗曲线之间的比较。

为了模拟绝缘电阻的频率依赖性，必须构造更为复杂的等效模型。采用以下方法：绝缘电阻模型通过一个恒定电阻 R_0 和 N 个并联 R_iC_i 单元串联组合来模拟，其中 $1<i<N$，并联电容器往往会随频率增加而降低等效阻抗。增加 R_iC_i 单元的数量 N 来提高模拟和实际 ESR 变化之间的拟合度。可以先提出元件值的初始选择，然后通过反复试错的过程来调整它们的值和单元数。N 的选择取决于研究的频率范围：这里 ESR 的变化建模在 10kHz ~ 20MHz 之间。单元的数量在这个频率覆盖范围内至少等于几十个。电阻器 R_i 和 R_0 的电阻值总和在频率范围开始时给出，其中 R_0 等于频率范围结束时的电阻。与每个 R_iC_i 单元相关联的极点处的频率为 $f_i = \dfrac{1}{2\pi R_i C_i}$，且分布在整个频率范围内。图 5-22 给出了改进的电容器模型和模拟阻抗与实测阻抗曲线之间的比较，正确地预测了阻抗和 ESR 的频率演化。

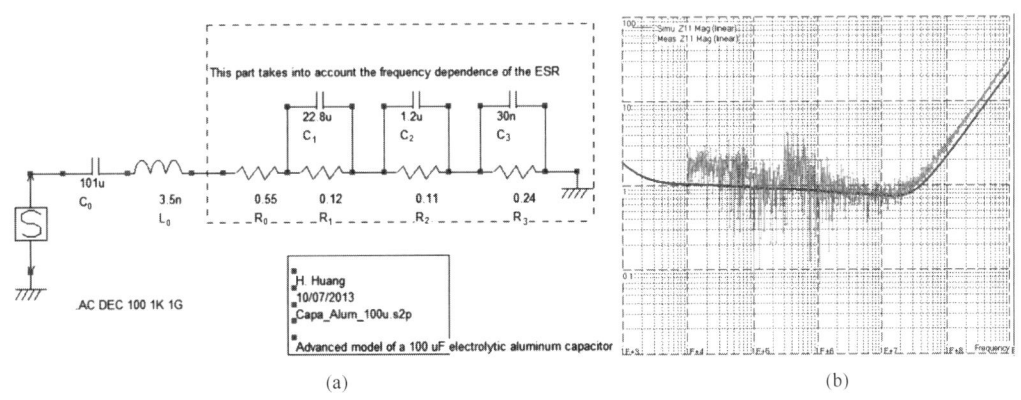

(a)   (b)

图 5-22 改进的电容器模型与阻抗曲线

(a) 100μF 铝电解电容器的精确模型(book\ch5\capa_alu_100u_v2.sch)；

(b) 模拟阻抗与实测阻抗曲线之间的比较。

5.7 电感和铁氧体

5.7.1 SMT 电感和铁氧体技术概述

电感是存储磁能的组件,通常它被描述为缠绕在塑料、铁磁或亚铁磁芯上的多匝线圈。电感值取决于线圈的面积和磁芯的磁性:高磁导率 μ 将磁场限制在磁芯上并增加电感。电感器在诸如转换电压或调谐匹配等应用中是必不可少的,而且它们在 EMC 应用中也同样非常重要。由于它们的阻抗随频率增加而增加,所以可以作为高频滤波器,典型应用是:

- 滤波电源或高频信号(当电感器上安装有电容器时,为 T 型或 π 型滤波);
- RF 扼流圈,阻断 RF 电流,但允许较低频率的电流通过;
- 共模扼流圈,即衰减沿电源或信号线循环的共模噪声。

电感的应用取决于其性能,这与芯体结构和材料有关。电感器的形状与芯体结构有关,这对电感值有重大影响,本节提出了各种形状的电感(见图 5-23)以适应不同大小等级的封装集成:

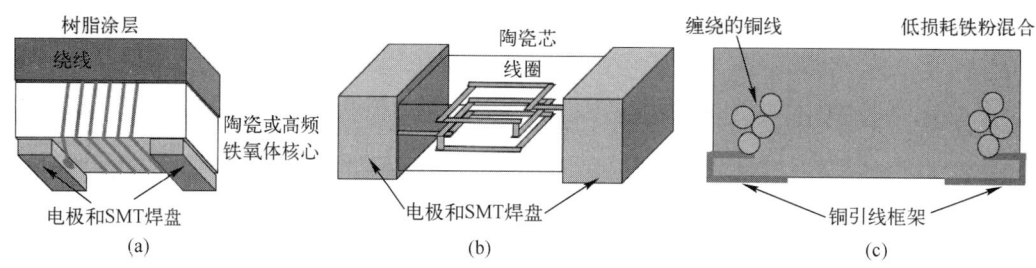

图 5-23 SMT 电感的各种类型
(a) 线绕射频电感;(b) 多层陶瓷 RF 电感;(c) 低轮廓铁粉电感。

- 绕线式电感:线圈缠绕在直杆状磁芯上。由于磁场线必须穿过空气从磁芯的一端出来并重新进入另一端,所以电感值是有限的。
- 线绕环形磁芯电感:由于磁芯形成闭合磁路,因此磁场保持限制在磁芯内,从而电感增加。
- E 形电感:磁芯形状像一个"E"。如果磁路部分打开,则可以获得较高的电感值,并具有较高的磁场饱和度。

这三种电感类型可以安装在 SMT 封装中,但通常占用面积较大。

- 单层或多层陶瓷电感:它们实质上是 SMT 器件,也称为片式电感。与前面的电感相反,在这种类型的电感中,导线不是缠绕在磁芯周围,而是由铁氧体或绝缘非磁性陶瓷磁芯中的层状螺旋线圈形成电感,电感值取决于层数。采用这种结构,只能达到较低电感值,但损耗很小。它们主要在高频应用中使用。
- 制造商也可能提出自定义形状。

为了限制磁场泄漏,可以屏蔽电感器,这提高了功率转换应用中的功率效率,并减少了与附近设备的寄生耦合。磁芯材料对电感值和损耗有很大影响,其选择取决于应用。磁芯材料最基本类型是铁磁性材料,例如铁。虽然磁芯材料的高磁导率值会使其电感值很高,但有时会需要特殊结构实现一些其他作用。

首先,线圈中产生的时变磁场会产生磁芯损耗,其两个主要来源是:

- 传导或涡流损耗。时变磁场感应电流在导电芯中循环,磁芯材料的电阻将该电流的能量以热能形式耗散掉。
- 磁滞损耗。磁场变化产生磁芯磁畴的微观运动,从而导致损耗。

相对磁导率 μ_r 实际上是一个复数值,如下式所示,实部 μ_r' 表示磁能的存储,虚部与磁芯损耗相关。

$$\mu_r = \mu_r' - j\mu_r'' \tag{5-2}$$

其次,如果磁场足够高,则磁芯材料可能饱和。如果强电流沿电感流动,电感将不保持恒定,它在电路内会引入非线性。

最后,从 EMC 的角度来看,重要的一点是磁导率的频率相关性,它的实部往往随频率降低,因此电感值也明显降低。

陶瓷磁芯主要用于高频、高品质电感器。陶瓷磁芯不具有磁性,但具有绝缘特性,性能稳定,所以引入的损耗较小。它们只提供线圈的形式,铁氧体是一种陶瓷亚铁磁材料,用于增加电感值,同时保持较低的滞后和传导损耗。对于开关模式电源应用,使用软磁复合材料如铁粉。这包括使用环氧树脂黏合的铁粉混合物,并围绕感应线圈压制以形成低轮廓封装。这种类型的磁芯确保了高磁通量,从而在饱和之前具有高直流电。铁镍钼磁粉芯(MPP)对于电力应用也具有优异的性能,但价格较高。

在选择电感时要考虑的主要特性是:

- 最大电流,与饱和度和最大工作温度有关;
- 容差(以%计);
- 工作温度范围;
- 温度稳定性(以 ppm/℃ 为单位的温度系数);
- 直流电阻;
- 与磁芯和铜损耗有关的品质因素;
- 自谐振频率 F_R 和寄生并联电容 C_P(绕组间电容)相关公式 $F_R = \dfrac{1}{2\pi\sqrt{L \times C_P}}$。

与电感一样,铁氧体磁珠或铁氧体也是磁性元件,但其性能特殊需要加以解释。它们是专门用于滤波电源或信号线的典型噪声抑制装置,有着各种形状和结构,例如围绕电缆的环。这里将只关注贴装在陶瓷材料上的 SMT 铁氧体磁珠或片状铁氧体磁珠,例如镍锌铁氧体或锰锌铁氧体。这些材料通过较大的磁导率虚部来表征,其随着频率的增加而增加,换言之,高频下的磁芯损耗很高。当电流流经铁氧体磁珠时,由于磁芯材料损耗,磁珠内产生的磁通量转化为热量。这些损耗随着频率的增加而增加,电流的高频成分被铁氧体过滤掉,这可以被认为是抗高频信号。铁氧体的阻抗与使用材料、尺寸和绕组结构有关。

一个合适的铁氧体磁珠不仅应该呈现高阻抗,它的电阻必须在其阻性中占主导地位,而不像其他噪声抑制器件,如扼流圈电感器,其通过低磁芯损耗来表征,它的电阻必须大于其电抗[5]。铁氧体磁珠的基本参数是交叉频率,在此频率以上,铁氧体磁珠的电阻变得大于其电抗。铁氧体的选择可取决于其阻抗随频率变化的方式,必须在整个需要过滤的频率范围内具有高的阻抗。

与电感器不同,铁氧体不能由一个恒定值(如电感)来表示。铁氧体可以根据频率通过它们的实部和虚部阻抗分布进行表征,但更常用的特征是它们在给定频率(如100MHz)、直流电阻、最大额定电流和温度范围内的阻抗值。应该强调的是,铁氧体的阻抗取决于偏置条件,可能会出现饱和影响滤波性能。制造商通常根据损耗和频率范围(低频率、高频率、宽频率)对产品进行分类,并根据其应用频率和阻抗进行分组。

5.7.2 电感器的通用电气模型

图 5-24 给出了电感的高频电气模型的一般形式。无论频率、温度和偏置条件如何,电感都假定为常数,由于高电流导致的饱和也被忽略。在这个模型中,电感受寄生并联电容 C_p 的影响(该电容主要是由线圈绕组之间的电容耦合以及电感端子和线圈绕组之间的电容耦合引起的)。在高频时,当电感尺寸变大

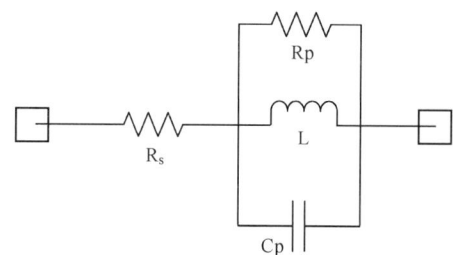

图 5-24 电感和铁氧体磁珠的通用等效电气模型

时必须分配并联电容来扩展模型的有效范围。有两种类型的损耗会影响电感器:绕组中的欧姆损耗和前面介绍的磁芯损耗,它们分别与串联电阻 R_s 和并联电阻 R_p 有关,且是频率相关的,因此应该开发串联电阻的复杂等效模型,以便准确地再现损耗的频率依赖性。

即使基本的铁氧体模型可用如图 5-24 所示的一般模型表征,但也应该开发更复杂的模型以获得更好的精度,并且该模型必须描述电感 L 的频率色散和铁氧体损耗电阻 R_p。

1. 一种大电流电感模型

图 5-25 给出了屏蔽铁粉 22μH 电感器(Vishay IHLP4040DZER220M11)的阻抗曲线。凭借其低直流电阻和低铁损,该高电流电感器主要用于高频 DC-DC 转换器的能量存储和电源线的 EMI 滤波。电感器安装在一个 10mm×10mm×4mm 低剖面封装中。由于寄生电容的线圈绕组,该元件的自谐振频率为 8.5MHz,且电感器的低磁芯损耗引起的锐谐振可确保高品质因数。在 8.5~100MHz 之间,阻抗变为容性,在 100MHz 以上,由于器件尺寸,阻抗曲线会受多个谐振的影响。

图 5-26 展示了一个简单的等效模型。串联电阻 R_s 与直流电阻相关,寄生并联电容 C_{p1} 被设定为适合在 10~100MHz 之间的电容阻抗分布。将电感分为两部分($L22u\_1$ 和 $L22u\_2$)分别模拟由 $L22u\_1$ 和 C_{p1} 引起的初级谐振,在 150MHz 附近由 $L22u\_2$ 和 C_{p1} 引起次级谐振。电阻 R_p 和 RC_{p1} 建模在两个谐振频率下的磁芯损耗,调整它们的值以适应这些频率下的阻抗。

然而,该模型不能准确地预测 100MHz 以上的阻抗分布。如图 5-27 所示模型,可以增加额外的 RLC 组件来模拟 100MHz~1GHz 范围内的多个谐振。添加另外两个并联的 LC 单元来再现 400MHz 和 600MHz 处的谐振,使用优化工具[6]调整附加的 RLC 元件。

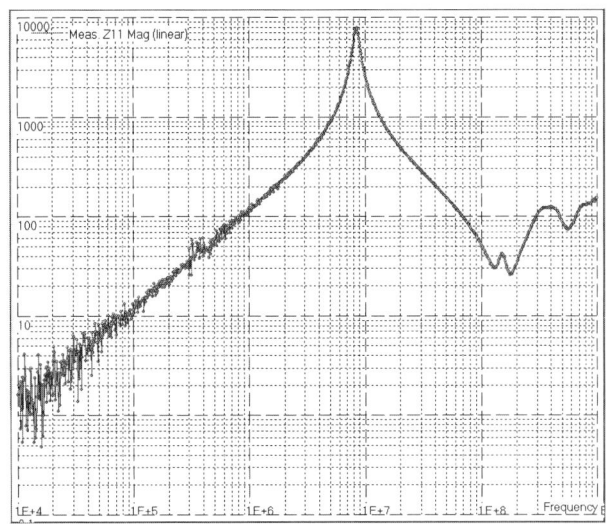

图 5-25　22μH 铁粉电感器的阻抗曲线（book\ch5\induc_IronPowd_22u.s1p）

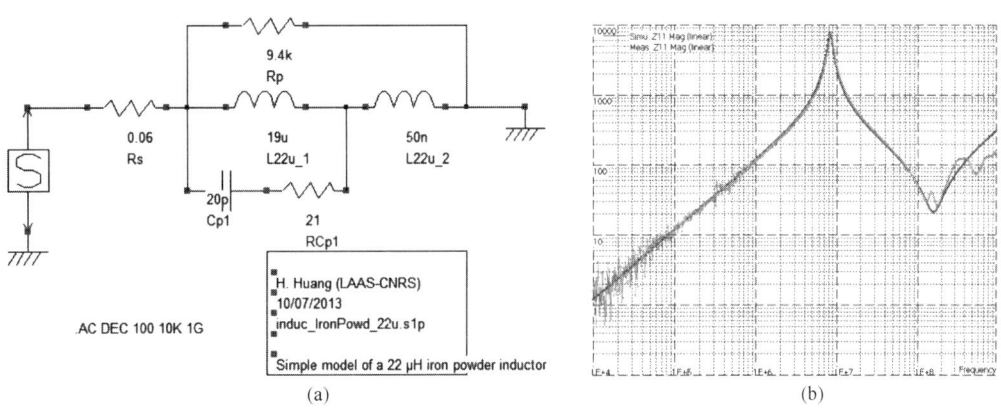

图 5-26　等效模型
(a) 22μH 铁粉电感器的 SIM 模型（book\ch5\induc_IronPowd_22u_v1.sch）；
(b) 测量阻抗与模拟阻抗曲线比较。

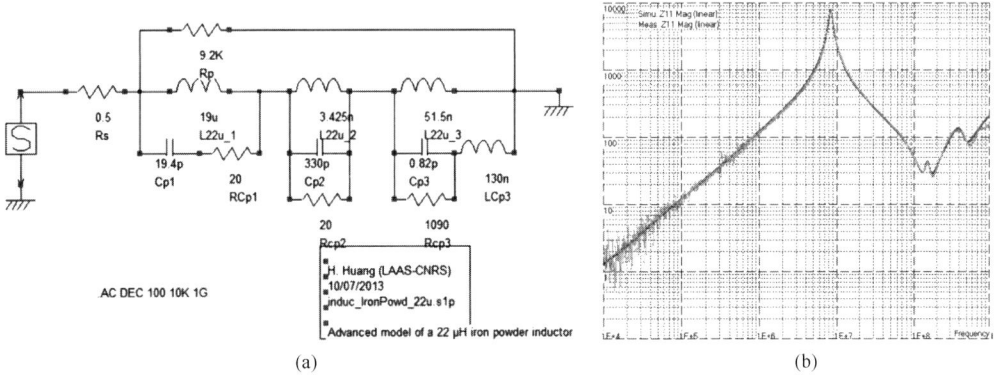

图 5-27　22μH 铁粉电感模型与阻抗曲线
(a) 22μH 铁粉电感的精确模型（book\ch5\induc_IronPowd_22u_v2.sch）；
(b) 测量阻抗与模拟阻抗曲线的比较。

2. 共模扼流圈

共模扼流圈是一个四端元件,专用于滤波 10kHz 至数十兆赫之间的电源线中的共模(CM)电流,并且在对差分数字线路(CAN 总线、USB、SATA、HDMI 接口)滤波时,不会对差模(DM)电流产生很大影响。图 5-28 给出了电源线共模扼流圈的结构及其等效电路原理图,与之前的电感相比,该电感由两个紧密耦合的绕组形成,其中 L_1 和 L_2 是绕组电感,M 是绕组之间的互感。理想情况下,两个绕组的电感都是相同的,一个绕组产生的磁通量完全由第二个绕组耦合(没有磁通量泄漏和磁芯损耗),所以 M 几乎等于 L_1。磁耦合也可通过互耦系数 K 来表征,由下式定义,当没有磁耦合时,该系数等于 0,当完美耦合时达到 1。

$$K = \frac{M}{\sqrt{L_1 \times L_2}} = \frac{M}{L_1}, \quad L_1 = L_2 \tag{5-3}$$

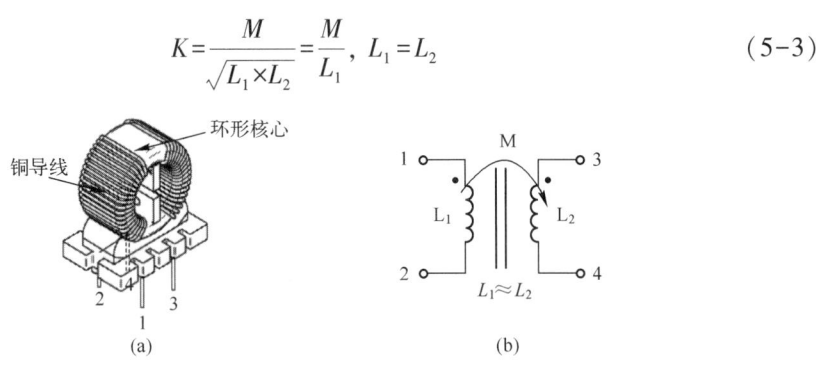

图 5-28 电源线共模扼流圈与电气原理图
(a) 电源线共模扼流圈;(b) 等效电气原理图。

为了阐明共模扼流圈对共模和差模电流的影响,图 5-29 描述了该器件在信号源和负载之间的两种可能连接。在图 5-29(a)配置中,信号源生成一个共模电流 I_{CM},I_{CM} 沿相同方向流过共模扼流圈的两个绕组。电流在两个绕组中循环产生的磁通量在同一方向上流动并在磁芯中积聚,从而产生由式(5-4)给出的较大共模电感 L_{CM}。因此,对于共模激励,共模扼流圈提供的高阻抗能够对共模骚扰进行滤波。

$$L_{CM} = \frac{L_1}{2} + \frac{M}{2} \tag{5-4}$$

$$L_{DM} = 2L_1 - 2M \tag{5-5}$$

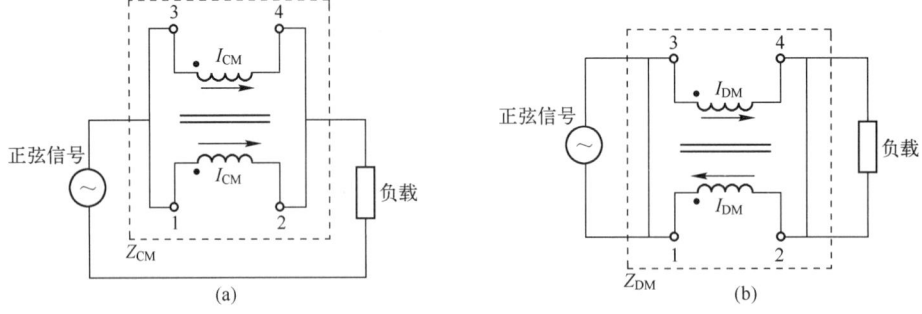

图 5-29 电路中共模扼流圈的两种可能连接
(a) 共模电流的循环;(b) 差模电流的循环。

相反,在图 5-29(b)中,扼流圈由差模电流 I_{DM} 激发。电流在两个绕组中循环产生的磁通量是相反的,并趋于相互抵消。得到的差模电感或漏感 L_{DM} 由式(5-5)给出,如果两个绕组完全耦合,则应该为零。实际上,磁耦合并不理想,但耦合系数 K 接近于 1。与共模电感相比,漏感是非常小的。因此,对于差模激励,共模扼流圈提供低阻抗。这个特性体现在以下两点:

- 对于电源线,电流在电源或相线与地或中性线之间的差模中循环。当电流幅值较大时,高的差模电感会阻塞所需的差模模式,并可能使电感磁芯饱和。
- 对于差分信号线,针对有用信号需要进行差分传输,高差模电感会过滤有用信号。

在下面的段落中,分析一个用于过滤电源线的共模扼流圈(参考 Wurth Elektronik 744824101)。器件的结构如图 5-28 所示。为了比较共模和差模阻抗,分别记为 Z_{CM} 和 Z_{DM},器件使用 VNA 进行测量。测量 Z_{CM},端子 1 和 3 以及端子 2 和 4 被短接在一起,而测量端口连接在端子 1 和 2 之间。测量 Z_{DM},测量端口连接在端子 1 和 3 之间,而端子 2 和 4 被短接在一起。扼流器端子之间由导线连接,此导线引入不可忽略的寄生电感。图 5-30 显示了扼流圈 744824101 的共模和差模阻抗测量结果。由于共模电感 L_{CM} 和绕组之间的寄生电容,所以在达到约 800kHz 的自谐振频率前,Z_{CM} 基本上是成感性的。由于差模电感 L_{DM} 和绕组之间的寄生电容,所以在达到约 22MHz 的自谐振频率前,Z_{DM} 是成感性的。由于测量中使用的扼流圈绕组和连接线,多个谐振频率出现在 100MHz 以上。

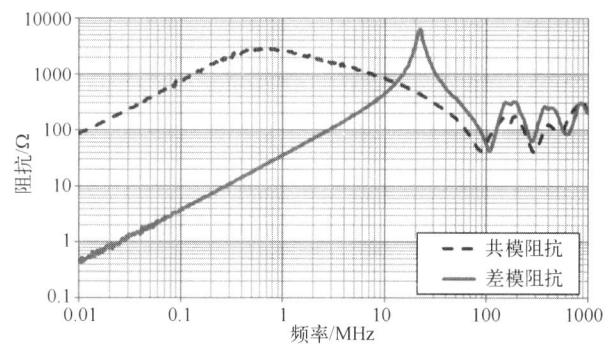

图 5-30 共模扼流圈 744824101(Wurth Elektronik)共模阻抗 ZCM(book\ch5\cm-choke-zcm.s1p)和差模阻抗 ZDM 的测量(book\ch5\cm-choke-zdm.s1p)

高达 10MHz 时,共模阻抗大于差模阻抗,因为共模电感 L_{CM} 远大于差模电感 L_{DM}。此特性使该器件成为在共模电流接近 10MHz 时的良好滤波器。从图 5-30 所示的测量结果可以看出,我们测得 $L_{CM}=1.185\text{mH}$,$L_{DM}=6.23\mu\text{H}$。

共模扼流圈一个非常基本的模型是由两个耦合电感组成,如图 5-28 所示。绕组自感 L_1、互感 M、L_{CM} 和 L_{DM} 之间的关系由下式给出。

$$L_1 = L_{CM} + \frac{L_{DM}}{4} \qquad (5-6)$$

$$M = L_{CM} - \frac{L_{DM}}{4} \qquad (5-7)$$

然而,这个模型太简单以至于无法模拟扼流圈的自谐振和磁芯损耗。图 5-31 描述了一个有效值高达 100MHz 的共模扼流圈的等效模型。该模型被复制用于模拟共模阻抗

(图 5-31(a))和差模阻抗(图 5-31(b)),其中 L_{wire1}、L_{wire2} 和 L_{wire3} 对连接线进行建模,每个绕组由一个并联 RLC 电路建模,每个绕组的电感由组件 L_1 和 L_2 建模,绕组之间的电感耦合由互耦系数 K 给出。串联电阻 R_{1A}、R_{2A}……对绕组线的电阻损耗进行建模,它们的值由制造商给出,并指定直流电阻为 $7m\Omega$。由于趋肤效应,电阻随频率的增加被忽略。电阻器 Rp 对磁心损耗进行建模,并添加了并联电容器 Cp 来考虑绕组之间的寄生电容。

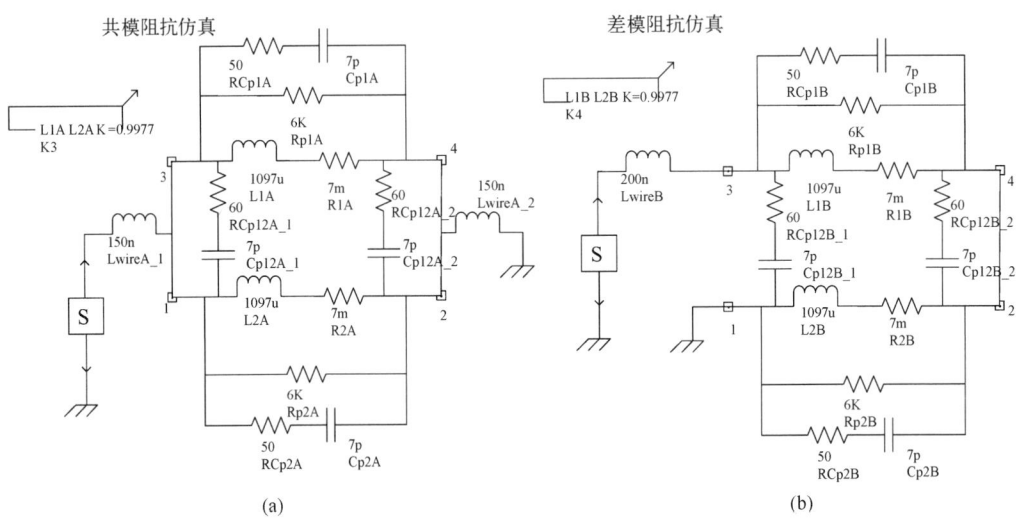

图 5-31 用于模拟共模扼流圈 744824101 阻抗的等效模型
(a) 共模阻抗等效模型;(b) 差模阻抗等效模型(book\ch5\CM_choke_744824101_impedance.sch)。

图 5-32 显示了共模扼流圈共模和差模阻抗测量与仿真之间的比较。测量和模拟很好地匹配到 100MHz,在 1MHz 附近 Z_{CM} 模拟和测量之间的差异是由磁芯频率行为建模的限制造成的。恒定的电阻不足以准确建模磁芯损耗的频率相关性,下一个案例用片式铁氧体磁珠进行研究,将详细介绍一种磁性材料磁导率频率相关性的建模方法。

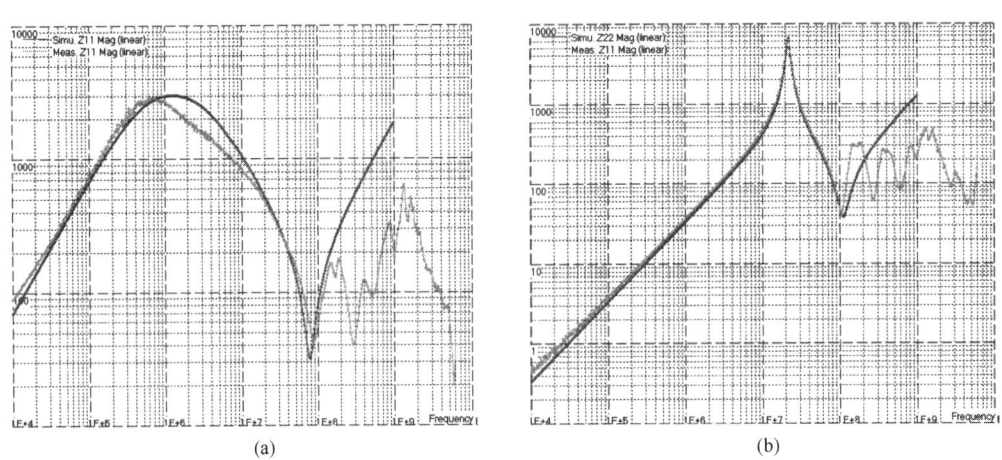

图 5-32 共模扼流圈 744824101(Wurth Elektronik)阻抗测量和仿真之间的比较
(a) 共模阻抗;(b) 差模阻抗。

5.7.3 片式铁氧体磁珠

图 5-33 显示了 0603 封装形式（Murata BLM18HK10ZSN1）的铁氧体磁珠的阻抗曲线，该系列专用于在 1MHz~1GHz 频段中信号线的噪声滤波。该组件确保在 100MHz 的阻抗值为 1kΩ，并能承受的最大直流电流为 50mA。如图 5-33 所示绘制阻抗大小及其实部和虚部，与典型的电感器相反，实部在几十兆赫至 1GHz 之间占主导地位，铁氧体是一种有损滤波装置。

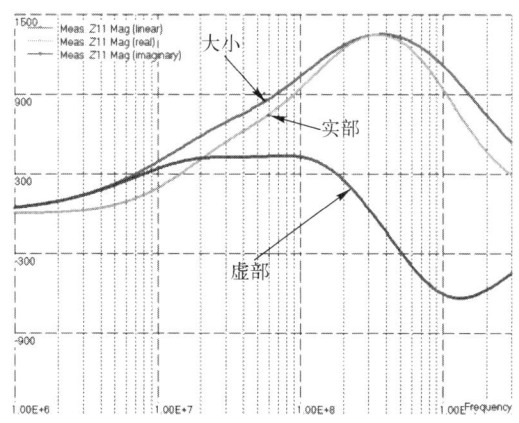

图 5-33 高频铁氧体磁珠的阻抗曲线图（大小、实部和虚部）
（book\ch5\ferrite_Z11meas.s1p）

由于铁氧体中相对磁导率的频率色散（包括实部和虚部），使得这种铁氧体磁珠的电气模型更加复杂。图 5-34 显示了铁氧体磁珠的模型，它由 3 个并联的 R-L 单元组成，模型中所有电感之和等于器件的低频电感。在 10~200MHz 之间，虚部趋于恒定，而实部则增加。这种演变是由并行 R_i-L_i 单元建模，其截止频率分布在 10~200MHz 之间。在 300MHz 时，阻抗的虚部自身抵消，因此器件发生谐振。高于 300MHz 时，阻抗开始缓慢下降，这种趋势是由并联电容器 Cp 进行建模。测量和模拟的阻抗曲线非常匹配，如图 5-34 所示。

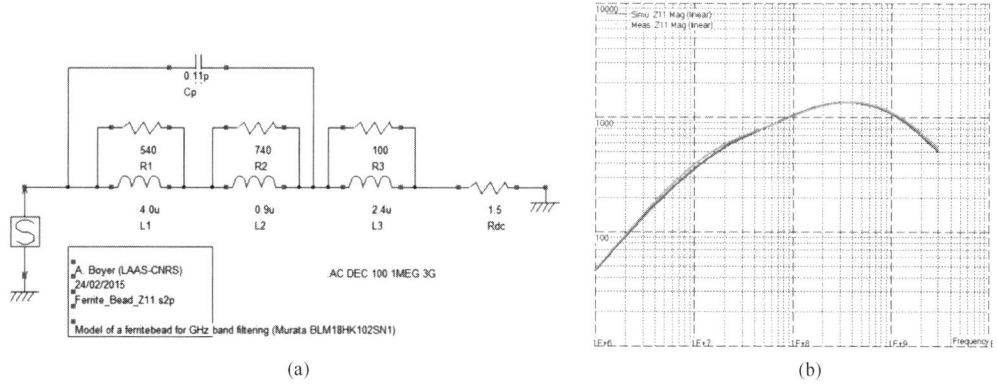

图 5-34 铁氧体磁珠模型与阻抗曲线
（a）铁氧体磁珠模型（book\ch5\ferrite_bead_GHz.sch）；（b）测量和模拟阻抗曲线之间的比较。

这些模拟和测量结果清楚地显示了电感和铁氧体之间的差异。电感仅在谐振频率附近的窄带中具有非常高的阻抗,而铁氧体在宽频率范围内具有高电阻值。

5.8 小　　结

- 用于去耦、滤波或匹配目的的无源器件对电子系统的电磁特性有重大影响,其高频特性必须仔细建模。
- 寄生串联电感和并联电容会引起自谐振现象,频率依赖性损耗可能会改变电感和电容的性能。
- 无源器件的电气特性由其复阻抗给出,测量频域中阻抗曲线的一种流行方法是使用矢量网络分析仪。
- 电阻器高频特性受与器件尺寸和内部结构有关的串联电感,以及端子之间并联电容的影响。
- 用于 EMC 用途的电容器主要是电解电容器和陶瓷电容器。
- 电容器的高频特性受与器件尺寸和内部结构有关的串联电感影响,传导和介质损耗会使去耦性能下降,这两者都具有频率相关性。
- 电感是用于高频滤波的磁性器件,因为它们的阻抗随着频率的增加而增加。
- 电感的高频特性受绕组和端子之间并联电容的影响,品质因素随着频率相关的磁芯损耗而降低。
- 共模扼流圈是由两个紧密耦合绕组形成的四端器件,其特性通过高共模电感和低差模或漏电感来表征。
- 铁氧体磁珠或铁氧体是磁损耗器件,它们的高频特性通过高频率依赖性电阻和并联电容来表征。

5.9 练　　习

练习 1　无源器件的建模

用 VNA 测量了 4 个无源器件的阻抗分布。组件参考、测量阻抗曲线和测量结果文件如图 5-35 所示,测量文件可以在目录 Book/ch5 中找到。用 IC-EMC 软件建立 4 个设备的电气模型。

练习 2　交流线路的 EMI 滤波器

图 5-36 显示了交流电源线 EMI 滤波器的一般结构,它用于抑制耦合在相位(L)和中性线上的共模和差模噪声。该滤波器由共模扼流圈和 3 个电容器组成,L 和 M 分别是一个绕组的电感和绕组之间的互感。按照惯例,这种类型的滤波器有两种类型的电容:

第5章 无源器件建模

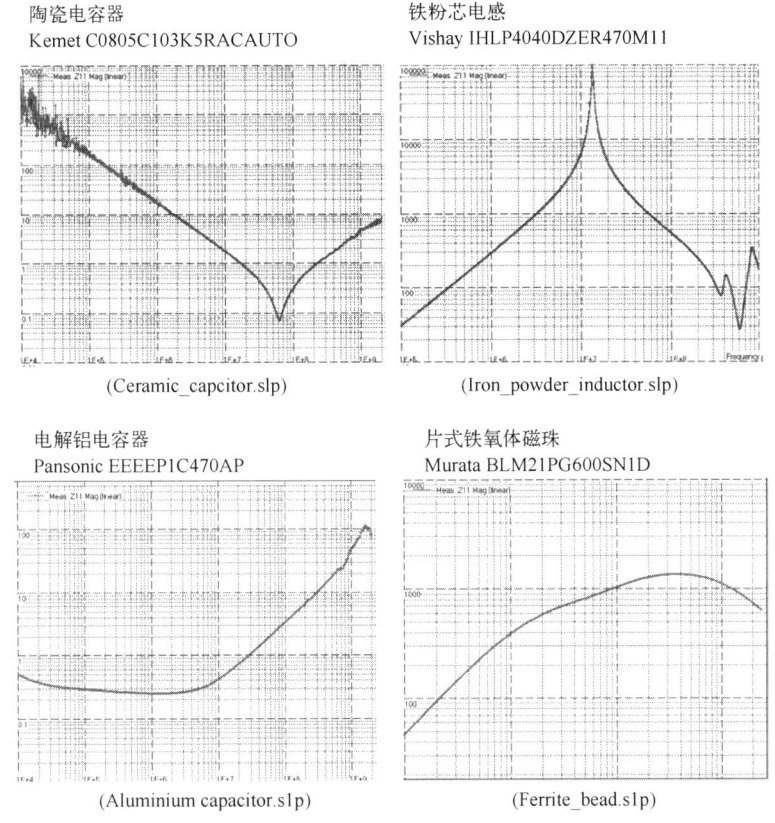

图 5-35 四种设备的电气模型测量结果

X 电容器(C_X)置于 L 线和 N 线之间。

Y 电容器(C_Y)置于 L 线或 N 线到地之间(E)。

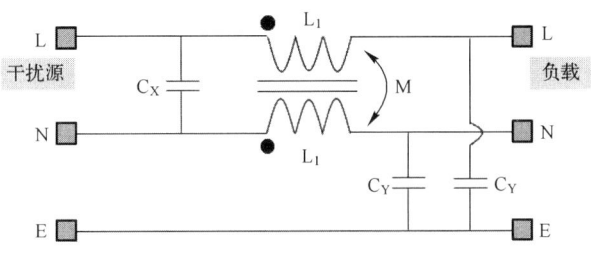

图 5-36 交流电源线 EMI 滤波器的一般结构

1. 这是什么类型的滤波器(低通、高通或通带)?
2. 在共模干扰(共模电流在 L 线和 N 线上同向循环)的情况下,哪些滤波器组件衰减了共模噪声?
3. 在差模干扰(差模电流沿 L 线流动并通过 N 线返回)的情况下,哪些滤波器组件可以衰减差模噪声?
4. 为什么使用共模扼流圈去代替两个非耦合电感器会更好?
5. 对于无源器件,使用以下值:$C_X = 100\text{nF}$,$C_Y = 1\text{nF}$,$L_1 = 1.1\text{mH}$。扼流圈之间的互耦系数 K 等于 0.9977。我们假设滤波器装置是理想的(无杂散元件),也假设噪声源和负载阻抗等于50Ω,忽略L线、N线和底盘接地的影响。

使用IC-EMC建立一个原理图来计算滤波器在10kHz~100MHz之间的共模和差模噪声衰减,用插入损耗IL(dB)表示。请记住,IL是没有滤波器的负载电压除以滤波器连接在干扰源和负载之间时的负载电压的比率。

6. 现在考虑无源器件的实际模型。考虑图5-31中提出的共模扼流圈模型。模型Murata GA255DR7E2104和GA242QR7E2102分别用于C_X和C_Y电容器。根据两个电容器(book\ch5\Cx_Murata_Z.s1p和book\ch5\Cy_Murata_Z.s1p)的阻抗测量结果,建立它们的电气模型。

7. 用无源器件的真实模型重复问题5。将插入损耗与问题5中计算的插入损耗结果进行比较,无源器件的杂散组件对EMI滤波器特性有什么影响?

8. 选择共模扼流圈及C_X和C_Y电容时必须考虑哪些约束条件?

练习3 三端子电容器

这个练习的目的是比较两种不同类型100nF陶瓷电容器的滤波性能。

两终端版本:X7R,参考Murata GCM21BR71H104KA37L。

三终端版本:Murata NFM21PC104R1E3。

两者都安装在0805外壳上(英制代码)。图5-37比较了传统的(双端)和三端电容器作为旁路元件来过滤传导噪声的原理,还描述了器件的外部结构。

两种设备都已用VNA测量表征。测量文件是book\ch5\Capa_ceramic_100n.s2p的两终端版本,和book\ch5\NFM21PC104R1E3.s2p的三终端版本。

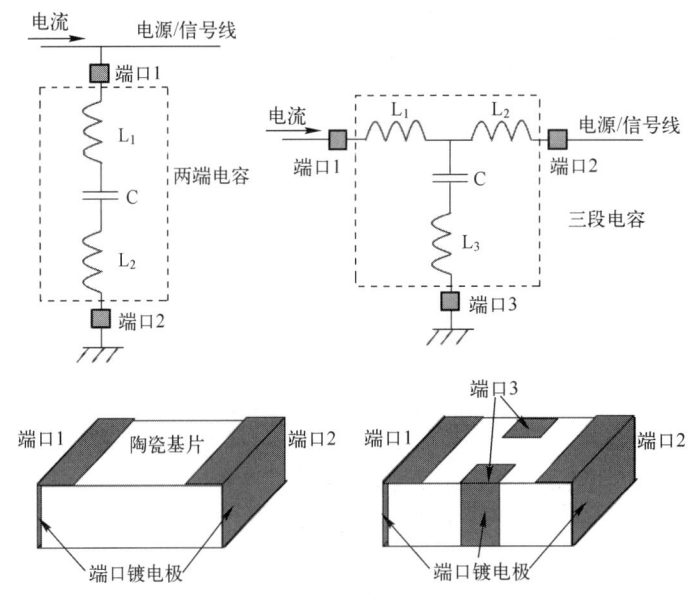

图5-37 两种不同类型的100nF陶瓷电容器

1. 最初,假设两端和三端电容器的引线电感相同,都等于L。两端和三端电容器等效串联电感(ESL)之比是多少?

2. 为什么低ESL构成EMI滤波器的优势?电感L_1和L_2降低了三端电容器的滤波

性能吗？它们会降低双端电容器的滤波性能吗？

3. 电容器封装的尺寸是多少？

4. 为什么 Murata NFM21PC104R1EJ 的第三端放置在设备的两侧？

5. 使用电容器的 S 参数测量，为 100kHz~3GHz 范围内的两个电容器提供等效电流模型。

6. 比较两种电容器的 ESL 和自谐振频率。

7. 两个电容器都用于过滤串联阻抗等于 50Ω 的由噪声源激励的单端线路，并以 50Ω 的恒定阻抗端接。使用 IC-EMC，提出一个原理图来计算由两个电容器提供的衰减，比较它们的衰减并得出关于三端电容器优点的结论。

参考答案 练习2

1. 低通滤波器。
2. 共模扼流圈和 C_Y 电容器。
3. C_X 电容和共模扼流圈的差模或漏电感。
4. 抑制共模噪声，减少因差分交流电流引起的饱和风险。
8. 共模扼流圈的饱和电流。电容器的最大电压和对高压瞬变的鲁棒性。

参考答案 练习3

1. 双端电容器的 ESL 是三端电容器的两倍。
2. ESL 引入了一个自谐振频率，限制了作为 EMI 滤波器的电容器（并联电容器）的频率范围。L_1 和 L_2 对两端电容器的 ESL 有贡献。只有 L_3 对三端电容的 ESL 有贡献。
3. 2.0mm×1.2mm×0.45mm。
4. 减少 L_3 和 ESL。

参考文献

[1] M. I. Montrose,"EMC and the Printed Circuit Board:Design,Theory and Layout made Simple", Wiley-IEEE Press,1998.

[2] SimSurfing 3.7.5,Murata Manufacturing eo,www.murata.com.

[3] Agilent,"Advanced impedance measurement capability of the RF 1-V method compared to the network analysis method",Technical report,2001.

[4] Agilent Impedance Measurement Handbook. A guide to measurement technology and techniques,4th Edition.

[5] C. T. Bucket,"All ferrite beads are not created equal-Understanding the importance of ferrite bead material behavior",In Compliance Magazine,Aug. 2010.

[6] A. Boyer,H. Huang,S. Ben Dhia,"Impact of thermal aging on emission of a buck DC-DC converter", 2014International Symposium on Electromagnetic Compatibility EMC'14 Tokyo,May 13th-16th 2014, Tokyo,Japan.

第6章 PCB 互连的建模

本章继续沿着上一章节的思路,开始解决集成电路即 PCB 互连、嵌入式电源层、无源器件的周围环境的建模问题。这一章将重点介绍如何进行 PCB 互连的建模。

PCB 互连模型,特别是高频信号的模型,需要它能预测出电子设备等级的电磁兼容问题。PCB 互连的建模可归结为传输线问题,这些与电波传播影响有关的波导是不容忽视的。

PCB 模型的设计是为了再现波沿传输线传播的过程,从而可以预测出在时域或频域上的电压和电流波形。根据产生信号的特性,PCB 互连分为两类:信号分配网络和功率分配网络。一个典型的多层 PCB 板有 3 种结构类型:

- 布线:这些较窄的互连用来传输信号。高速布线通常在微带、带状线、共面波导或耦合线配置中来确定合适的阻抗匹配。横向电磁波传输模式就是这种线路类型。
- 平面:这些较宽的布线用来在整个层或其中一部分上分配电源和参考地。电源和地平面通常在两个相邻的层级上成对互连。从电磁的角度看,它们形成一个具有许多横向电磁传播模式特性的二维谐振腔。
- 过孔:设计为连接在两个不同层上的布线和/或平面。过孔在两条布线和参考平面的可能变化间引入了不连续性(比如返回路径的不连续性),这可能降低信号和功率的完整性。

由于现代 PCB 的结构多达数十层,并且有多个电源层和接地层被许多过孔贯穿,准确的建模变得非常具有挑战性,需要基于 3D 电磁求解器的复杂方法,接下来的部分将介绍构建这三种互连电路结构的基本原理。

6.1 PCB 结构概述

印制电路板是用于电子设备的机械支撑和电气互连的平面结构,它们由绝缘介质或绝缘基板的多个金属层制成,如布线和平面的互连通常通过化学蚀刻铜层来制成,过孔通过机械或激光钻孔和电镀而形成。最简单的 PCB 结构是双面板,PCB 布线直接形成在电路板的两侧,但具有数百或数千个信号的复杂应用设计中,会有多个电源参考平面,线路阻抗控制也会严格限制,这就需要两个及以上的布线层。多层板至少有四层用于信号和电源布线,首先对不同的层进行刻蚀,然后在堆焊层进行层压,之后进行钻孔和电镀,最终形成多层板。

从电气模型的角度来看,这些结构上的细节并不重要。有两种类型的影响参数:
- 几何尺寸(线宽和线长、层之间的距离);
- 材料的电气特性(金属线和绝缘基板)。

线路尺寸由 PCB 设计者定义,最小尺寸由 PCB 制造商根据其制造工艺规范设定,电路板的层叠很重要。图 6-1 给出了一个六层板 PCB 层叠的例子,绝缘层和导电层的厚度示例已给出。从 EMC 的角度来看,不同层的分配对信号、功率或参考地的影响是至关重要的,因此必须仔细选择。

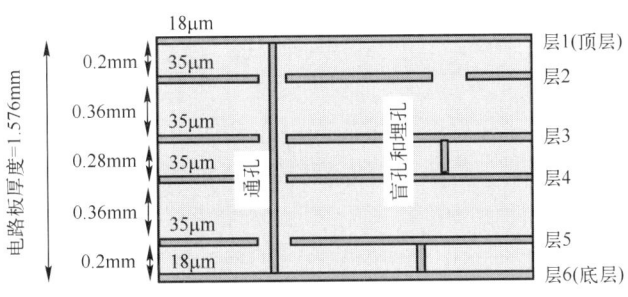

图 6-1　六层 PCB 板层叠实例

金属或布线层通常由铜制成,因为其拥有优异的导电性(5.7×10^7 S/m)。这些层的标准厚度是 18μm、35μm 或 70μm。绝缘层的特性由相对介电常数 ε_r 表征,如式(6-1)所示,这实际上是一个复杂的值。实部 ε'_r 表示电能存储,虚部与介质损耗有关。

$$\varepsilon_r = \varepsilon'_r - j\varepsilon''_r \tag{6-1}$$

由于 PCB 基板是良好的绝缘体,它们通常也被认为是理想的绝缘体。材料制造商只提及介电常数的实部,并假定其频率不变。这种假设在实际情况下通常是可行的,但这也要取决于衬底材料,且在高频情况下损耗就不可忽略。介电损耗通常由称为损耗正切 $\tan d$ 的项来表征,它实际上是介电常数的虚部和实部之间的比率(式(6-2))。

$$\tan d = \frac{\varepsilon''_r}{\varepsilon'_r} \tag{6-2}$$

此外,介电常数随频率变化:损耗随频率的增加而增加。在精确的高频建模中应考虑这种色散行为,如用于信号或电源完整性和射频应用的建模中。有关损耗建模的更多细节将在 6.3.3 节介绍。最后,基板的电气特性可能因温度和湿度而异。表 6-1 给出了一些典型的 PCB 绝缘材料的电气特性。最常用的绝缘材料系列是 FR4(Flame Resistant 4 的缩写),它由浸渍了环氧树脂的玻璃纤维编织而成。每层的介电常数取决于材料制造商添加的树脂和玻璃纤维的量,诸如 RT-Duroid 5880 系列的材料由于其稳定的介电常数和低损耗而被使用在高频应用上。

表 6-1 典型 PCB 绝缘材料的电气特性

材料	应用	相对介电常数	损耗正切
BT 环氧树脂	低成本	3.9~4.6	0.02
FR4	一般用途	3.9~4.6	0.02~0.03
聚酰亚胺（e.g. Kapton,yralux ®）	柔性 PCB	4~4.5	0.01
Nelco 4000 系列	高速,射频	3.5@10GHz	0.009@10GHz
RT Duroid 5880（PTFE-based）	射频,微波	2.33@10GHz	0.0012@10GHz
氧化铝（陶瓷）	高频,高温,功率应用	9~10@10GHz	5×10^{-4}~1.2×10^{-3}@10GHz

6.2 传输线的电气建模

根据 TEM 波传播的近似值,沿传输线的电压和电流的分布可以通过求解电波传播方程获得。这是一组对偶的一阶偏微分方程,描述了沿传输线(式 6-3)的电压和电流的时间和空间变化。传播特性由线性特征阻抗 Z_c 和传播常数 γ 给出,与每单位长度的电参数 r、l、c 和 g(式(6-4)和式(6-5))有关,它们取决于导体、绝缘体和周围介质的导线横截面和电气特性。尽管它们最初是针对双导体传输线衍生的,但它们可以扩展到多导体传输线,后面的部分只考虑双导体传输线。关于推导和求解这些方程的更多细节,读者可以参考文献[1-2]等。

$$\begin{cases} \dfrac{dV(z,t)}{dz} = -rI(z,t) - l\dfrac{dI(z,t)}{dt} \\ \dfrac{dI(z,t)}{dz} = -c\dfrac{dV(z,t)}{dt} - gV(z,t) \end{cases} \tag{6-3}$$

$$Z_c = \sqrt{\dfrac{r+jlw}{g+jcw}} \tag{6-4}$$

$$\gamma = \alpha + j\beta = \sqrt{(r+jw)(g+jcw)} \tag{6-5}$$

$$\nu = \dfrac{\omega}{\beta} = \dfrac{1}{\sqrt{lc}} \tag{6-6}$$

$$t_d = \dfrac{L}{\nu} = L\sqrt{lc} \tag{6-7}$$

求解电波传播方程需要两个步骤。第一步是导出单位长度的电参数。对于在均匀介质中具有简单且均匀横截面的传输线,可以从拉普拉斯方程的准静态模式中提取完整表达式。但是由于 PCB 布线在绝缘薄板上,因此假设介质是均匀的并不完全准确。需要采用矩量法(MoM)、有限元法(FEM)或谱域分析等数值方法来精确计算其响应,例如以 S 参数矩阵的形式给出。需要构建宏模型以获得电气模型,这些模型的构建方法超出了本书的范围,感兴趣的读者可以参考文献[3-4]等。闭式表达式也可以从共形映射技术中推导出,该技术旨在将二维几何转换为另一种适合计算每单位长度(pul)参数的几何[5]。许多近似闭式表达式已经被推导出用于实际的线配置,并且可以在诸如文献[6]中找到。将在以下部分中针对几种 PCB 布线提出闭式表达式。

第二步是在每个线路终端处用激励和负载条件求解电波传播方程。例如,它们可以通过 Baum-liu-Tesche(BLT)方程式[7]在频域中解析求解,或在时域中使用 Bergeron 图进行数值求解。SPICE 等电气模拟器也提出了传输线模型。如图 6-2 所示,最简单的版本是无损双导体传输线模型($r=0, g=0$)或理想传输线,并且由 IC-EMC 支持。传输线模型的参数为特征阻抗 Z_c 和与线路长度 L 有关的传播延迟 t_d(式(6-7))。

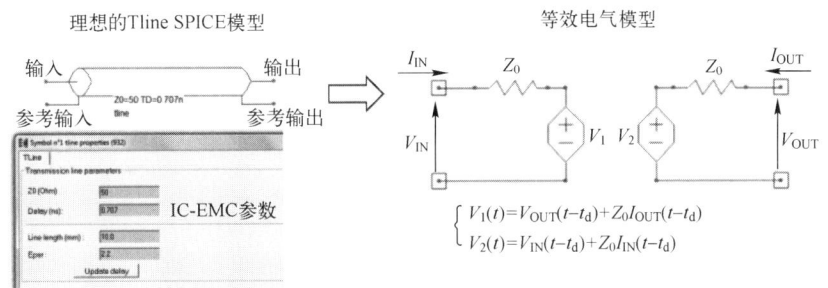

图 6-2 理想传输线模型

尽管典型 PCB 布线的损耗很小,但在处理高频时不能完全忽略其产生的影响,需要一个替代模型来等效分析损耗。式(6-3)的分析表明,可以建立等效的电气模型,如图 6-3 所示。如果忽略长度为 dz 传输线方向上的电波传播,则电压和电流仅存在沿着长度相位振动。从式(6-3)推导出适用于这个长度的等效 RLCG 网络。这种长度的响应可以在时域和频域中用电子仿真器(如 SPICE)进行仿真,这被称为集总模型,并且假定损耗和电磁能量存储效应是局部的,由一个等效分量进行建模。

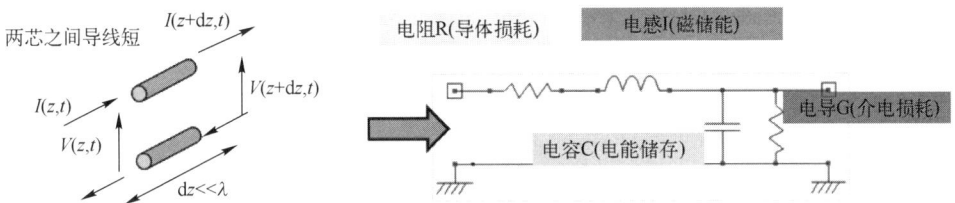

图 6-3 一段双导线的等效电路表示

然而,该模型忽略了导波传播效应,并且仅对电小尺寸的线路有效,即在实际中长度 L 小于 $\lambda/20$ 或 $\lambda/10$,其中 λ 是波长长度,与沿线产生的传导信号的最高频率相关。为了克服这种限制并与电大尺寸的电气表示一致,线的电阻、电感和电容效应必须分解。"分布式"模型基于网格设计,线路被分成电小尺寸,然后每个长度由 RLCG 网络建模。SPICE 模拟器使用此方法来模拟有损传输线。

6.3 典型 PCB 布线单位长度参数

为了正确传输高频信号,PCB 布线要仔细设计,在参考平面(电源层或接地层)上方要有一个统一截面,以避免阻抗不匹配。

为了确保信号完整性,设计人员必须准确预测特征阻抗和传播延迟,以确定适当的布线尺寸(宽度和长度)。因此,在过去的 70 年中,已经开发出许多不同配置的 PCB 布线的完整表达式[6]。

在这部分中,给出了一般 PCB 布线的单位长度电参数的完全表达式。此外,还介绍了 IC-EMC 工具 Interconnect Parameters,该工具可用于计算单位长度电参数、众多线路配置的特性,并为 SPICE 仿真建立等效电路模型,以两种典型线路配置为例:微带线和边缘耦合的微带线。这些线最初是在没有考虑损耗的情况下进行建模的,因为对于一阶近似,尤其是在低频下,PCB 材料造成的损耗可以忽略不计。6.3.3 节介绍了损耗建模方面的内容。

6.3.1 微带线

微带线是沿着布线传输单端高速信号的典型线路结构,图 6-4 描述了它的结构。该布线以恒定的横截面穿过一个假定为无限大的参考平面(地面或电源平面),从而确保电流有一个良好的返回路径。回流电流在线路下传播,就像沿着一条与参考平面对称的虚拟图像线流动。尽管周围介质不均匀,但在式(6-8)给出的频率为 F_c 的典型 PCB 布线中,准 TEM 传播模式占主导地位,W 和 h 以 mm 为单位。在图 6-1 中所示的六层板顶部布置一条 0.15mm 宽的微带线,确保准 TEM 模式频率达到 10GHz,这是一个无损耗的模型。线路的单位长度电容取决于周围介质的介电常数,由于它不是均匀的,它的介电常数值并不是恒定不变的。为了克服这个问题,这条线被认为是由一个虚拟的等效均匀介质包围着,这个介质对波的传播影响具有与实际周围介质一样的效果,这种虚拟介电常数称为有效介电常数。对于微带线,有效介电常数由式(6-9)表示,单位长度电容和电感由式(6-10)和式(6-11)给出,特性阻抗和波速可以用式(6-4)和式(6-6)计算。

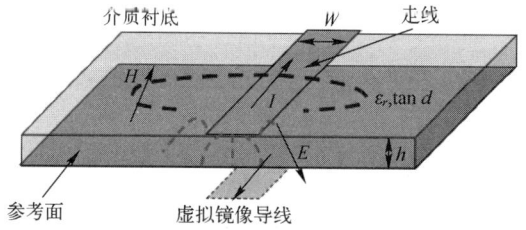

图 6-4 微带线

$$F_c(\text{GHz}) = \frac{21.3}{1+(W+2h)\sqrt{\varepsilon_r}} \tag{6-8}$$

$$\varepsilon_{\text{eff}} = \frac{\varepsilon_r+1}{2} + \frac{\varepsilon_r-1}{2}\left(1+10\frac{h}{W}\right)^{-\frac{1}{2}} \tag{6-9}$$

$$c = \frac{2\pi\varepsilon_0\varepsilon_{\text{eff}}}{\ln\left(\frac{8h}{W}+\frac{W}{4h}\right)} \tag{6-10}$$

$$l = \frac{\mu_0}{2\pi}\ln\left(\frac{8h}{W} + \frac{W}{4h}\right) \tag{6-11}$$

IC-EMC 提出用"Interconnect Parameters"工具来计算线路特性,如单位长度电参数,并建立等效的电气表示方法。操作程序如下。

- 单击"tools>Interconnect Parameters"打开图 6-5 所示的窗口。
- 输入线的几何尺寸以及基板和金属的电气特性。
- 单击"Line Model"按钮来计算和更新显示在屏幕右侧的脉冲参数和线参数。
- 单击按钮"SPICE Model"会自动生成该线路的分布式 RLCG 模型。"Freq(GHz)"这一项提供了这个等效模型的频率限制,模型中考虑到了损耗。由于损耗与频率有关,所以应注意,R 值和 G 值仅在场 Freq(GHz)给定的频率下有效。

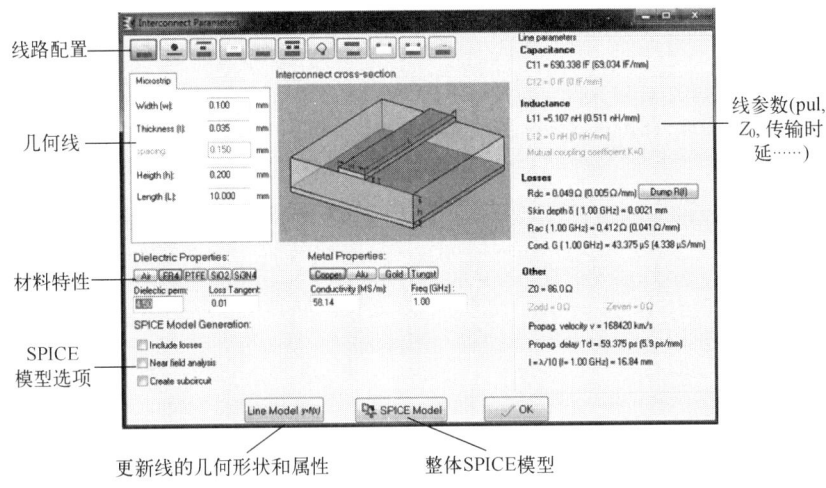

图 6-5 "Interconnect Parameters"工具窗口

表 6-2 总结了该工具计算的参数:

表 6-2 工具参数

参 数	含 义	参 数	含 义
C_{11}	线路的电容	R_{ac}	以场频率(GHz)给出的频率计算导体的交流电阻
C_{12}	与相邻线路相互电容	Cond. G	介电常数,以场频率(GHz)给出的频率计算
L_{11}	线路的电感	Z_0	线路的特性阻抗
L_{12}	与相邻线路相互电感	Z_{odd}, Z_{even}	奇数和偶数阻抗(仅适用于 3 个或更多导线)
K	互感耦合系数	V	波速
R_{dc}	导体的直流电阻	t_d	传播延迟沿线的长度由字段长度给出
δ	以场频率(GHz)给出的频率计算的趋肤深度	$L = \lambda/10$	由 RLCG 单元建模的线路段的最小长度,以场频率 Freq(GHz)给定的频率计算

在下面的例子中,建立了一个 5cm 微带线的等效模型,并进行了双端口 S 参数模拟。该线的特点是:
- 布线宽度:0.35mm;
- 铜厚:18pm;
- 距参考平面的距离:0.2mm;
- 衬底:FR4,介电常数 4.5,损耗角正切 tan d = 0.02,频率不变。

输入参数由"Interconnect Parameters"工具填写,单击按钮"Line Model"计算传输线的电气属性。选中"Include Loss"框可以添加一个与频率相关的线路损耗模型。另外,串联电阻仅包括直流电阻损耗,首先,需要一条无损线路(损耗建模将在 6.3.3 节介绍),线路的特征阻抗接近 50Ω,模型有效范围的最大频率由场频率(GHz)定义,增加最大频率将增加 RLCG 单元的数量。按下"SPICE"模型按钮可生成等效的电气模型。在每个线路终端放置两个 S 参数和一个用于交流仿真设置的文本,以便完成 S 参数仿真。在图 6-6 中,提出了两个类型的模型:第一个有效频率高达 250MHz,并且只包含一个 RLCG 单元,而第二个则达到 1GHz,并且具有 4 个 RLCG 单元。

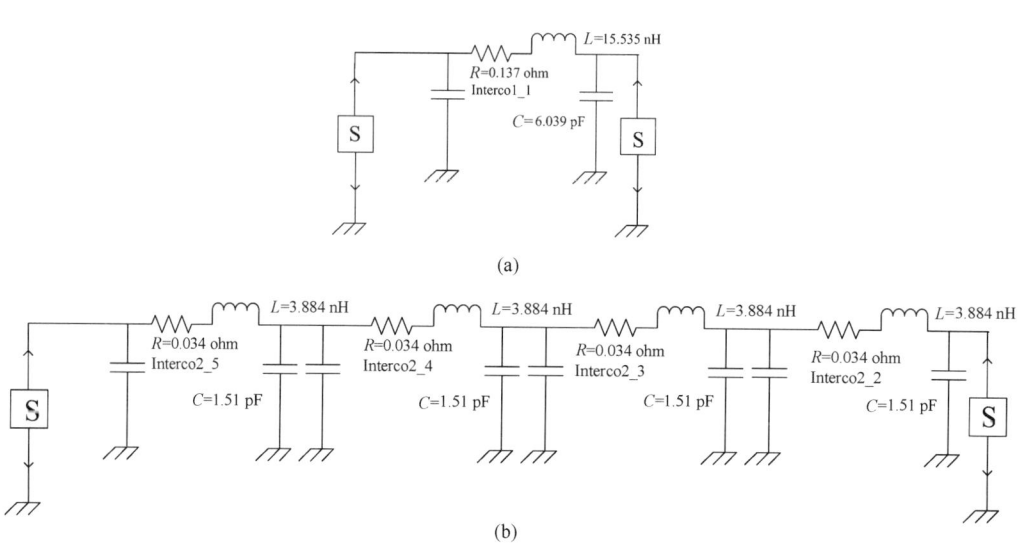

图 6-6 一个 50Ω 5cm 长的微带线的等效电气模型
(a) 有效频率高达 250MHz(无损模型);(b) 有效频率高达 1GHz(无损模型)。

第 6.3.3 节使用导体和介质损耗的 DC 和 AC 模型,比较了频域中 S 参数分布的两种不同模拟。

应用:设计一条 50Ω 的匹配线。

Interconnect Parameters 工具也可用于查找阻抗匹配的线路尺寸。图 6-7 显示了在 FR4 基板上设计的铜微带线的特性阻抗 Z_c 的模拟演变,根据其宽度与到参考平面的距离 H 来设定,假定微带线是无损的,其厚度设置为 18pm。那么对于 H = 0.2mm 或 0.38mm,线的宽度分别设置为 0.35mm 和 0.68mm。

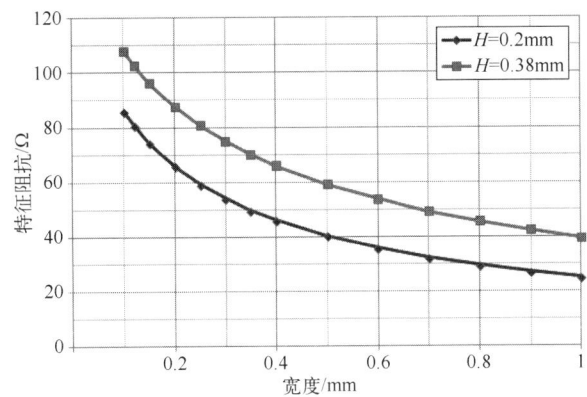

图 6-7 微带线的特性阻抗随宽度和距离参考平面距离的变化关系

6.3.2 边缘耦合微带线

边缘耦合的微带线由两条相邻的布线组成,位于参考平面上方,间隔距离 S,如图 6-8 所示。这种结构用于差分信号的传输:每条布线传输前向或回路电流,两条布线总是相互靠近耦合。由于布线的相互靠近,它们会产生电感和电容耦合。正如第 4 章所述,线路之间的寄生耦合称为串扰。必须将其他元素添加到等效电气模型中以考虑布线耦合:

- 分布式耦合电容 C_{12};
- 分布式互感 L_{12}。

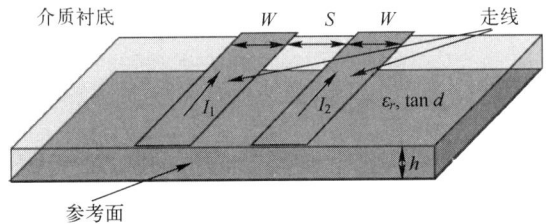

图 6-8 边缘耦合微带线

许多模型都是根据这种类型线的特征得出来的。建议使用 Delorme 模型[8],因为它提供了互感和电容的闭式表达式,且这些等式不是为了简化而提出的。图 6-9 给出了短尺度边缘耦合微带线的等效分析模型,这个通用模型应用于任何耦合传输线。

在 Interconnect Parameters 工具中,可以通过单击图标 ▬ 来构建边缘耦合微带线模型。在自动生成的 SPICE 模型中,两个耦合电感 L_1 和 L_2 之间的互感耦合 L_{12} 由式(6-12)给出的互感耦合系数 k 表示:

$$k = \frac{L_{12}}{\sqrt{L_1 L_2}} \tag{6-12}$$

互耦系数定义在 0(无磁耦合)和 1(完全耦合)之间,边缘耦合微带线不能理解为准 TEM 传播的两条隔离微带线,传播的分析和特征阻抗的定义变得更加复杂。通过参考平面,它们实际上形成三导体微带线:电流在参考平面和布线中循环。布线可以根据 3 种不同的模式激发:

- 单端模式:一条曲线被激发,另一条被设置为 0V。

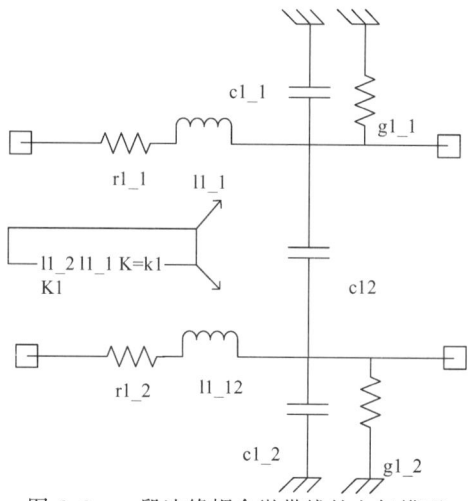

图 6-9 一段边缘耦合微带线的电气模型

- 差模:两条线均以相等但相反的电压驱动。
- 共模:两条线都用相同的电压驱动。

线路的特性阻抗取决于激励配置,Z_0表示单端模式,Z_{Diff}表示差分模式,Z_{comm}表示共模,它们的测定对最佳匹配至关重要。分析这条线路的一个简便的方法是将传播模式分解为两种虚拟传播模式:奇数模式和偶数模式(图 6-10),它们与差分模式和共模模式[1]相似。无论线激励如何,沿着这条线的实际电流和电压分布可以表示为奇数模式和偶数模式的叠加。

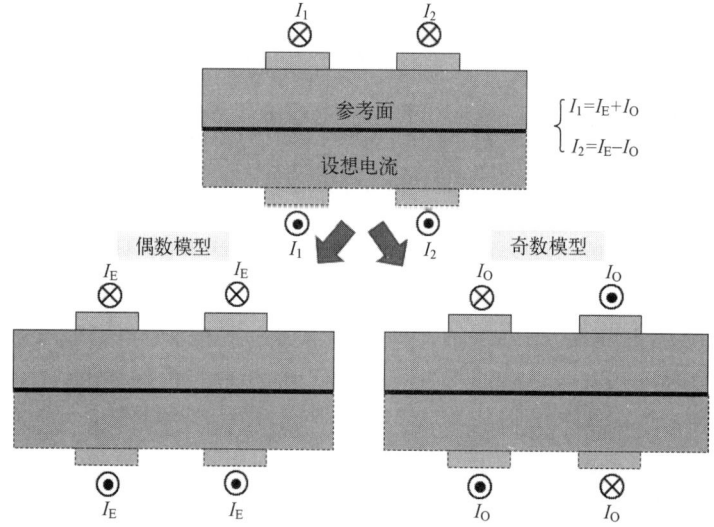

图 6-10 边缘耦合微带线中奇偶传播模式的分解

根据单端、偶数和奇数模式的定义,它们的特性阻抗可以根据脉冲参数来表示。根据式(6-14)和式(6-15),差模和共模阻抗与偶模和奇模阻抗有关。如果耦合不太大($L_{12}<L_{11}$ 和 $C_{12}<C_{11}$),则单端阻抗可以根据式(6-18)近似得出。

$$Z_0 = \sqrt{\frac{L_{11}}{C_{11}+C_{12}}} \quad (6\text{-}13)$$

$$Z_{\text{even}} = \sqrt{\dfrac{L_{11}+L_{12}}{C_{11}}} \quad (6\text{-}14)$$

$$Z_{\text{odd}} = \sqrt{\dfrac{L_{11}-L_{12}}{C_{11}+2C_{12}}} \quad (6\text{-}15)$$

$$Z_{\text{Diff}} = 2Z_{\text{odd}} \quad (6\text{-}16)$$

$$Z_{\text{comm}} = \dfrac{1}{2}Z_{\text{even}} \quad (6\text{-}17)$$

$$Z_0 \approx \sqrt{Z_{\text{odd}}Z_{\text{even}}} \quad (6\text{-}18)$$

应用：匹配差分线。

边缘耦合微带线通常用于差分链路，并且应仔细选择终端接口以消除发送信号中不需要的反射和失真。由于必须验证两个阻抗匹配条件，所以差分和共模的匹配比单端的最佳匹配更简单。终端网络必须确保线路在差分模式下被激励时，终端阻抗等于Z_{Diff}，并且在共模激励的情况下等于Z_{comm}。图6-11中描述的 π 网络和 T 网络可以验证这一特性。R_1 和 R_2 的表达式由式(6-19)~式(6-22)给出。对于这个典型的差分线路，假设共模不被激励，只有差模被激励。一个典型的匹配网络是通过在两端之间放置一个等于Z_{Diff}的电阻来实现的。对于一些差分信号（例如 LVDS），可以在线端与电源和接地参考之间增加两个大电阻以偏置差分线。练习1提出了基于边缘耦合微带线的差分线建模和终端网络设计的应用。

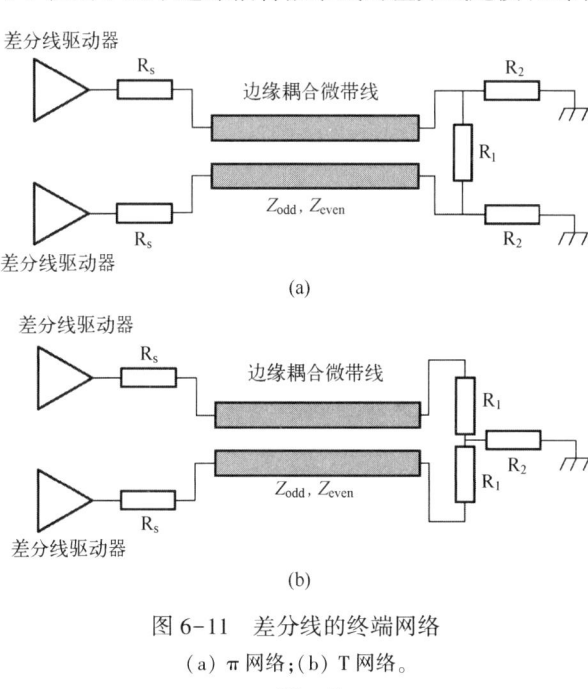

图 6-11 差分线的终端网络

（a）π 网络；(b) T 网络。

π 网络中，$R_1 = \dfrac{2Z_{\text{even}}Z_{\text{odd}}}{Z_{\text{even}}-Z_{\text{odd}}}$ （6-19）

$R_2 = Z_{\text{even}}$ （6-20）

T 网络中，$R_1 = Z_{\text{odd}}$ （6-21）

$R_2 = \dfrac{1}{2}(Z_{\text{even}}-Z_{\text{odd}})$ （6-22）

6.3.3 损耗建模

在上述所有分析中损耗均被忽略。在一阶近似中,这是可以的,因为 PCB 铜线是布线在低损耗衬底上。但实际上损耗往往会随着频率增加而增加,为了准确地模拟传输线模型,必须将它们整合到线路模型中。在这部分中,描述了两种主要损耗机制:布线中的欧姆损耗和衬底中的介电损耗。损耗的另一个来源是辐射,但在实际 PCB 布线设计中忽略了这一点。损耗模型的频率相关性可以很容易地在频域中描述,然而如果研究 PCB 布线的瞬态行为,则该模型必须适应时域仿真。在频率和时域上建立线路损耗模型有不同的方法。通过 IC-EMC,损耗的频率相关性通过等效的电气网络模型进行建模。以下部分提供了建模技术,并在 Interconnect Parameters 工具中提供了与损耗有关的参数。

由于铜的导电率有限(5.7×10^7 S/m),PCB 布线受分布式串联电阻的影响,该电阻值由导线尺寸决定。根据式(6-23),可以计算关于低频的单位长度电阻 r_{DC}。

$$r_{DC} = \frac{1}{\sigma \times A} \quad (6-23)$$

式中:σ 为布线的电导率(S/m);A 为导体的横截面积(m^2),布线越窄,电阻越大。该等式假定电流均匀地流过布线横截面,然而在高频率下,由于趋肤效应现象,电流倾向于迁移到导体表面。导体横截面内的电流分布根据式(6-24)呈指数衰减,其中 x 是导体表面的距离,δ 是趋肤深度,由式(6-25)给出。趋肤深度与频率和导体电导率的关系为平方根关系。

$$I(x) = I(0) e^{\frac{x}{\delta}} \quad (6-24)$$

$$\delta = \frac{1}{\sqrt{\sigma \mu \pi f}} \quad (6-25)$$

图 6-12 为矩形横截面导体的趋肤效应。只要导体的宽度和厚度小于趋肤深度,传导电流在导体横截面上几乎均匀分布,趋肤效应就可以忽略不计。当导体比趋肤深度更深和更厚时,导体相对横截面减小,所有电流在导体表面的薄层内流动。趋肤效应的另一个效应是导线内部电感降低。对于宽度为 w 和厚度为 t 的薄带状导体,可采用下列公式计算导线的单位长度阻抗 Z_{tr}[9]。Z_{tr} 的实部与导线的电阻相关,而其虚部则是表示内部电感。

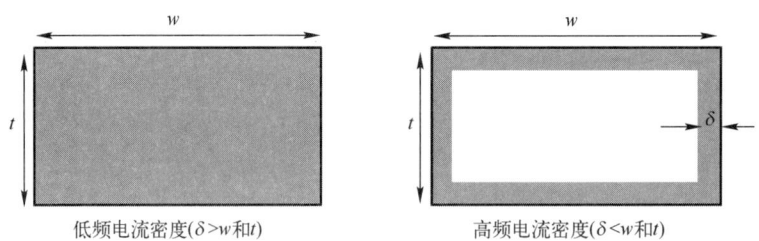

图 6-12 矩形截面导体的趋肤深度示意图

$$Z_{tr}(\omega) = \frac{\sqrt{j\omega\mu}}{2w\sqrt{\sigma}} \coth\left(\frac{t}{2}\sqrt{j\omega\mu\sigma}\right) \quad (6-26)$$

使用6.3.1节中给出的微带线示例,如表6-3所示,在不同的频率下,使用Interconnect Parameters工具得到以下趋肤深度和电阻结果。直流电阻为137mΩ。根据式(6-25),趋肤深度随频率降低。电阻保持不变,直到趋肤深度与线截面的最小尺寸(该微带线的18μm)相同。超过100MHz时,电阻的增加与平方根有关。

表6-3 使用Interconnect Parameters工具得到的趋肤深度和电阻结果

频率/MHz	趋肤深度/μm	电阻/mΩ
1	66	139
10	21	140
100	6.6	179
1000	2.1	594

在没有损耗模型的情况下,单击SPICE模型按钮会自动生成一个等效的RLCG模型,该模型将直流导体损耗等效为恒定的分布电阻(图6-6)。这个简单模型的主要缺点是没有考虑频率色散,需要更全面的建模方法。例如,用一个等效的电气网络来代替恒定的分布式电阻,该网络由串联元件(部分电阻和电感)组成的多个支路形成。这种网络等效分析方法综合取决于导体横截面,在本书中没有描述,有兴趣的读者可以参考文献[10]来推导这种圆形导体的模型。其他效应也可能影响导体的电流分布及其电阻,包括与其他导体的接近程度和表面粗糙度[11],在Interconnect Parameters中,当选中Box Include Loss时,这种建模方法被用来推导出布线导体中趋肤效应的等效模型。

PCB布线中的第二个损耗是由于衬底分子的电极化导致的。它们与布线受到激励时产生的电场是一致的,但是它们不能立即达到一致。在高频情况下,介电弛豫现象会诱发介电损耗。绝缘体的介电损耗由复介电常数 ε'' 的虚部表征(式(6-27))。为了表示损耗,该公式可采用无量纲参数损耗正切 $\tan d$ 表示。介电常数的虚部取决于基底材料的导电率 σ_D、频率和介电常数的实部(式(6-28))。由于衬底损耗引入了以dB/m为单位的衰减Att,这就可以通过式(6-29)进行估计,其中 f 是以GHz为单位的频率。电磁学上,传输线的介电损耗可以通过式(6-30)给出的分布式频率相关电导 G 进行建模,其值随频率的增加而增加。

$$\varepsilon = \varepsilon' - j\varepsilon'' = \varepsilon_0 \varepsilon_r (1 - j \tan d) \tag{6-27}$$

$$\varepsilon = \varepsilon_0 \varepsilon_r \left(1 - j \frac{\sigma_D}{\omega \varepsilon_0 \varepsilon_r}\right) \tag{6-28}$$

$$\text{Att}(\text{dB/m}) = 91 f \cdot \tan d \sqrt{\varepsilon_{\text{eff}}} \tag{6-29}$$

$$G(\omega) = \omega C \tan d \tag{6-30}$$

对于典型的PCB材料,损耗角正切很小,介电损耗直到高频率都可以忽略不计。但是,实际上介电常数与频率有关,并且在高速信号下可能会衰减。因此,需要有一个精确的介电弛豫模型,例如Debye方程提供的介电弛豫模型,式(6-31)及图6-13分别给出了其简单形式及对应曲线,其中 ε_s 是静态介电常数,ε_∞ 是无限频率的介电常数,ω 是时间数的弛豫现象。也构造由几个RC分支形成的等效电气模型以再现衬底损耗的频率行为。文献[12]中提供了更多有关构建SPICE兼容模型的详细信息,Interconnect Parameters工具使用该方法来合成电介质损耗的等效电气模型。

$$\varepsilon(\omega) = \varepsilon_\infty + \frac{\varepsilon_S - \varepsilon_\infty}{1 + j\omega\tau} \tag{6-31}$$

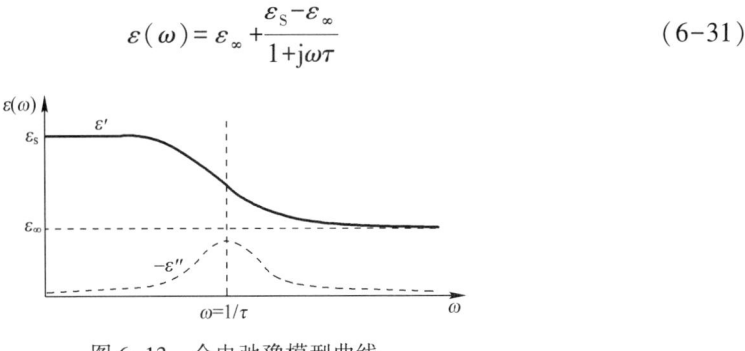

图 6-13 介电弛豫模型曲线

为了说明导体和介质损耗对互连特性的影响,采用与图 6-6 中定义的微带线相同的示例。根据无损线模型,微带线实现 50Ω 匹配,信号传输速度高达 10GHz。使用 Interconnect Parameters 工具,通过填写线路的尺寸和电气特性,选择复选框 Include Loss 并单击 SPICE 模型按钮,构建有损模型。为了模拟反射和传输系数,在线路模型的每个终端放置两个 S 端口。图 6-14 比较了用无损和有损模型模拟的两个系数。

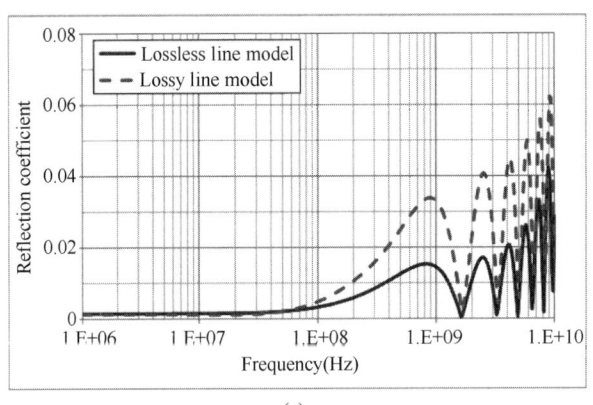

(a)

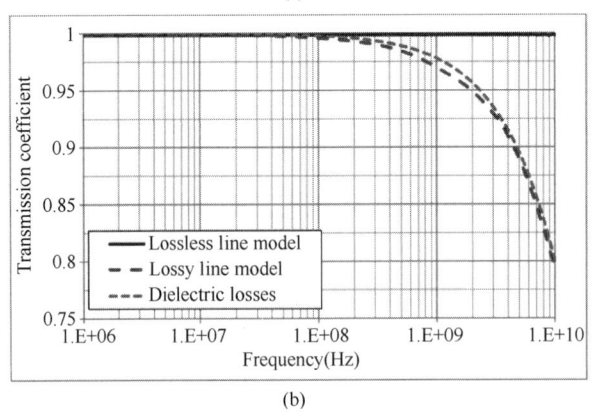

(b)

图 6-14 微带线无损与有损模型反射和传输系数

(a)微带线无损与有损模型反射;(b)传输系数。

(book\ch6\microstrip_5cm_loss_influence.sch)

根据无损模型,反射系数在 10GHz 以下仍然很小,符合导线实际情况。由于匹配和损耗忽略不计,传输系数几乎恒定为 1。然而,在实践中,损耗确实存在并影响线路的传输特性。尽管反射系数随着有损模型的增加而增加,但它仍然足够小,10GHz 以下的失配可忽略不计,主要影响是传输系数随频率减小,线路呈现低通特性。透射系数的测量也根据式(6-29)进行,结果接近 SPICE 仿真结果,证明介质损耗占主导地位。

6.4 过孔的建模

过孔或电镀通孔设计用于改变多层 PCB 中信号的布线层。它们是通过在多层板上钻一个孔,然后对该孔进行电镀,形成一个导电管或过孔管。焊盘通过过孔管周围以将其连接到一个布线上。通常过孔从一侧穿过基板一直延伸到另一侧,但盲孔或埋孔不会。分析两种类型的过孔:

- 信号过孔:过孔与信号线串联以改变布线层;
- 接地或电源过孔:过孔用于连接在不同层上布线的接地或电源平面。

尽管过孔长度很短,但它对信号传输的影响不应忽视。由于两种原因,过孔可能会降低信号传输。首先,作为信号通路引入串联阻抗,可能导致阻抗不匹配,除非其特性阻抗与其相互连接的 PCB 布线类似;相反电源或接地过孔可能具有较低阻抗。其次,在多层 PCB 中,信号过孔穿过不同的电源层和接地层。过孔与其所穿过的平面之间存在近场耦合,使得由过孔传输的信号能够激励由相邻电源和接地平面形成的谐振腔,或者接收沿着供电面传播的噪声。

尽管它们具有复杂的电磁行为,但过孔的物理学模型可以用等效的电气模型来构建[13]。由于它们长度很小,因此可以用集总电气模型进行建模。图 6-15 显示了多层 PCB 中过孔的物理结构,以及与过孔相关的等效模型元素和其穿过的平面的耦合。由过孔引入的串联阻抗由电感 L_{via} 和电阻 R_{via} 表示。在文献[14]中,L_{via} 的解析表达式是由圆柱形导线电感模型导出,用式(6-32)表示。式(6-33)给出了由于导体损耗考虑到趋肤效应而引起的电阻。

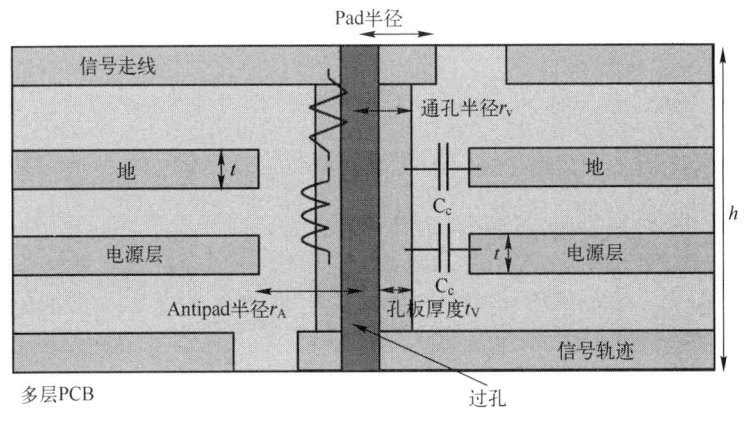

图 6-15 过孔结构和电气模型

$$L_{via} = \frac{\mu_0}{2\pi} \left[h \cdot \ln\left(\frac{h+\sqrt{r_V^2+h^2}}{r_V}\right) + 1.5(r_V - \sqrt{r_V^2+h^2}) \right] \quad (6-32)$$

$$R_{via} = R_{DC} \sqrt{1+\frac{f}{f_\delta}} \quad (6-33)$$

$$f_\delta = \frac{1}{\pi\mu_0 \sigma t_V^2} \quad (6-34)$$

$$R_{DC} = \frac{1}{\sigma} \frac{h}{\pi(r_V^2 - (r_V - t_V)^2)} \quad (6-35)$$

在过孔和通过的参考平面之间需要添加寄生电容,得到这些电容的精确估值比较复杂,应该从准静态模拟中推导出来。在文献[15]中,给出了过孔和它所穿过的平面之间不同类型边缘电容的完整表达式。在这里只有通孔和它所经过的平面之间的平板电容在式(6-36)中给出。对于具有高过孔密度的PCB,还应该考虑紧密间隔的过孔之间的互感。式(6-37)给出了由距离 d 分开的两个过孔之间的互感 M_{via} 的闭合表达式。

$$C_c = \frac{2\pi\varepsilon_0\varepsilon_r t}{\ln\left(\frac{r_A}{r_V}\right)} \quad (6-36)$$

$$M_{via} = \frac{\mu_0}{2\pi} \left[h \cdot \ln\left(\frac{h+\sqrt{d^2+h^2}}{d}\right) + 1.5(d - \sqrt{d^2+h^2}) \right] \quad (6-37)$$

应用:SMT 去耦电容器。

针对0805封装形式的100nF SMT 去耦电容器与FR4多层PCB的内部电源/接地层之间的过孔进行建模。图6-16描述了电容安装在PCB上的几何结构,电容模型在第5章中介绍。电容 ESL 为 0.7nH;去耦电容与电源/接地层之间引入不可忽略的电感 L_{PCB}:电容器焊盘和通孔的互连布线的电感 L_{trace},以及两个通孔的电感 L_{via}。布线被认为是微带线。使用图6-14中给出的尺寸,"Interconnect Parameters"工具提供电感为 0.25nH 的导线。隔离过孔 L_1 的电感为 0.55nH。根据式(6-36),互感 M 的估值为 0.04nH。由通孔引入的总电感 $L_{via} = 2L_1 - 2M = 1$nH。因此,PCB 互连引起的寄生电感 L_{PCB} 估计为1.5nH,是去耦电容 ESL 的两倍。由此可见忽略额外的电感会低估与去耦相关的实际寄生电感。练习2包含了使用不同的通孔配置对 SMT 去耦电容进行建模。

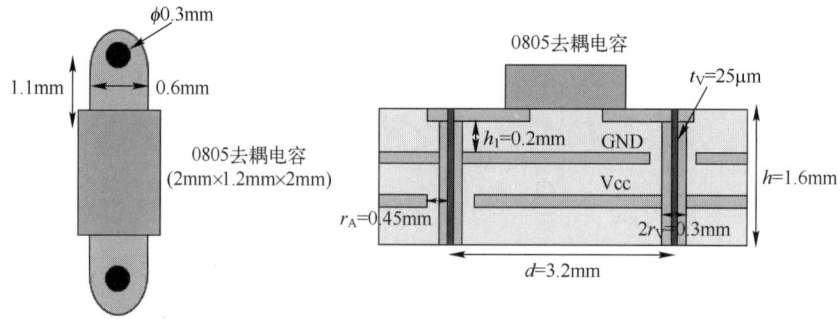

图 6-16 SMT 0805 去耦电容器的安装

6.5 电源和地平面建模

在多层 PCB 中,内层通常完全被实心平面占据,形成电源和接地平面,用于电路的直流功率分配。两个相邻的电源和地平面(P6 平面)形成一个二维传输线,但是,与窄导线相反,这种细微的传输线不会沿着导线的方向传播 TEM 波。这种平行板波导结构实际上在二维平面中传播横向电磁(TM)波。该结构的特征表现为大量的平行板波导模式,其谐振频率取决于平面几何形状和间隔。在下面的部分中,提出了一种基于二维矩形腔的简单建模技术,虽然该模型局限于矩形电源模块的建模,但由于共振频率是明确定义的,并且可以推导出一个等效的电气模型,因此这种建模技术值得学习。

6.5.1 矩形电源地平面对的建模

由于电源地平面对结构的高度谐振特性,构成了电路噪声的良好耦合路径,其在整个 PCB 上传播并从板边缘辐射。这些噪声在整个 PCB 上传播,并从电路板边缘辐射出来。许多问题,如电源或信号完整性、传导和辐射发射或抗扰度,都与配电网络的设计有关。因此需要准确的模型来预测该结构的正确电磁行为。任意形状的具有孔和间隙的电源地平面的建模需要全波数值方法,如 FEM、MoM 或部分元素等效电路,虽然这些方法是准确的,但它们耗时且占用大量内存,因此需要开发可替代的方法来加速仿真过程。

其中一种方法是最初开发的用于设计微带贴片天线的二维谐振腔模型。这是一个频域模型,所以激励被认为是正弦曲线,表达式的频率相关项将被省略。该模型考虑了平面之间的简单形状和电小尺寸间隔。在下面的部分中,只考虑矩形平面,图 6-17 给出了几何模型。由于间隔距离 h 与波长相比可以忽略不计,腔内电场和磁场的分布与 z 无关,导致二维问题仅取决于 x 和 y 坐标,可通过求解亥姆霍兹方程来给出它们的分布。当谐振腔在一个点或端口被激励时(即如果一个点上的电源和地平面之间连接了一个无限小的电流源),亥姆霍兹方程可以按照文献[16]、[17]或[18]描述进行分析求解。求解方程包括导出与腔体相关的格林函数的封闭形式表达式。格林函数将辐射结构(例如天线或该二维谐振腔)的激励与在任何点产生的电场或磁场以及电势联系起来。

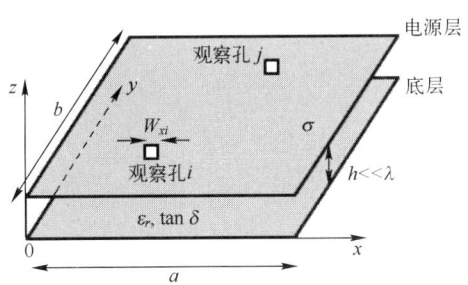

图 6-17 电源地平面对的矩形二维腔

相对于在点 (x,y) 的任何端口给出电场和磁场的表达式,更好的方法是从 c 型模型的角度给出 i 和 j 两个观测端口之间的阻抗 Z_{ij}。对于 $i=j$,Z_{ij} 给出在该端口得到的输入阻抗，但对于其他值，则考虑这些端口之间的传输阻抗。式(6-38)给出频率 f 处端口 i 和 j 之间的阻抗表达式。

$$Z_{ij}(f) = \frac{j2\pi f\mu h}{ab}\sum_{n=0}^{\infty}\sum_{m=0}^{\infty}\frac{C_n^2 C_m^2}{k_{mn}^2 - k^2}N_{mni}N_{mnj} \quad (6\text{-}38)$$

其中

$$k = \omega\sqrt{\varepsilon\mu}\left(1 - \frac{\tan d + \delta/h}{2}\right) \quad (6\text{-}39)$$

$$k_{mn}^2 = \left(\frac{m\pi}{a}\right)^2 + \left(\frac{n\pi}{b}\right)^2 \quad (6\text{-}40)$$

$$C_m, C_n = \begin{cases} 1, & (m,n=0) \\ 2, & \text{其他} \end{cases} \quad (6\text{-}41)$$

$$N_{mni} = \cos\left(\frac{m\pi x_i}{a}\right)\cos\left(\frac{n\pi y_i}{b}\right)\text{sinc}\left(\frac{m\pi W_{xi}}{2a}\right)\text{sinc}\left(\frac{n\pi W_{yi}}{2b}\right) \quad (6\text{-}42)$$

$$F_{C_{mn}} = \frac{1}{2\pi}\frac{1}{\sqrt{\varepsilon\mu}}\sqrt{\left(\frac{m\pi}{a}\right)^2 + \left(\frac{n\pi}{b}\right)^2} \quad (6\text{-}43)$$

k 是波数，δ 是频率 f 处的趋肤深度，如式(6-39)所定义。场分布由无限数量的横向磁场 TM_{mn} 传播模式叠加产生，其特征在于由式(6-42)给出的指数对 (m,n) 和波数 k_{mn}。阻抗 Z_{ij} 的评估需要所有这些模式的双重无限总和。模式 (m,n) 实际上只对式(6-43)给出的谐振频率 $F_{C_{mn}}$ 产生影响，所以只有有限数量的模式才会在给定的频率下产生阻抗。求和项的数量通常是临时选择的，以便达到收敛，在谐振频率下，阻抗达到局部最大值。如果一个电子器件在这些频率下激发了腔体，则会出现较大的电压波动。这是第4章中解释的反谐振问题。

式(6-44)给出了 Z_{ij} 表达式的另一种形式[19]。这种形式的一个优点是，从一个端口看到的腔体阻抗可以被确定为一个由无数个单元的串联组合组成的等效电路，这些单元由并联等效电感 L_{mn}、电容 C_{mn} 和电导 G_{mn} 组成。每个单元与一个特定模式 (m,n) 相关联，其中 L_{mn} 和 C_{mn} 分别模拟磁能和电能的存储，而 G_{mn} 模拟导体和介质损耗。模式对端口 i 和 j 之间阻抗的作用取决于变量 N'_{mni} 和 N'_{mnj}。如图 6-18 所示，从这个表达式推导出等效的电气模型，变量 N'_{mni} 和 N'_{mnj} 被模拟为匝数比为 $N'_{mni}:1$ 和 $N'_{mnj}:1$ 的理想变压器。

$$Z_{ij}(f) = \sum_{n=0}^{\infty}\sum_{m=0}^{\infty}\frac{N'_{mni}N'_{mnj}}{\dfrac{1}{j\omega L_{mn}} + j\omega C_{mn} + G_{mn}} \quad (6\text{-}44)$$

$$L_{mn} = \frac{h}{2\pi F_{C_{mn}}ab\varepsilon} \quad (6\text{-}45)$$

$$C_{mn} = \frac{ab\varepsilon}{h} \quad (6\text{-}46)$$

$$G_{mn} = \frac{ab\varepsilon}{h}2\pi F_{C_{mn}}\left(\tan d + \frac{1}{h}\frac{1}{\sqrt{\pi F_{C_{mn}}\mu\sigma}}\right) \quad (6\text{-}47)$$

$$N'_{mni} = C_m C_n N_{mni} \quad (6\text{-}48)$$

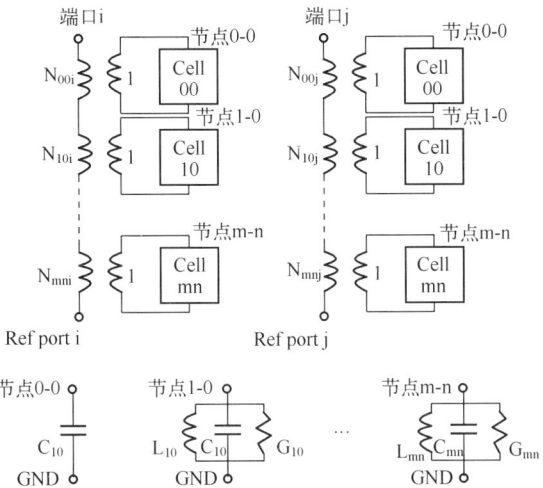

图 6-18 电源底线对形成的矩形二维腔等效电气模型

6.5.2 应用:IEC 61967 测试板

IEC 61967 是电路板级电磁辐射测量方法的标准[20]。测量结果取决于测试电路上的 PCB,并且在比较不同电路时需要使用通用测试板。此外,例如使用 TEM 小室进行辐射测试时需要特定的电路板尺寸和配置(请参阅第 7 章),这就是为什么该标准会推荐一个用于辐射测试的测试板。该板是一个 100mm×100mm 的正方形以符合 TEM 小室的要求,标准所提出的多层板应该至少包含 4 层,一个完整的接地平面和一个完整的电源平面对,该结构形成一个二维谐振腔。根据图 6-19 给出的尺寸,可以在使用 IC-EMC 构建出等效模型之后模拟频域中的电源地平面阻抗曲线。为了限制最大模式阶数,模拟被限制在 10MHz~3GHz 的频率范围内。计算两个端口之间的阻抗曲线:

- 第一个端口放置在靠近电路板中心的位置($X=40$ mm,$Y=40$ mm)。被测电路的其中一个引脚连接到端口 1。
- 第二个端口放置在($X=30$mm,$Y=30$mm),一个去耦电容连接到端口 2。
- 单击"Tools>Cavity Model"打开如图 6-20 所示窗口。
- 第一部分涉及腔体尺寸(宽度 a、长度 b 和厚度 h),材料(金属导电率,绝缘体介电常数和损耗角正切)和接入端口的定义:坐标 X(0~a 之间),Y(0~b 之间)和端口宽度。
- 单击"Add Access"创建一个新的端口,添加两个访问端口的坐标。默认情况下,给

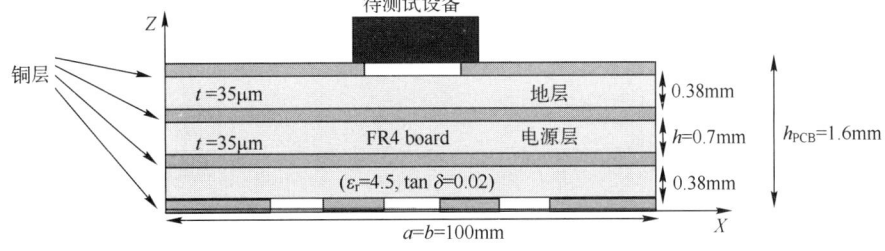

图 6-19 IEC61967 推荐的四层板横截面

每个端口 1mm 的宽度。
- "沿 X 方向的阶数"和"沿 Y 方向的阶数"中设置最大模式阶数 m 和 n。阶数越高，结果越准确，但模拟时间越长。在实践中，从默认的阶数开始（例如 50），然后增加它们，直到模拟的阻抗曲线收敛。根据电路板的尺寸和最大的仿真频率，当阶数 m 或 n 等于 100 时就可以达到收敛。术语"Min freq"（最小频率）、"Max freq"（最大频率）定义了频率范围。
- 单击按钮 Compute 运行仿真。单击第三个窗口 Results，显示不同端口之间的阻抗曲线。

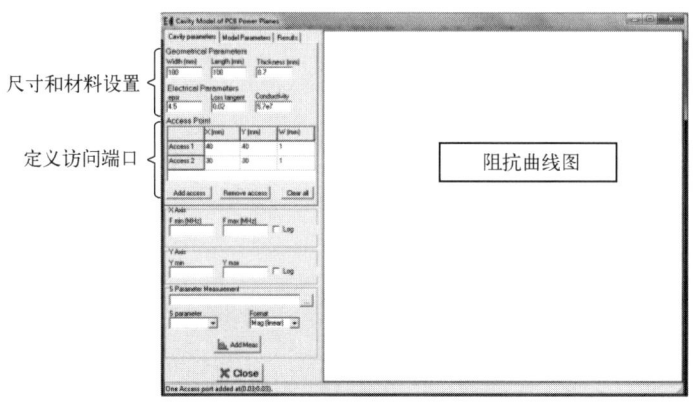

图 6-20　腔体模型窗口示意图

图 6-21 给出了从端口 1 和 2 得到的输入阻抗（Z_{11} 和 Z_{12}）曲线，以及端口 1 和 2 之间的转移阻抗（Z_{12}）。显示 3 个数字：
- Cplane：电源地平面与空气之间的平面电容，等于 570pF。
- Lplane：与电源地平面对相关的寄生感应器，等于 0.88nH。
- 一阶反谐振频率：(1;0) 模式的谐振频率，即反谐振频率。

如果对从两个端口看到的输入阻抗曲线进行分析，可以看到它们在 100MHz 以下是相同的。在低频率下，阻抗曲线主要受平面电容的影响，谐振腔内的传播效应可忽略不计。由于平面电容和电感之间的谐振，第一个谐振点出现在近 320MHz。在此频率以上，

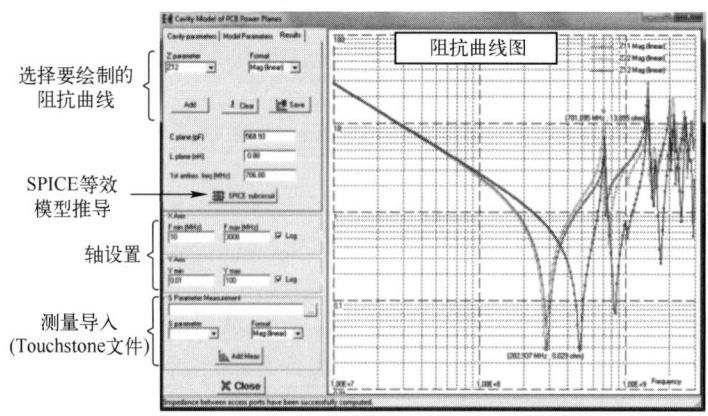

图 6-21　IEC61967 板电源地平面阻抗分布的仿真

阻抗曲线取决于输入端口的位置。第一个阻抗最大值出现在 707MHz 处,是与(1;0)模式谐振相关的主要反谐振频率。在更高的频率下会出现许多其他的反谐振点,每一个都与谐振腔的基本谐振模式($m;n$)的谐振相关联。应该观察到,由于导体和介质损耗的增加,在较高频率时,反谐振频率处的阻抗峰值并不那么尖锐。

在实际情况中,电源地平面对的基本谐振频率还取决于安装在 PCB 上的器件,特别是去耦电容。为了说明这一点,把 100nF 陶瓷去耦电容的电气模型放置在端口 2 处,模拟从端口 1 得到的输入阻抗。通过单击按钮 SPICE 子电路创建电源地平面对的等效模型,并将其保存为符号文件 book\ch6\modeLcavityJEC61967.sym。为了在使用 WinSPICE 节约仿真时间的同时保证结果的准确性,模型的尺度被限制为(25;25)。通过单击菜单 Insert/User Symbol(.sym),符号文件就会包含在电路原理图中。图 6-22 显示了模拟从端口 1 得到的输入阻抗的电气原理图以及仿真的阻抗曲线。由于去耦电容的连接,阻抗在 1.5~100MHz 之间保持很小(小于 1Ω)。当去耦不充分时,主要的反谐振频率会在 196MHz 处发生移动。

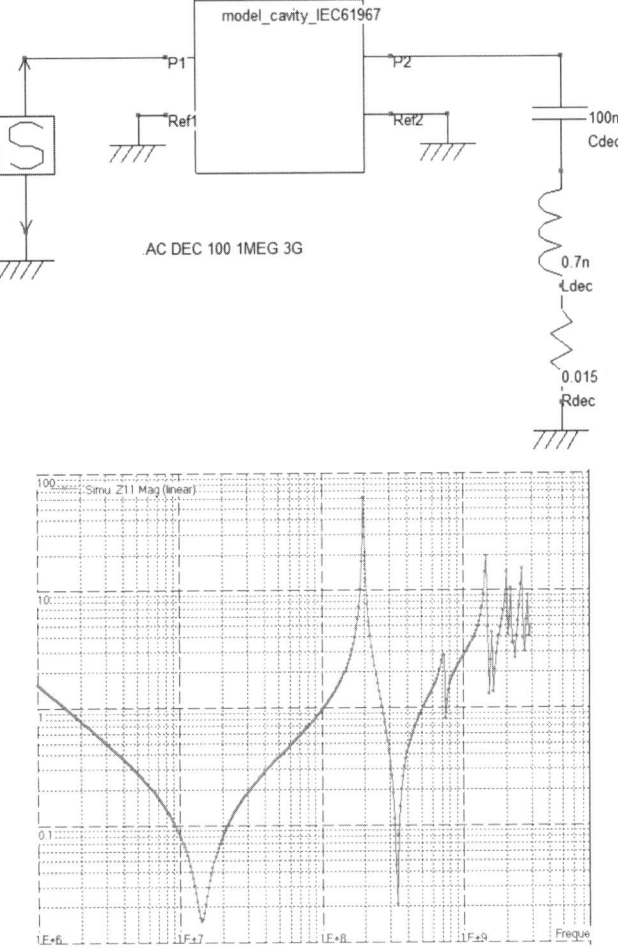

图 6-22 带有 100nF 陶瓷去耦电容的 IEC61967 板上电源接地平面对的电气模型

如果安装在端口 1 上的电路在 200MHz 左右产生少量电流,电源完整性将严重降低。如示例(图 6-23)所示,一个简单的等效电路模型放置在端口 1 上,它由一个三角脉冲电流源组成,并具有以下参数:

电流峰值幅度:200mA;

周期:200ns;

上升/下降时间:3ns;

脉冲宽度:1ns。

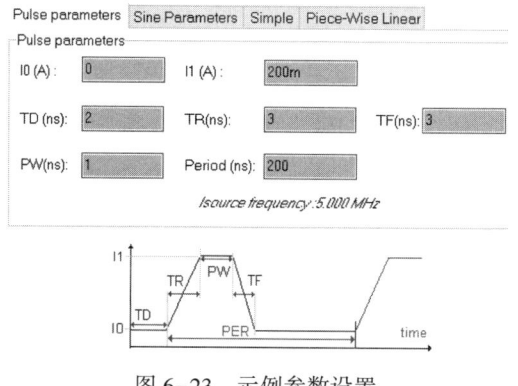

图 6-23　示例参数设置

由于这个模型没有考虑电路引起的内部滤波和去耦,对于实际电路来说过于简单,但是它突出了电路板的主要反谐振对电源完整性的灾难性影响,这可以抵消电路板的去耦。

图 6-24 和图 6-25 显示了在无电源-地平面对模型和有电源-地平面对模型的情况下,时域和频域的模拟电源电压曲线(book\ch6\PI_IEC61967_100nF.sch)。在每个电流脉冲之后会产生振荡周期约为 5ns 的信号并缓慢衰减。在频域中,200MHz 附近的谐波幅值增加了 20dB。

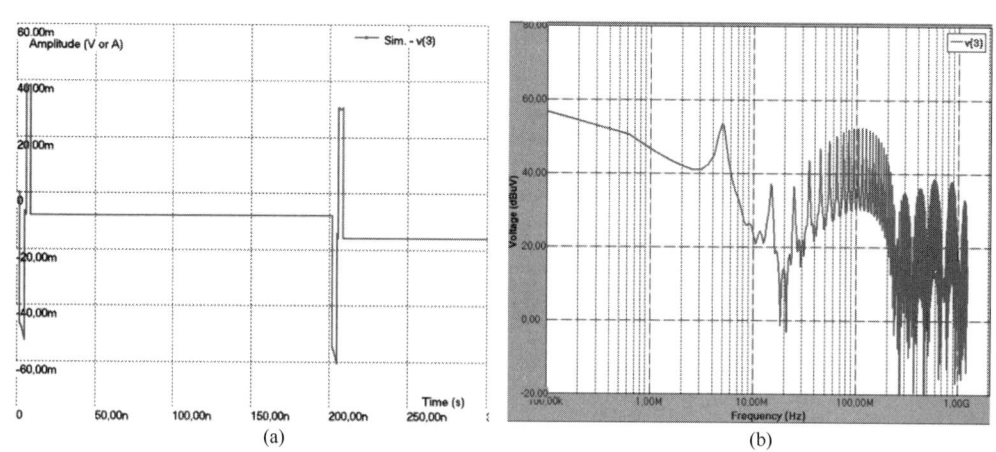

(a)　　　　　　　　　　　　　(b)

图 6-24　无接地功率平面对模型的模拟电源电压分布

(a)不受电源地平面对影响的时域;(b)频域电源电压分布。

(book\ch6\PI_IEC61967_100nF.sch)

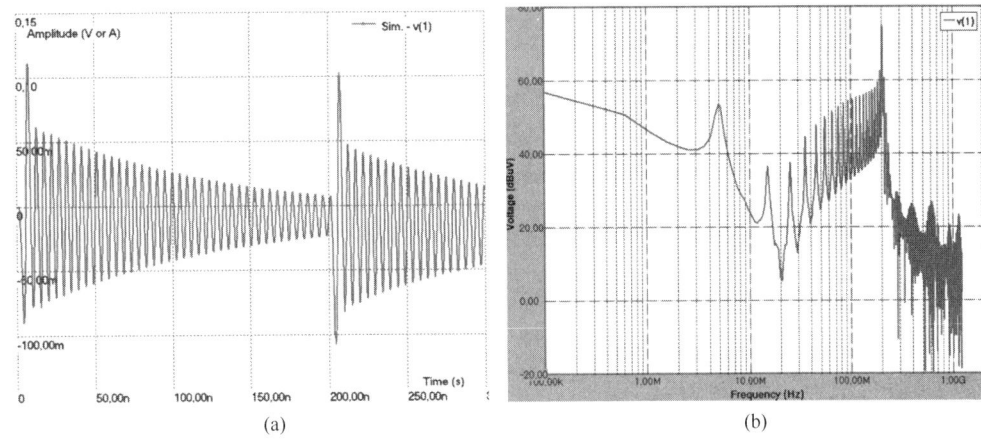

图 6-25 有接地功率平面对模型的模拟电源电压分布
(a) 受电源地平面对影响的时域;(b) 频域电源电压分布。
(book\ch6\PI_IEC61967_100nF.sch)

二维腔体模型不局限于功率完整性、传导发射或抗扰度等传导问题,还可以扩展到辐射问题。当电源地平面对被激励时,电流到达平面边缘时就会产生辐射,根据惠更斯等价原理[21]可以计算平面对的辐射发射。在该平面对边缘处的每个平面之间的电场被认为是虚构的等效磁电流。辐射发射是通过将所有平面对边缘上贡献的磁电流相加计算出来的。此外,典型电路板上的参考平面通常具有复杂的形状,孔和狭缝有助于改变结构的电磁行为。虽然平面仍然形成了二维谐振腔,但无法推导出格林函数的闭式表达式。但是先前的方法可以通过分段方法来扩展[22],将具有复杂形状的平面切割成基本矩形平面,并且使用等效电感和电容对窄孔径进行建模。最后,在多层板中,由于电源层和接地层超过两层,因此至少存在一个腔体,一种解决方案是对每个腔体单独进行建模,然后通过建模方法进行合成[18]。

6.6 小　　结

预测 PCB 级 EMC 问题需要对互连进行高频建模。
在多层 PCB 中有 3 种互连结构:
布线:传输信号并支持准 TEM 模式传播的窄互连;
平面:用于电源分配和参考地的长布线,形成以许多横向电磁传播模式为特征的二维谐振腔;
过孔:连接不同层上的布线和平面。
PCB 互连就是传输线,其性能取决于几何尺寸、PCB 层叠和材料属性。
传输线的 SPICE 兼容电气建模可以基于电波方程的离散化,并由分布式 RLCG 单元形成。
PCB 互连受两种类型的与频率相关的损耗的影响:阻抗和介质损耗。

6.7 练　　习

练习 1　找出印制电路板的设计错误

在下面列出的 FR4 多层 PCB 布线(图 6-26)中找出 6 个设计错误。指出 PCB 布线图上的错误数量并详细介绍其产生的后果。PCB 的特点是：
- 两层显示：层 1 和层 2，它们之间的距离为 0.36mm。
- 铜布线的宽度为 0.127mm，厚度为 35μm。布线之间的最小间隙为 0.127mm。
- 一个高速差分信号通过在层 1 布线的边缘耦合微线传输。
- 该层 2 专用于接地平面的布线。
- 差分发射机和接收机是通过 100Ω 匹配的。
- 在层 1 和层 2 上可见的其他布线传输低频模拟或数字信号。

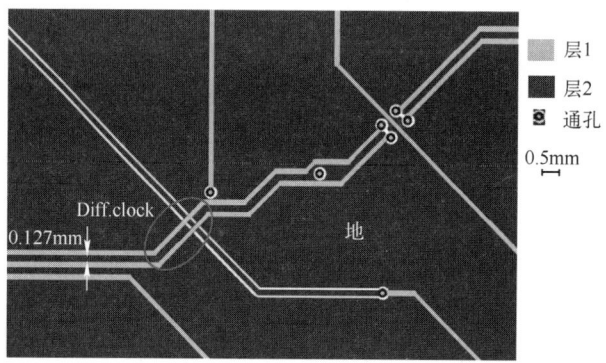

图 6-26　FR4 多层 PCB 布线示意图

练习 2　差分线的建模

在 FR4 衬底上设计一个 5cm 长的边缘耦合微带线。布线由 35mm 厚、0.35mm 宽的铜制成。它们间距为 0.15mm，并放置在地平面以上 0.2mm 处。在该练习中忽略损耗。

1. 使用 Interconnect Parameters 界面，计算线路的单位长度电气参数(请记住，本练习中可以忽略线路损耗)，确定差模和共模阻抗。

2. 为这条线提出两个可能的匹配网络。

3. 构建这条线路的等效电气模型，频率最高可达 5GHz。

4. 将问题 2 中提出的终端网络放在线路末端。通过 S_{11} 参数模拟验证两种激励配置的线路的正确匹配：差模和共模激励。

5. 为 PCB 设计一条差分线。该线由具有 100Ω 输出差分阻抗的驱动器驱动，其到接收器的距离是 7cm。PCB 材料是 FR4，最小宽度和间距等于 0.15mm，到参考地平面的高度为 0.2mm，发射信号的频率不超过 5GHz。

a. 提出布线的几何尺寸。

b. 提出差分线路的终端网络。

c. 建立差分线和终端网络的等效电气模型并验证线路的阻抗匹配。

练习3　在 PCB 上安装一个去耦电容器

图 6-27 描述了在多层 PCB 板上安装去耦电容器并将其连接到内部电源层和接地层的 3 种不同方法。连接布线和焊接区的尺寸有详细的介绍,过孔的半径为 0.15mm。接地层或电源层在 PCB 表面以下 0.38mm 处,PCB 厚度为 1.6mm。

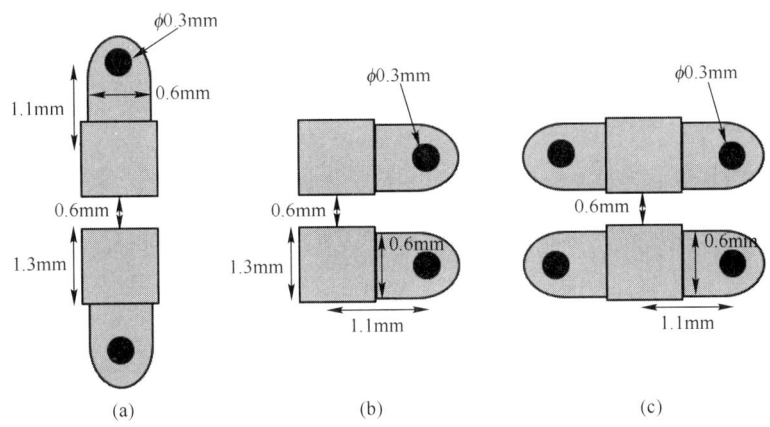

图 6-27　多层 PCB 板上安装去耦电容器并将其连接到内部电源层和接地层的 3 种不同方法

1. 比较 3 种电容器安装配置。哪一个最好？哪一个最差？
2. 对于每种配置,计算与电容连接到电源和接地层相关的寄生电感。
3. 考虑安装在 0805 封装中的 22nF SMT 电容器的位置。设备制造商在文件 C22n.s1p 中提供了频域中的电容阻抗曲线。提出电容器的电气模型,电容器的 ESL 和自谐振频率是多少？
4. 根据前三种配置,安装的电容器的自谐振频率是多少？

练习4　铁氧体磁珠芯片过滤数字信号线

高速数字驱动器 b 通过在 FR4 PCB 上设计的 100mm 长的 100Ω 微带线连接到 15pF 等效负载上。微带线 b 距离地平面 0.38mm。传递给负载的信号的过渡时间必须小于 3ns。

由于沿布线环路电流的高频成分存在,该线路可能会产生过度的辐射。在 1m 处,微带线产生的电场不得超过 40dBμV/m。为了限制其辐射,可以在线路输入处放置滤波器。本练习的目的是选择一个滤波器,将辐射降低到最低限度,并不会明显降低信号完整性。在模拟之后选择一个滤波器。

在本练习中,驱动器采用串联电阻为 33Ω 的方波电压发生器进行建模。等效电压发生器的特性:

低/高电压 = 0/3.3V;

周期 = 50ns;

占空比 = 50%;

上升/下降时间=1ns。

1. 微带线应该有多宽？建立有效频率达 5GHz，其中包括电介质和导体损耗的电气模型。

2. 将驱动器的模型和终端负载添加到微带线模型中。模拟穿过负载的电压波形，测量上升和下降时间以及正向和负向超调幅度，最后得出信号完整性的结论。

3. 在线路输入端模拟电流并绘制其频率曲线。使用式(4-23)估算在下列频率下，微带线在 1m 距离产生的最大辐射发射：20MHz，60MHz，140MHz，180MHz，220MHz，260MHz 和 300MHz。它是否符合要求？

4. 为了提高信号完整性并降低辐射发射，建议使用 3 个滤波器：一个 120Ω 电阻器和两个 100MHz 下拉电阻为 120Ω 的铁氧体磁珠。铁氧体磁珠模型分别被称为 Ferrite1 和 Ferrite2。三个滤波器的阻抗曲线在图 6-28 中。铁氧体磁珠的型号在文件 book\ch6\Ferrite1.sch 和 book\ch6\Ferrite2.sch 中给出。没有进行任何模拟，哪种将是最好的过滤器？

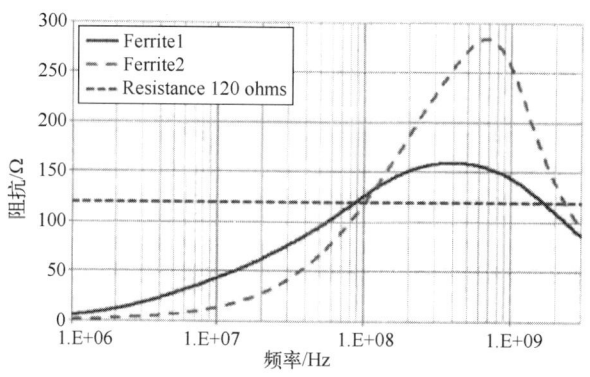

图 6-28　三个滤波器的阻抗曲线示意图

5. 建立由驱动器、负载和三种滤波器类型为终端的微带线的模型。对于每种类型的滤波器，重复问题 2 和 3，比较每个滤波器对信号完整性和辐射发射的影响。结果是否证实你对问题 4 的回答？

参考答案 练习 2

1. 从 Interconnect Parameters 工具：l_{11} = 0.328nH/mm，l_{12} = 0.106nH/mm，c_{11} = 0.14pF/mm，c_{12} = 0.044pF/mm。奇模和偶模阻抗分别为 Z_{odd} = 31.3Ω 和 Z_{even} = 55.7Ω。差模和共模阻抗分别为 Z_{Diff} = 62.6Ω，Z_{Comm} = 27.8Ω。

2. R_1 = 143Ω，R_2 = 56Ω 的 Π 型网络。

5. a. 宽度=0.15mm，间距=0.24mm；
   b. R_1 = 50Ω 和 R_2 = 12Ω 的 T 形网络。

参考答案 练习 3

1. 配置(c)最好，配置(a)最差。

2. 附加电感：配置(a)= 1.5nH；配置(b)= 1.4nH；配置(c)= 0.7nH。

3. ESL 为 0.21nH,自谐振频率为 74MHz。
4. 通过配置(a),自谐振频率为 26MHz,使用配置(c),它变为 36MHz。

参考文献

[1] C R. Paul,"Introduction to Electromagnetic Compatibility-2nd Edition",Wiley,2006.

[2] C. R. Paul,"Analysis of Multiconductor Transmission Lines-2nd Edition",Wiley,2008.

[3] B. Gustavsen,and A. Semiyen,"Rational approximation of frequency responses by vector fitting," IEEE Trans. Power Delivery,Vol. 14,No. 3,July 1999,pp. 1052-1061.

[4] P. Triverio,S. Grivet-Talocia,N. S. Nakhla, F. 6. Canavero, R. Achar," Stability, Causality, and Passivity in Electrical Interconnect Models",IEEE Trans.on Adv. Pack.,Vol. 30,no. 4,Nov. 2007.

[5] H. A. Wheeler,"Transmission-Line Properties of Parallel Wide Strips by a Conformal-Mapping Approximation",IEEE Trans,on Microwave Theory and Techniques,Vol. 12,no. 3,May 1964.

[6] B. C. Wadell,"Transmission Line Design Handbook",Artech house,1991.

[7] C. E. Baum,T. K Liu,and F. M. Tesche,"On the analysis of general multiconductor transmission line networks," Kirtland AFB,Albuquerque,Interaction Note 350,1978.

[8] N. Delorme,M. Belleville,J. Chilo,"Inductance and capacitance analytic formulas for VLSI interconnects",Electronic Letters,Vol. 32,no. 11,May 1996.

[9] L J. Giacoletto," Frequency-and Time-Domain Analysis for Skin Effects",IEEE Trans,on Magnetics, Vol. 32,no. 1,Jan. 1996.

[10] C. Yen, Z. Fazarinc,R. L. Wheeler,"Time-domain skin-effect model for transient analysis of lossy transmission line," IEEE,Vol. 70,no. 7,July 1982.

[11] H. Braunisch, X. Gu, A. Camacho-Bragado, L. Tsang,"Off-Chip Rough Metal Surface Propagation Loss Modeling and Correlation with Measurements",IEEE Electronic Component Technology Conference,2007.

[12] A. Ege Engin,W. Mathis,W. John,G. Sommer,H. Reichl,"Time-Domain Modelling of Lossy Substrates with Constant Loss Tangent",8th IEEE Workshop on Signal Propagation on Interconnects,2004.

[13] R. Rimolo-Donadio,et al.,"Physics-Based Via and Trace Models for Efficient Link Simulation on Multilayer Structures Up to 40 GHz",IEEE Trans,on Microwave Theory and Technique,Vol 50,no. 8, Aug. 2009.

[14] M. E. Goldfarb, R. A. Pucel,"Modeling Via Hole Grounds in Microstrip",IEEE Microwave and Guided Wave Letters,Vol. 1,no. 6,June 1991.

[15] Zhang, J. Fan,G. Selli,M. Cocchini,F. de Paulis,"Analytical Evaluation of Via-Plate Capacitance for Multilayer Printed Circuit Boards and Packages",IEEE Trans. on Microwave Theory and Techniques,Vol. 56,no. 9,Sep. 2009.

[16] G. T. Lei,R. W. Techentin,P. R. Hayes,D. J. Schwab,B. K. Gilbert,"Wave Model Solution to the Ground/Power Plane Noise Problem",IEEE Trans,on Instrum. and Meas.,Vol. 44,no. 2, Apr. 1995.

[17] M. Xu,T. H. Hubing,"Estimating the Power Bus Impedance of Printed Grcuit Boards with Embedded Capacitance",IEEE Trans,on Adv. Pack.,Vol. 25,no. 3,Aug. 2002.

[18] M., A. Swaminathan,A. Ege Engin,"Power Integrity Modeling and Design for Semiconductors and Prentice Hall,2007.

[19] N. Na, J. Choi, M. Swaminathan, J. B. Ubous, D. P. O'Connor," Modeling and Simulation of Core Switching Noise for ASICs" , IEEE Trans, on Adv. Pack. , Vol. 25, no. 1, Feb. 2002.

[20] IEC 61967-1 Edition 1.0: Integrated circuits-Measurement of electromagnetic emissions, 150kHz to 1GHz-Part 1: General conditions and definitions, 2002-03-12.

[21] M. Leone, The Radiation of a Rectangular Power-Bus Structure at Multiple Cavity-Mode Resonances, IEEE Trans on EMC, Vol. 45, no. 3, Aug. 2003.

[22] Z. L. Wang, O. Wada, Y. Toyota, R. Koga," Modeling of Gapped Power Bus Structures for Isolation Using Cavity Modes and Segmentation" , IEEE Trans, on EMC, Vol. 47, no. 2, May 2005.

第7章 电磁兼容测量基础

通过标准测量方法验证电子系统的电磁可靠性是一种普遍的方式。然而对于测量系统,它们的组成以及操作员的操作都会对测量结果有直接的影响。因此,更好地掌握测量设备以及操作是非常重要的。此外,需要建立测量系统测试平台的准确模型去预测电子设备的发射和敏感特性。第7~9章涉及测量方面的内容,特别是用于表征IC级电磁发射和敏感特性的测量方法。本章介绍了基本的测试概念,提出了发射和敏感特性测试的一些基本原理,描述了EMC测试的常用工具、常见设备,以及一些典型的设备级和系统级的EMC测试。第8章和第9章分别描述了IC级表征发射和敏感特性的测量方法。

本章旨在介绍发射和敏感特性测量的基本原理,强调EMC测量中测试标准的主要作用,描述了EMC测试平台的传统测量设备,并提供了一些系统级EMC测量方法的简单案例。

7.1 EMC测量的一般原理

7.1.1 电磁发射测量原理

电磁发射(EME)测量的目的是提供被测物体在给定配置下产生的传导或辐射发射的水平。通过比较测得的发射水平和标准或客户定义的限度来评估被测设备干扰其附近环境的风险,然后判定被测设备是否符合电磁兼容性。

图7-1总结了EME测试的一般设置,测试环境与设备取决于DUT及其发射耦合性质。

在EME测试中,发射特征测量需要DUT处于预设的状态下进行。转换器探测被测变量(电压、电流、电场、磁场)并转换成适合测量设备的输入参量(通常为电压)[1]。宽带天线或特定波导(像TEM小室或带状线)用于辐射发射耦合,而人工网络、电流、电压探针用于传导发射耦合。测量一般在频域执行,频谱分析仪用于调试和预认证测试,EMI

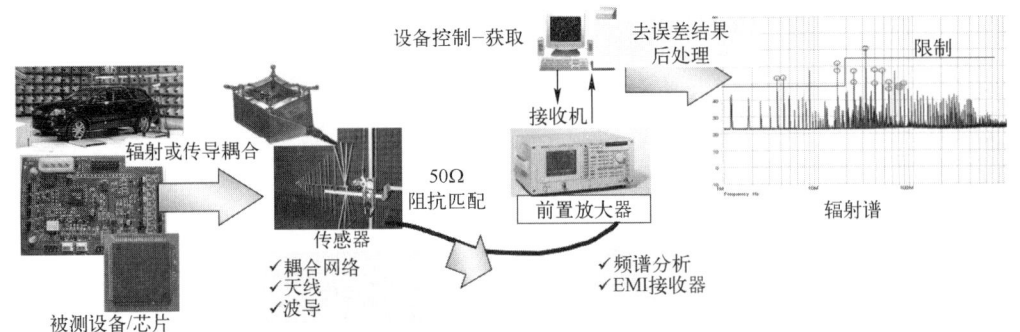

图 7-1　电磁发射测量的一般设置

接收机用于认证测试。发射谱一般根据测量数量级用 dBμV、dBμA 或 dBμV/m 来表示。为了确保可重复性并减小测量的不确定性,有必要控制测量条件。这包括设备输入输出阻抗匹配,根据设备、电缆和 DUT 的连接位置,正确校正设备等。

7.1.2 电磁敏感度测量原理

电磁敏感度(EMS)测量的目的是提供一个被测设备在给定配置下对传导或辐射电磁骚扰的敏感度水平,通过比较敏感度测试水平结果和标准或客户定义的限度来评估被测设备在噪声环境中发生失效或故障的风险,然后判定被测设备是否符合电磁兼容性。

图 7-2 总结了 EMS 测量的一般配置。测试环境与设备取决于 DUT 及其骚扰耦合性质。宽带天线或特定波导(像 TEM 室或带状线)用于辐射骚扰耦合,而人工网络、电流、电压探针用于传导骚扰耦合。在整个测试过程中监控 DUT 的运行。输入骚扰的幅值不断增加直到出现故障或骚扰幅值超过了给定的限度,敏感度等级取决于失效的程度。

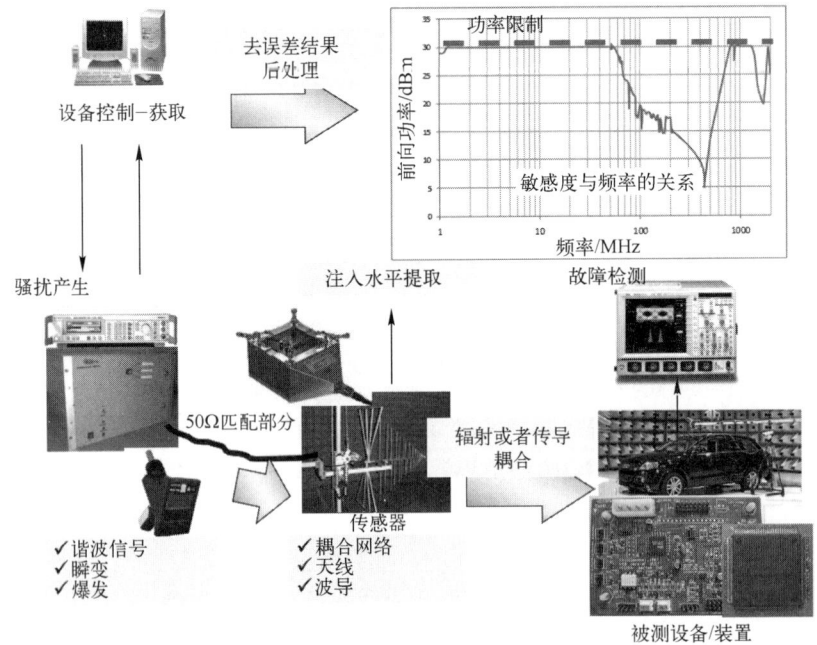

图 7-2　敏感度测试的一般设置

用于敏感度测试的各种骚扰类型,在图7-3中给出了一些定义:

(1) 谐波骚扰:骚扰波形为正弦波,被测设备的敏感度取决于正弦波的幅值和频率。

(2) 调制谐波骚扰:无线电信号是典型的干扰源,因为电子设备的非线性行为可能导致调制干扰整流,调制信号通常比纯谐波信号更有害。敏感度测试最常见的调制方案是振幅调制,调制频率为1kHz,调制系数为80%。

(3) 电瞬变:"电瞬变"是指电压或电流在短时间内变化的一个现象,例如:脉冲、群脉冲、浪涌或静电放电(ESD)。为了涵盖电子/电气设备在现实生活中所能经历的快速瞬态骚扰的多种来源,各种标准定义了一些具有代表性的电瞬态波形[2~5]:开关感性负载(例如电动机)、间接雷击、电源系统开关瞬态、电弧放电、负载转储等。信号波形是定义好的,但是操作者可以选择诸如在给定负载上的峰值电压或电流、极性、重复率和脉冲数量这些参数。给定波形的敏感度是根据故障等级判断的,它本身取决于DUT在没有故障或失效的情况下所能承受的最大峰值幅度。

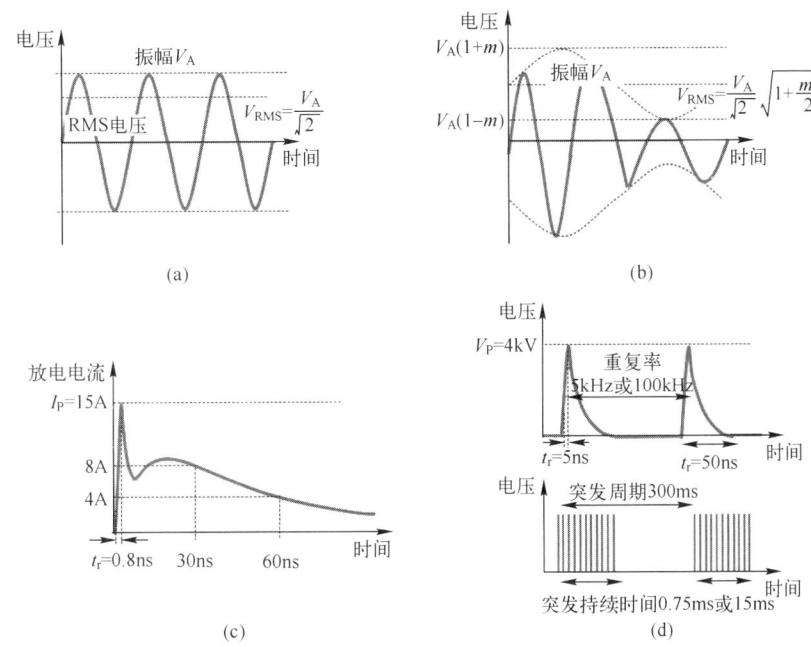

图7-3 EMS测试的4个典型骚扰例子
(a) 未调制的正弦波;(b) 调幅正弦波;(c) 4kV 人体模型 ESD(IEC61000-4-2);
(d) 电气快速瞬态和突发-4级电源端口(IEC 61000-4-4)。

图7-4描述了注入谐波骚扰后敏感度测试的典型步骤。必须在测试前明确测试频率范围和扫描步长、骚扰幅值、失效标准和延时。它包含一个双迭代搜索:为每个骚扰频率确定导致故障的最小振幅。例如,在图7-4中,当被测设备输出信号中的一个波形不同于正常波形时检测到故障发生。谐波敏感度测试结束时,获得骚扰幅频特性曲线和敏感度阈值。另一种方法包括在极限处设置扰动振幅,并检查DUT是否能在所有测试频率上承受这个水平。

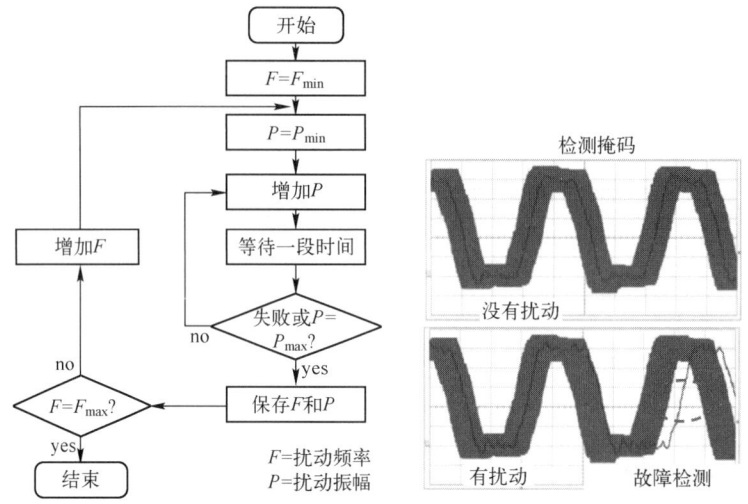

图 7-4 谐波敏感度测试的典型过程

7.2 常用的 EMC 测试设备

EMC 测量,尤其辐射测试,受测试环境的影响很大。测试环境的屏蔽程度不佳,环境电磁噪声可能超过 DUT 的辐射发射。例如,辐射发射测试中的低电平信号,需要在一个与外部电磁噪声源隔离的屏蔽环境中测量。相反地,在辐射敏感度测试中,只有被测设备受到电磁骚扰照射。电磁波的传播和周围环境有关:电磁波可以被金属结构反射,通过小的结构时发生散射,通过边缘或孔时发生衍射。所有这些效应综合作用使得难以在复杂环境中准确地预测电磁波传播,导致其辐射发射或敏感度测试不准确。因此,辐射 EMC 测试需要在一个没有任何反射墙面或衍射物体的环境中进行。需要根据测量内容,选择合适的一个或多个 EMC 测试设施。

开阔场地(OATS):辐射发射测试在一个户外金属地平面上,远离所有电磁噪声源的空阔地方进行,在欧洲标准中,OATS 的辐射发射测量,需要符合 EN 55022[6] 或 EN 55011[7] 标准要求。这种测试设施的缺点是很难找到一个不受环境中电磁噪声骚扰的便利地点,并且也会受到天气条件的影响。

电波暗室:辐射发射或敏感度测试在一个屏蔽的环境中进行。法拉第笼的墙壁上排列着电磁吸波材料和铁氧体,以此减弱反射并确保一个均匀的场和模拟自由空间传播。该测试设施专门用于 EMC 的预测试。它的主要缺点是吸波材料带来的巨大成本,以及它们根据频率吸收的局限性,从而限制了墙壁的反射抑制。根据地板上是否存在吸波材料,测试环境分为全电波暗室和半电波暗室。

电波混响室:辐射发射或敏感度测试在一个没有任何电磁吸波材料的屏蔽环境中进行。虽然该测试是在高 Q 谐振腔中进行的,但是引入了机械式搅拌器或调谐器来搅动腔室的谐振模式,使得待测设备所接触的 EM 波的方向、振幅和极化形成统计均匀性。这种测试设施的主要优点是无需昂贵的吸波材料,能够测试在改变极化和波动方向情况下的辐射发射和敏感度；主要的缺点是在高频的测试效果依赖于腔室的尺寸。

TEM 小室：辐射发射和敏感度测试在一个模拟平面波传播的紧凑环境中执行。用 TEM 小室方法对 IC 的发射和敏感度测试将在第 8 章和第 9 章中介绍。

7.3　标准的作用

当设备在两个不同的实验室或由两个不同的操作员进行测试时，EMC 测试的结果可能会有很大差异。测试结果对设备安装配置条件以及测试设施的特征，设备、线缆、负载的位置都非常敏感。如果不仔细选择测量参数，测量结果的有效性可能会受到影响。

测量标准的主要目标是为操作员提供适合特定类别电子产品的测量参数和配置的指导。很明显，不同性质的电子器件不能进行同样的测试，测量标准给出的建议需要根据 DUT 的特定性质进行调整。测量标准也提供测量设备的校正方法和结果的正确性。最后标准给出发射和敏感度的等级限制。

一个测量标准描述了一个参考协议，如果必须对几个产品或一个产品的不同版本进行比较（比如去确定 PCB 设计的哪个版本有更小的发射），那么这个参考协议是有必要的。测量标准也要求去改善客户和制造商之间的相互交流。一个常见的情况是一个电子系统设计者给子系统定义 EMC 规格。这个子系统的制造商必须进行 EMC 测试以确保它符合客户的要求规格。由于客户无疑会检查产品是否符合已定义的 EMC 要求，因此为了确保测量的有效性，有必要对测试进行相同配置。

7.4　系统级 EMC 测量的一些例子

在这一部分，提出了 3 个典型的电子系统 EMC 测试的例子来说明典型的 EMC 测量设置。感兴趣的读者可以翻阅文献[1]和[8]去了解设备和系统级 EMC 测量的更多细节。

7.4.1　传导发射测量

传导发射(CE)测试设计是用来控制和限制被测设备(EUT)产生的沿交流或直流电源电缆循环的噪声电流。虽然测试处理的是传导噪声，但它的主要目的是去控制来自这些电压电源线的辐射发射。大多传导发射测试覆盖 150kHz～30MHz 的频率范围。在这些频率，电气和电子设备太小，无法进行辐射，但是电源线缆可以等效为有效天线。

在传导测试中，测量每个电源导体和地面之间的共模电压，这个电压不仅和噪声电流有关，而且和线缆的阻抗有关。然而，电源电缆阻抗变化很大，必须稳定到一个固定的阻抗，以确保可重复 CE 测试结果，这就是采用人工网络(AMN)或线路阻抗稳定网络(LISN)的目的。传导发射测试过程中，LISN 放在 EUT 和电源供应线之间，如图 7-5 所示。

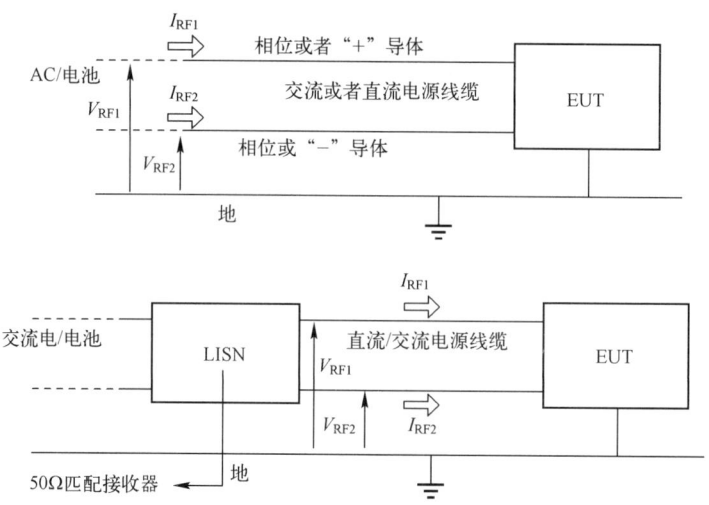

图 7-5 沿电源供应线的传导发射(上)-典型的 CE 测试(下)

LISN 的作用有 3 个方面：

(1) 在 150kHz~30MHz 之间维持一个规定的线阻抗值,如文献[9]的研究表明典型的电源供应线的平均阻抗是 50Ω;

(2) 耦合噪声电压到测量仪器;

(3) 隔离 EUT 与主电源所引起的干扰信号。

最常见的 LISN 是 CISPR 16-1[10]中定义的 50Ω/50μH V 形网络,它确保线性阻抗在 150kHz~30MHz 之间等于 50Ω±20%。图 7-6 提出了这个 LISN 的电源线单相等效电路图。影响所有无源器件的寄生项在 LISN 中没有显示。射频电压通过电容器 C1 耦合到测量接收机,R1 的作用是当 LISN 从电源供应线移除之后对 C1 和 C2 进行放电。L1 和 C2 作为滤波器来保护电源线,防止外部传导干扰。图 7-6 显示了在 EUT 和地面之间的 LISN 输入阻抗的演变过程。

LISN 也可能有低的电感(例如 50Ω/50μH V 形网络),也有三相 LISN。CE 测试也在通信线中进行,但要求采用 EN 55022[6]定义的专用阻抗稳定网络(ISN)。这里的线路阻抗是 150Ω,这是考虑到一种通用的平衡和非屏蔽线缆的阻抗平均值,这个阻抗数值在下一章再次采用,出现在用 150Ω 探针去测量 IC 级别的电磁发射时。电流探针法也是一种替代 CE 测试的方法,主要用于诊断目的,以便将共模电流和差模电流分开。

7.4.2 电波暗室辐射发射测量

电波暗室(Absorber Lined Shielded Enclosure,ALSE)中进行辐射发射测试是电子系统典型的预测试。他们提供了一种相对低廉的方法,确保 EUT 的辐射发射值在进行开阔场地标准测试之前不会过高。这个测试是由许多标准提出的,例如标准[6]和[11]-[12],它详细地描述了测量装置、校准程序和最大发射水平。测试的目的是在一个模拟开阔地环境中控制 EUT 远场辐射发射。这个测试的频率范围通常定义在 30/80MHz~1GHz 之间,可以根据标准扩展到更高的频段。需要注意的是,EUT 需要与测量天线保持合理的距离,以确保测试频率范围较低部分的远场条件。EM 吸波材料还必须在整个频

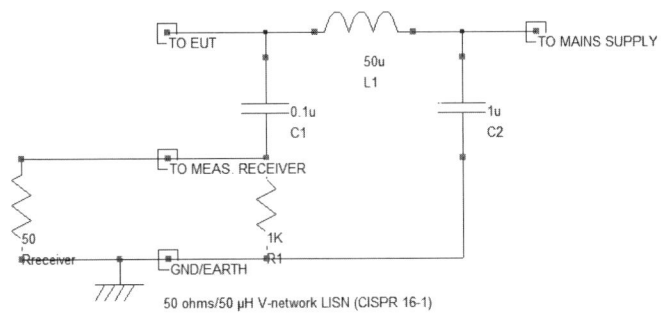

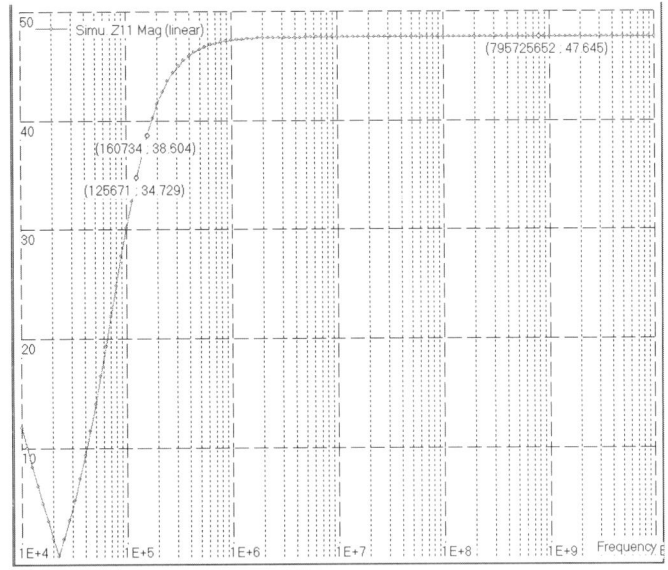

图 7-6　50Ω/50μH V 形网络 LISN 单相等效电路图(上)-输入阻抗模拟(下)
(book\ch7\50ohm_50uH_LISN.sch)

率范围内提供足够的衰减以减弱由于暗室内壁引起的反射。

图 7-7 描述了典型的测试步骤。首先 EUT 以预先定义的配置放置在暗室内以确保正常运行。宽带线性极化天线放置在距离 DUT 3m 或 10m 的 R 处(一些标准允许 1m)。所有激励 DUT 和通过天线测量发射耦合所需的设备都要放置在测试设备的外面。其次需要选择 DUT 在空间中的位置,目的是确保一个均匀的电场。最后还需测试不同天线极化和 DUT 方向以检测最坏情况。EMI 接收机放置在天线的输出端来测量由 DUT 的寄生

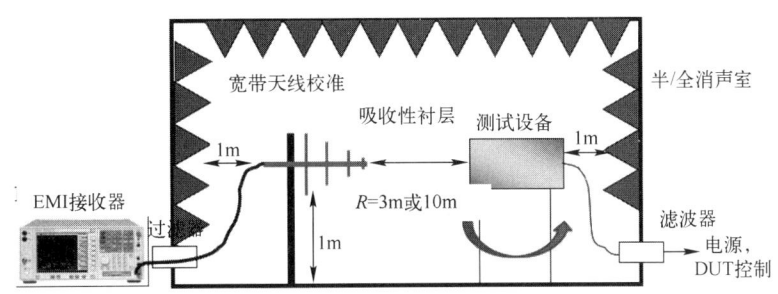

图 7-7　在 ALSE 中的辐射发射测试

辐射发射在天线输出端引发的电压。

假设符合远场和自由空间条件,DUT 产生的电场可以根据下式计算得到:

$$E(\mathrm{dB}\mu\mathrm{V/m}) = V_{\mathrm{EMI}}(\mathrm{dB}\mu\mathrm{V}) + \mathrm{AF}_{\mathrm{ANT}}(\mathrm{dB/m}) + L_{\mathrm{C}}(\mathrm{dB}) - G_{\mathrm{AMP}}(\mathrm{dB}) \quad (7-1)$$

式中:E 为距离被测设备 R 处产生的电场幅值;V_{EMI} 为 EMI 接收机测量的电压值;$\mathrm{AF}_{\mathrm{ANT}}$ 为天线系数;L_{C} 为由线缆引入的损耗之和;G_{AMP} 为可选前置放大器的增益。在远场和自由空间的条件下,电场或磁场幅值与距离成反比。距离 R_2 处的幅值可以根据在距离 R_1 处测量的幅值通过下面的公式推导出来,其中电场用 $\mathrm{dB}\mu\mathrm{V/m}$ 表示:

$$E(R_2) = E(R_1) + 20\log\frac{R_1}{R_2} \quad (7-2)$$

图 7-8 提出一种方法比较在 DUT 和测量天线之间的距离为 1m 时 3 个不同标准定义的最大辐射发射等级:

(1) EN 55022[6]:等级定义为 DUT 距离天线为 10m 时。在图 7-8 中显示了根据式(7-2)推导出的辐射发射等级。给出了准峰值检测的电平,这个标准给出的最大等级是众多标准通用的,像 EN 55014 或 IEC 61000-6-3。

(2) EN 55022[6]:等级定义为 DUT 至天线距离为 1m 时,给出了准峰值检测的电平。

(3) MIL-STD-461E[12]:等级定义为 DUT 至天线距离为 1m 时,给出了峰值检测的电平。

如图 7-8 所示,发射设置和上限根据标准而变化,因为它们关注不同产品和应用的严格程度不同。

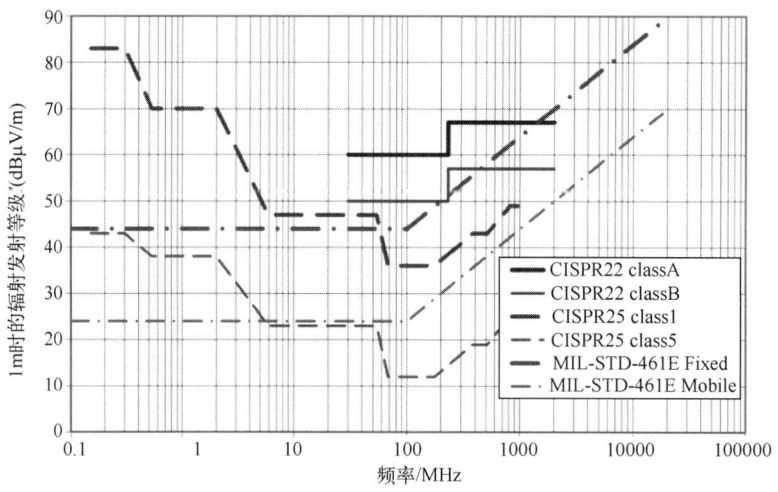

图 7-8　不同标准提供的辐射发射等级的例子

7.4.3　电波暗室辐射敏感度测量

在电波暗室进行辐射敏感度测试是电气和电子系统典型的标准认证测试。许多标准都提出了测量过程和最大敏感度等级,例如 EN 55024[13],IEC 61000-4-3[14] 或 MIL-STD-461E[12]。这类测试的目的是控制 DUT 在一个模拟开阔地环境中对远场辐射骚扰的敏感特性。这个测试通常在 80MHz~1GHz 范围内进行,根据标准可能扩展到较低或更高的频段。图 7-9 描述了这类测试的典型过程。首先 DUT 以标准的配置放置在暗室内并确保正常运行。宽带线性极化天线放置在距离 DUT 3m 或 10m 处。所有激励 DUT 所需的设备和产生骚扰、监视和控制 DUT 状态的设备都放置在暗室外部。其次选择 DUT 在空间中的位置,目的是确保一个均匀的电场。最后测试不同天线极化和 DUT 方向以检测最差情况。

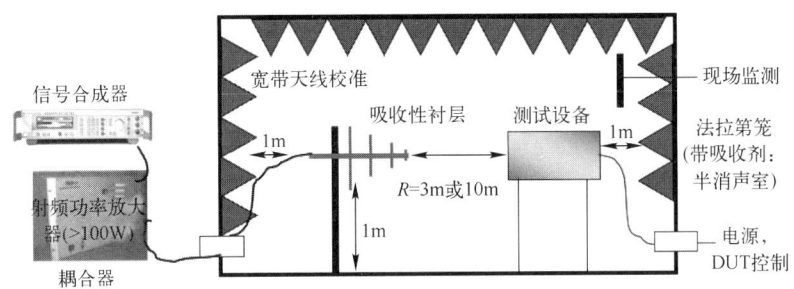

图 7-9 在半电波暗室或全电波暗室中的辐射敏感度测量

DUT 必须承受的典型辐射等级根据标准、骚扰类型和应用而变化。例如,对于正弦骚扰,根据 EN 55024 或 IEC 61000-4-3,商用电子产品必须承受 3~10V/m 之间的电场强度。根据 ISO 11452-2[15]汽车工业的电子设备必须承受 25~200V/m 的电场范围。像 MIL-STD-461E 军用标准定义极限在 20~200V/m 之间,像 D0160-D 航空标准定义极限在 8~80V/m 之间。如果符合假设的远场和自由空间条件,通过射频功率放大器的传递功率和骚扰电场之间的关系由下面的公式给出:

$$E(\text{V/m}) = \sqrt{\frac{\eta_0 \times P_{\text{EMI}} \times G_{\text{ANT}}}{4\pi R^2 \times L}} \qquad (7-3)$$

式中:E 为在 DUT 上产生的入射电场振幅;$P_{\text{EMI}}(\text{W})$ 为通过射频放大器的前向传输功率;G_{ANT} 为测量天线增益;L 为电缆失配、天线与接收机之间设备插入损耗之和。

7.5 EMC 测量的典型设备

7.5.1 频谱分析仪

在频域中进行发射测量是为了观察信号的谐波分量,以及在失效等级条件下存在的无用信号。这需要像频谱分析仪这样非常灵敏、高分辨率的设备,它可以在很大的带宽上快速测量信号的振幅。发射测量标准要求将频谱分析仪设置在精确的值上。这就是为什么必须了解这些参数的意义及其对测量结果的影响。

频谱分析仪被设计用来直接显示频域中的信号。它是通过对连续信号进行标量测量来实现的,和矢量网络分析仪相反,频谱分析仪只捕获信号的幅度,瞬态信号不能被捕获。频谱分析仪的原理是基于超外差接收机。

图 7-10 说明了这种类型接收机的基本工作原理。为了简单起见,我们考虑一个频

率为 F_{in} 的正弦输入信号。内部局部振荡器产生可调载波信号,将其与输入信号相乘,产生的信号包含两个新的谱峰,包含输入信号的幅值信息。如果低频分量位于预定义的中频(IF)窄带,可以由 IF 滤波器去除输出信号的其他频谱分量。检波器在中频带中提取信号的幅值,其结果显示在频谱分析仪显示屏上频率为 F_{in} 的点位置处。本振频率进行扫描,重复相同的操作去覆盖整个感兴趣的频率范围。

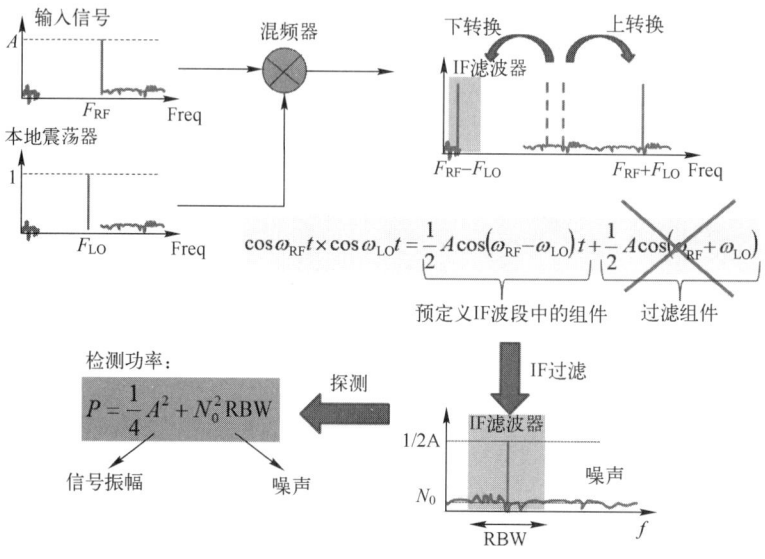

图 7-10 超外差接收机的基本运作

图 7-11 给出一个具有代表性的频谱分析仪前面板,其典型设置与分析仪本身的内部模块相关,如图 7-12 所示。射频输入衰减器保护分析仪不受强信号影响,并且可以通过调整混频器输入电平来优化其性能。混频器前面有一个低通滤波器,用于去除带外信号,后面是增益级。中频滤波器定义了要处理的信号的频带,它的带宽称为分辨率带宽(RBW),定义了频率分辨率并影响本底噪声。包络检测器将中频滤波器的输出信号转换成将要显示的电压。频谱分析仪包含各种用于调整测量的检测器,最常见的有峰值检波器、平均检波器和均方根(RMS)检波器。对于 EMC 测试,设计了一个称为准峰值检波器

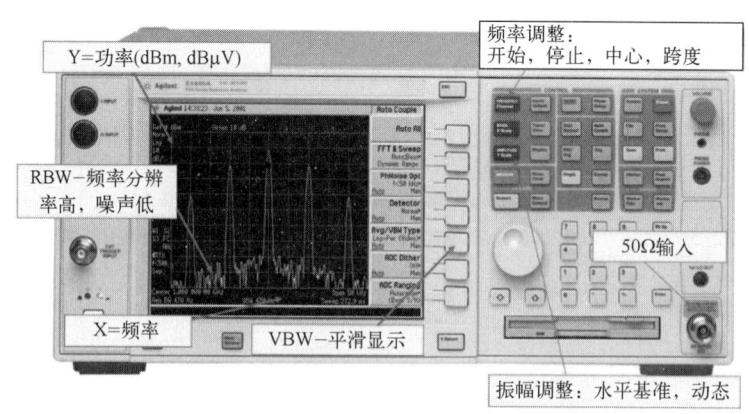

图 7-11 典型的频谱分析仪前面板和常用的设置

的特定检测器来修改测量幅值。最后一个带宽称为视频带宽(VBW)的视频滤波器对要显示的信号进行平均,并减少由噪声引起的变化。扫描的时间依赖 RBW、VBW 和检波器类型。带宽越窄扫描时间越长。

发射测量标准建议调整 RBW 和 VBW 以确保足够的分辨率、信噪比和一个合理的扫描时间。为了确保测量低重复率信号的最大振幅,扫描时间不应太快。此外,最大发射限值是针对特定检测器类型(峰值、准峰值或平均值)定义的。

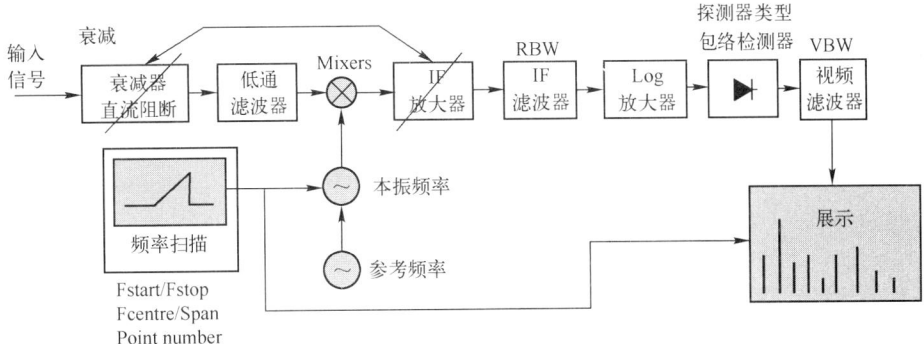

图 7-12 频谱分析仪的主要模块

以下两个示例显示了这些可调参数是如何影响测量结果的。在图 7-13 中,用频谱分析仪测量一个 100MHz 的正弦信号。首先,为了确保一个好的信噪比(SNR),信号的幅值应该足够大。用两个不同的 RBW 值来重复测量,当 RBW 减小时,频率分辨率和 SNR 得到改善,但是要花费大量的扫描时间。将 RBW 除以 10,将使本底噪声幅度降低近 10dB,然后信号的幅度随之减小到刚好在本底噪声之上。减少 VBW 可使本底噪声平滑,并改善 SNR,同样以较长时间的测量为代价。

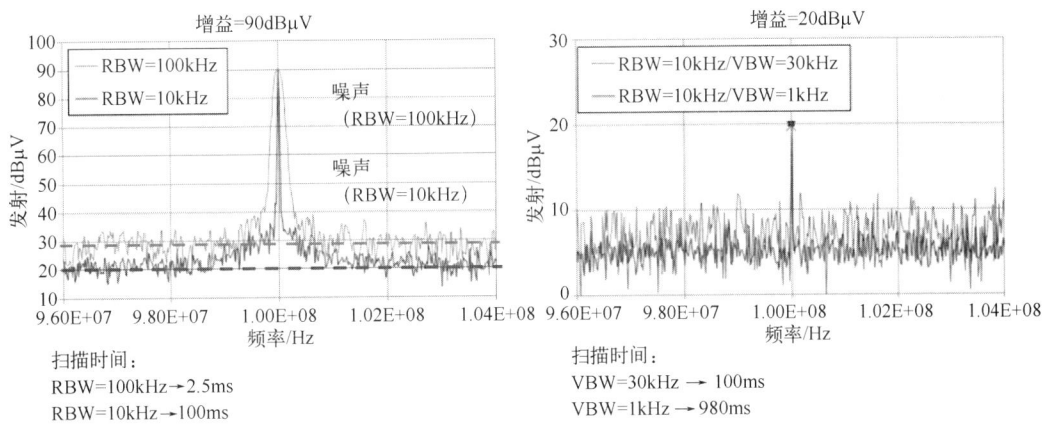

图 7-13 RBW(左)和 VBW(右)对谐波信号测量的影响

检测器的选择会影响测量结果,如图 7-14 和表 7-1 所示。用 3 种不同的检波器测量 32bit 微控制器的辐射发射:峰值检波器、平均检波器和准峰值检波器。峰值检波器获得最高电平,平均检波器获得最低电平。虽然峰值检测器给出了最差的情况,但它并不代表无线电接收机的实际"问题"。最终 EMC 测试通常要求一个准峰值检波器。峰值检波器主要用于预兼容测试。准峰值检测器尝试通过对其重复率、频率和幅值加权来量化信号的"干扰因子"。

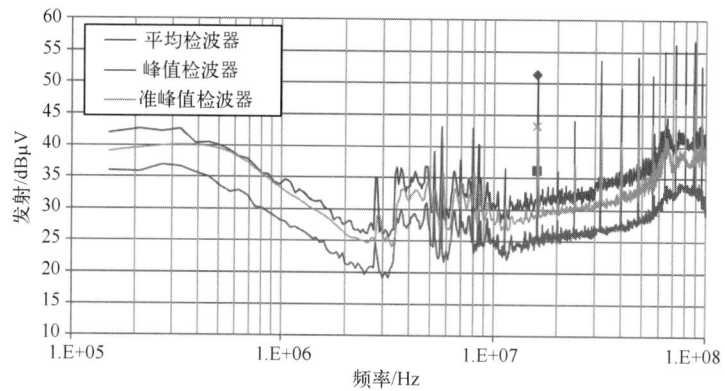

图 7-14 检波器类型对微控制器辐射发射测量的影响

表 7-1 测量结果

频率/MHz	平均值/dBμV	峰值/dBμV	准峰值/dBμV
16	36.2	51.3	42.3
32	37	53.7	45
48	37.8	54.2	45.4
64	39.4	55.1	47.1
80	40.1	55.1	46.8
96	38.1	52.7	45.1

7.5.2 EMI 接收机

频谱分析仪适用于快速 EMC 测试,但是对于认证测试,只推荐使用 EMI 接收机。后者是专门设计用于 EMC 测试的特定类型的频谱分析仪,符合 EMC 管理局推荐标准中所包含的规格。与基本的频谱分析仪相比,EMI 接收机提供 RBW 和与最常见标准兼容的检波器,如 CISPR16-1[10]或 MIL-STD 461E[16],也提供了预选滤波器来防止无用信号使接收机过载,同时改善动态范围。它们能够在一定跨度上测量高达 100000 个点,以符合共同标准的频率分辨率要求(如频率步长小于 RBW 的一半)。频率步长可以独立于 RBW 定义,并且每个点的延时可以调整来捕捉最差的发射情况。

7.5.3 前置放大器

发射测量标准规定测量接收机的本底噪声应该至少低于发射极限 6dB。根据测量和配置的类型,与设备本底噪声相比发射极限可能非常低(尤其是在距离达到 3~10m 的辐射测量),而这不能满足测量要求。

虽然可以调节 RBW、VBW 和测量接收机衰减器来提高信噪比,但扫描时间会变得太长。一种常见的解决方案是在接收机之前放置一个低噪声放大器或前置放大器来放大输入信号。前置放大器必须满足以下约束条件:

（1）尽可能增加信噪比。换句话说，在不增加本底噪声的情况下放大信号，如获得低噪声系数。

（2）信号必须被放大且不失真。前置放大器必须工作在线性区域。

（3）前置放大器必须覆盖标准定义的频率范围。

（4）确保最小的插入损耗和输入输出50Ω匹配。

7.5.4 信号发生器

在敏感度测试中需要信号发生器产生骚扰波形。有两种类型的骚扰必须加以区分：(调制)正弦波形和脉冲波形，它们由不同的信号发生器产生。正弦波骚扰通过射频信号发生器产生，通常信号合成器基于锁相环。它们能够以较高的频谱纯度和稳定性在较大的频率范围内产生信号，并且精确地控制输出信号幅度。敏感度测试要求杂散频谱分量应该至少比基频分量小15dB。此外，它们提供了将AM、FM和PM调制添加到来自内部或外部源谐波信号中的可能性。然而，受最大的输出功率限制，通常传递到50Ω负载的RMS为13dBm。

脉冲抗扰度测试使用符合波形的专用脉冲发生器，最大电压和电流输送到由标准指定的预定义负载。它们的结构依赖于一个或多个继电器，用于对存储电容进行充电，然后通过尖端放电和接地连接将其放电到DUT中。图7-15显示了由IEC 61000-4-2[2]描述的ESD发生器的简化图。这个发生器能够传送一个信号，其波形描述如图7-3所示。

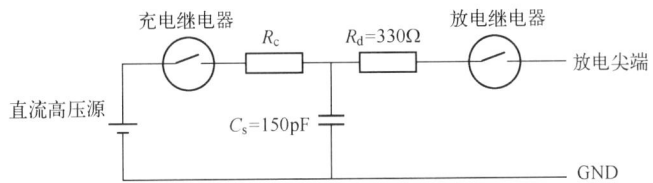

图7-15　符合IEC 61000-4-2[2]的ESD发生器简化图

7.5.5 射频功率放大器

射频抗扰度测试平台的一个重要部件是功率放大器。由于信号合成器不能传递大功率，因此需要功率放大器来达到传导和辐射敏感度测试要求的最大注入电平。

功率放大器的两个最重要的特性是最大输出功率和带宽，它们必须满足EMC标准。带宽被定义为功率增益保持平坦的频率范围。然而射频功率放大器的成本与这两个特性有关，并且输出功率越大，带宽越窄。通常将几个功率放大器组合在一起，以覆盖整个频率范围。

功率放大器的另一个重要指标是它的线性度。事实上，为了确保骚扰信号的功率完全符合规定，且DUT敏感度不会受额外的谐波的影响，线性度是最基本的。功率放大器的选择，需要使其不饱和度至少达到EMC标准所要求的最大功率。功率放大器的线性度通过1dB压缩点定义，即实际增益低于理想增益1dB的输入（输出）功率。由于它们引入的谐波失真很小，所以虽然A类放大器效率低下且严重影响放大器的重量和成本，但通常采用此类放大器。

最重要的是,放大器的一个重要参数是它对大电压驻波比的容限,在式(7-4)中定义。它衡量与放大器输出相连的电阻负载匹配程度,S_{11}是放大器负载的反射系数。

$$\text{VSWR} = \left|\frac{V_{\max}}{V_{\min}}\right| = \frac{1+|S_{11}|}{1-|S_{11}|} \tag{7-4}$$

通常,放大器输出与50Ω相匹配,但在实际中,DUT或传感器在辐射和传导敏感度测试中很少实现50Ω匹配。如果放大器的输出是断开的,则反射波和正向波相加以至于在放大器输出和负载之间沿电缆产生驻波。沿这个线缆的电压在最大电压值$V_{\max}$和最小电压值$V_{\min}$之间变化。如果没有正确匹配,在功率放大器输出端可能产生足够大的电压影响放大器工作。

如果放大器没有受到高驻波比的保护(如通过限制功率驱动),可以直接在放大器的输出端放置一个3~6dB的50Ω匹配衰减器。即使有部分不可忽略的前向功率被衰减器消除,无论负载阻抗如何,放大器的输入阻抗都接近于50Ω。

应用:根据敏感度测试选择功率放大器。

放大器的选择至关重要,因为它是一个昂贵的部件。它受测试标准所要求的带宽和最大功率的支配。最大功率应该取决于测试类型加上额外的裕度,以确保放大器不会在标准要求的最大功率饱和。辐射的敏感度测试通常比传导测试要求更高的功率。下面将描述根据敏感度测试来评估最大所需功率的方法。

在辐射抗扰度测试中(例如,在暗室或TEM室),最大电平被指定为电场。从传感器给定距离处的电场与激励功率之间的关系来评估放大器的最大功率输出。对于在暗室中的辐射测试,式(7-3)给出了距测量天线R处的电场和通过功率放大器传递功率之间的关系。它们之间的距离越大,所需功率越大。例如,假设连续波辐射敏感度测试是用一个6dB的增益天线进行,其放置在距离被测设备3m处的位置且实现50Ω阻抗匹配。连接功率放大器到天线的线缆产生3dB损耗。为了使商业电子产品合格,场强必须达到10V/m。根据式(7-3),功率放大器必须提供等于15W的功率。为了防止放大器饱和,应该提高功率容量。因此,25~50 W功率放大器将适用于此测试。如果想测试一项必须承受25V/m的汽车设备,这个功率放大器是不合适的,因为需要93W的功率。

在传导测试中,根据DUT上感应的电压给出最大电平。最大输出功率取决于负载阻抗和放在功率放大器和DUT之间耦合器件引入的损耗。它们通常通过一个已知负载进行校正。然而,DUT阻抗是未知的,并且随频率变化,因此,严重阻碍了测试的可重复性。推荐使用一个6dB衰减器来确保连接到放大器输出端的等效阻抗接近50Ω。

7.5.6 双向耦合器

双向耦合器是无源器件,用于分离沿传输线传播的前向波和后向(或反射)波,如第3章所述。敏感度测试在测量过程中通常要求测量正向波和反向波来控制由射频功率放大器传递到负载、传感器的实际电压或功率。双向耦合器有4个端口,如图7-16所示:两个是输入输出传输线,另外两个分别用来监测正向波和反向波。

双向耦合器由式(7-5)给出的插入损耗、方向性(如:正向信号和反向信号之间的隔离)和耦合系数来表征。这个比率决定了在一个耦合端子V_{measforw}或V_{measrefl}上对于一个给定了波的振幅V_{forward}或$V_{\text{reflected}}$时测量的电压量。通常,用功率计测量正向波和反向波耦合感应的电压。

$$C = \frac{|V_{\text{measforw}}|}{|V_{\text{forward}}|} = \frac{|V_{\text{measrefl}}|}{|V_{\text{reflected}}|} \tag{7-5}$$

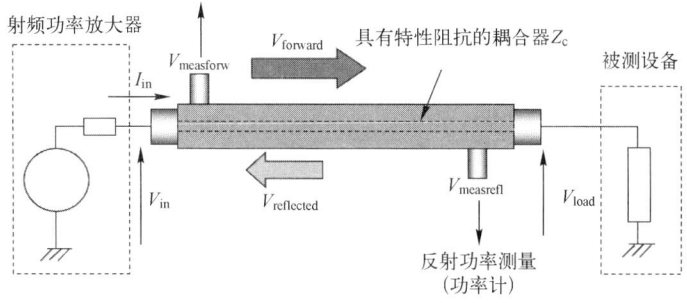

图 7-16 用双向耦合器测量正向波和反向波

7.5.7 功率计

正向波和反射波通常用双向耦合器和功率计测量。这个功率测量依赖于功率传感器或探头,它的传递电压与射频总功率成正比。测量不依赖于射频信号的频率,探头相当于 50Ω 负载。功率计连接到功率探头以达到处理和显示的目的。对于功率探头有两个主要的技术:

(1)热功率探头:功率测量基于对探头中 RF 信号散发的热量进行评估,例如热电偶。这些探头专用于测量平均功率,然而由于时间常数很大而不能够传递瞬时功率值。

(2)二极管检波器:功率测量依赖于二极管检波器,能够测量非常低的功率值(达到 -70dBm),响应速度要比那些热功率探头快。

功率计的一个缺点是它具有大的带宽,这增加了测量的本底噪声,降低了低电平信号的精度。

7.6 练 习

练习 1 干扰

工作在 868MHz 的无线电接收机具有 90dBm 的接收灵敏度。它的无线电输入阻抗为 50Ω 匹配,由天线系数为 10dB/m 的天线端接。无线电接收机放置在距离一些带有 CE 标记的噪声电子设备 2m 处的位置,符合标准 EN 55022 class B(参照图 7-8 所示由 EN 55022 定义的辐射发射限值)。

噪声设备的辐射发射测试是在 ALSE 中进行的。一个增益为 23dB/m 的接收天线放置在噪声设备前面 3m 处的位置。天线通过电缆和 30dB 前置放大器连接到 EMI 接收机。总电缆损耗等于 2dB。EMI 接收机在 868MHz 测得的最大电平为 40dBμV。

1. 在 1m 距离处,噪声电子设备辐射的最大电场是多少?
2. 根据噪声设备辐射发射测试的细节,计算距离 3m 处 868MHz 的电场。设备是否符合 EN 55022 规定的限制?
3. 计算噪声设备在 868MHz 照射无线电接收机产生的电场。
4. 计算无线电接收机输入端的电压和功率。
5. 对噪声设备与无线电接收机之间的干扰进行总结。你是否认为符合 EN 55022 是防止干扰的保证?

练习 2　发射测量设置的灵敏度

辐射测量测试遵循一个标准,该标准定义了在给定频率范围内的最大辐射水平为 30dBμV/m。用于测试天线的天线系数为 13dB/m,总体衰减等于 2dB。测量接收机具有以下设置:RBW = 100kHz,VBW = 100kHz,输入衰减 = 10dB,峰值检测器。在这种配置下,接收机具有 15dB/V 几乎恒定的本底噪声。

1. 能够测量的最小电场振幅是多少?
2. 该标准要求测量接收机的本底噪声至少低于发射限值 6dB。测量是否符合这种条件?
3. 你认为前置放大器应放置在天线和接收机之间吗?如果是,它的增益应该是多少?
4. 提出提高测量装置灵敏度的替代方案。

练习 3　敏感度测试台的功率预算

以下敏感度测试平台已经建立,如图 7-17 所示,想检查设备电源功能是否正确选择。RF 谐波骚扰由 RF 信号合成器产生,能够为 50Ω 负载提供 10dBm 的最大功率,之后是一个增益为 40dB 的 RF 功率放大器。它的输出 1dB 压缩点等于 45dBm。在放大器输出端放置一个 6dB RF 衰减器,它可以持续消耗 20W 的最大功率。衰减器之后是定向耦合器,其耦合系数被认为是恒定的,等于 -20dB。正向信号和反射信号端子之间的隔离等于 40dB,耦合器引入的插入损耗等于 1dB。该耦合器可承受最大功率为 60W。

正向波和反射波振幅由双通道功率计测量,其能够承受最大功率为 20dBm。所有设备的输入和输出都被认为是 50Ω 匹配。

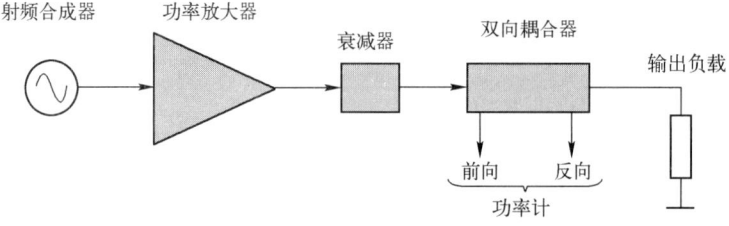

图 7-17　敏感度测试平台示意图

1. 一个 50Ω 负载连接到耦合器输出。射频发生器提供的功率等于-20dBm。负载耗散的功率是多少?
2. 功率计每个通道上读取的功率值是多少?
3. 有可能损坏耦合器吗?
4. RF 发生器的最大幅值是多少时,可以防止衰减器过热以及防止功率计通道超载?是否有可能损坏衰减器和功率计?
5. 输出负载的功率能量应该是多少?

练习 4　辐射敏感度测试

前面练习中介绍的敏感度测试平台中的射频发生器,功率放大器和耦合器可以重复用于辐射敏感度测试。测试在 ALSE 中进行,其中宽带天线 6dB 增益被认为是恒定的。由于电缆和天线失配导致的总衰减也被认为是恒定的并且等于 3dB。

测试台是否能适用于以下两种情况?
1. 天线放置在 3m 远处,最大电场设置为 10V/m;
2. 天线放置在 1m 远处,最大电场设置为 100V/m。
如果不能,功率放大器提供的最大功率应该是多少?

练习 5　敏感度测试的衰减器

简单的衰减器模型可以在 book\ch7\RFLatten6dB.sch 中找到。图 7-18 和方程提出了一个电阻衰减器的 T 形模型。

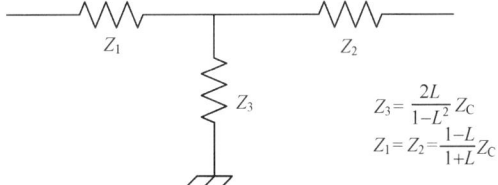

图 7-18　电阻衰减器的 T 形模型

其中 L 是由电阻负载 $(0<L<1)$ 端接到器件的电压衰减,Z_C 是输入和输出参考阻抗。

1. 基于 3 个电阻提供一个理想 6dB 衰减器的电路图。衰减器输入和输出端必须是 50Ω 匹配。
2. 使用 IC-EMC 构建原理图,并在衰减器模型的每侧放置一个 S 参数端口。设置 100kHz~1GHz 之间的 S 参数模拟。检查衰减器的属性(衰减、输入和输出匹配)。
3. 当衰减器输出端接 50Ω 负载时,输入阻抗是多少?如果衰减器输出开路,输出阻抗是多少?如果衰减器输出短路,输出阻抗是多少?并在每种情况下,计算 VSWR。
4. 列举影响衰减器的因素。
5. 打开文件"book\ch7\RFLatten6dB.sch"。建模功率放大器的 RFI 源通过耦合器和衰减器连接到不匹配的负载。骚扰频率设置为 100MHz,RFI 幅度设置为 30dBm。在以下情况下计算正向电压和反射电压:
① 有衰减器;

② 没有衰减器。

比较结果,说明功率放大器的实际作用是什么。

参考答案 练习1

1. $E_{max} = 57\text{dB}\mu\text{V/m}$。
2. $E_{3m} = 35\text{dB}\mu\text{V/m}$(式(7-1))和 $E_{1m} = 44.5\text{dB}\mu\text{V/m}$(式(7-2))。
3. $E_{2m} = 38.5\text{dB}\mu\text{V/m}$(式7-2)。
4. $V_{in} = 28.5\text{dB}\mu\text{V}$ 和 $P_{in} = -78.5\text{dBm}$。

参考答案 练习2

1. $E_{min} = 30\text{dB}\mu\text{V/m}$(式(7-1))。
2. 否,E_{min}应该等于$24\text{dB}\mu\text{V/m}$。
3. 最小增益为 $G_{min} = 6\text{dB}$。
4. 改变天线,改变接收机的RBW、VBW、衰减。

参考答案 练习3

1. 13dBm 或者 20W。
2. 前向功率通道:-7dBm,反射功率通道:-47dBm。
3. 不能,功率限制在8W。
4. 如果功率放大器提供45.3dBm,即如果RF合成器提供5.3dBm,则衰减器开始过热。如果放大器提供的功率超过46dBm,即如果RF合成器提供6dBm,则功率计会饱和。在这两种情况下,功率放大器都开始饱和。应该考虑增大裕量来保护功率计和衰减器。
5. 超过38dBm 或 6.3W。

参考答案 练习4

1. 能,$E_{max} = 13\text{V/m}$(式7-3)。
2. 不能,功率放大器必须提供功率超过53dBm。

参考答案 练习5

1. $R_1 = R_2 = 16.7\Omega, R_3 = 66.7\Omega$。
3. 如果输出负载为50Ω,输入阻抗为50Ω,VSWR=1。如果输出开路(Rioad 设为$1\text{M}\Omega$),输入阻抗为82Ω,VSWR=1.63。如果输出短路(Rioad 设置为0.1Ω),则输入阻抗为29Ω,VSWR=1.73。
4. 降低VSWR。
5. 功率放大器的实际作用是保护功率放大器的输出免受高VSWR的影响。

参考文献

[1] T. Wiliams,"EMC for Product Designers-Fourth Edition",Newnes,2007.

[2] IEC 61000-4-2 Edition 2.0: Electromagnetic compatibility (EMC)-Part 4-2: Testing and measurement techniques-Electrostatic discharge immunity test, 2008-12-09.

[3] IEC 61000-4-4 Edition 3.0: Electromagnetic compatibility (EMC)-Part 4-4: Testing and measurement techniques-Electrical fast transient/burst immunity test, 2012-04-30.

[4] IEC 61000-4-5 Edition 2.0: Electromagnetic Compatibility (EMC) - Part 4-5: Testing and Measurement Techniques-Surge Immunity Test, 2005-11.

[5] ISO 7637: Road Vehicles Electrical Disturbances Package.

[6] EN 55022-2006: Information technology equipment-Radio disturbance characteristics-Limits and methods of measurement, 2005-09-13.

[7] EN 55011-2011: Industrial, scientific and medical (ISM) radio-frequency equipment-Electromagnetic disturbance characteristics-Limits and methods of measurement, 2011-02.

[8] H. W. Ott, "Electromagnetic Compatibility Engineering", Wiley, Sep. 2009.

[9] J. R. Nicholson, J. A. Malack, "RF Impedance of Power Lines and Line Impedance Stabilization Networks in Conducted Interference Measurements", IEEE Transactions on EMC, May 1973.

[10] CISPR16-1-Edition 2.1-2002: Specification for radio disturbance and immunity measuring apparatus and methods-Part 1: Radio disturbance and immunity measuring apparatus, 2002-10.

[11] EN 55014-1-2006: Electromagnetic compatibility-Requirements for household appliances, electric tools and similar apparatus-Part 1: Emission, 2007-01-31.

[12] MIL-STD-461 E-1999: Department of Defense Interface standard-Requirements for the control of electromagnetic interference characteristic of subsystems and equipments, US Department of Defense, 1999-08-20.

[13] EN 55024-2011: Information technology equipment-Immunity characteristics-Limits and methods of measurement, 2011-03.

[14] IEC 61000-4-3 Edition 3.2: Electromagnetic Compatibility (EMC)-Part 4-3: Testing and measurement techniques-Radiated, radio-frequency, electromagnetic field immunity test, 2010-04-27.

[15] ISO 11452-2-2004: Road vehicles-Component test methods for electrical disturbances from narrowband radiated electromagnetic energy-Part 2: Absorber-lined shielded enclosure, 2008-03-18.

[16] MIL-STD-461E: Requirements for the control of electromagnetic interference characteristics of subsystems and equipment [S]. 1999.

第 8 章 IC 发射的标准测量方法

电子设备的 EMC 与嵌入式电子元件密切相关。集成电路经常在电子设备中引起电磁骚扰,反过来说,当电子设备暴露于电磁骚扰时,它们也可能引发故障。在对安全性和可靠性要求较高的场景下,电子设备制造商向电路制造商施加压力,要求提供低发射和低敏感的设备。20 世纪 90 年代出现了专用于 IC 的 EMC 测量方法的需求;目的是在给定的统一测试环境下对其发射和抗扰度水平进行量化,而无须过多地修改整个系统的设计。目标是:

① 在给定和统一的测试环境中量化 IC 的发射和抗扰度水平;
② 以低发射和高抗扰度来评估 IC 性能;
③ 根据低发射和敏感性性能来验证客户需求;
④ 评估 IC 重新设计、技术缩小和封装修改的影响;
⑤ 优化未来设备中 IC 的布局、布线、滤波或去耦。

由于 IC 的发射和敏感度水平还取决于它的安装,例如,PCB 设计、外部去耦或电缆连接,测量方法必须尽量减少 IC 安装和外部连接的影响。如今,IC EMC 测量标准来源于系统级预先存在的标准,如 CISPR25[1]、IEC 61000-4[2] 或 ISO 11452 第 1~7 部分[3]。IC 的 EMC 测量方法由国际电工委员会(IEC)的工作组(WG9)提出,包括 IC 的 EMC 测试程序和测量方法(图 8-1)。该工作组制定了两个标准:一个用于 IC 发射,另一个用于敏感度表征:

- IEC 61967-集成电路-电磁辐射测量,150kHz~1GHz[4-5]。
- IEC 62132-集成电路-电磁抗扰度测量,150kHz~1GHz[6]。

8.1 标准 IEC 61967 速览

隶属于 IEC SC47A 小组委员会的第 9 工作组(WG9)负责建议和推动 IC EMC 测

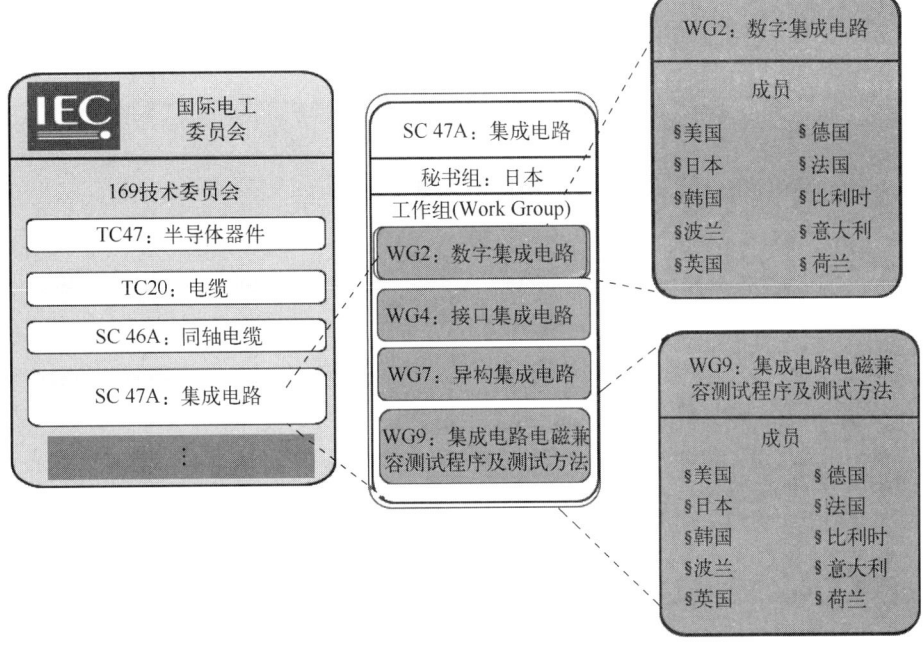

图 8-1 与 IC EMC 相关的 IEC 及工作组的组织

量方法。根据 IEC61967 标准的参考文献-"Integrated circuits measurement of electromagnetic emissions 150kHz to 1GHz"[4-5]，2002 年以来提出了几种测量传导和辐射发射的方法，图 8-2 总结了这些方法及其现状。它们通常基于预先存在的通用标准，如 CISPR 16 和 CISPR 25，或产品标准(主要是汽车)，如 ISO 11452 第 1~6 部分。它们覆盖了 150kHz~1GHz 的频率范围，但其中一些可能会扩展到更高的频率，如图 8-2 所示。

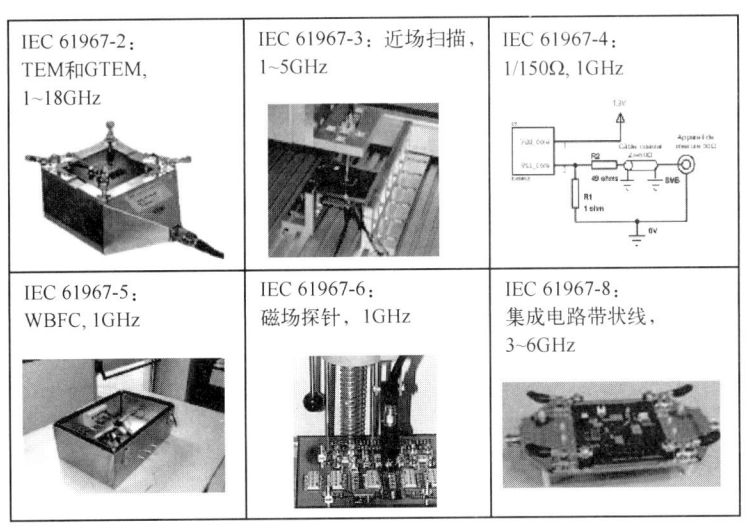

图 8-2 IEC 61967 测量方法概述[3-4]

8.2 IEC 61967-4 1/150Ω 传导发射测量

8.2.1 IC 级的传导发射

IEC 61967-4[1]标准定义的方法,也称为"1Ω/150Ω"方法,旨在表征 150kHz~1GHz 之间基于简单测试程序的 IC 产生的传导 EME。在介绍该标准定义的测量方法之前,必须解释由 IC 产生的传导 EME 的来源。传导 EME 是由于 IC 芯片内部产生的噪声电流造成的,它可以沿外部互连进行循环。IC 和 PCB 的阻抗将此射频电流转换为电压波动。RF 电流的循环也可能导致辐射。

以数字电路的情况为例,如图 8-3 所示。该电路嵌入了几个模块,如数字内核、内部存储器和振荡器。它们产生的瞬态电流通过电源和接地引脚,并沿着 PCB 的配电网络(PDN)循环。这个由 RF 电流通过的环路会沿着 PDN 引起电压波动,并根据环路的大小产生辐射。

图 8-3 给出的电路中传导发射的第二个主要贡献者是 I/O 模块。

每个 I/O 切换都会在电源或接地引脚与通过长 PCB 互连的负载之间引发电流循环。这种 RF 电流的循环激发了长 PCB 互连。根据它们的特性,可能产生 RF 电压波动和辐射发射。

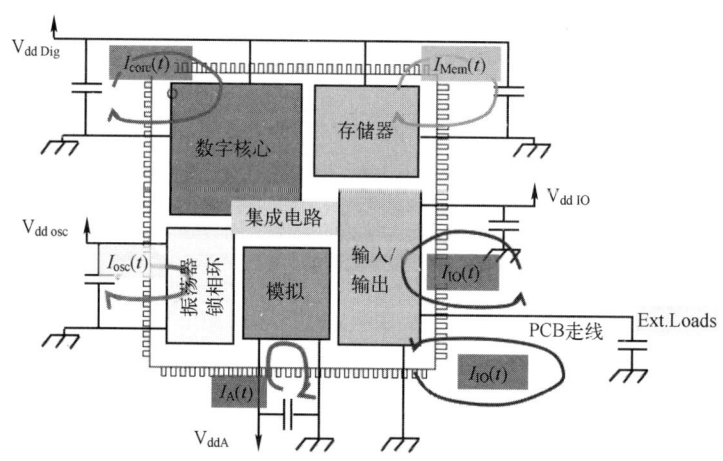

图 8-3 IC 级发射源和传导发射源

8.2.2 RF 电流测量-1Ω 探头

"1Ω 测量"旨在表征 IC 工作时产生的沿配电网络的 RF 电流。测量原理详见图 8-4。

在被测电路中的一个或多个 V_{ss} 引脚与测试板的接地层之间插入一个 1Ω 电阻(或足够小的值以防止地弹电压过高)。该电阻收集由电路活动引起并返回地平面的 RF 电流,并将其转换为 RF 电压。该电压由 EMI 接收机测量。为了阻抗匹配,在尽可能靠近

第 8 章 IC 发射的标准测量方法

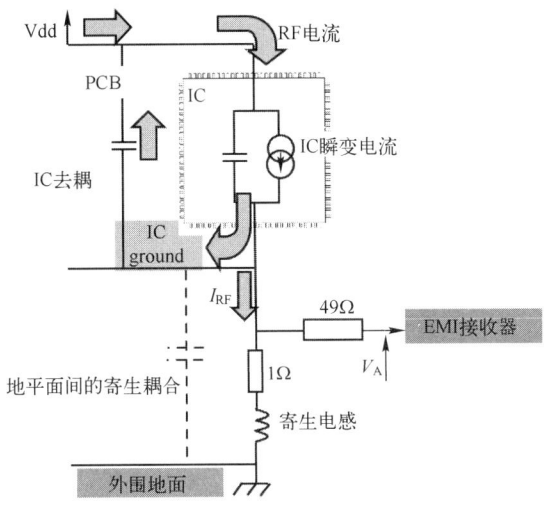

图 8-4 使用 1Ω 探头测量 RF 电流的原理

1Ω 电阻处插入一个 49Ω 的电阻,这样就构成 1Ω 探头。由电阻收集的可测量电压和电流公式如下:

$$V_{RF}=\frac{49}{49+50+1}\cdot 1\Omega \cdot I_{RF}\approx \frac{I_{RF}}{2} \quad (8-1)$$

虽然这种方法听起来很基础,但 1Ω 探头的设计需要谨慎小心。首先,应谨慎选择电阻特性:要求精度高和具有承受耗散功率的能力。该标准的最高频率是 1GHz。在这个频率下,探头的阻抗不等于 1Ω。这是由于电阻和 Vss 引脚与地平面之间的互连会引入寄生串联电感,IC 地与外围地之间会产生寄生电容。

有一个涉及最大耐受电流的典型问题。最大 IC 发射水平取决于系统的特性、位置和设计(PCB 布线、电缆线束、接地等)及应用参数。针对 IC 进行 EMC 测试并不意味着取代系统级测试,而最大的 IC 发射电平则由系统和 IC 制造商设定。图 8-5 显示了应用于汽车芯片的暂定目标参考水平[8]。这些参考水平是根据汽车行业的反馈意见提出的,它们确保 IC 传导发射不会降低车辆中的无线电接收。根据"EMC 强度",已定义了 3 个严重等级(从 Ⅰ 到 Ⅲ)。这些等级是通过接收机的峰值检测器给出的。IC 引脚分为两类:全局引脚和局部引脚。如果引脚所承载的信号或功率进入或离开 PCB,则该引脚被称为全局引脚。

8.2.3 RF 电压测量-150Ω 探头

"150Ω 测量"则用于测量 IC 产生的沿着较长 I/O 线和电源线的射频电压特征。通过测量已知的等效电路阻抗的电压,可提供一种可靠的方法来评估当 IC 引脚激发 PCB 布线或电缆时产生多少辐射发射。测量原理如图 8-6(a)所示。测量是在引脚上进行的,这些引脚通过一个 150Ω 的匹配网络由 EMI 接收器连接到长的 PCB 布线(10cm 或更长)。该匹配网络在测量频率范围内为引脚提供恒定的阻抗,并为接收机提供 50Ω 的阻抗。在这里,接收机的输入阻抗 Z_{EMI} 为 50Ω。选择 150Ω 的值是因为它是通信电缆的共模阻抗的平均值。

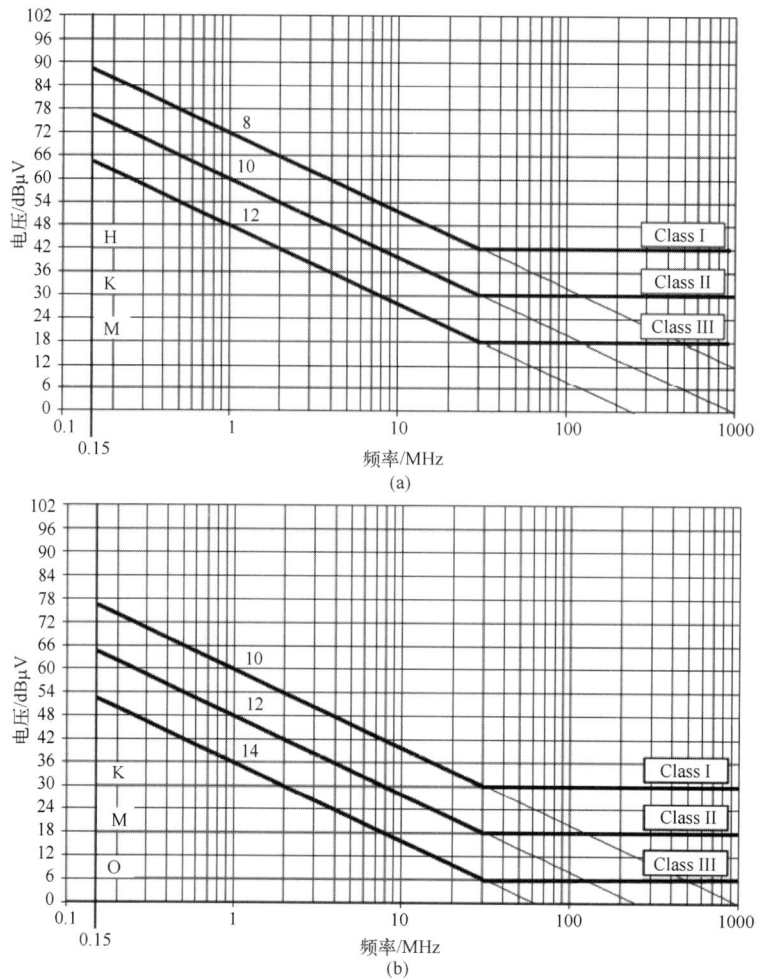

图 8-5 局部引脚和全局引脚 1Ω 测量的限值[8]
(a) 局部引脚；(b) 全局引脚。

该探头适用于单端 I/O 上的射频电压测量。有一个用于差分 I/O 的替代版本，如图 8-6(b) 所示。探头测量 I/O 产生的共模电压。如果必须确保 I/O 匹配，则需要电阻器 R_A，其值根据 I/O 阻抗的规格进行选择。

图 8-6 给出了匹配网络的典型值。从 50Ω EMI 接收机的引脚看到的匹配网络输入阻抗约等于 150Ω。根据 IC 引脚的等效阻抗，测试接收机的阻抗约等于 50Ω。测量电压 V_A 和 I/O 缓冲器的单端或共模电压 V_{RF} 由式(8-2)给出。在频率范围内，匹配网络提供 0.17 倍即 15dB 的电压衰减。图 8-7 显示了两种 150Ω 探头提供的电压衰减的 IC-EMC 仿真结果。

$$V_A = \frac{jR_{out}C2\pi f}{1+j(R_1+R_{out})C2\pi f}V_{RF} \approx 0.17V_{RF} \quad f > 150 \text{ kHz} \tag{8-2}$$

其中 $R_{out} = \dfrac{R_2 Z_{eml}}{R_2 + Z_{eml}}$。

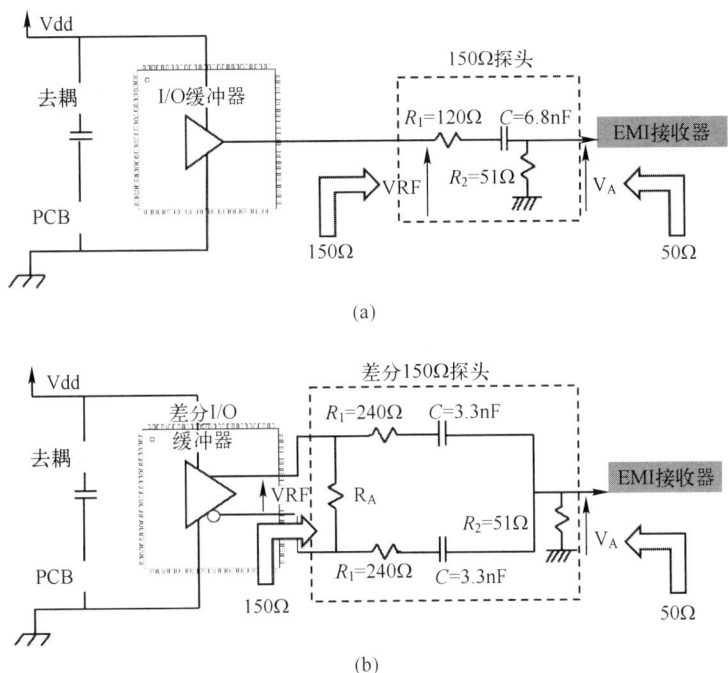

图 8-6 使用 150Ω 探头进行射频电压测量的原理
(a) 单端型；(b) 差分型。

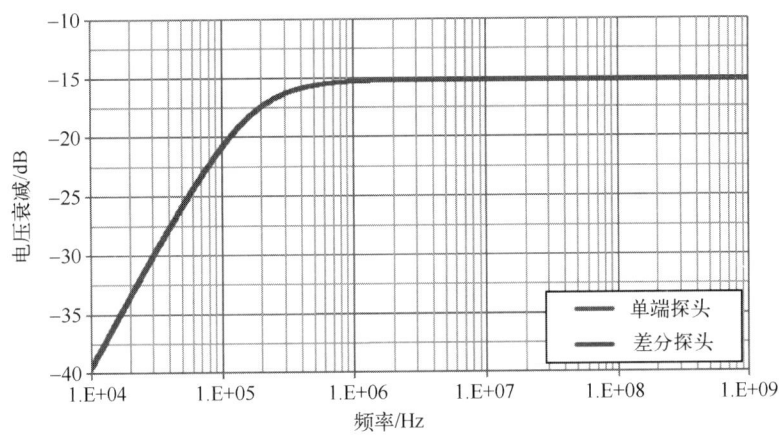

图 8-7 由单端和差分 150Ω 探头提供的电压衰减的仿真
(book\ch8\ Atten_150ohms_probe.sch and Atten_Diff_150ohms__probe.sch)

与 1Ω 探头一样，150Ω 探头也应谨慎设计，以保证在整个测量频率范围内具有恒定的阻抗。应对 150Ω 探头进行校准，以测量电压衰减与频率的关系。根据汽车行业的反馈，如图 8-8 所示，文献[8]中也建议使用 150Ω 探头测量建议的最大传导发射等级。这些等级取决于应用环境及引脚(全局或局部)的性质。

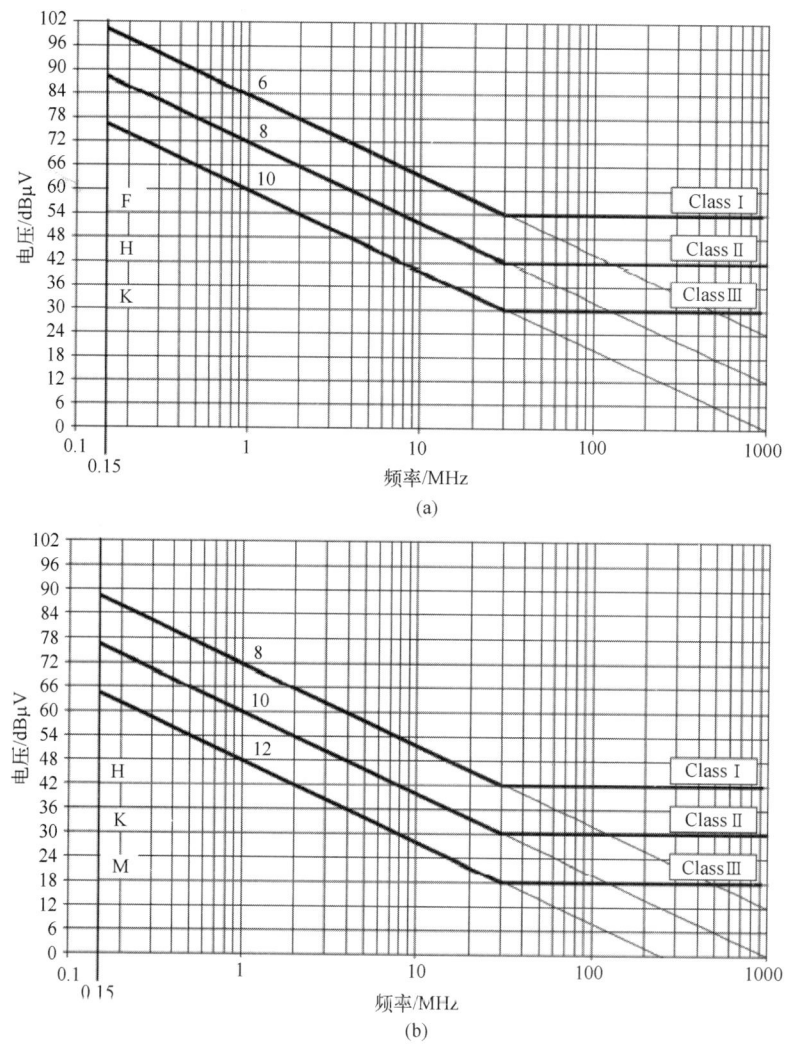

图 8-8 局部引脚和全局引脚的 150Ω 测量的限值
（a）局部引脚；（b）全局引脚。

8.3 IEC 61967-2-辐射发射-TEM/GTEM 小室

  TEM 或 Crawford 小室在 1973 年由美国国家标准局的 M. Crawford 首次引入[9]；它起源于美国空军(USAF)开发的用于放射生物学研究和近场探针校准的小室[10]。它的使用已经扩展应用于研究电磁兼容：自 1973 年以来，已经开发了辐射发射和敏感度的测量，以及各种尺寸的多种 TEM 小室模型。

  几个标准中均提到了 TEM 小室，用于测量电子器件与 IC 的发射和敏感性[11-12]。与其他用于测量辐射发射的测试设备（例如全电波暗室或开放区域测试场地）相比，TEM 小室不满足自由空间和远场条件。虽然在 TEM 小室终端测量的电压取决于由 DUT 所产生的电场和磁场，但相关性不像其他辐射发射测试那么直接（见第 7.4.2 节）。TEM 小室的主要优势是它的尺寸,它提供了一个紧凑的屏蔽环境,非常适用于小型电子系统的预认证测试。IEC 61967 标准建议通过对测试板进行一些调整后,重复使用该测试设备进行 IC 特征分析。

8.3.1 TEM 小室的描述

TEM 小室是一根矩形同轴传输线,在每个端子上都是锥形的,以适配同轴连接器并确保阻抗匹配,图 8-9 以德国品牌"Fischer Custom Communications"的 FCC-TEM-JM1 型号的尺寸为例描述了 TEM 小室的几何形状。

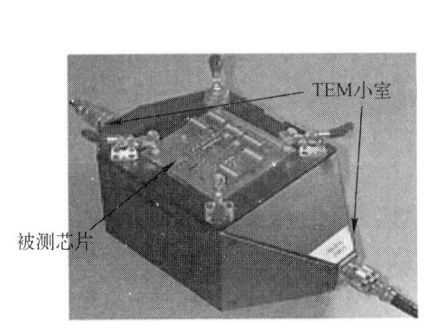
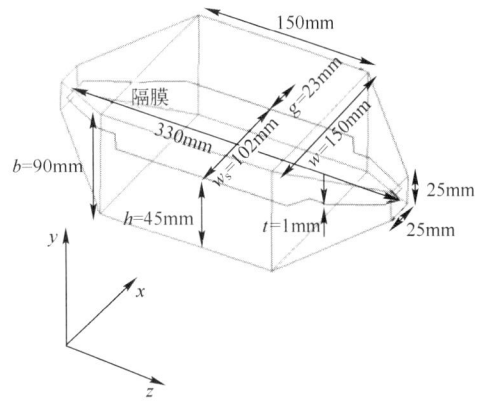

图 8-9 TEM 小室的几何构造(Fischer Custom Communications 的 FCC-TEM-JM1 模型,DC 至 1200MHz)

这个 TEM 小室在 DC 至 1200MHz 的频率范围内工作。在小室内部中心由导体形成带状线结构,称为隔板。被测设备放置在 TEM 室内隔板中心部分上方或下方。设计一个孔径为 10cm×10cm 的缺口,用于放置安装了被测 IC 的测试板。测试板的规格在文献[4]中描述。TEM 小室的特征阻抗由 Crawford 方程(式 8-3)[13]给出,通常为 50Ω。

$$Z_0 = \frac{30\pi}{\sqrt{\varepsilon_r}\left(\dfrac{w_s}{b\left(1-\dfrac{t}{b}\right)} + \dfrac{2C_f\left(\dfrac{t}{b}\right)}{\pi C_f(0)}\ln\left(1+\coth\dfrac{\pi g}{b}\right)\right)}(\Omega) \quad (8\text{-}3)$$

其中,C_f 是隔板和小室壁之间的边缘电容:

$$C_f\left(\frac{t}{b}\right) = \frac{\varepsilon}{\pi}\left(\frac{b}{b-t}\ln\left(\frac{2b-t}{t}\right) + \ln\left(\frac{t(2b-t)}{(b-t)^2}\right)\right)(\text{pF/cm}) \quad (8\text{-}4)$$

$$C_f = \frac{2\varepsilon\ln 2}{\pi}(\text{pF/cm}) \quad (8\text{-}5)$$

根据频率,可以激发一种或几种传播模式。由于线路由两个导体组成,TEM 模式可以存在于任何频率。准平面波沿着 z 轴从一个终端传播到另一个终端。然而,在更高频率下,出现更高阶传播 $E_{m,n}$ 模式,其特征在于由式(8-6)给出的共振或截止频率 $F_{Cm,n}$[14]。当第一谐振 $E_{1,0}$ 模式出现时,给出 TEM 小室的截止频率 $F_{C1,0}$,在实践中,应在该频率下使用 TEM 小室。

$$F_{Cm,n} = \frac{c\sqrt{m^2b^2+n^2W^2}}{2bW} \quad (8\text{-}6)$$

$$F_{C1,0} = \frac{c}{2W} \quad (8\text{-}7)$$

TEM 小室内电场和磁场的分布由其几何形状决定。随着电场和磁场形成沿 z 轴传播的 TEM 波,它们沿着传播方向形成直接的四面体。它们是同相的,并且电场和磁场幅度之间的比率用特征阻抗 η_0 表示,等于自由空间阻抗 $\eta_0 = 377\Omega$。此外,TEM 波携带的功率密度为

$$P = \frac{1}{2}\frac{E^2}{\eta_0} \quad (8\text{-}8)$$

图 8-10 显示了在低于截止频率的频率下,图 8-9 所示 TEM 小室中心部分的电场和磁场分布。当磁场围绕隔板旋转时,电场倾向于垂直于小室壁。在该图的右部分,电场的 x 分量和 y 分量的变化沿着隔板上方 2.5cm 的 x 轴绘制。在 TEM 小室的中心部分,电场几乎是均匀的,由式(8-9)给出,其中 V 是隔板的激励电压。场分布可能会受到 DUT 存在的干扰。实际上,如果 DUT 尺寸不超过小室宽度的 1/5,则可忽略这种干扰。

$$E = \frac{V}{h} \quad (8\text{-}9)$$

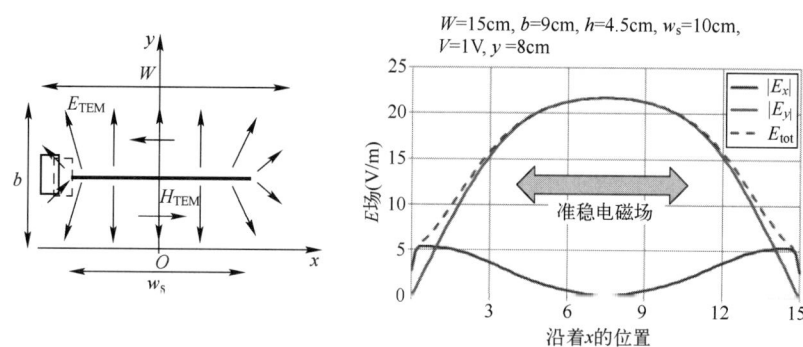

图 8-10 TEM 小室内的电场和磁场分布

8.3.2 TEM 小室的 IC 发射测量

图 8-11 描述了 TEM 小室中 IC 的辐射发射的典型测量布置。被测 IC 安装在专用的测试板上,该测试板与 TEM 小室的孔径适配。IC 位于 XZ 平面内,通常以 $x=0$ 为中心。在测试过程中激活待测 IC 并激发小室的 TEM 模式。前向波和后向波被感应并沿着隔板传播。TEM 小室端口必须由匹配的负载端接以减少不必要的反射。接收机连接到 TEM 小室的另一个端口,以测量隔板端口上因 IC 活动而感应到的电压。

8.3.3 TEM 小室和待测 IC 的耦合模型

在下面的部分中,给出了 TEM 小室的耦合数学模型。通过分析可以建立一个等效的电路模型,在下一章中,将介绍 TEM 小室的抗扰度测量。建议的电气模型可以用于 TEM 小室中的发射测量建模。

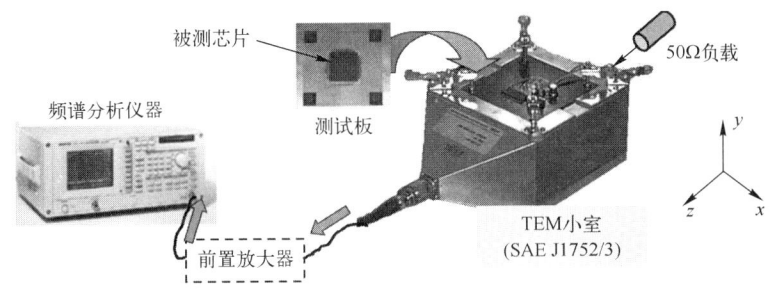

图 8-11 TEM 小室内的典型的 IC 发射测量

为了将 IC 辐射发射和 TEM 小室终端的耦合电压联系起来，有必要更详细地研究 DUT 如何激发小室的传播模式。DUT 被认为是电流源 J(r)，它激发小室的传播模式并产生电场 $E^\pm$ 和磁场 $H^\pm$，可以扩展为 n 个无限引导模式的和，其中 ± 符号表示波从源传播的方向。

$$E^\pm = \sum_n \begin{bmatrix} C_n^+ \\ C_n^- \end{bmatrix}_{E_n^\pm}$$

$$H^\pm = \sum_n \begin{bmatrix} C_n^+ \\ C_n^- \end{bmatrix}_{H_n^\pm}$$

(8-10)

其中 C_n^+ 和 C_n^- 是 n 次模的前向激励系数和后向激励系数，并且 $E_n^\pm$ 和 $H_n^\pm$ 是归一化的波导模式场，公式如下（传输沿 Z 轴发生）：

$$E_n^\pm = e_{nt} \pm e_{nz} \underset{z}{\rightarrow} \exp(\mp j k_n z)$$

$$H_n^\pm = h_{nt} \pm h_{nz} \underset{z}{\rightarrow} \exp(\mp j k_n z)$$

(8-11)

其中，k_n 是 n 次模的传播常数，e_{nt} 和 h_{nt} 是场的横向分量，e_{nz} 和 h_{nz} 是场的纵向分量。归一化波导模式仅仅取决于小室的形状，并且它们的存在依赖于频率，C_n 为激励系数，取决于激发源，并且它的方向取决于波导场，根据洛伦兹变换公式得出：

$$\begin{bmatrix} C_n^+ \\ C_n^- \end{bmatrix} = -\frac{1}{2} \int_V \overrightarrow{J(r)} \; \overrightarrow{E_n^\mp(r)} \, dv$$

(8-12)

若以简易的方式描述激励系数，需要做多次近似，激发源应该为电小，其原点与波导原点（$z=0$）重合，并且模式应该是均匀的，在源的上方，距离为 V。在这些条件下，激励系数可以表示为如下公式。TEM 小室的激发源扩展为电偶极矩和磁偶极矩，分别记为 P 和 M。

$$\begin{bmatrix} C_n^+ \\ C_n^- \end{bmatrix} = -\frac{1}{2}(E_n^\mp(0) P - j k_0 \eta_0 H_n^\mp(0))$$

(8-13)

其中，$P = i \cdot dl$，$M = i \cdot dS$，$k_0 = \dfrac{2\pi}{\lambda} = \dfrac{2\pi f}{c}$。

很明显，只有与 n 次模的电场平行的电流或垂直于 n 次模电场的电流环路才能激发该模式。DUT 引起的 TEM 小室的激励模式取决于方向。在本书中，只考虑 TEM 模式

($n=0$),假定激发源频谱不包含高于小室截止频率的显著谐波分量。由于在 TEM 模式下没有纵向分量,故波阻抗等于自由空间阻抗 η_0,归一化的波导模式场可以表示为

$$\boldsymbol{E}_0^{\mp}(0) = e_{0x}(0)\underset{x}{\rightarrow} + e_{0y}(0)\boldsymbol{y}$$

$$\eta_0 \boldsymbol{H}_0^{\mp}(0) = \pm e_{0x}(0)\underset{x}{\rightarrow} \mp e_{0y}(0)\boldsymbol{y} \tag{8-14}$$

并且激励系数变为

$$\begin{bmatrix} C_0^+ \\ C_0^- \end{bmatrix} = -\frac{1}{2}\left[(P_x \pm jk_0 M_y)e_{0x}(0) + (P_y \mp jk_0 M_x e_{0y}(0)\right] \tag{8-15}$$

如果假设 DUT 位于 TEM 小室的中心($x=0$),则只有电场的垂直分量存在(图 8-10),因此激发系数变为

$$\begin{bmatrix} C_0^+ \\ C_0^- \end{bmatrix} = -\frac{1}{2}(P_y \mp jk_0 M_x)e_{0y}(0) \tag{8-16}$$

TEM 模式的归一化垂直电场分量 e_y 可以通过以下公式来近似,当 TEM 小室被输入功率 P_{in} 激励时,E_Y 为在 TEM 小室的中心处测量的垂直电场。TEM 终端接一个完全匹配的负载。

$$e_{0,y}(z=0, x=0) = \frac{E_Y}{\sqrt{P_{in}}} = \frac{\sqrt{Z_C}}{h} \tag{8-17}$$

传输到给每个 TEM 小室终端的功率由系数 $|C_0^+|^2$ 和 $|C_0^-|^2$ 得出。如果 TEM 小室终端完全匹配,则测量的电压为

$$\begin{bmatrix} V_{TEM}^+ \\ V_{TEM}^+ \end{bmatrix} = Z_C \begin{bmatrix} C_0^+ \\ C_0^- \end{bmatrix} = \begin{bmatrix} -\frac{1}{2}(P_y - jk_0 M_x)\frac{Z_C}{h} \\ -\frac{1}{2}(P_y + jk_0 M_x)\frac{Z_C}{h} \end{bmatrix} \tag{8-18}$$

从前面的公式可以得出关于 TEM 小室使用和测量结果的几个结论。耦合在 TEM 小室终端的电压是电场和磁场的耦合,它取决于隔板高度 h;并且 TEM 小室是由 DUT 产生的辐射发射的单向传感器,因为它仅测量垂直于隔板平面的电场分量,以及平行于隔板平面并垂直于 TEM 小室传播方向的磁场分量。由 DUT 产生的其他场分量快速衰减,其携带的功率并未传输到 TEM 小室终端。

因此,只有 DUT 的一部分辐射可以激发 TEM 小室,如图 8-12 所示。在这个例子中,只有封装引脚被认为是辐射发射的重要贡献者。两个封装引脚之间的瞬态电流循环形成垂直环路和水平环路。它会诱发磁场(为了简单起见,没有表示 TEM 小室中的电场及其耦合),电路的辐射可以用一个水平磁偶极子和一个垂直磁偶极子来模拟,记作 M_H 和 M_V。在方向 1 中,由封装引脚的垂直部分形成的等效磁偶极子 M_H 可以激发 TEM 模式,这与由封装引脚的水平部分形成的等效磁偶极子 M_V 相反。在方向 2 中,两个等效磁偶极子中没有激励 TEM 模式,这就解释了为什么 TEM 小室端子处的测量电压在两个方向上不同。在方向 2 中,测量的电压并不等于零,是由于一些封装引脚形成等效的电偶极子可以激发 TEM 小室。

由于这种方向依赖性,DUT 的完整特征需要在不同方向进行多次测量。在文献[15]

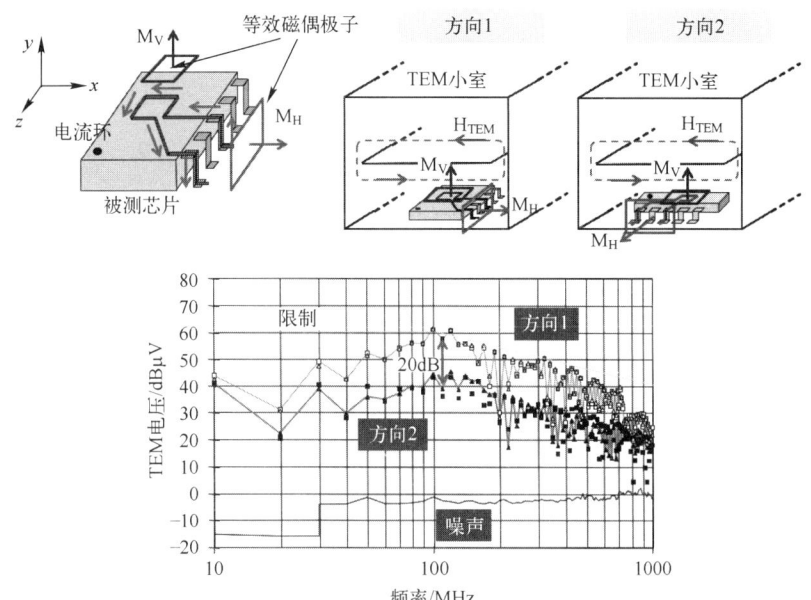

图 8-12 两个垂直方向上的器件在 TEM 小室中的发射测量

中给出用于提取 DUT 的 6 个等效电磁偶极矩的方法,并且在不同方向上需要获得的多达 9 个测量值。对于 IC 特征,由于它只能围绕 y 轴旋转,故对旋转角 0°、90°、180° 和 270° 分别进行 4 次测量,只表征两个磁偶极子(M_x 和 M_z)和一个电偶极子(P_y)。实际上,只考虑最糟糕的测试情况。

式(8-18)还表明,只要 DUT 被认定为电小,DUT 和 TEM 小室之间的电耦合和磁耦合会随频率线性增加。当分析 TEM 小室测量结果时,必须考虑到这种高频选择性。

8.3.4 远场测量的相关性

TEM 小室法是表征电子设备辐射发射的一种简单方法。然而,它不是直接提供对该设备的远场发射的测量。TEM 小室的一个重要关注点是 DUT 在 TEM 小室端子上感应的电压与 DUT 在远场条件下产生的电场之间的等效性。远场辐射发射与 TEM 小室中的测量之间的相关性并不直接,除非 DUT 被认定为电小并使用前一部分中呈现的多极扩展。如果 DUT 等于一组电磁偶极子,则可以从 TEM 小室测量结果评估等效电偶极矩。此外,自由空间(甚至在更复杂的环境中)的远场发射可以通过等效电偶极矩计算出来。IEC 6100-4-20(IEC 4-20)标准描述了该方法,将 TEM 小室测量与远场发射关联起来。

例如,如果 DUT 相当于以电偶极矩为特征的垂直电偶极子,则在式(8-19)中给出了其中一个 TEM 小室端子处测得的电压。如果 DUT 置于自由空间,根据短偶极产生的电场表达式,距离 r 处的最大电场由式(8-20)给出。

$$|V_{TEM}| = \frac{1}{2}|P_Y|\frac{Z_C}{h} \tag{8-19}$$

$$|E_{max}| = \frac{\eta_0 k_0}{4\pi}\frac{|P_Y|}{r} \tag{8-20}$$

类似地,如果 DUT 被同化为以磁偶极矩 M_x 为特征的水平磁偶极子,则在式(8-21)中给出在 TEM 小室终端处测得的电压。如果 DUT 放置在自由空间中,取决于由短磁偶极子产生的电场表达式,距离 r 处的最大电场由式(8-22)给出。

$$|V_{TEM}| = \frac{1}{2} k_0 |M_X| \frac{Z_C}{h} \tag{8-21}$$

$$|E_{max}| = \frac{\eta_0 k_0^2}{4\pi} \frac{|M_X|}{r} \tag{8-22}$$

结合式(8-19)和式(8-20)或式(8-21)和式(8-22)给出了在 TEM 小室中测量的电压与在距离 r 处的 DUT 产生的电场之间相同的直接关系。它们通过系数相关联,该系数是 TEM 小室 AF_{TEM} 的等效天线因子,其取决于 TEM 小室的几何形状和频率。如果 DUT 相当于磁偶极子或几个电偶极子的组合,则可以找到相同的等效天线因子。

$$|E_{max}| = \frac{\eta_0 k_0}{2\pi r} \frac{h}{Z_C} |V_{TEM}| = AF_{TEM} |V_{TEM}| \tag{8-23}$$

$$AF_{TEM} = \frac{|E_{max}|}{|V_{TEM}|} = \frac{\eta_0 k_0}{2\pi r} \frac{h}{Z_C} = \frac{\eta_0 f}{rc} \frac{h}{Z_C} \tag{8-24}$$

8.3.5 TEM 小室的建议发射限值

图 8-13 显示了专用于汽车的 IC 使用 TEM 小室法的参考发射电平[8]。限值可确保 IC 辐射不会降低车辆的无线电接收性能。根据"EMC 强度",严重性级别从 I 到 III 分类。图 8-13 为针对配置为峰值检波器模式的接收器的电平。

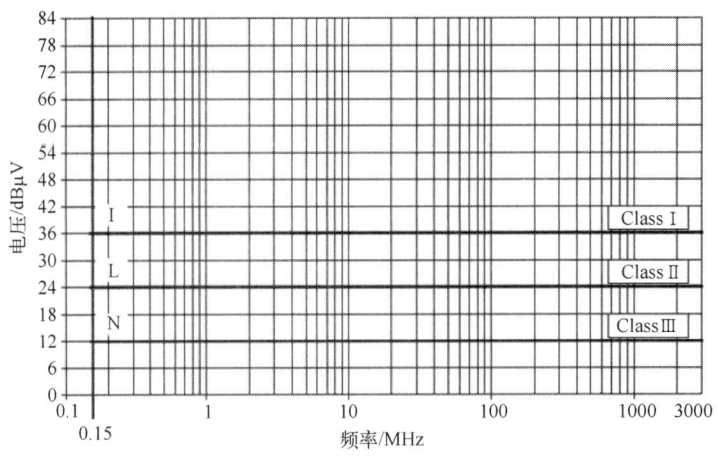

图 8-13 在 TEM 小室中的 IC 建议发射限值[8]

8.3.6 GTEM 小室

GTEM 小室是 TEM 小室的改进版,意在克服由于干扰传播模式的出现而导致的频率限制[16]。制造商定义了高达 18GHz 的频率范围。如图 8-14 所示,GTEM 小室是金字塔形,它的顶端由一个同轴连接器端接,而其底座为非感应功率电阻和射频吸波锥体。GTEM 小室的设计为使其几何形状保持不变,以减少不想要的传播模式的产生,特别是由锥形终端引入的不连续性[17]。像 TEM 小室一样,其特征阻抗为 50Ω。被测设备靠近阻性分布区域,而一个特定的 10cm×10cm 正方形孔径位于测量 IC 特征的同轴连接器附近。

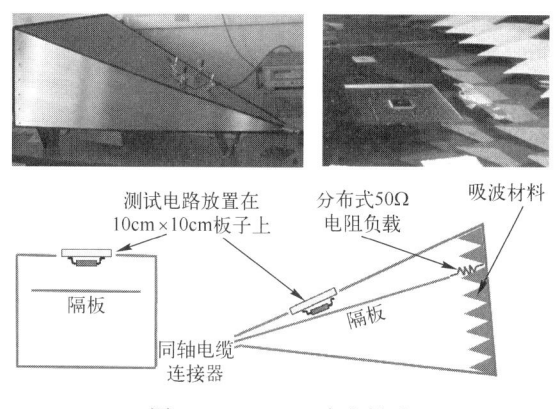

图 8-14　GTEM 小室描述

8.4　近场扫描(IEC 61967-3)——IC 级的诊断

在过去的几年中,近场扫描仪已成为诊断 PCB 和 IC 级 EMC 问题的常用工具。测量 IC 或 PCB 表面附近的磁场和电场可分别获得电流和电荷表面分布,这有助于了解 EMC 问题(传导发射、串扰、辐射发射)的起源。而且,近场发射的测量提供了推断远场发射的方法。

8.4.1　近场扫描仪

图 8-15 给出了使用近场扫描仪的典型测量配置。将微型磁天线或电天线放置得非

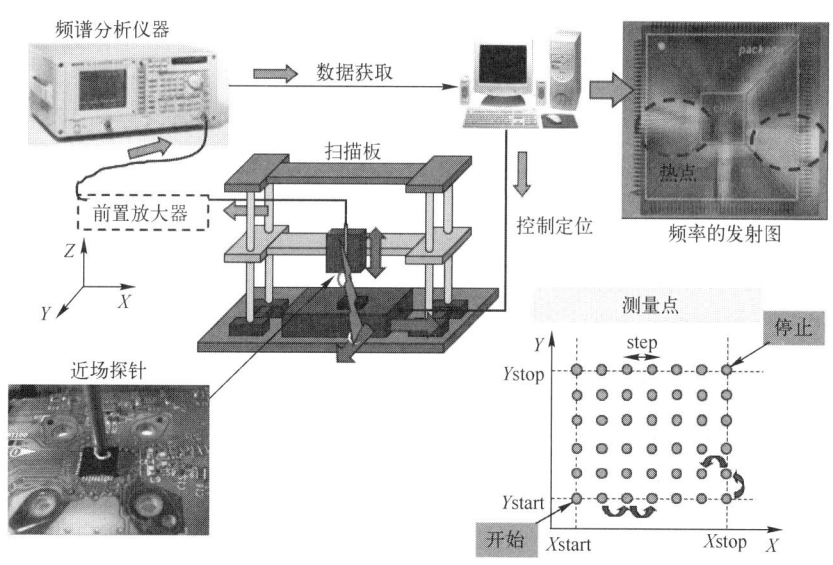

图 8-15　IC 近场扫描发射的测量原理

常靠近待测设备,以测量感应区或近场区的电场和/或磁场[18]。接收机测量入射场在近场探头上感应的电压。通常连接频谱分析仪来测量感应电压的幅度。如果想要捕捉相位信息,则需要使用矢量网络分析仪取代频谱分析仪,且接收机跟 DUT 运行需要同步。根据平面波频谱理论,测量入射场的相位对根据近场发射推断其远场发射至关重要[19]。示波器也用于捕获瞬态事件,例如波沿传输线传播或电容器放电。

近场探头固定在三维定位系统的机械臂上,其位置按照扫描表面中的预定义格局移动并精确设置到一个测量点。对于每个位置,接收机捕获在探头端感应的电压(在几个频率下的频谱幅度和/或相位,或时域波形)。在预定义格局的每个点上重复该操作。在表面扫描结束时,通过后期处理工具重建近场图形。图形突出显示的一些"热点",即入射场很大的区域。

8.4.2 近场探头

近场探头是电场或磁场转换成电压的传感器。它们有各种形式,但基本上它们都是由小的电磁偶极子或短电偶极子组成的,它们将入射场耦合到它们的表面[20-21]。理想情况下,探头大小应该无限小,以提供局部测量并防止来自入射场的干扰。从实际情况来看,近场探头必须具备以下特点:

① 精确的空间分辨率;
② 对输入区域的高敏感度;
③ 对电场和磁场中不需要成分的高度隔离。

探头的大小是其分辨率和灵敏度之间的折中。但是,分辨率取决于到 DUT 的距离。手工制作的探头可以用半刚性同轴电缆轻松制作。它们也可以在铁氧体磁芯线圈[22]、PCB[23-24]、陶瓷衬底[25]或直接集成在 CMOS 电路[26]上开发。图 8-16 展示了多种使用半刚性同轴电缆设计的近场探头。最典型的探头由微型环或短引线组成,探头两端耦合的电压与环路表面的磁场或与引脚平行的电场成正比。可以考虑更复杂的设计,例如用于增强电场抑制的屏蔽回路探头[20]或者根据探头输出电压的组合可以测量电场和磁场的混合探头[24],一些制造商也制造校准过的近场探头。

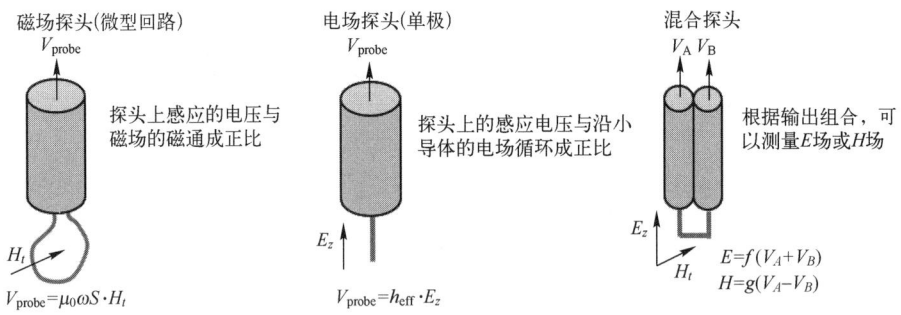

图 8-16 典型的近场探头

校准过程需要量化来自测量的入射场。基本方法在于激发产生给定电场或磁场的参考设备,扫描该设备,并比较探头的电压响应与入射场的理论值。探头的尺寸应该很小,这样入射场在探头表面上的积聚可以忽略不计。此外,探头对入射场和参考装置的干扰及入射场中不需要的耦合也被认为是可以忽略的。TEM 小室是一个很好的参考设备,因为其内部的电场和磁场都可以预测。另一个简单和流行的用于校准磁场探头的参考设备是匹配的微带线,如图 8-17 所示。使用 3D 电磁模拟器可以精确地计算该结构上的场强,也可以通过以下公式评估微带线上方距离 r 处的切向磁场。

$$|H_x(x=0,z)| = |I(z)|\frac{2h+t}{2\pi r(r+2h+t)} \quad (8-25)$$

其中,$I(z)$ 是探头下方沿线流动的电流,t 是线的厚度,h 是线与地平面之间的距离。如果电流的幅度完全匹配,那么电流幅值沿线是恒定的。探头两端的测量电压与入射场之间的比率称为性能因子(分别为电场探头或磁场探头的 PF_E 或 PF_H),它量化探针的灵敏度。

如图 8-17 所示,性能因子与距离 r 无关,因为它仅与探头的几何特性有关。灵敏度随频率的增加以 20dB/dec 的速率增加至 1GHz。对于磁场探头,灵敏度与环面积和频率成正比。

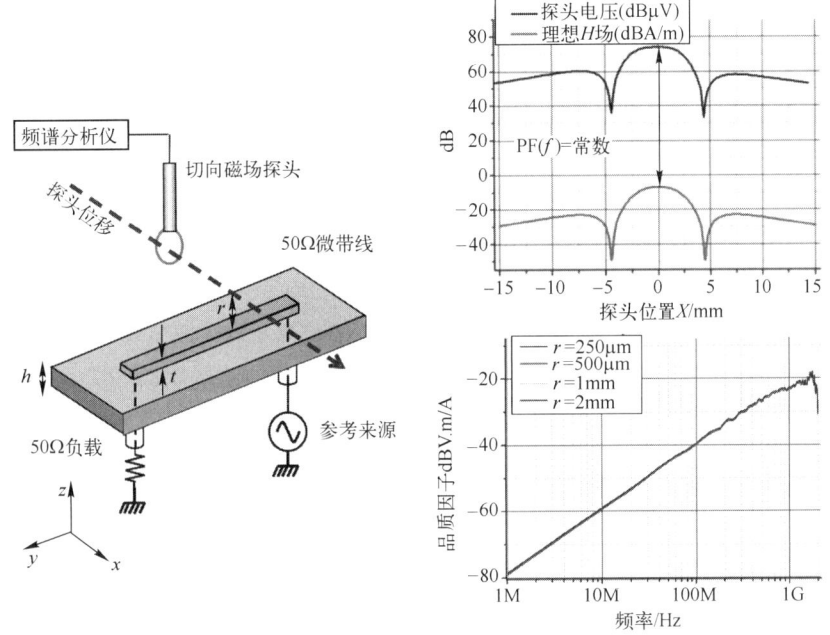

图 8-17 基于微带线的正切磁场探头校准

8.4.3 近场探头建模

基本上,近场探头可以建模为一个简单的等效电压发生器,具体取决于其自身的性能因子和入射场。然而,在高频率下,近场探头不能被假定为电小,其电压响应必须被建模。图 8-18 和图 8-19 显示了用圆导线制成的电场探头和磁场探头的一般等效电路模型[21]。磁场探头主要是电感式的,但它受寄生电容的影响。探头的阻性和辐射损耗可以忽略不计。入射磁场的耦合由等效电压源 V_{ind} 模拟。理论性能因子由式(8-26)给出。

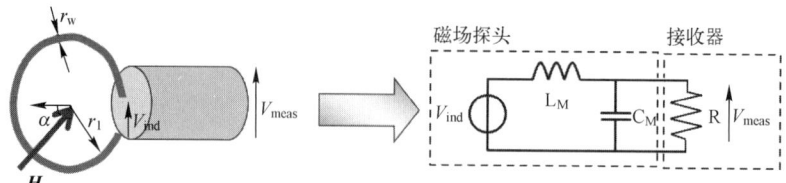

图 8-18 磁场探头的电子建模

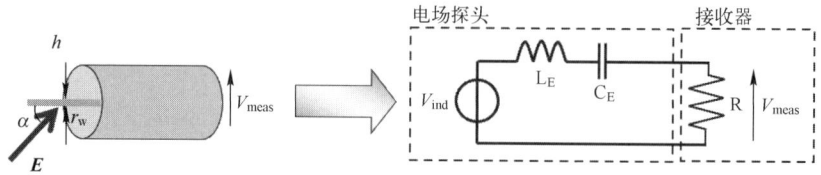

图 8-19 电场探头的电学模型

$$\text{PF}_{\text{mag}} = \left| \frac{V_{\text{meas}}}{H} \right| = \mu_0 \omega S \cos\alpha \times \left| \frac{\dfrac{R}{1+jRC_M\omega}}{jL_M\omega + \dfrac{R}{1+jRC_M\omega}} \right| \quad (8-26)$$

磁场探头的电感 L_M 和电容 C_M 可以由下列公式得出[21]：

$$L_M = \mu_0 r_w \ln\left(\frac{8r_l}{r_w} - 2\right) \quad (8-27)$$

$$C_M = \frac{2\varepsilon_0 r_l}{\ln\left(\dfrac{8r_l}{r_w} - 2\right)} \quad (8-28)$$

电场探头主要是电容式，受寄生电感的影响。探头的阻性和辐射损耗可以忽略不计。入射电场的耦合由等效电压源 V_{ind} 来模拟，理论性能因子由式(8-30)给出。

$$\text{PF}_{\text{elec}} = \frac{V_{\text{meas}}}{E} = h_e \cos\alpha \times \left| \frac{R}{R + j\times\left(L_E\omega - \dfrac{1}{C_E\omega}\right)} \right| \quad (8-29)$$

其中 h_e 是探头辐射元件的有效长度，由以下公式给出，其中 Ω 是辐射元件的厚度系数，探头的电容由式(8-33)给出。

$$h_e = h \times \frac{\Omega - 1}{\Omega - 2 + \ln 4} \quad (8-30)$$

$$\Omega = 2\ln\left(\frac{2h}{r_w}\right) \quad (8-31)$$

$$C = \frac{2\pi h \varepsilon_0}{\Omega - 2 - \ln 4} \quad (8-32)$$

8.4.4 IC 近场测量示例

使用由半刚性同轴电缆制成典型近场探头，当探头放置得非常靠近 DUT 时，空间分辨率被限制在几百微米。通过这个分辨率，扫描 IC 主要得到封装层面的辐射。图 8-20

显示了一个近场扫描的例子,在一个采用 QFP 封装的 16 位微控制器上方,用一个切向磁场和一个正常电场同轴探头进行扫描。探头尺寸限制在几毫米,放置在 IC 封装上方 200μm 处。磁场近场扫描是在片内时钟频率下进行的,该频率可使微控制器内核与其外设活动同步。扫描显示在没有任何接触的情况下,电路活动已经产生沿不同电源-接地对引脚的电流循环。微控制器中执行的程序命令周期性切换 8 线 I/O 端口。电近场扫描在 I/O 端口开关频率下进行,且将强发射定位在 I/O 端口正上方。这个例子说明了磁场扫描显示了电流循环,而电场扫描显示了较大的电压变化。

图 8-20　在 32 位微控制器上方 200μm 处的切向磁场(左)和正向电场(右)近场发射图

使用陶瓷或硅衬底设计的小型近场探头,其分辨率足以在裸片级进行扫描,前提是打开电路的封装以减小探头和裸片之间的距离。在文献[27]中,介绍了一个在裸片级对密码电路进行电磁干扰后进行近场扫描测试的示例。该探头是一个 180μm×180μm 屏蔽环形线圈,采用 0.15μm CMOS 工艺设计。将探针提离 IC 芯片上方 20μm。近场扫描揭示了电源线上方的磁场水平较高。

8.5　练　习

练习 1　测量差分总线驱动器的传导发射

图 8-21 描述了用于表征差分/线路驱动器(CAN 总线、以太网、LVDS)的传导发射的 150Ω 匹配网络或探头。在探头的输出端放置一个 50Ω 的 EMI 接收机,用于测量由驱动器切换引起的电压 V_A。

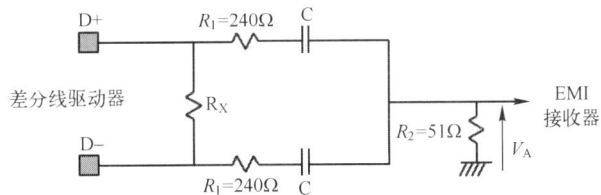

图 8-21　表征差分/线路驱动器传导发射的 150Ω 匹配网络或探头

1. Rx 的目的是什么？它的值是如何选择的？
2. 如果驱动器完美平衡，匹配网络输出端的电压 V_A 应该是多少？探头是专用于共模发射还是差模发射？
3. 150Ω 探头的衰减是多少？
4. 选择一个电容值 C，以确保 3dB 的截止频率等于 1MHz。
5. 使用 IC-EMC 仿真匹配网络的传输方程，验证问题 3 和问题 4。
6. 让我们思考一个 LVDS(低电压差分信号，TIA/EIA-644)驱动器。该差分链路的终端电阻通常为 100Ω。为了模拟差分驱动器，它被模拟为驱动引脚 D+和 D-的两个理想和互补方波电压源，即 D+和 D-的逻辑状态总是相反并同时改变。两种电压源的特点是：
   - 偏置电压 = 1.2V;
   - 幅度 = 350mV;
   - 信号周期 = 5ns;
   - 上升/下降时间 = 500ps。

   建立一个端接 150Ω 探头的 LVDS 驱动器的等效模型并仿真电压 V；总线驱动器是完美平衡的，上升时间和下降时间略有不同时会出现同样的问题(例如 550ps 和 450ps)。
7. 现在考虑电阻的容差 R_1，假定是 5%。对于完美平衡的 LVDS 驱动器，R_1 值变化对电压的影响是什么？
8. 提出布线约束以实现在 PCB 上的网络匹配。

练习 2　TEM 小室中辐射发射限值

本练习的目的是验证电路是否符合图 8-13 中定义的 TEM 小室法中的发射限值[8]，确保符合设备和系统级的辐射发射。在本练习中考虑 EN55022 定义的 1m 辐射发射限值。图 7-8 给出了这些限值，从 30~1000MHz，并且考虑到图 8-9 中描述的 TEM 小室模型。

被测器件是安装在 IEC 61967 测试板一侧并隔离的集成电路。假设其电小，且能与电偶极子(情况 A)或磁偶极子(情况 B)同化。在情况 A 中，假设电偶极子与 1mm 长的短互连相关，在情况 B 中，我们假设磁偶极子与面积为 $1mm^2$ 的小环相关。

1. 对于情况 A 和情况 B，给出图 8-13 中限值定义的 TEM 小室端口的最大测量电压与等效电磁耦极距电路的最大电压值间的关系。
2. 对于情况 A 和情况 B，计算最大电偶极矩，以符合 TEM 小室在 30MHz 和 1000MHz 的发射限值。在每种情况下，给出激发等效电偶极子的最大电流。
3. 对于情况 A 和情况 B，如果 TEM 小室中的发射达到极限，假定远场和自由空间条件，计算电路在 1m 处可能产生的最大电场。
4. 将问题 3 中计算出的电场极限值与 EN55022 设置的 1m 辐射发射极限值进行比较。如果 TEM 电路中的发射符合图 8-13 中定义的限值，那么是否存在嵌入该限值的 IT 设备不符合 EN55022 的风险？总结电路对设备辐射发射的影响。

参考答案　练习 1

1. 总线终端。

2. $V_A = 0$。探头旨在测量共模发射。
3. 截止频率以上 15dB。
4. 560pF。

参考答案 练习2

1. 参考式(8-18)。
2. 使用图 8-13 中定义的限值并考虑两种情况：电偶极子或磁偶极子占主导地位。
3. 参考式(8-23)。
4. 与最大值相比，与嵌入此电路的 IT 设备的可接受总体辐射发射相比，单独电路的辐射发射的贡献可以忽略不计。

参考文献

[1] CISPR25-edition 3.0：Radio disturbance characteristics for the protection of receivers used on board vehicles, boats and on devices-Limits and methods of measurements, 2008-03-26.

[2] IEC 61000-4：Electromagnetic Compatibility-Testing and measurement techniques package.

[3] ISO 11452-2-2004：Road vehicles-Component test methods for electrical disturbances from narrowband radiated electromagnetic energy-Part 2：Absorber-lined shielded enclosure, 2008-03-18.

[4] IEC 61967-1-edition 1.0：Integrated circuits-Measurement of electromagnetic emissions, 150kHz to 1 GHz-Part 1：General conditions and definitions, 2002.

[5] IEC 61967-2-edition 1.0：Integrated circuits-Measurement of electromagnetic emissions, 150kHz to 1 GHz-Part 2：Measurement of radiated emissions-TEM cell and wideband TEM cell method, 2005-09-29.

[6] IEC 62132-1-edition 1.0：Integrated circuits-Measurement of electromagnetic immunity, 150kHz to 1 GHz-Part 1：General conditions and definitions, 2006-01.

[7] IEC 61967-4-edition 1.1：Integrated circuits-Measurement of electromagnetic emissions, 150kHz to 1 GHz-Part4：Measurement of conducted emissions-1 fl/150 Q direct coupling method, 2006-07.

[8] Generic IC-EMC test specification, Zentralverband Elektrotechnik und Elektronikindustrie (ZVEI), Jan. 2010.

[9] M. L. Crawford, "Measurement of Electromagnetic Radiation from Electronic Equipment using TEM Transmission Cells," NBSIR 73-306, Feb. 1973.

[10] G. A. Skaggs, "High Frequency Exposure Chamber for Radiobiological Research," NLR Memo. Rep. 2218 Feb. 1971.

[11] SAE J1752/3：Measurement of Radiated Emissions from Integrated Circuits-TEM/Wideba nd TEM (GTEM) Cell Method；TEM Cell (150kHz to 1 GHz). Wideband TEM Cell (150kHz to 8 GHz). 2011-06-17.

[12] IEC 61000-4-20：Electromagnetic compatibility (EMC)-Part 4-20：Testing and measurement techniques-Emission and immunity testing in transverse electromagnetic (TEM) waveguides, 2010-08-01.

[13] B. C. Wadell, "Transmission Line Design Handbook", Artech House, 1991.

[14] M. L. Crawford, "Generation of standard EM fields using TEM transmission cells", IEEE Trans. on EMC, Vol. 16, no. 4, Nov. 1974.

[15] P. Wilson, "On correlating TEM cell and OATS emission measurements", IEEE Trans. on EMC, vol.

37, no. 1, Feb. 1995.

[16] P. Wilson, D. Hansen, and H. Hoitink, "Emission measurements in a GTEM Cell: simulating the free space and ground screen radiation of a test device", ABB Corporate Research paper KH-5405 Baden, June, 1988.

[17] D. Weiss, "A user's insight into radiated emission testing with GTEM cells", IEEE 1991 Int. Symp. on EMC, Aug. 1991.

[18] K. Haelvoet, S. Criel, F. Dobbelaere, L. Martens, "Near-field scanner for the accurate characterization of electromagnetic fields in the close vicinity of electronic devices and systems", IEEE Instr. and Meas. Technology Conf. Brussels, Belgium, June 1996.

[19] D. Baudry, M. Kadi, Z. Riah, C. Arcambal, Y. Vives-Gilabert, A. Louis, B. Mazari, "Plane wave spectrum theory applied to near-field measurements for electromagnetic compatibility investigations", IET Science, Meas. and Techno., Vol. 3, no. 1, 2009.

[20] J. D. Dyson, "Measurement of near fields of antennas and scatterers", IEEE Trans. on Ant. and Propag., Vol. 21, no. 4, July 1973.

[21] M. Kanda, "Standard probes for electromagnetic field measurements", IEEE Trans. on Ant. and Propag., Vol. 41, no. 10, Oct. 1993.

[22] H. Funato, T. Suga, M. Suhara, "Measurement-based modeling of dual loop magnetic near-field probe", 2012 IEEE Int. Symp. on EMC, Aug. 2012.

[23] S. S. Osofsky, S. E. Schwarz, "Design and performance of a non-contacting probe for measurements on high-frequency planar circuits", IEEE Trans. on Microwave Theory and Techniques, Vol. 40, no. 8, Aug. 1992.

[24] S. Kazama, K. I. Arai, "Adjacent electric field and magnetic field distribution measurement system", 2002 IEEE Int. Symp. on EMC, Aug. 2002.

[25] N. Ando, N. Masuda, N. Tamaki, T. Kuriyama, 5. Saito, "Miniaturized thin-film magnetic field probe with high spatial resolution for LSI chip measurement", 2004 IEEE Int. Symp. on EMC, Aug. 2004.

[26] S. Aoyama, M. Yamaguchi, S. Kawahito, "Fully integrated active magnetic probe for high definition near-field measurement", 2006 IEEE Int. Symp. on EMC, Aug. 2006.

[27] M. Yamaguchi, H. Toriduka, S. Kobayashi, T. Sugawara, N. Hommaa, A. Satoh, T. Aoki, "Development of an on-chip micro shielded-loop probe to evaluate performance of magnetic film to protect a cryptographic LSI from electromagnetic analysis", 2010 IEEE Int. Symp. on EMC, Aug. 2010.

第 9 章 IC 敏感度的标准测量方法

9.1 标准 IEC 62132 速览

基于 IEC WG9 的工作,自 2001 年以来,已经提出了几种专用于测量 IC 传导和辐射敏感度的方法,参考标准 IEC 62132,"集成电路-电磁抗扰度的测量:150kHz～1GHz"[1]。标准化方法汇总于图 9-1 中。这些方法通常基于先前存在的通用标准,如 IEC 61000-4-3[2],IEC 61000-4-6[3] 或 ISO 11452 第 1～7 部分[4] 本章介绍了最常用的方法,即 IEC 62132-2、IEC 62132-3 和 IEC 62132-4。

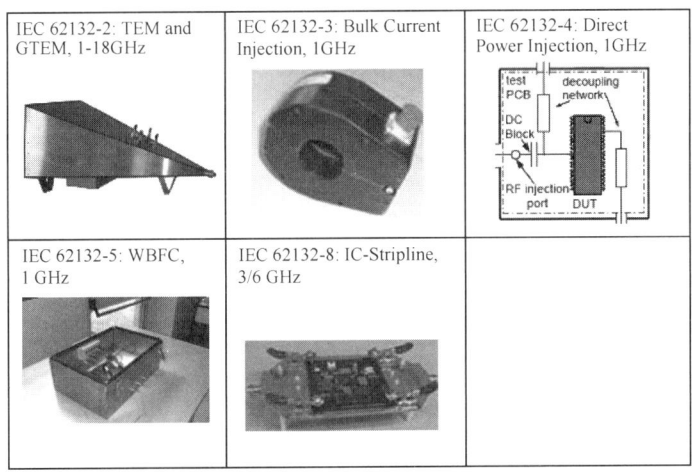

图 9-1 IEC 62132 测试方法总览

9.2 IEC 62132-4 辐射抗扰度-直接功率注入(DPI)

IEC 62132-4 直接功率注入(DPI)[5] 测试是一种简单且可重复的传导抗扰度测试,其要求的功率不高,适用于 150kHz～1GHz 范围。该测试将谐波干扰注入到一个或多个 IC 引脚,以便在射频骚扰耦合到引脚时量化被测电路的灵敏度。这个测试非常适合用于鉴别 IC 关键引脚的敏感度。

9.2.1 DPI 测试配置描述

测试的目的是通过扫描谐波干扰的频率和幅度，来测量 DUT 的敏感度阈值。图 9-2 描述了 DPI 测试配置。谐波干扰由一个 RF 信号发生器产生，然后连接一个覆盖测量频率范围的射频功率放大器。一个 10W 的功率放大器足以执行 DPI 测试。功率放大器输出和被测试 IC 引脚之间的注入路径包括一个定向耦合器，通过功率计测量前向和后向（或"反射"）功率来控制骚扰的幅度。

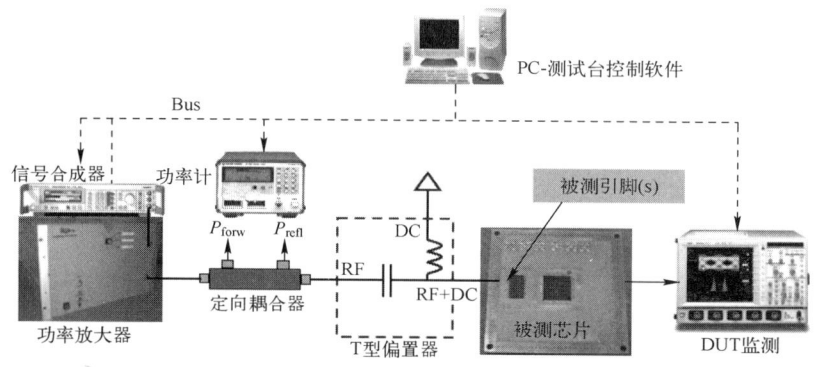

图 9-2 DPI 测试设置

射频骚扰通过一个称为 T 型偏置的特殊三端口设备叠加到被测引脚的"正常"信号上。该设备可以用无源器件来设计，以符合 DPI 测试的要求。在 T 型偏置的射频输入和输出之间放置一个电容，作为一个直流阻断元件。其值的选择是为了在测量频率范围内使 T 型偏置的插入损耗最小化。典型值从 1~10nF，6.8nF 是最常见的值。被测引脚应通过一个在测量频率范围内阻抗高于 400Ω 的射频隔离元件来提供。虽然可以在偏置的直流输入和输出之间放置一个电阻，但建议使用一个电感器，以尽量减少电压降。由于电感器不能在很大的频率范围内提供平坦的阻抗，可以将几个电感器结合起来，以确保足够的射频隔离。

在测试过程中，根据预定义标准对 DUT 的操作和性能进行监测以检测故障。DUT 可通过具有合格/不合格测试功能的数字示波器进行监测。所有测试台设备都通过专用软件进行互连和控制，除了记录和后处理测试结果之外，还可以使用不同的测试序列（频率和幅度扫描，功率计检测，DUT 故障检测）。

在差分引脚上的 DPI 测试：

T 型偏置必须以特定方式进行配置，以测试差分输出引脚（如 CAN 或以太网总线）的敏感度。该测试旨在测量对两个引脚施加共模干扰时电路的灵敏度。测试设置在图 9-3 中描述。T 型偏置的主要设计约束需要确保两个注入路径的对称性。

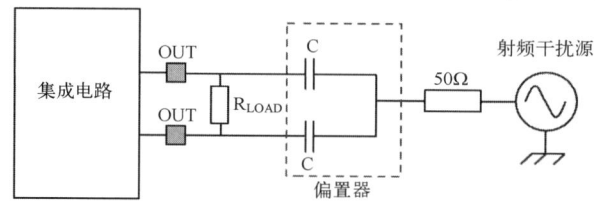

图 9-3 差分输出 DPI 测试的设置

9.2.2 偏置设计

根据 T 型偏置的特性,频率范围可以扩展到 1GHz 以上的频率。图 9-4 给出了在射频输入和 T 型偏置输出之间测量的传输特性,在 RF 输入处的反射以及在 DC 输入和 T 型偏置输出之间的射频隔离元件的阻抗。T 型偏置是使用一个 1nF 的 X7R 陶瓷电容和 4.7μH 电感,然后是 220nH 电感。电感承受的最大直流电流是 400mA。

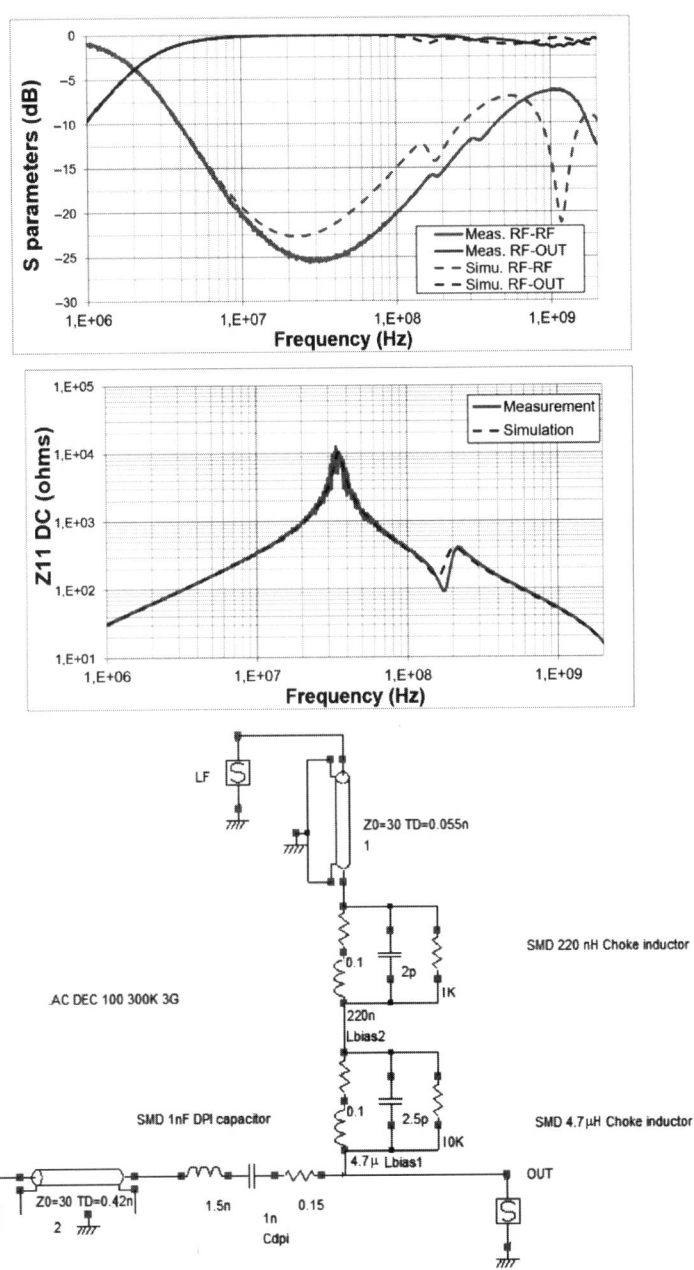

图 9-4　偏置器等效电气特性和建模模型
(book\ch9\Bias_tee_1nF_4v7uH_220nH.sch)

从 3MHz 到 2GHz,传输系数都大于-1.5dB。要提高 150kHz 以下低频的传输系数,需要增加直流挡电容的值或增加一个并联电容。由于电感器的谐振特性,两个电感器的组合只能确保在 10MHz 和 100MHz 之间的阻抗超过 400Ω。要想在整个频率范围内增加 400Ω 以上的阻抗,还需要额外的电感器。然而,增加几个电感和电容会引起共振和反共振,可能会降低 T 型偏置的特性。

T 型偏置的电气模型如图 9-4 所示。每个无源组件的模型都是根据以前的 S 参数表征建立的。忽略无源器件和 PCB 布线的频率相关损耗。

9.2.3 DPI 中的功率限值

表 9-1 列出了 DPI 测试[5]中专用于汽车应用的 IC 抗扰度参考水平。它们确保 IC 的操作不会因为被测引脚的性质、滤波、去耦、DUT 的放置等而受到影响。根据测试引脚应承受的最大功率水平,使用从 Ⅰ 到 Ⅲ 三个测试等级。只有当被测试引脚的输入阻抗是 50Ω,该表中给出的电压才是有效的。

9.2.4 DPI 测试的引脚选择

DPI 测试包括将 RF 骚扰直接施加到 IC 引脚。根据 IC 引脚的数量,测试可能变得用时非常长且乏味。然而,并非 IC 的所有引脚都对电磁骚扰具有完全相同的敏感度,而且其中一些引脚暴露程度更高,所以需要有针对性地选择 IC 引脚来进行测试,以减少测试引脚的数量,而不会忽略测试潜在的敏感引脚。

表 9-1 根据 DPI 的标准 IEC 62132-4 提出的抗扰度水平

类别	前向功率 (dBm-RMS)	电压/V (50Ω 负载)	I/O 类型和保护等级
1	30~37	10~22	低滤波,引脚连接到一个长线电缆线束(例如 CAN 收发器或高端驱动器)
2	20~27	3~7	短的连接,低滤波(通信线路驱动程序)
3	10~17	1~2	与环境无直接关系(微控制器的数字 I/O)

以下标准可用于选择要测试的引脚:

- 在几百兆赫以下,射频骚扰主要耦合在长电缆线束,这是有效的寄生天线,并可能导通到连接的电路引脚。在更高的频率下,辐射骚扰可以有效地耦合到 PCB 布线上,然后耦合在 IC 封装。因此,数字总线引脚,连接到传感器的模拟输入和连接到长布线或电缆的模拟输入都必须经过测试。
- 应该测试那些异常状态改变可能导致严重安全问题的引脚。
- 如果多个引脚有相同类型焊盘,并且连接到相同供电,且具有相同功能(例如:8 位数字端口引脚),则它们应具有对于传导干扰相同的敏感度级别,所以不需要全部测量这些引脚。

此外,必须根据测试 I/O 的性质选择最大功率,如表 9-1 所示。练习 3 是专门为 DPI 测试选择微控制器引脚的应用练习。

9.3 根据 IEC 62132-3 的大电流注入(BCI)传导抗扰度测试

9.3.1 BCI 测试设置简介

IEC 62132-3 大电流注入[6]方法用于测试一个或多个 IC 引脚的抗扰度,但与 DPI 相反,它专用于接口组件(例如汽车环境中的 CAN 或 LIN 收发器)或连接到长电缆束的电源引脚。BCI 测试旨在简单而有效地模拟电缆线束上辐射干扰的耦合。IEC 62132-3 标准源自现有的汽车或航空系统敏感度测试标准,如 ISO 11452-4[4] 或 DO-160G 第 20 节。该标准覆盖了 10kHz~400MHz 的频率范围,可能的扩展频率高达 1 GHz。

注入依赖于围绕电缆束放置的屏蔽注入钳或探针,其作用相当于电流互感器。注入钳中的电流通过电感耦合沿着线束的不同导线产生共模电流,该电流耦合流入连接的被测设备(EUT)(图 9-5)。通过屏蔽来抑制电容耦合。该方法的一个局限是沿电缆流动的电流强烈依赖于电缆和终端负载的共模阻抗及高频率下的电缆共振。因此,很难控制施加到 EUT 的干扰以及测试的重复性。

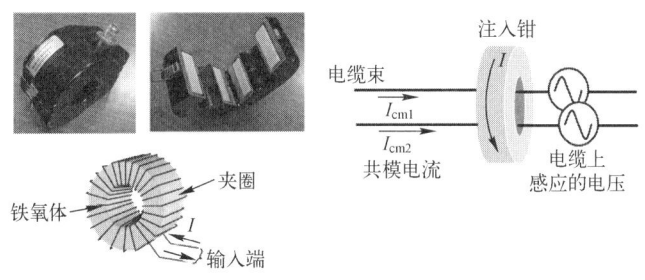

图 9-5 注入钳的结构和注入到电缆束的原理

图 9-6 详细介绍了典型 BCI 测试设置的原理。射频干扰由射频信号发生器产生,然后由最小功率为 50W 的功率放大器放大。将前向功率输送到注射钳,通过定向耦合器进行监测。注入钳在预定位置处,夹在电缆束的一根或多根导线上。电缆线束、被测设备或电路以及负载安装在参考地平面的上方,以确保射频电流的返回路径受控。

敏感度级别是根据导致组件故障所需的电缆线束中感应的共模电流给出的。BCI 标准提出了两种模式来评估沿电缆线束感应的电流水平:

- 开环配置:实际的感应电流水平不是直接测量的,而是先前从使用校准夹具在 50Ω 负载上感应的电流特性中推导出的。在测试过程中,读取校准数据以选择沿电缆施加理论电流值所需的前向功率。放大器提供的功率会增加,直到发生故障或沿着电缆的电流或放大器的功率达到最大。
- 闭环配置:第二个钳位作为电流监测探头放置在电缆线束周围,测量感应电流的实际水平。增加放大器提供的功率,直到发生故障或沿着电缆的电流或放大器的功率达到最大。

测试结果高度依赖于电缆、负载、被测设备(EUT)和参考地平面的配置。测试标准

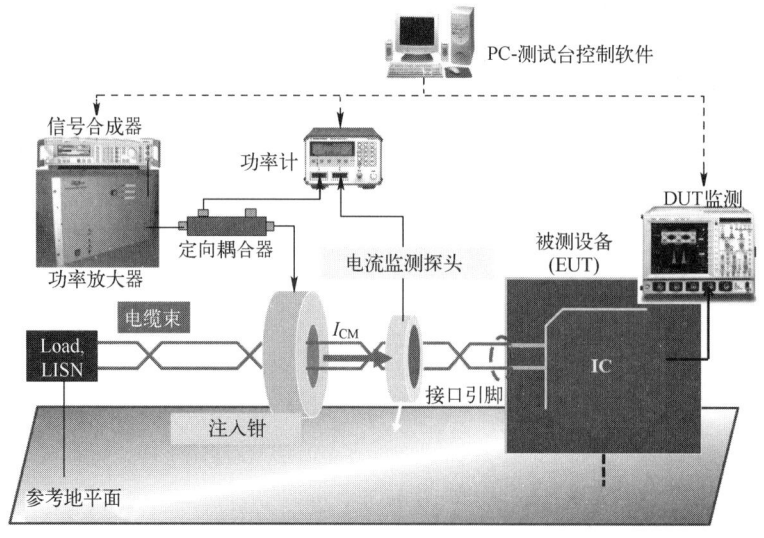

图 9-6　BCI 测试设置和原理

规定了电缆上注入和测量夹具的位置，必须精确设置。必须在电缆的一端连接已知的负载。通常连接 LISN 以使负载阻抗稳定。由于电缆的特性阻抗取决于其在接地平面上方的高度，因此必须谨慎控制此参数（5cm 是典型高度）。如果 EUT 通过短线连接参考地平面，则可以获得可重复的结果。但是，在许多应用中，这种情况并不现实。例如，在汽车领域，设备接地通过长导线连接到电池，并且不涉及车辆底盘。BCI 测试规范要求地平面和设备地之间没有连接。EUT 和接地层之间的共模阻抗严重影响测量结果。在 PCB 级，共模阻抗由电路板接地层和参考接地层之间的寄生（或"杂散"）电容形成。

为了监测闭环配置中电缆线束中感应的电流幅值，必须对电流监测探头进行校准。由 50Ω 接收机加载的端子间测量的电压 E_s 与沿电缆线束循环的电流 I_p 之间的关系取决于探头的传输阻抗 Z_r。

$$I_p = \frac{E_s}{Z_r} \tag{9-1}$$

9.3.2　BCI 注入钳建模

预测在 BCI 测试的 IC 引脚上感应的电压是一项艰巨的任务，需要对注入钳、电缆线束、注入钳和电缆线束之间的耦合、负载、EUT 和 EUT 与接地平面间的寄生元件进行建模。在这部分中，只考虑了注入钳的建模及其与电缆束的耦合。

由于磁导率或损耗的频率依赖性，以及高电流时的铁氧体饱和，对注入钳精确地建模是相当复杂的。有几篇论文研究过这个问题，其中大多数是从注入钳的物理分析开始，以提出注入钳的行为模型和与电缆线束的耦合模型，但文献[7-8]等论文除外，其中一个基于 S 参数测量的黑盒模型来完全模拟 BCI 测试台。所提出的模型通常是线性的，因为铁氧体饱和的影响对于通常的注入水平而言可以忽略不计，并且致力于高达 400MHz 或 1GHz 的频率分析。在文献[9]中，注入钳由电感器建模，并通过简单的互感器与电缆线束进行磁耦合。在文献[10-11]中通过引入钳位绕组的频率相关模型克服了该模型的频率限制,并且在文献[12]中由电阻器的频率相关模型来考虑趋肤效应和磁损耗。在文献[11]中,耦合通过放置在电缆线束模型中的电流控制电压源来建模。电缆线束对注入钳行为的逆向影响通过电流控制电流源来模拟。此外,钳位封装和电缆线束之间会增加寄生电容。

图 9-7 显示了 ETS Lindgren 制造的型号为 95242-1 的 BCI 注入钳等效电气模型。注入钳的输入阻抗为 50Ω,它可承受高达 60A 的输入电流,最大额定功率为 200W。电气模型由两部分组成:左侧的射频连接器和右侧的连接器,它们考虑了缠绕铁氧体磁芯的导线。制造商规定的自感为 0.8μF(误差±0.16μH)。增加并联电容来模拟绕组间电容,增加并联电阻来模拟磁损耗。

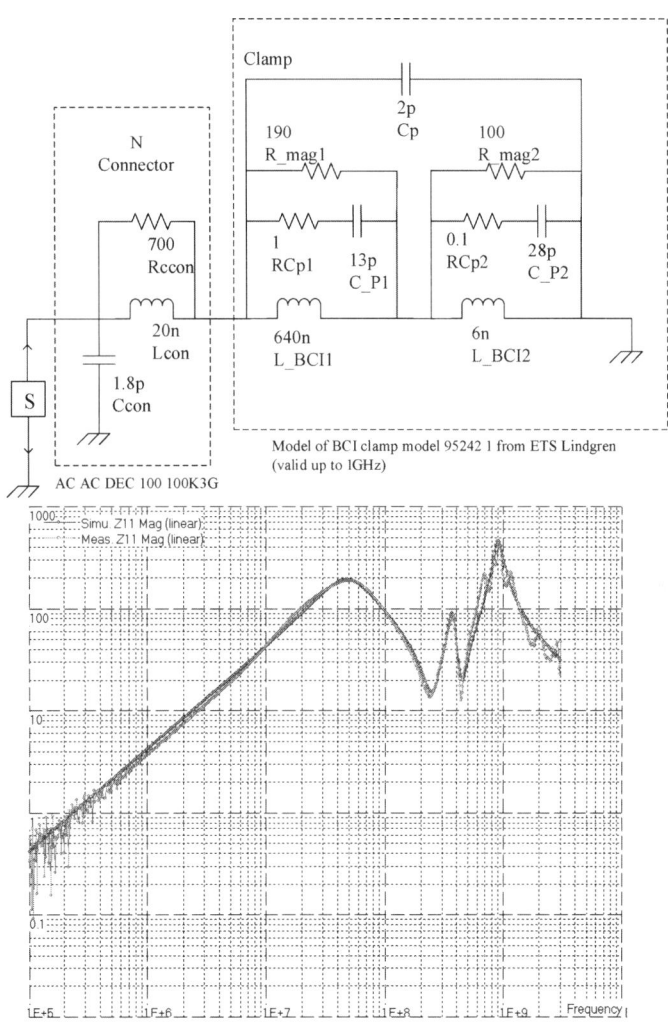

图 9-7 BCI 钳位的电气模型(book\ch9\BCI_Model_ HF. sch)以及测量和模拟输入阻抗
(book\ch9\bci_clamp. s1p)之间的比较

然而,频率依赖的磁导率、欧姆和磁损耗均未考虑在内。如图 9-7 所示,无源元件的值根据注入钳输入阻抗的测量结果进行拟合。在频率上升到 3GHz 之前的测量和仿真之间获得了良好的相关性。

9.3.3 前向功率限值的校准

在开环配置中,需要进行校准以确定引起达到测试标准规定限值电流所需的前向功率。该程序基于一个称为校准夹具的特定校准装置,该夹具由 50Ω 传输线的短截面构成,注入探头夹在该短截面上,以测量线路中心处感应出的电流。基于 VNA 的校准设置在图 9-8 中描述。校准夹具的一端端接 50Ω 接收器(例如频谱分析仪、VNA 或功率计)以测量电流,并在另一端有一个 50Ω 的射频虚拟负载。BCI 钳由连续波信号激励,并且对于每个测试频率,射频功率不断增加,直到达到电流限值。记录所需的前向功率作为 BCI 测试的功率限值。

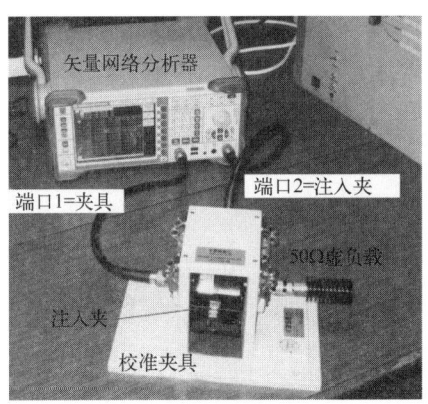

图 9-8 耦合在校准夹具上的 BCI 钳的建模校准测试装置

校准夹具也可用于建模。图 9-8 中描述的设置用于测量 BCI 夹具和校准夹具之间的耦合。它可以作为一个简单的案例研究来验证 BCI 注入测试的建模方法。在此测试设置中,VNA 的两个端口连接到校准夹具(端口 1)的一端和 BCI 钳位(端口 2)的输入连接器。型号为 95242-1 的 BCI 钳在该测试中重复使用,并夹在 TESEQ PCJ9201B 校准夹具上。图 9-9 描述了模拟注射钳和校准夹具之间耦合的电气原理图。夹具相当于一个模拟为集成 RLC 元件的短线,其电气模型的有效范围可以通过将 R、L 和 C 分布在多个元件上来扩展。BCI 钳位与校准夹具之间在 400MHz 前仅为磁场耦合,由 BCI 钳位绕组与钳位短路等效电感(分别为 L_BCI1 和 Ljig1)之间的感性互耦系数(K1 参数)建模。由于互耦系数几乎等于 1,磁耦合非常有效。

图 9-9 比较了测量和仿真耦合系数 S_{12},并证明了该模型在 400MHz 以内的有效性。最大 RMS 前向功率 P_{forwRMS},校准夹具中的限值电流 $I_{\max}$ 和耦合系数 S_{12} 之间的关系由下式给出,其中 R_L 是夹具的负载阻抗,Z_C 是 BCI 钳位的 R_F 激励源的特性阻抗。

$$P_{\text{forwRMS}} = \frac{1}{2} \frac{R_L^2 I_{\max}^2}{Z_C |S_{12}|^2} \tag{9-2}$$

9.3.4 BCI 测试中的电流限值

标准 IEC 62132-3 建议了在 BCI 测试中沿电缆线束感应时的最大 RMS 值。定义了 4 个级别(表 9-2),另外还有一个特定限值的级别。

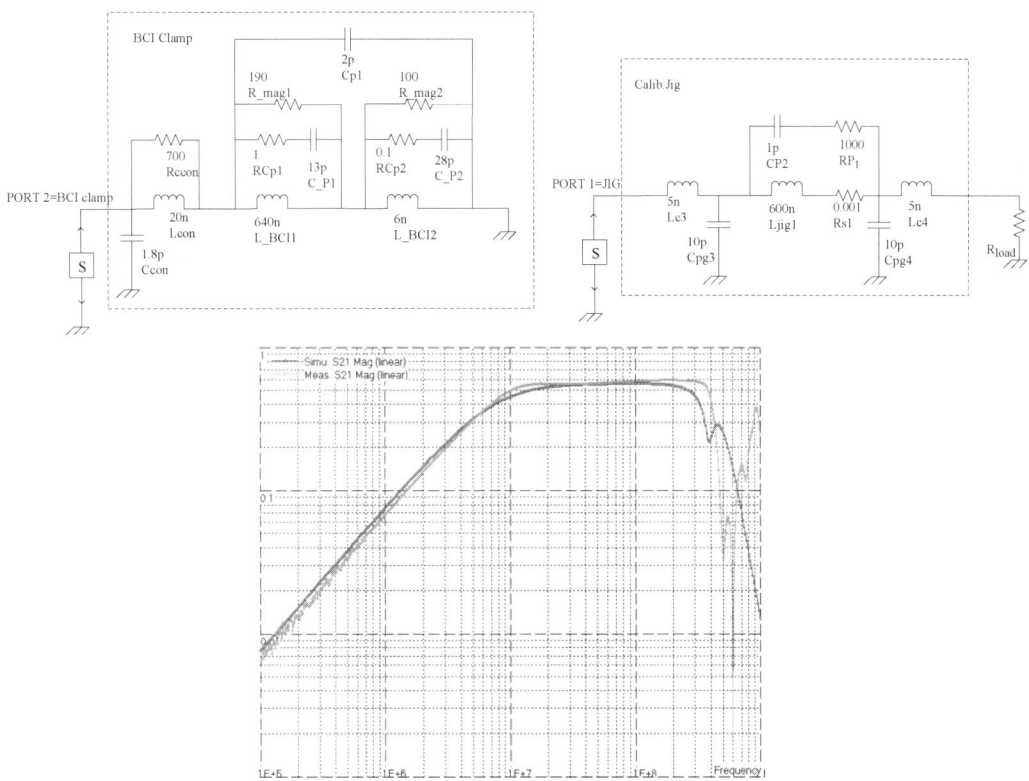

图 9-9 围绕校准夹钳夹紧的 BCI 探头之间耦合的电气模型(book\ch9\Clamp_coupling_calib_jig.sch)
(顶部)-测量和模拟耦合系数 S_{12} 之间的比较(book\ch9\jig-1-bci95242-2.s2p)

表 9-2 BCI 测试期间电流的最大值

检测严重程度	电流极限(CW 值)
I	50mA
II	100mA
III	200mA
IV	300mA

9.4 采用 IEC 62132-2 标准的 TEM 和 GTEM 小室的辐射抗扰度

由于 TEM 小室是无源器件,它们也可以用于抗扰度测试。用于抗扰度测试的 TEM 小室的操作类似于发射测试。小室内电场和磁场的分布仅取决于其几何形状和频率。测试由标准 IEC 62132-2[13]描述。在这部分中,仍然使用第 8 章第 3 部分定义的 TEM 小室方向。

9.4.1 用 TEM 小室测量 IC 抗扰度

图 9-10 描述了在 TEM 小室中通常设置的辐射抗扰度测试。射频干扰由信号发生

器产生并由功率放大器放大,功率放大器的功率能力取决于 DUT 和隔板之间的距离以及要达到的最大电场电平。功率放大器输出直接连接到 TEM 小室的一端,另一边端接 50Ω 负载(GTEM 小室除外,因为终端有电磁波吸收材料)。用户必须注意端接负载的最大消耗功率。定向耦合器用于测量 TEM 小室的前向功率。抗扰度级别是根据照射被测 IC 的电场给出的。放大器提供的功率会增加,直到样品发生故障或达到最大电场。

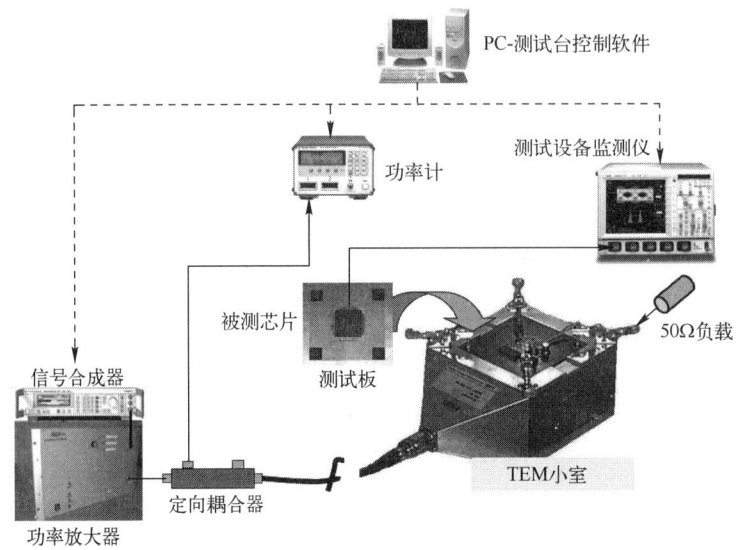

图 9-10　TEM 小室的辐射抗扰度测试配置

在抗扰度测试中,为了仅考虑 TEM 模式,在截止频率以下使用 TEM 小室。TEM 小室内的电场分布不均匀,见图 8-10。然而,如果 DUT 尺寸不超过小室宽度的 1/5,小室中心分布的场可被认为是均匀且垂直的。此外,如果 DUT 为电小,则在整个 DUT 中该场可以被认为是恒定的。如果 TEM 小室阻抗匹配并忽略了小室的驻波比 VSWR,则照射被测 IC 的电场和磁场与前向功率有关,前向功率公式如下,其中 h 是 DUT 和隔板之间的距离。

$$E = \frac{\sqrt{P_{\text{forw}} \times 50}}{h}$$

$$H = \frac{E}{\eta_0} \tag{9-3}$$

9.4.2　TEM 小室辐射敏感性试验建模

当使用 TEM 小室进行抗扰度测试时,DUT 暴露于平面波,其极化和振幅取决于 TEM 小室的尺寸、小室中的 DUT 方向、干扰幅度和小室的匹配。DUT 敏感性测试的建模是电磁场耦合的问题。在这部分中,提出了两个模型:第一种是基于短传输线上的电磁场耦合的分析公式,而第二种是可以用 SPICE 模拟的等效电路模型。

把被测 IC 看作电小的传输线,放置在隔板的中心并且在两端有两个复阻抗的负载,Z_{NE} 和 Z_{FE}。图 8-9 显示了小室中线的方向和尺寸。TEM 小室壁上方线的高度为 h_{line},假定与其长度相比非常小。照射 IC 的电磁场幅度被认为是沿线恒定的,不受被测 IC 及方向的影响,如图 9-11 所示。如果 TEM 小室正确匹配,电场和磁场可以进行评估。只有电场的垂直分量 E_y 和磁场的横向分量 H_x 可以耦合在线上。线路上的电磁场耦合可以用图 9-11 所示的等效电气模型来描述。R_{lin}、L_{lin}、C_{lin} 和 G_{lin} 分别是线路单位长度的电阻、电感、电容和电导,短路线上的 E 场的垂直分量的耦合由等效电流发生器 I_s 来模拟,而 H 场横向分量的耦合由等效电压发生器 V_s 来模拟。

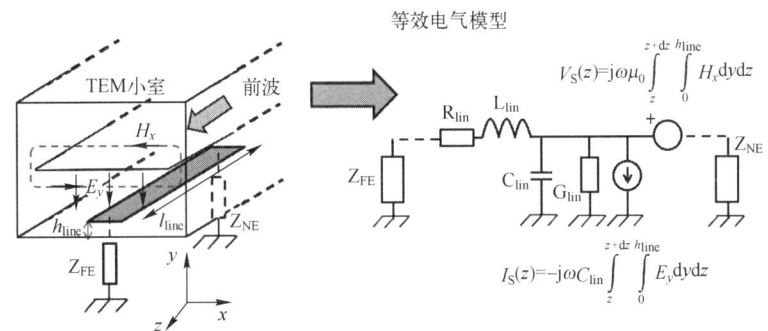

图 9-11　TEM 小室中的线路上的场耦合

如果线路电小,沿线路耦合的 E 场和 H 场的积聚导致在线路的每个终端感应电压的分析表达式如式(9-4)所示。可以区分 E 场和 H 场耦合的贡献。请注意,每个线路终端感应的电压总和只与 E 场贡献成正比,而差值仅与 H 场贡献成比例。诸如文献[14]等论文提出了基于 TEM 小室和混合耦合器的测量方法,以隔离 E 场和 H 场耦合,并量化 IC 将噪声耦合到其外部环境的能力。

$$V_{NE} = \frac{Z_{NE}}{Z_{NE}+Z_{FE}} j\omega\mu_0 h_{line} l_{line} H_x + \frac{Z_{FE}Z_{NE}}{Z_{NE}+Z_{FE}} j\omega C_{lin} h_{line} l_{line} E_y$$

$$V_{FE} = \frac{Z_{FE}}{Z_{NE}+Z_{FE}} j\omega\mu_0 h_{line} l_{line} H_x + \frac{Z_{NE}Z_{FE}}{Z_{NE}+Z_{NE}} j\omega C_{lin} h_{line} l_{line} E_y \tag{9-4}$$

从式(9-4)可以推导出电气模型,其中 E 场和 H 场耦合的贡献被等效电流和电压源替代。替代方案为用分布式无源元件代替 TEM 小室和场耦合。TEM 小室是传输线的特征阻抗,由式(8-3)给出,可以通过忽略小室损耗的集总电路来模拟。该小室的单位长度电感和电容是根据以下公式,从特性阻抗 Z_c 和小室的电长度 l_{TEM} 推导出来的。

$$L_{TEM} = \frac{2\sqrt{2}}{\pi} \frac{l_{TEM} \times Z_C}{C} \tag{9-5}$$

$$C_{TEM} = \frac{2\sqrt{2}}{\pi} \frac{l_{TEM}}{C \times Z_C} \tag{9-6}$$

电场和磁场耦合的贡献分别由耦合电容器 C_{12} 和互感器 L_{12} 建模,由以下公式给出。

$$C_{12}(F/m) = \frac{C_{lin} h_{line} E_y}{V_{TEM}} = \frac{C_{lin} h_{line}}{h} \tag{9-7}$$

$$L_{12}(F/m) = \frac{\mu_0 h_{line} H_x}{I_{TEM}} = \frac{\mu_0 h_{line} Z_C}{h\eta_0} \tag{9-8}$$

下面的例子说明了 TEM 小室模型的构建。如图 9-11 所示,考虑在 TEM 小室中定向的 50Ω 匹配微带线，图 8-9 中为 TEM 小室模型。长 75mm、宽 2.7mm 的线放置在 FR4 基板上的接地层上方 1.6mm。根据微带线的几何尺寸，线路的单位长度电气参数根据式(6-10)和式(6-11)计算，并建立等效的 π 型集总模型。为简化起见，忽略阻性和介质损耗。

TEM 小室输入端施加 1V 正弦波形。根据式(9-3)，E 场和 H 场分别近似为 11.1V/m 和 0.029A/m。根据式(9-7)和式(9-8)计算 TEM 小室的电感和电容，它们分布在 3 个 π 型单元中，以验证 1GHz 以内 TEM 小室的电气模型。该模型忽略了 TEM 损耗和端子连接器的影响。在诸如文献[15]中可以找到更精确的 TEM 小室模型。

图 9-12 给出了微带线和 TEM 小室之间耦合的电气等效模型。为了便于阅读，介绍了带有一个 π 型单元的 TEM 小室和微带线模型，这种模式仅适用于低频。为了延长 SPICE 模型的有效频率范围，必须增加 TEM 小室和微带线模型中的 π 型单元数量，并考虑损耗。完整的电气原理图可在文件 book\ch9\Microstripline_TEM_coupling_10cells.sch 中找到。该图形将近端和远端电压的测量结果与基于电气模型或式(9-4)的模拟结果进行比较。针对 TEM 小室使用 10 个 π 型单元电气模型的 SPICE 仿真结果是为了确保

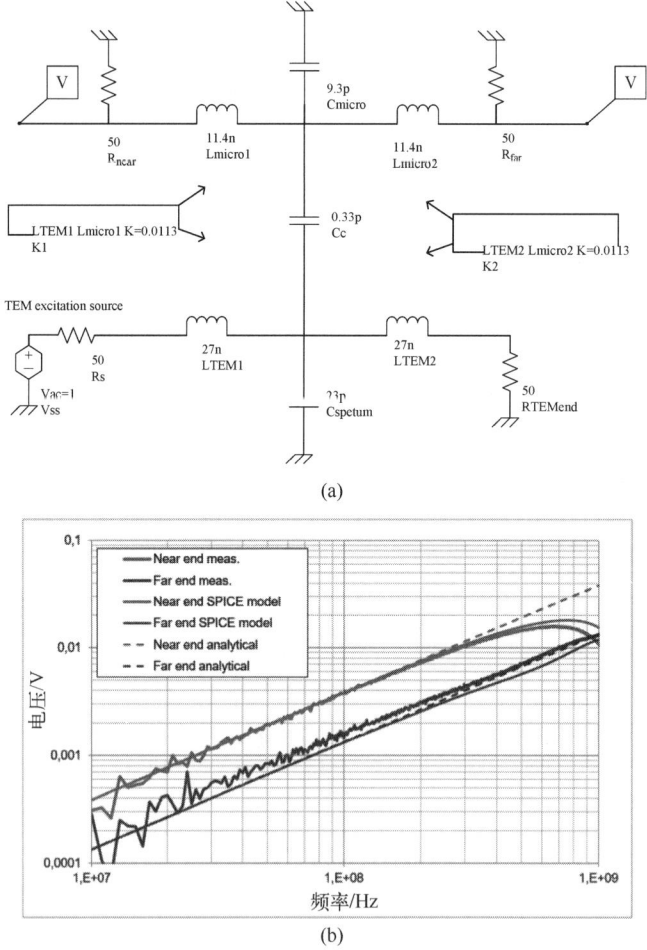

图 9-12 TEM 小室和微带线之间耦合的低频模型及在微带线两端感应出的
测量和仿真电压（book\ch9\Microstripline_TEM_coupling_10cells.sch）

1GHz 以下的有效性。测量和仿真结果在 600MHz 前保持一致。测量和仿真表明,由于磁耦合的相反作用,每条线路上的耦合电压不同。

9.4.3 TEM 小室测试中的最大电场

标准 IEC 62132-2 建议了 IC 必须承受最大电场的限值,定义了从 I 到 III 的 3 个严重级别,加上一个特定限值的级别,如表 9-3 所示。

表 9-3 TEM 小室测试中的最大电场水平

测 试 等 级	电场/(V/m)
I	200
II	400
III	800
V	标准使用者规定的特定值

9.5 辐射抗扰度 IEC 62132-8 -IC 带状线

为了扩展 TEM 小室的频率范围并提高其灵敏度,在新标准 IEC 62132-8 中提出了一种 IC 带状线方法[16]。带状线的尺寸小于 TEM 小室的尺寸,因此其截止频率更高(介于 3~6GHz)。而且,被测 IC 与带状线之间的距离更短,因此与 IC 的耦合得到改善。实际上,带状线的辐射发射测试的灵敏度比使用 TEM 小室时更好,并且在给定电场下照射被测 IC 的功率需求更低。图 9-13 显示了一个"敞开"形式的 IC 带状线。IC 带状线由金属导体(相当于 TEM 小室的隔膜)组成,作为有源导体,安装在待测 IC 上方测试板的一侧。它由安装在测试板另一侧的两个同轴连接器端接。测试板必须有一个完整的接地平面作为 IC 带状线的参考平面,以确保存在 TEM 传播模式。而且,为了达到阻抗匹配的目的,有源导体在每一侧都具有渐变过渡。IEC 62132-8 要求在 3GHz 以下时 VSWR 小于 1.25,即特征阻抗值为 50Ω±10Ω。另一种"封闭"形式使用盒子将 IC 带状线完全屏蔽。但是,"敞开"形式的体积更小,成本更低。

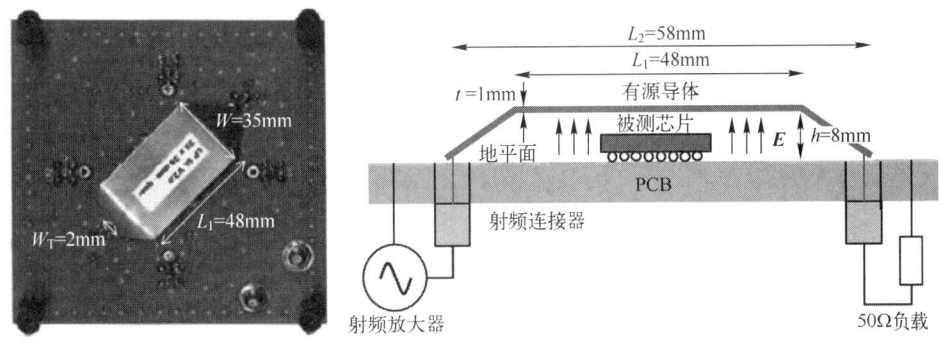

图 9-13 IC 带状线的"敞开"形式[17]

在 TEM 小室中,被测 IC 和有源导体之间的耦合主要取决于它们的分开距离或高度

h，诸如文献[18]和[19]等论文提出了IC带状线设计示例，高度在5~8mm。TEM小室内的电场方向是垂直的，且幅度均匀，分布在被测IC上方。当集成电路带状线由射频发生器激励时，其振幅可根据式(9-3)估算。这个公式也可以用来比较TEM小室和IC带状线之间的灵敏度。图9-13中为指定尺寸的IC带状线[19]，与如图8-9所示的TEM小室模型(其中隔膜高度等于45mm)相比，有源导体测试距离缩短1/6，所以耦合更好，增加了20lg6=15dB。

IC带状线的特征阻抗取决于有源导体的尺寸和与接地层分开的距离。式(9-9)可用于估算IC带状线[17]的特征阻抗，不考虑锥形过渡的影响。对于图9-13所示IC带状线的尺寸，特征阻抗等于55Ω。IC带状线建模与TEM小室建模相似，只是模型的参数值根据几何尺寸而改变。在文献[18]中，给出了"封闭"形式的公式来计算有源导体中心部分的单位长度电感和电容(式(9-10)和式(9-11))。电容将有源导体和地平面之间的平行板电容和边缘电容集成在一起。对锥形过渡进行建模更为复杂，参数是基于测量或电磁仿真的基础上提取的。考虑到它是一个矩形导体，有源导体的阻性电阻可以包含在模型中。

$$Z_C(\Omega) = \frac{120\pi}{\frac{w}{h} + 2.42 - 0.44\frac{h}{w} + \left(1 - \frac{h}{w}\right)^6} \quad 1 < \frac{w}{h} \leq 10 \quad (9\text{-}9)$$

$$L(\text{H/m}) = \frac{\mu_0 h}{w} + \frac{\mu_0 t}{12w} \quad (9\text{-}10)$$

$$C(\text{F/m}) = \frac{\varepsilon_0(w - 0.5t)}{h} + \frac{2\pi\varepsilon_0}{\ln\left(1 + \frac{2h}{t} + \sqrt{\frac{2h}{t}\left(\frac{2h}{t} + 2\right)}\right)}, \quad w \geq \frac{t}{2} \quad (9\text{-}11)$$

9.6 练　习

练习1　TEM小室和IC带状线

1. 如图8-9所示，若在TEM小室内产生200V/m、400V/m和800V/m的电场强度，分别计算放大器输出的功率。

2. TEM小室由一个50Ω负载端接，可承受最大功率是10W，参数是否正确？

3. 现有50mm宽的IC带状线，为确保50Ω(误差±1Ω)的特征阻抗，将有源导体与地平面分开的距离应该是多少？

4. 功率放大器提供的功率为多少时，集成电路带状线上为800V/m？问题2中定义的负载能否用在IC带状线终端？

练习2　BCI虚拟测试台

本练习针对第9.3.2节介绍的BCI探头。该练习的目的是确定在BCI测试期间在电缆线束中注入200mA电流所需的功率，然后评估接口电路(CAN总线收发器-ISO 11898)的敏感度。BCI测试是在150kHz~400MHz之间的开环配置下进行的，在BCI测试期间,放大器提供的功率不能超过50dBm,探头型号在文件book\ch9\BCL-Model-HF.sch中给出(图9-7)。

为了确定沿电缆线束施加给定电流所需的功率,使用了第9.3.3节中介绍的校准设置。BCI探头连接到RF放大器和双向耦合器来测量前向功率。BCI探头夹在夹具周围,终端接50Ω负载,另一侧接频谱分析仪测量感应电流。文件Clamp_coupling_calib_jig.sch(图9-9)给出了BCI探头和校准夹具之间的耦合电流模型。

1. 建立BCI探头校准的电气模型。放置双向耦合器符号 ⊟ 以提取正向功率,并使用电流探头测量夹具上的感应电流。

2. 使用以前的电气模型,确定在校准夹具中产生200mA电流所需的正向功率。填写表9-4。

表9-4 练习2

频 率	射频发生器电压/V	产生200mA电流所需的 正向功率/dBm	BCI测试期间最大 正向功率/dBm
150kHz			
300kHz			
1MHz			
3MHz			
10MHz			
30MHz			
100MHz			
400MHz			

3. BCI测试在专用于汽车应用的CAN总线驱动器上执行,该驱动器符合标准ISO11898-2(高速CAN,数据速率高达1Mbit/s)的规范。CAN总线是一个通过两个互补的信号,CAN H和CAN L形成的差分总线(阻抗为120Ω±10Ω),差分信号必须符合的电气特性如表9-5所示。总线结构如图9-14所示:驱动器连接到1m长的双绞线(TWP)电缆两端分体式终端电阻端接电缆在参考地平面上方5cm处布线。在BCI测试期间,BCI探头夹在TWP电缆的电线之间。

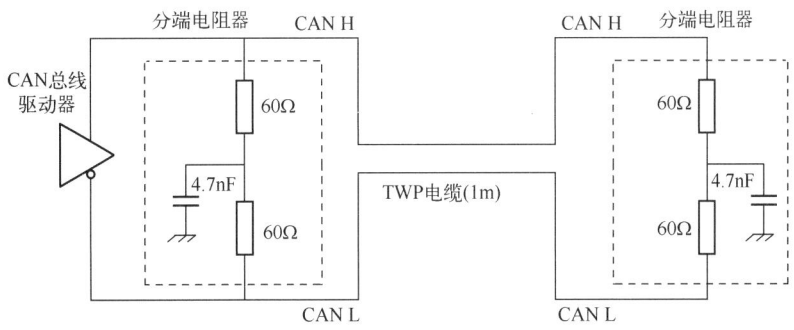

图9-14 CAN总结结构示意图

表 9-5 差分信号必须符合的电气特性

电压范围	数值
逻辑电平 '0'（显性电平）差分电压范围	0~0.5V
逻辑电平 '1'（隐性电平）差分电压范围	0.9~2V
共模电压范围	−7~+12V

　　a. TWP 电缆中感应电流的性质是什么？

　　b. 分离式终端电阻中的 4.7nF 电容的用途是什么？这是一个合适的值吗？

　　c. 在敏感性测试期间，测量电缆两端感应的电压。

　　4. 图 9-15 描述了 TWP 电缆横截面。在 IC-EMC 工具 "Tools> Cable modelling" 中，计算电缆的奇偶特征阻抗。为什么电缆适用于 CAN 总线？建立电缆频率最高可达 400MHz 的电气模型。

　　5. 在 CAN 总线上构建 BCI 的电气模型。未对 CAN 驱动程序建模，只考虑拆分终端电阻。默认情况下，BCI 探头放置在电缆的中心。假设 BCI 探头和电缆的每根导线之间的磁耦合与校准夹具的磁耦合相同。

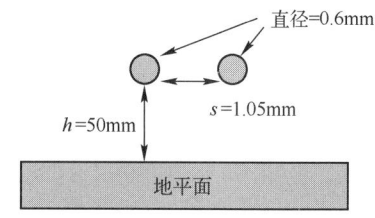

图 9-15　TWP 电缆横截面

　　6. 对于问题 2 中列出的频率，模拟每个端子处感应的差模和共模电压并分析结果。

　　7. 终端电阻值的公差为 ±5Ω。在每个端子上感应的差分和共模电压上，不匹配的端接电阻会产生什么影响？提出一个通用规则来提高差分总线对共模干扰的抗干扰性。

练习 3　Silent Core EMC 测试计划

　　Silent Core 微控制器专用于需要极低电磁噪声的高可靠性应用。该电路包括一个 32 位微处理单元。一个片上 PLL，采用一个外部 16MHz 晶体振荡器，并提供一个工作频率为 266MHz 的内部工作时钟。微控制器包含 1MB SRAM 和闪存及多个外设：3 个通用I/O端口（端口 A、B 和 C），4 个 12 位 ADC 输入和 1 个 CAN 总线控制器，表 9-6 提供了电路的引脚列表。

　　该电路必须通过测试以证明其低发射和高抗扰度。提出一个 EMC 测试计划来验证电路。由于成本原因，测量次数必须最小化。详细说明测量类型、测试针脚和敏感度测试所需的等级。

表 9-6　引脚列表

引脚名称	描述
VDD	供电
VSS	地
VDD_OSC	振荡器供电
VSS_OSC	振荡器地
PA[0...7]	数据端口 A（驱动程序）
PB[0...7]	数据端口 B（驱动程序）

(续)

引脚名称	描述
PC[0...7]	数据端口 C(驱动程序)外接 133MHz 数据/地址
ADC In[0...3]	4 模拟输入端口(12 位分辨率)
CAN Tx	CAN 传输引脚
CAN Rx	CAN 接收引脚
XTL_1,XTL_2	石英振荡器 16MHz
CAPA	PLL 外部电容
RESET	复位微处理器

参考答案 练习1

1. 1.6W、6.5W 和 25.9W。
2. 负载的最大电场为 400V/m,而不是 800V/m。
3. 10mm。
4. 1.3W。

参考文献

[1] IEC 62132-1-edition 1.0:Integrated circuits-Measurement of electromagnetic immunity,150kHz to 1GHz-Part 1:General conditions and definitions,2006-01.

[2] IEC 61000-4-3 Edition 3.2:Electromagnetic Compatibility (EMC)-Part 4-3:Testing and measurement techniques-Radiated,radio-frequency,electromagnetic field immunity test,2010-04-27.

[3] IEC 61000-4-6 Edition 3.0:Electromagnetic compatibility (EMC)-Part 4-6:Testing and measurement techniques-Immunity to conducted disturbances,induced by radio-frequency fields,2008-10-31.

[4] ISO 11452-2-2004:Road vehicles-Component test methods for electrical disturbances from narrowband radiated electromagnetic energy-Part 2:Absorber-lined shielded enclosure,2008-03-18.

[5] IEC 62132-4-edition 1.0:Integrated circuits-Measurement of electromagnetic immunity-Part 4:Direct RF power injection method,2006-02-21.

[6] IEC 62132-3-edition 1.0:Integrated circuits-Measurement of electromagnetic immunity-Part 3:Bulk current injection (BCI) method,2007-09-26.

[7] M. Deobarro, B. Vrignon, S. Ben Dhia, J. Shpherd," Comparison of bulk current injection models ", Int. Zurich Symp. on EMC,Zurich,Switzerland,2009.

[8] S. Miropolsky,S. Frei," A Generalized Accurate Modelling Method for Automotive Bulk Current Injection (BCI) Test Setups up to 1GHz",EMC Compo 2013,Nara,Japan,Dec. 2013.

[9] F. Duval,B. Mazari,B. Freyre,P. Lefebvre,J. Zigault,O. Maurice," Bulk current injection test modeling and creation of a test methodology",Int. Zurich Symp. on EMC,Zurich,Switzerland,2003.

[10] F. Grassi,F. Marliani,S. A. Pignari," Circuit modeling of injection probe for bulk current injection ", IEEE Trans. on EMC,Vol. 49,no. 3,Aug. 2007.

[11] S. Miropolsky,S. Frei,J. Frensch," Modeling of bulk current injection (BCI) setups for virtual automotive IC tests",EMC Europe 2010,Wroclaw,Poland.

[12] F. Lafon,Y. Belakhouy,F. De Daran," Injection probe modeling for bulk current injection test on multi-

conductor transmission lines", IEEE Symp. on Embedded EMC, Rouen, France, 2007.

[13] IEC 62132-2-edition 1.0: Integrated circuits-Measurement of electromagnetic immunity-Part 2: Measurement of radiated immunity-TEM cell and wideband TEM cell method, 2010-03-30.

[14] T. Hubing, S. Deng, D. Beetner, "Using Electric and Magnetic "Moments" to Characterize IC Coupling to Cables and Enclosures", Proceedings of EMC Compo 2007 Conference, Turin, Italy, Nov. 2007.

[15] T. Mandic, R. Gillon, B. Nauwelaers, A. Baric, "Characterizing the TEM Cell Electric and Magnetic Field Coupling to PCB Transmission Lines", IEEE Trans. on EMC, Vol. 54, no. 5, Oct. 2012, pp. 976-985.

[16] IEC 62132-8-edition 1.0: Integrated circuits-Measurement of electromagnetic immunity-Part 8: Measurement of radiated immunity-IC stripline method, July 2012.

[17] B. Korber, M. Trebeck, N. Muller, F. Klotz, "IC Stripline: A new proposal for susceptibility and emission testing of ICs", Proceedings of EMC Compo 2007 Cont., Turin, Italy, Nov. 2007.

[18] T. Mandic, R. Gillon, B. Nauwelaers, A. Baric, "Design and modelling of IC-stripline having improved VSWR performance", EMC Compo 2011, Dubrovnik, Croatia, Nov. 2011.

[19] J T. Hwang, W. J. Jung, S. Y. Kim, "Coupling Analysis and Equivalent Circuit Model of the IC Stripline Method", Asia-Pacific Symp. on EMC 2015, Taiwan, May 2015.

第 10 章 集成电路封装和接口

本章介绍了印制电路板的封装和输入/输出(I/O)接口,这些接口对射频干扰耦合和信号传播有很大的影响。第一部分描述了与封装技术相关的概念。第二部分简要论述了不同类型 I/O 的一般特征,给出了驱动器、接收器、模拟 I/O 和电源的基本示意图,并详细介绍了它们的物理结构和相关电气干扰。通过对现场可编程门阵列(FPGA)可编程缓冲器的案例研究,描述和说明了将 I/O 描述为行为宏模型的 IBIS 标准格式[1]。提出了一项涉及从微处理器到存储器的信号传输实验室练习,以及相关的 IBIS 和 PCB 模型。

10.1 封装技术

目前许多封装技术都是并存的,封装的主体硅芯片通常是由模压塑料或陶瓷制成的。水汽和污染物对模压塑料(图 10-1)有一定的渗透性,而陶瓷材料为高可靠性器件提供了更好的气密密封。但是,付出的代价是成本和重量都增加了。OIL、SDIP、SOP 或 QFP 的内部结构基本相同:金属引线被嵌入到封装中,并将封装的中心连接到外围,以便以后连接到印制电路板(图 10-1)。

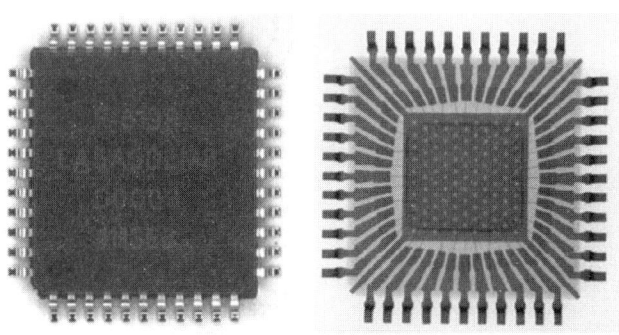

图 10-1　QFP 44 封装的封装外形和 X 射线透视图(由 Serma 技术公司提供)

集成电路通常通过键合线或焊球连接到封装上。键合线连接焊盘和封装引线。当连接到常规引线时,键合线的直径为 15~25μm(图 10-2 所示为 20μm),如果用于电源装置,如调节器,则可能要大很多。键合线通常是用金制成。注意键合线的弯曲形状设计(图 10-2(右)),其目的是避免热循环过程中的断裂,因为热循环会导致材料的膨胀/收缩。

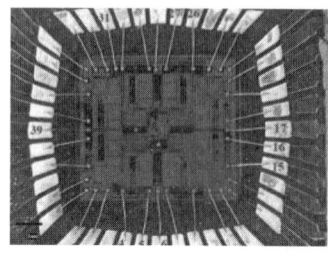 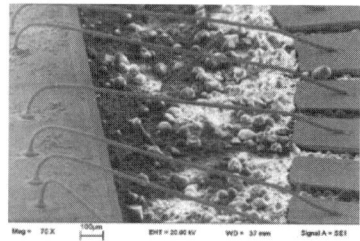

图 10-2　封装中心和从硅芯片到封装引线的一条键合线的放大图(由 Serma 技术公司提供)

从 EMC 的角度来看,长的引线和键合线会增加串联电感,可能会增加功率和影响信号完整性,从而辐射并耦合到外部 EM 场(图 10-3),我们可以发现:

- 封装引线很长,没有接地层。长引线意味着大电感,这会增加电源波动并降低信号完整性。
- 长引线作为天线,寄生发射和对射频扰动的敏感性都有所增加。
- 键合线也是很好的天线,但除了弯角处的键合线,其余部分都较短。
- 集成电路芯片本身可能会与封装附近的其他有源器件耦合。

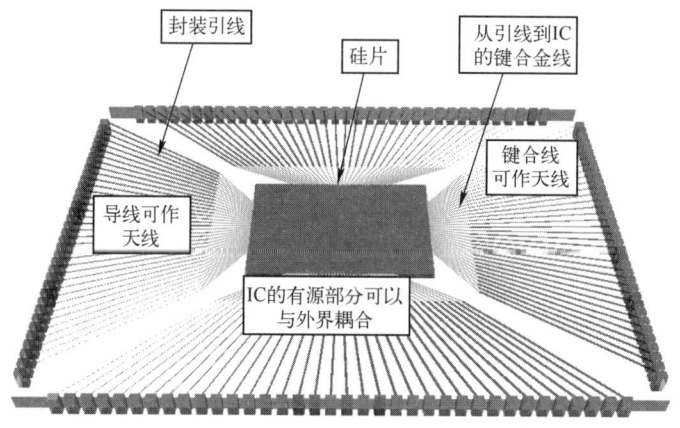

图 10-3　芯片封装案例

表 10-1 列举了一些最常见的封装类型,包括首字母缩略词、定义、引脚的近似最大数量、典型间距和引线电感的评估,这些参数随封装尺寸和引脚位置的不同而变化。

表 10-1　不同类型的封装

封　装	定　义	I/O 口最大数量	典型中心距/mm	典型导线电感/nH
	双列直插式封装(DIL)	64	2.54	15

（续）

封 装	定 义	I/O口最大数量	典型中心距/mm	典型导线电感/nH
	收缩型双列直插式封装（SDIL）	100	1.78	10
	小外形封装（SOP）	100	1.27	8
	四侧引脚扁平封装（QFP）	250	0.5~1.0	3~10
	球形触点陈列型封装（BGA）	1000	1~1.27	3~10
	细间距球栅阵列型封装（FPGA）	3000	0.5~1.0	2~8
	堆叠型封装（PoP）	3000	0.5~1.0	2~8
	芯片级封装（CSP）	>5000	0.25~1.0	1~3
	3D集成电路（堆叠型硅片）	3000	0.5~1.0	2~8

每个引脚封装电感的一阶评估可以推导出来。实际上，封装和引线电感要小得多。

10.2　BGA内部

球栅阵列（BGA）通常用于具有超过200个引脚的集成电路。图10-4和图10-5显示了低成本32位微控制器产品中使用的实际BGA内部结构示例。该封装包括两个高密度互连层，一个通过键合线连接到IC，电源环靠近芯片，另一个通过包括接地面的球阵列连接到PCB。

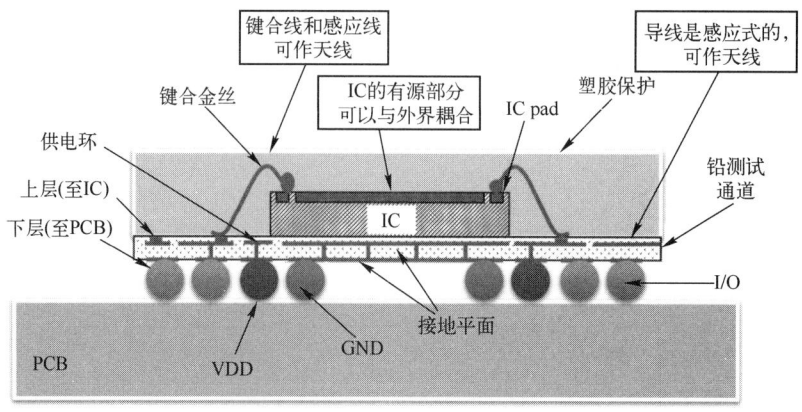

图 10-4 使用引线键合的双层低成本 BGA 封装的横截面图

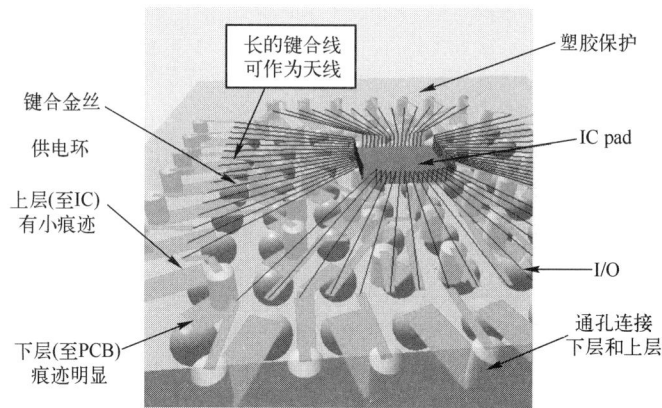

图 10-5 小型裸片安装在 64 球 BGA 上且从球到裸片有着长互连线的 3D 重建图

一个小硅片(图 10-5 中的 IC 焊盘)安装在双层 BGA 上,带有很长的键合线及不可忽略的封装引线。从 EMC 的角度来看,与 QFP 封装一样,我们会注意到:

- 上层布线的引线可以充当天线并增加寄生发射和对射频扰动的敏感性。然而,较低的一层起着地平面的作用。
- 键合线是很好的天线,尤其是在拐角处。
- 集成电路芯片本身可能会与封装附近的其他有源器件耦合。

BGA 封装的内部结构连接 12mm×12mm 硅芯片,如图 10-6 所示[2]。球间距为 1.0mm,每个球的直径为 320μm。BGA 路由采用 4 层结构,中间两层用于 VDD 和 VSS 平面(图 10-6 右侧仅显示 VDD 电源层)。双环键合线将上层 HDI 连接到硅焊盘上。图 10-7 的 2D 截面显示了 IC、双键合及 4 层结构。

BGA 封装基板可以包括 2~6 层金属来传送信号和分配电源。倒装芯片配置如图 10-8 所示。从电磁兼容的角度来看,其性能得到了提升,原因如下:

- 键合线被非常小的微珠所取代,并被限制在封闭区域,最大限度地减少可能的耦合。
- IC 芯片的有源部分是内部的,只有衬底的背面直接暴露于外部干扰中。
- 总电感较低,因此可以更容易实现功率和信号完整性。

第 10 章 集成电路封装和接口

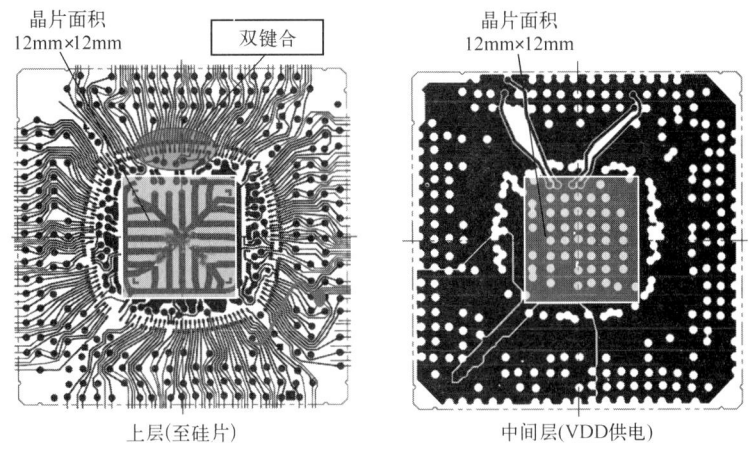

图 10-6　MPC 5534 四层封装(BGA324)的局部视图[2]

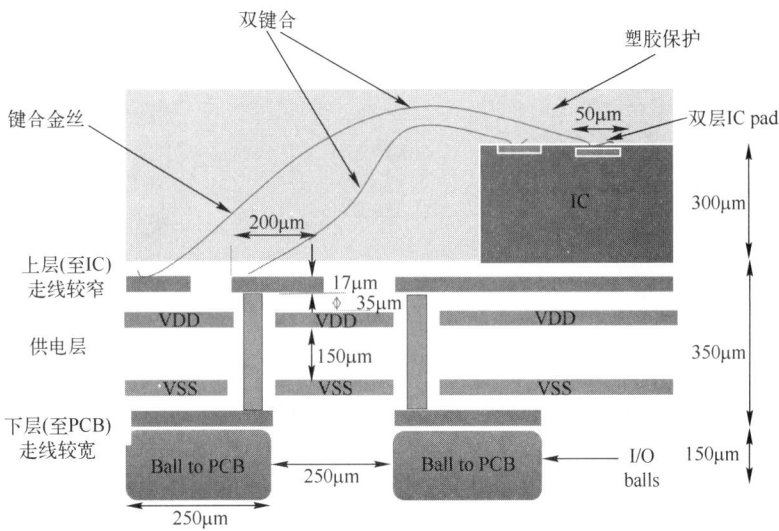

图 10-7　封装和 IC 之间具有双键合的 BGA 截面图

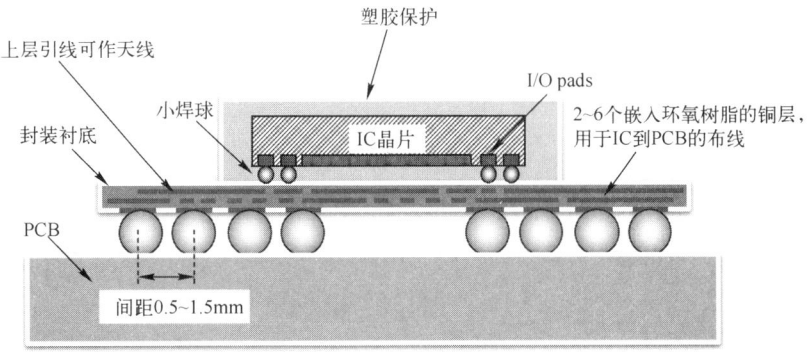

图 10-8　采用倒装芯片技术的 BGA 的 2D 横截面,可最大限度地降低 EM 效应

— 209 —

10.3 3D 集成

为了缩小电子系统的表面积,其趋势是将集成电路堆叠在一起,这被称为"3D 集成"。这种技术的主要优点是使系统更紧凑、更节能,但它需要更复杂的装配,并需要提高可靠性、可测试性和散热能力。

在众多的 3D 技术中,封装体叠层技术(PoP)作为一种低成本的解决方案,在高端处理器和存储器之间得到了快速发展。通常,堆叠的两个 BGA(图 10-9),处理器位于底部,存储器设备位于其顶部。要重新构造 3D 视图,请从目录"case study\pop"中选择 IBIS 文件 soc_pop.ibs。在文本描述中,非标准的"[POP]"关键字授予对第二系列 IBIS 数据[1]的访问权限,以便重新构建封装堆栈。

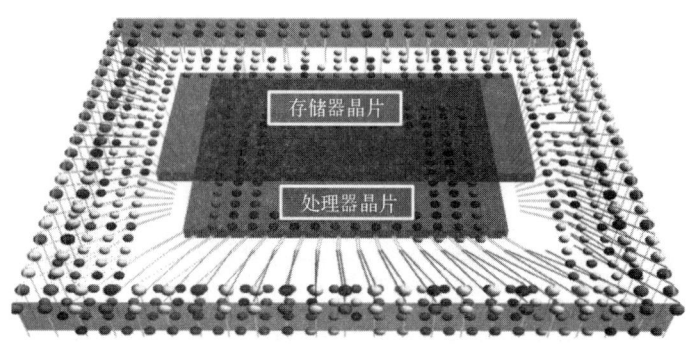

图 10-9 封装体叠层技术的 3D 重建(case_study\pop\soc_pop.ibs)

对于上层和下层封装,封装间距可能是不同的。上层链路通常符合标准的封装规范,所以它可以在使用不同的存储器时使用相同的 I/O 配置(图 10-10)。

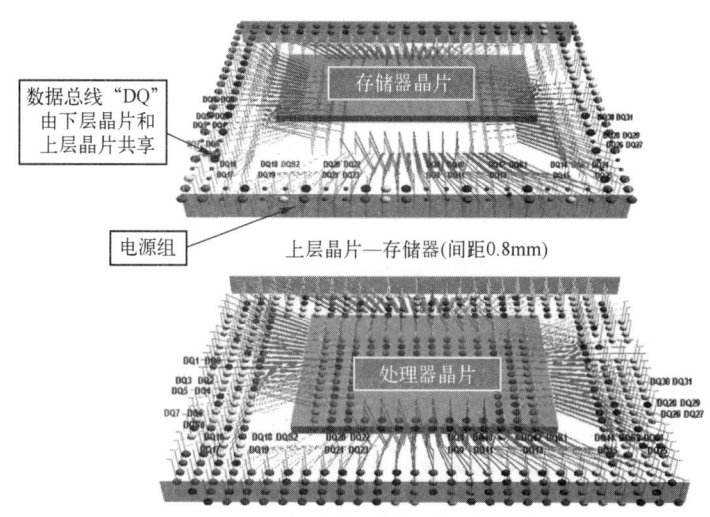

图 10-10 DQ 总线球将下层系统的片上封装连接到上层系统的存储器封装上(case_study\pop\soc_pop.ibs)

由于塑料涂层是热绝缘体,所以 PoP 的工作温度往往高于传统的 2D 配置。此外,可选的散热装置不能直接连接到处理器,只能连接到上层存储器。

如文献[3]所述,新的 PoP 特性是穿塑孔技术(TMV),它在 BGA 封装上起到垂直互连的作用(图 10-11)。TMV 主要是电感性的,但由于通孔的垂直尺寸(大约 300μm)及 TMV 阵列中通孔之间的距离很短(大约 250μm),使得它对相邻 TMV 的串扰电容可能很大。导线的自感和在高数据吞吐量下的高压摆率相结合,可能会产生过冲和下冲,同时在 1GHz 以上有谐波。图 10-11 所示 PoP 配置的 RLC 值示例总结在表 10-2 中。

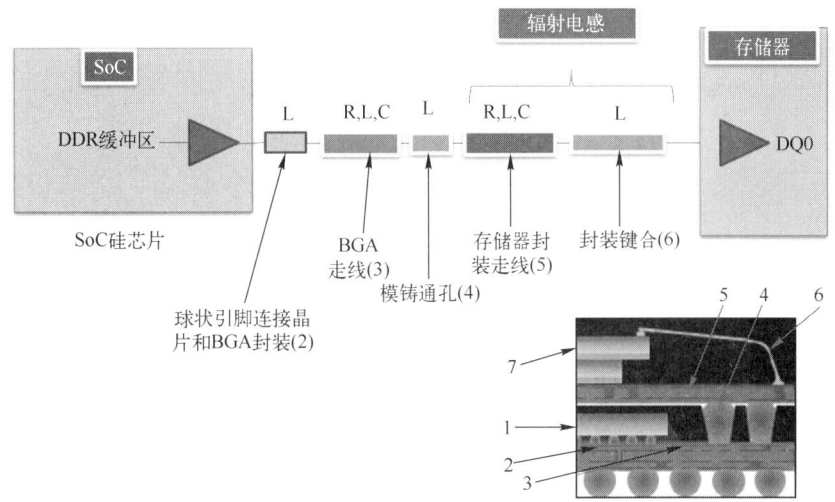

图 10-11　从下层片上系统(SoC)封装到上层存储器封装的互连系统[3]

表 10-2　PoP 配置中 RLC 值的一些示例

序号	单元	描述	R/Ω	L/H	C/F
1	NG-SoC 缓冲区	25mA 上拉/下拉 400MHz			1.24pF
2	微型球	20μm×20μm 微型凸块到 DSP 封装	300mΩ@1GHz	20pH	50fF (Cx)
3	BGA 走线	长 5mm 宽 20μm 的布线,间距 20μm,GND 厚度 17μm	0.63Ω(@1GHz)	2.24nH	361fF
4	TMV	340μm×300μm	30mΩ(@1GHz)	0.3nH	1.2pF(Cx)
5	存储器封装走线	长 5mm 宽 20μm 的布线,GND 厚度 17μm	0.63Ω(@1GHz)	2.24nH	361fF
6	封装键合	直径为 25mm 的键合线(辐射)		2nH	
7	存储器输入	输入 pad,主要是 C_comp	10kΩ 下拉		4pF

3D 集成被许多制造商认为是对下一代计算机和系统发展至关重要的一个技术。构建 3D IC 堆栈(如图 10-12 所示)可为硅通孔(TSV)的电气连接提供大的带宽,由于在芯片组内,线路垂直互连所需的距离非常短,因此具有较低的寄生电感。

图 10-12 通过 3D 裸片堆叠来建立一个完整的相机系统(由 Franhofer 提供)

10.4 不同类型的 I/O

主要考虑三种主要类型的输入/输出引脚：

- 供电引脚(主要是输入)，它们直接连接到环绕整个芯片的金属环上，并且可以使用矩阵式阵列将芯片围绕起来(图 10-13)。围绕黑色区域的布线是电源环线。针对不同电压规格的单元模块(如核心电路、I/O、模拟单元、RF、USB 等)可能有多个电源环线。ESD 防护结构，如背靠背的二极管，用于防止功率域之间的过电压应力(图 10-14)。

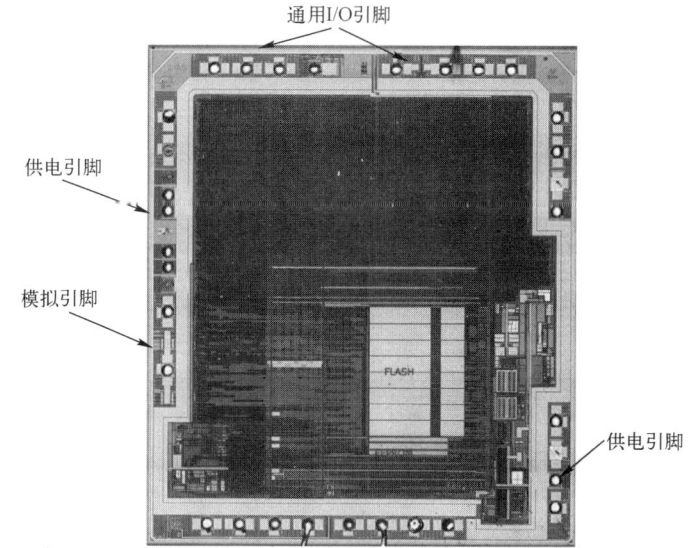

图 10-13 芯片内部布局示意图

- 模拟输入/输出引脚。这些通常是高阻抗引脚，输入电容在 1~10pF。ESD 钳位通常基于二极管或双极性晶体管器件，可防止过压应力，并可在 I/O 引脚受到外部 EM 干扰时导通。
- 数字输入/输出引脚是 IC 中最常见的引脚。这些 I/O 可以为输出缓冲器引脚、高阻抗引脚或输入引脚。

如图 10-13 所示,键合线连接到硅芯片周围的焊盘上。有些焊盘需要供电,因此连接到电源环,一些用于模拟信号,还有一些则用于数字信号。

如图 10-14 所示,在输出模式下,缓冲器通常可在驱动、上拉和下拉时进行编程。当作为输入编程时 I/O 焊盘特性与模拟焊盘类似。

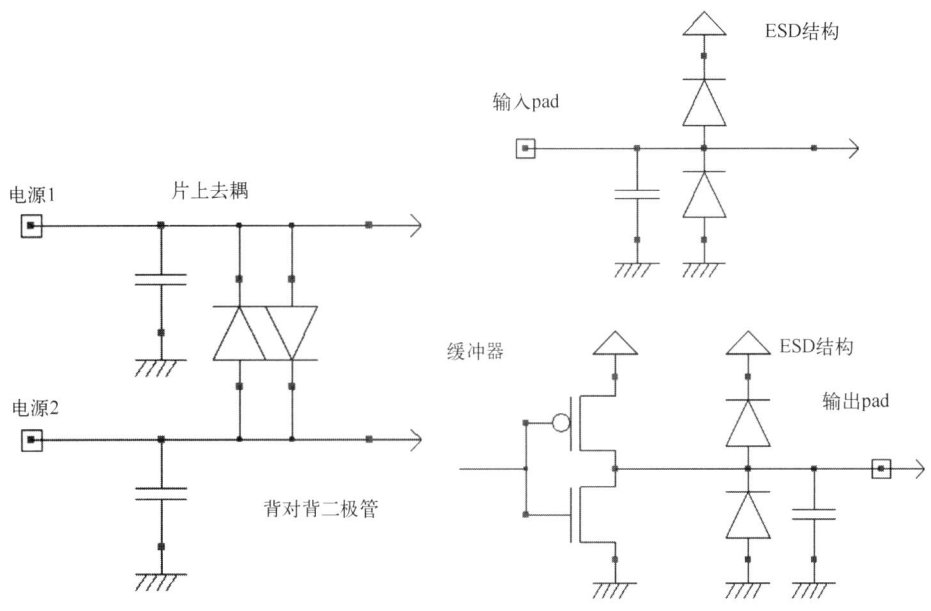

图 10-14　电源,输入和输出引脚的原理图,二极管防护器件和缓冲结构

分缓冲器也被广泛使用,因为它具有多种优点,例如能有效提高外部 RFI 的速度和鲁棒性。低压差分信号(LVDS)缓冲器的内部结构依赖于由 Data 和 DataN 信号控制的 MOS 器件的交叉耦合结构,具有 100Ω 的终端电阻(图 10-15)。

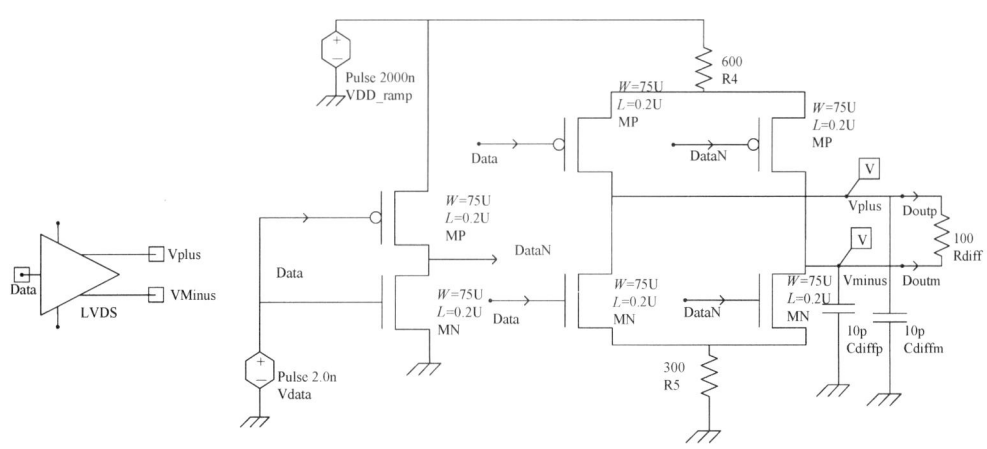

图 10-15　工作状态下的 LVDS 输出缓冲区(case study\lvds\lvds_principles.sch)

从 EMC 的角度来看,电源引脚被认为是同步逻辑内核的开关位置和外部电源之间的噪声路径。模拟引脚通常被认为是敏感的,因为非常小的信号也可能引起模拟输入数据的扰动。如果 I/O 以非常高的频率(通常高于 100MHz)和高电流驱动(通常高于

10mA)同步(16/32 位)切换,则输出引脚被认为是同步开关噪声的潜在来源。

10.5 I/O 电磁兼容问题的 IBIS 模型

随着人们对极高速链路设计的密切关注,例如处理器和存储器、显示驱动和 LCD TFT 屏幕之间的连接,输入/输出模型被用来仿真数据速率增加时的信号传输行为(如第 2 章图 2-13 的技术趋势所示)。仿真的准确性取决于 IC 和 PCB 模型的质量。关于 IC, 输入/输出缓冲器规范(IBIS)被 IC 制造商和用户公认为全球标准,用于印制电路板对 IC 接口的描述并进行信号完整性的预测,且无需发布任何详细的技术信息或内部结构设计方面的机密[1],IC-EMC 使用的基本关键字如表 10-3 所示。

表 10-3 集成电路的 IBIS 描述及其在 IC-EMC 开发中共同使用的通用关键字

IBIS 关键字	描 述	应用于 IC-EMC
[Componet]	零件名称	标记 2D 和 3D 视图
[Package]	RLC 封装的描述	为一个或一组引脚提取 RLC
[Pin]	引脚列表,关联模型和 RLC	描述引脚分配,构建 3D 视图,提取 RLC
[Mode]	电气模型	I/V 有源器件,V(t)缓冲器,寄生电容,寄生电流
[Voltage]	最小/典型/最大工作电压	设置 I/V 曲线,电源电压

单击"File > Load IBIS File":
- 选择"examples\ibis\virtexIIXC2V1500.ibs",IBIS 文本显示在左侧的屏幕(图 10-16)。

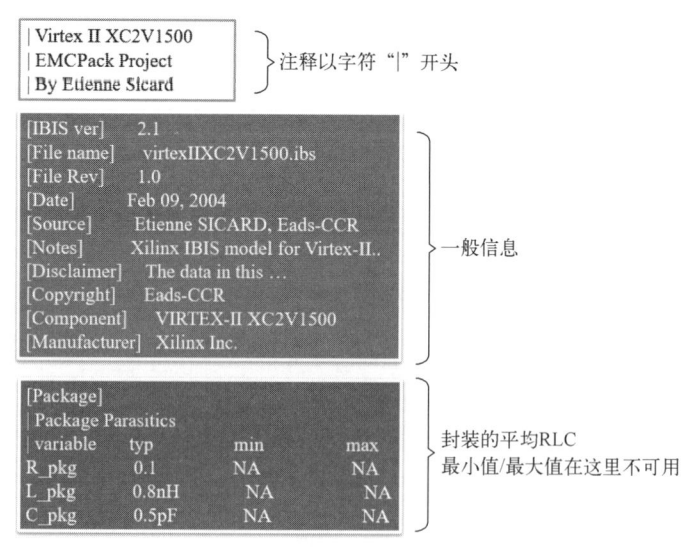

图 10-16 平均 RLC 后 IBIS 的一般描述(examples\ibis\virtexiiXCZV1500.ibs)

- 单击"Package",出现引脚分配。黄色圆点表示 I/O,蓝色点为地面电源,红色点为电源,从[Pin]部分提取(图 10-17)。

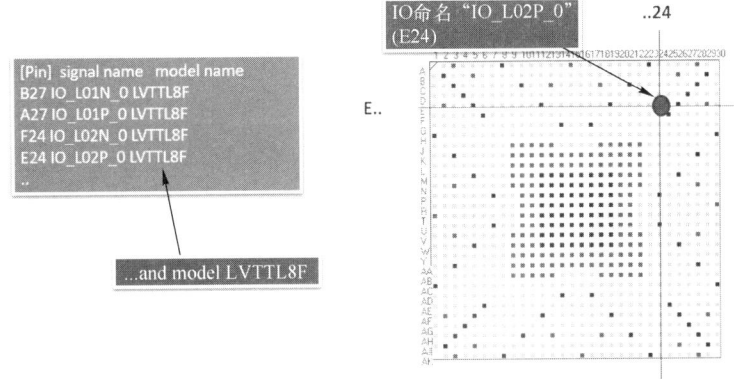

图 10-17 [Pin]部分描述的 I/O 列表(examples\ibis\virtexIIXC2V1500.ibs)

尽管 IBIS 模型主要是为了信号完整性而开发的,但它们提供的信息在表征集成电路的电磁辐射和抗扰能力方面也非常重要。

IBIS 信息遵循精确的语法规则,关键字由标准定义并由解析器类型工具检测。IC-EMC 只检测和利用 IBIS 规范中描述的关键字子集[1]。IBIS 文件通常包含一些介绍性的注释(行以字符"I"开头)、一般信息以及通过描述包引脚的平均 RLC 来启动组件"[package]"部分的电气描述,如图 10-16 所示。

IBIS 文件提供了关于电路中所有引脚的 I/O 模型信息。每个 BGA 引脚由"letter/number"(如图 10-17 所示)来定义,后跟信号名称和模型名称。模型名称指的是描述关键电气信息的模型列表,如驱动器 I/V(图 10-19)、电源和接地钳信息、引脚负载(C_comp)、输入逻辑的低电平 V_{inl} 和高电平 V_{inh} 以及接收器阈值。

IBIS 中描述的 I/O 的基本体系结构如图 10-18 所示,从规范版本 6.1[1]中提取。输出缓冲器的基本结构包括[model]部分中的 4 个有源元件:上拉、下拉、电源钳位和 GND_clamp。并非所有的块都总是需要或适用的。

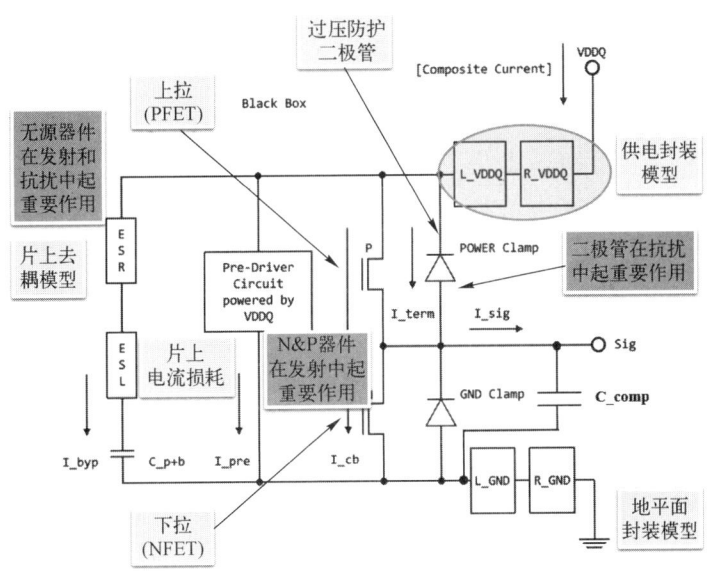

图 10-18 IBIS[1]的输出缓冲器描述,详见[Model]部分

单击"File > Load IBIS File":
- 选择"examples\ibis\virtexIIXC2V1500.ibs" IBIS 文本显示在屏幕的左侧(图 10-16)。
- 单击"Model",出现模型列表。在此示例中,仅提供模型"LVTTL8F"。单击数组以显示从 IBIS 描述加载的 I/V 曲线。单击"Ion"以在额定电压下放大 I/V 曲线(图 10-19)。

例如,输入模型不使用输出缓冲模块。IBIS 文件包含由 IC 工程师通过仿真提取的信息,该信息用于构建图 10-14 中描述的等效电路中每个部分的模型。

图 10-19 显示了关键字[Pulldown]记录的下拉器件及其静态 $I-V$ 表,其中列出了晶体管的驱动强度。二极管被记录在[Power Clamp]和[Gnd Clamp] $I-V$ 表中。这些二极管在某些技术中可能并不存在。

- 通过 I/V 曲线,可以推导出最大电流驱动,这是输出噪声发射最重要的指标之一。
- 通过二极管的 I/V 曲线,可以推导出 IC 引脚在扰动激励下的非线性行为,这对传导敏感性分析具有重要意义。
- 从引脚电容、片上电容以及电源网络 RLC,可以准确地推导出 I/O 的发射和敏感度性能。

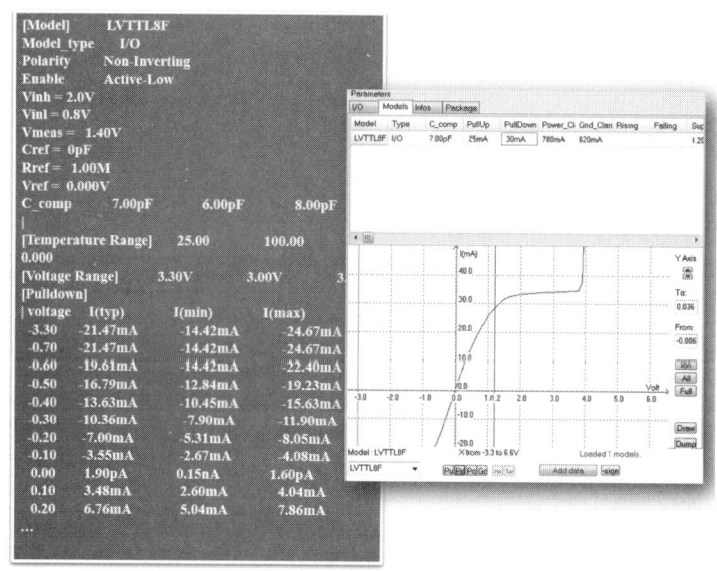

图 10-19 [model]部分描述了 I/O 组件的 I/V 特性

(examples\ibis\virtexIIXC2V1500.ibs)

在 IBIS 描述中经常发现的另一个有趣的信息是关于给定加载条件缓冲器输出的时域方面的信息,可在[Rising Waveform]或[Falling Waveform]部分找到。该信息用于调整信号的上升和下降时间,以进行准确的信号传播预测。它还会影响传导和辐射发射,具体取决于电压幅度、线负载、封装和 PCB 设计以及时钟和信号转换的速度。

此信息在 VIRTEX 组件的 IBIS 描述中不可用,因为没有数据出现在图 10-19 所示模型表的"Rising"或"Falling"列中。在给定负载下(此处为 50Ω,由"R_fixture = 50"行指定),我们可以观察到 LVDS 驱动程序的上升和下降波形(图 10-20),连接到电源或地。

- 选择"case study\LVDS\ds90lv049.ibs"。
- 单击"Model",出现模型列表。单击数组中"Rising"或"Falling"列不为空的位置,出现给定负载条件下缓冲器的 $V(t)$ (图 10-20)。

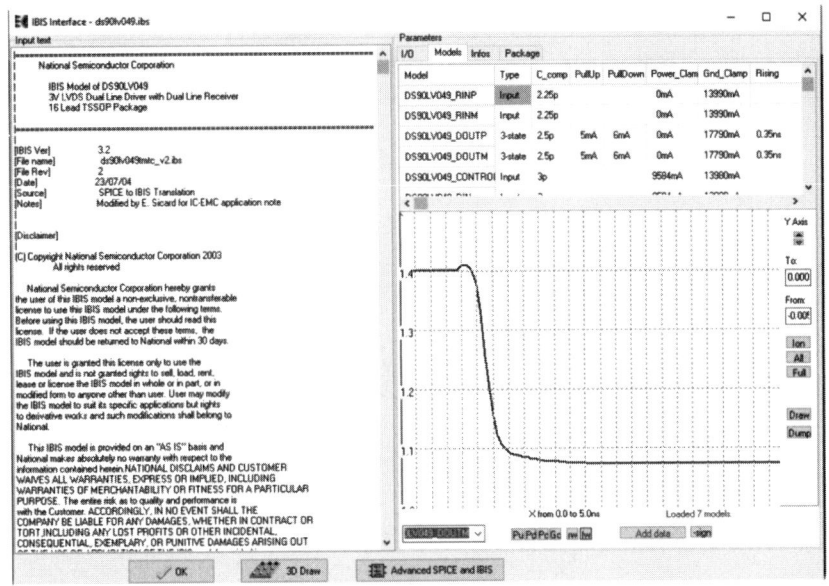

图 10-20 [Falling Waveform]部分描述了在给定负载条件下缓冲器切换的时域(case study\LVDS\ds90lv049.ibs)

10.6 开发用于 EMC 仿真的 IBIS

10.6.1 将输入转换为 RLC 图

单击 I/O 列表中所需的输入引脚,然后单击"One pin into RLC"按钮。输入焊盘转换为带有片上电容和钳位网络的 RLC 电路,如图 10-21 所示。从左到右,包含输入名称(此处为"PT0")的 I/O 符号,RLC 的封装参数(此处为 LPT0、CPT0 和 RPT0)以及分量输入电容(Ccomp_PT0)。此处需注意与衬底电位"Vsub"的连接。

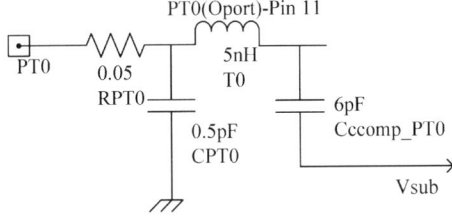

图 10-21 焊盘 PT0 的模型(examples\ibis\s12x_v2.ibs)

10.6.2 二极管防护器件建模

用于静电放电(ESD)防护的二极管可以通过选择"Add Gnd/Power clamps"项目添加

到原理图中。图 10-22 显示了连接到内部节点的钳位二极管,电源钳位由"VDDIO"提供,GND 钳位电压由"Vsub"提供。

调整图中新显示的钳位以适应 IBIS 文件中给出的 I/V 特性。可以通过单击 IBIS 窗口中的"Model"项目,然后在底部菜单中选择 gnd_clamp(GC)或 power_clamp(PC)模型(如果可访问的话)来显示 I/V 特性。如果未选择该按钮,则表示 IBIS 文件不会提供相应 I/V 曲线的数据。表 10-4 列出了基本二极管参数。

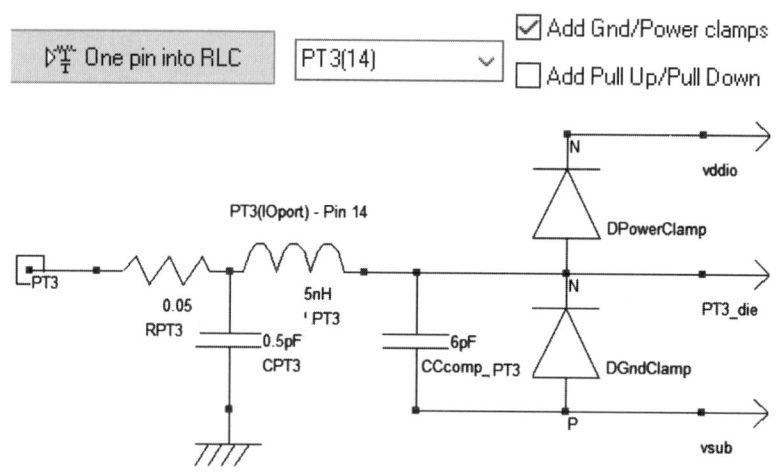

图 10-22 从 IBIS 到 PT3 引脚的 RLC 二极管网络(examples\ibis\s12x_io_pt3.sch)

IC-EMC 使用有着 MOS 管和二极管模型的默认文件"Spice.Lib",可在 System\lib 目录中找到。该库包括两个二极管模型:"DIOD"和"CLAMP",其参数略有不同(表 10-5)。默认情况下,IC-EMC 钳位二极管为"CLAMP"模型。

表 10-4 典型二极管参数

参　数	描　述	典　型　值
I_s	饱和电流	10^{-14} A
N	排放系数	1
R_s	欧姆串联电阻	2Ω
v_j	结电位	0.7V
f_c	正向偏置结配合参数	0.5
B_v	反向击穿电压	10V
i_{bv}	反向击穿电压电流	10^{-3} A

表 10-5 用于匹配 I/V 测量二极管模型的两个示例

二极管模型	SPICE 描述
DIOD	.MODEL DIOD D RS=1 BV=10
CLAMP	.MODEL CLAMP D RS=2 BV=10 N=1.2

图 10-23 所示设置可用来对 S12X 的输入进行直流仿真。电压源施加到输入端,相关信息是输入电压源的直流电流消耗,范围为 -VDD~+2VDD。可以使用标签". plot-i(Vio)"绘制电流消耗与输入电压的关系图。电流探头也可用来监测给定电路支路上的电流。

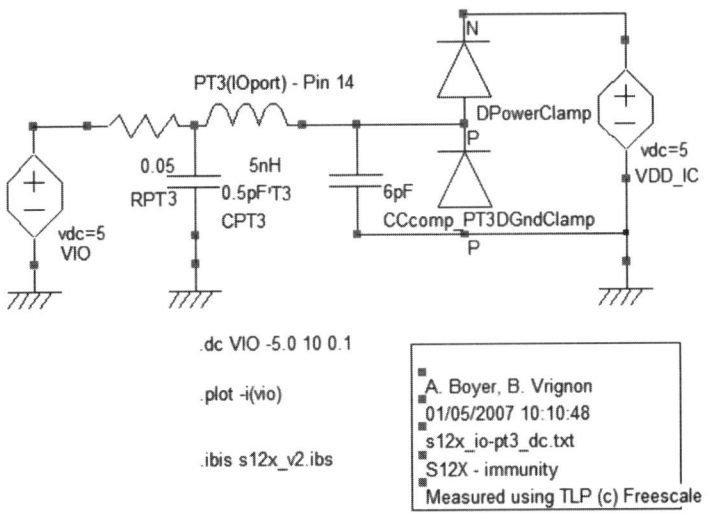

图 10-23　设置 I/O 的直流仿真,电压范围扩展到 -VDD~2VDD
(examples\ibis\s12x_io_pt3_dc.sch)

直流仿真由程序". de Vio-5.0 10 0.1"定义,这意味着电压 Vio 从 -5.0V 扫描到 10.0V,步长为 0.1V。可以比较仿真数据和 IBIS 信息,如图 10-24 和图 10-25 所示。

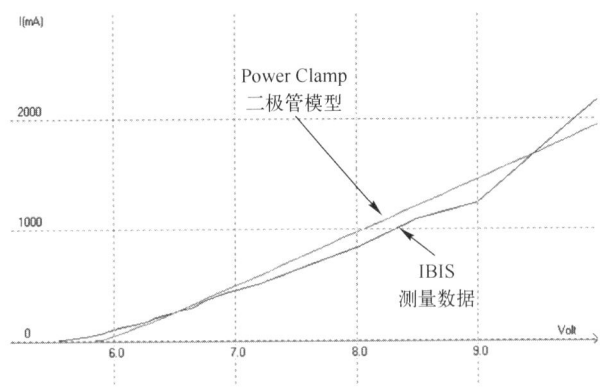

图 10-24　比较 IBIS 数据和二极管 Power Clamp 的仿真曲线
(examples\ibis\s12x_ io_pt3_dc.sch)

单击"File > Load IBIS File":
- 选择"examples\ibis\s12x_v2.ibs"。
- 单击"Model",单击数组"IOport""Power clamp"列,显示该 Clamp 的 I/V 曲线。
- 单击"Add Data"并加载从 DC 仿真创建的文本文件。I/V 仿真曲线叠加在 IBIS 信息上(图 10-24 和图 10-25)。

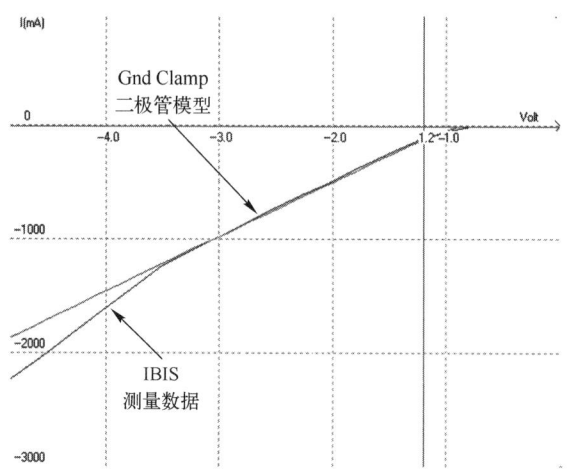

图 10-25　比较 IBIS 数据和二极管 GND Clamp 的仿真曲线
（examples\ibis\s12x_io_pt3_dc.sch）

10.6.3　转换输出

现在从列表中选择所需的输出引脚,然后单击"One pin into RLC"按钮。输出焊盘由封装的 RLC 元件和作为输入焊盘的片上电容建模。一个 N 沟道 MOS 器件和一个 P 沟道 MOS 器件被添加到示意图中来表征缓冲器。这些 MOS 器件的宽度和长度是关键参数。完整电路如图 10-26 所示,从左到右依次为缓冲器和电压源、缓冲器和保护二极管、封装的 RLC 参数,焊盘电容和负载作为终端。

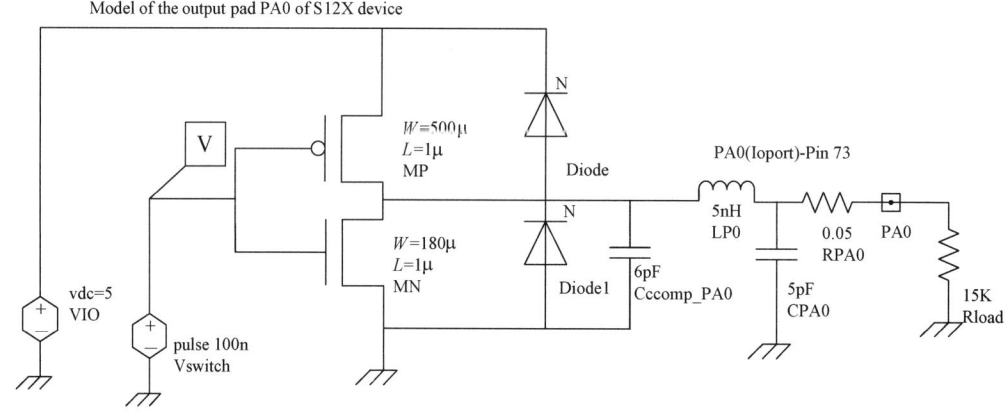

图 10-26　输出焊盘的模型（examples\ibis\s12x_io_pa0.sch）

在这种情况下使用基本的 MOS 模型 3,它在仿真效率和准确性之间做了很好的折中处理。但是请注意,也可以使用由 WinSpice 提供的更高级的模型,例如 BSIM[4]。基本的设置如图 10-27 和图 10-28 所示。

通过单击窗口右下角的"Add Data"按钮,可以比较仿真数据和 IBIS 信息。选择 WinSpice 数据文件"nmos_dc.txt"以比较 IBIS 和 Spice 信息。图 10-29 提供了这种比较的一个示例。主要的拟合参数是 MOS 宽度 W,L 对应于高压 MOS 沟道长度。沟道长度通常为 90~350nm,这取决于集成电路的制造工艺。不建议在没有相关技术信息的情况下更改 MOS 模型参数。

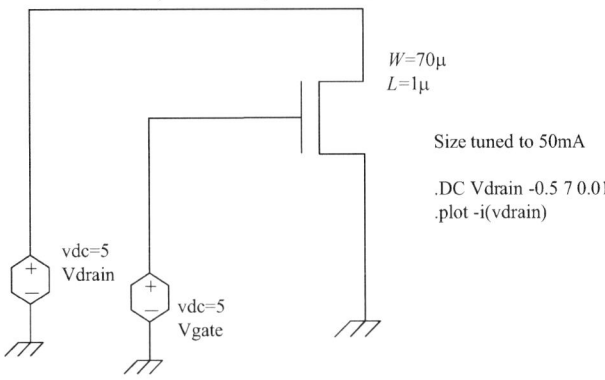

图 10-27　用于表征 nMOS I/V 特性的仿真设置（book\ch10\nmos_dc.sch）

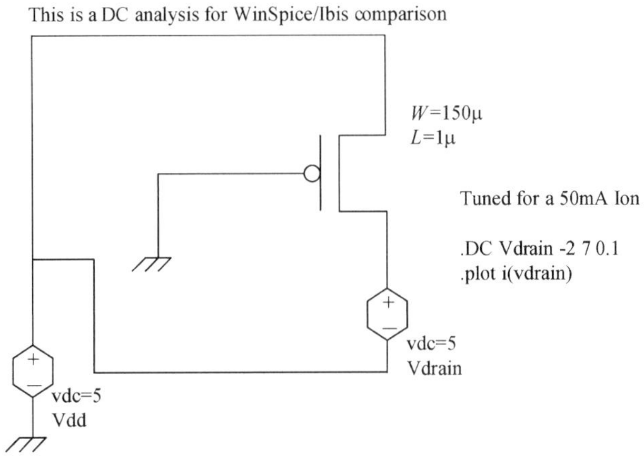

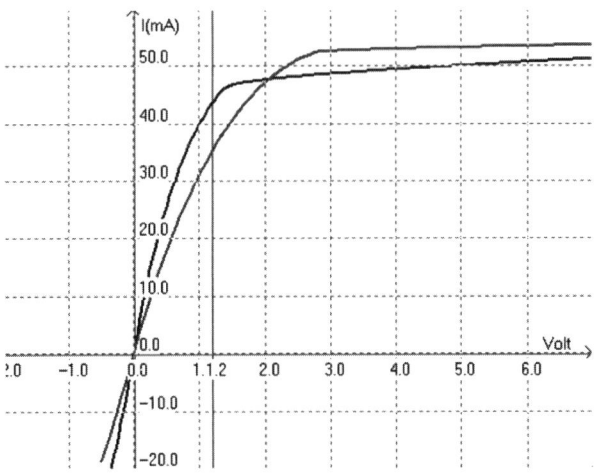

图 10-28　用于表征上拉器件的 PMOS 晶体管的仿真设置（book\ch10\pmos_dc.sch）

图 10-29　比较 IBIS 数据和对 NMOS 器件的仿真数据（book\ch10\nmos_dc.sch）

对 PMOS 也进行了同样的研究。在 IBIS 中采样时重现 I/V 曲线所需的仿真设置(有些复杂),如图 10-30 所示。通过单击窗口右下角的"Add Data"按钮,可以比较仿真数据和 IBIS 信息。

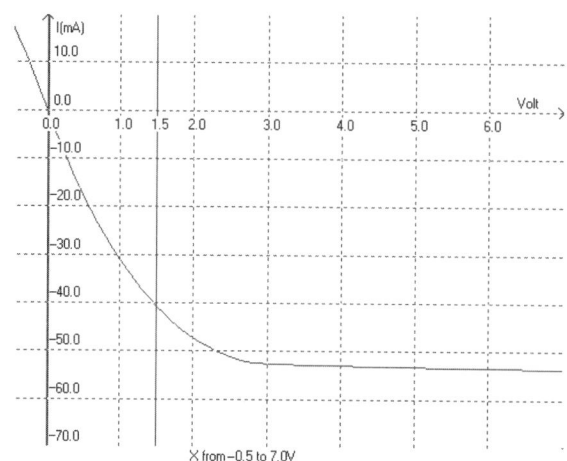

图 10-30　与直流仿真进行比较的上拉器件的 IBIS 数据(book\ch10\pmos_dc.sch)

10.6.4　缓冲仿真

在本节中,使用安装在 EMC 测试板上的 Xilinx 现场可编程门阵列(FPGA)[5],如图 10-31 所示,Spartan 6 器件用于表征和模拟可配置 I/O 上的信号完整性。Xilinx 为所有 FPGA 的可用 I/O 配置提供 IBIS 模型。

图 10-31　Xilinx 公司生产的用于描述 Spartan 6 FPGA 的 EMC 测试板[5]

单击"File > Load IBIS File":
- 选择"case study\spartan6\spartan6.ibs";
- 选择"package"显示 BGA 引脚分配(图 10-32);
- 选择"Locate Pins"选择器中的"All GND"以显示 GND 引脚,对应引脚列表第 3 列中的"GND"关键字([Pins]部分)。

I/O 可以配置为用户定义的驱动电流(2mA、4mA、6mA、8mA、12mA、16mA 或 24mA)、信号转换速率(慢速、静态或快速)和可选的上拉/下拉电阻。在这里重点介绍了

第 10 章 集成电路封装和接口

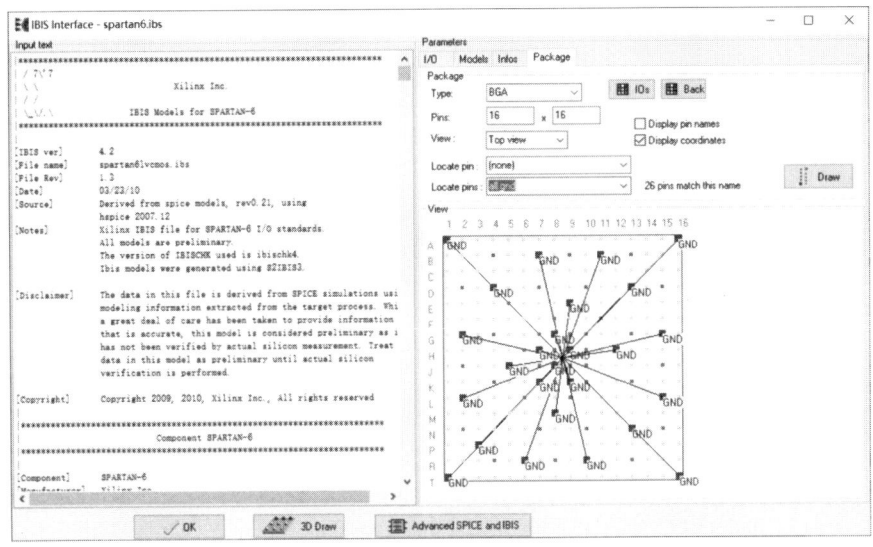

图 10-32　Xilinx 提供的 IBIS 文件描述 Spartan 6 I/O 接口的电气特性
(case study\spartan6\spartan6.ibs)

LVCMOS3 配置，它具有快的信号转换速率，以及 12mA 驱动器，没有任何上拉或下拉内阻。I/O 相关的 IBIS 描述可在"[Model] LVCMOS33_F_12_LR_33"中找到，其中 F 表示 Fast，12 表示 12mA，LR 表示左右，33 表示 3.3V。

输出级基于推挽式结构(图 10-33)。GND Clamp 用于防止静电放电和欠压/过压应力。PMOS 器件作为上拉电阻，宽度调谐到与工作电压为 3.3V 时的开启电流 I_{on} 相匹配(64mA，如图 10-34 所示)，而下拉电阻则由 NMOS 器件表示，目标电流 60mA(如图 10-35 所示)。请注意，当电压在 VDD+VT 以上时，电流随二极管 power clamp 的导通而增加。

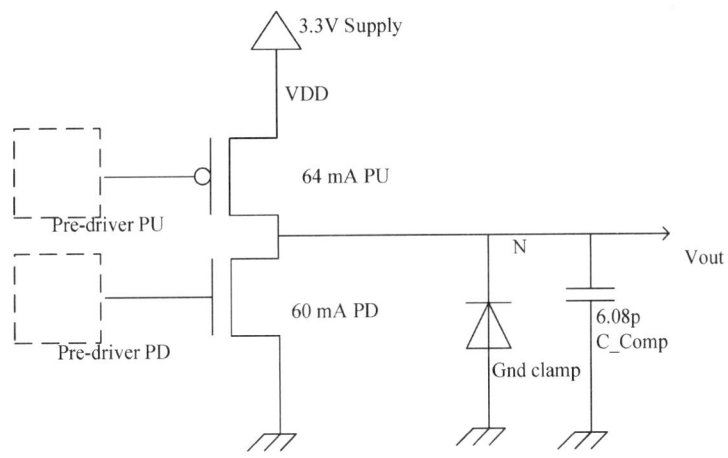

图 10-33　IBIS 模型中描述的 I/O 结构"LVCMOS33_F_12_LR_33"
(case study\spartan6\spartan6.ibs)

如何直接在 IBIS 文件中读取 I_{on}：
- 使用文本编辑器(如记事本)，加载 IBIS 文件"spartan6.ibs"；
- 搜索模型的关键字(例如，'LVCMOS33_F_12_LR_33')；

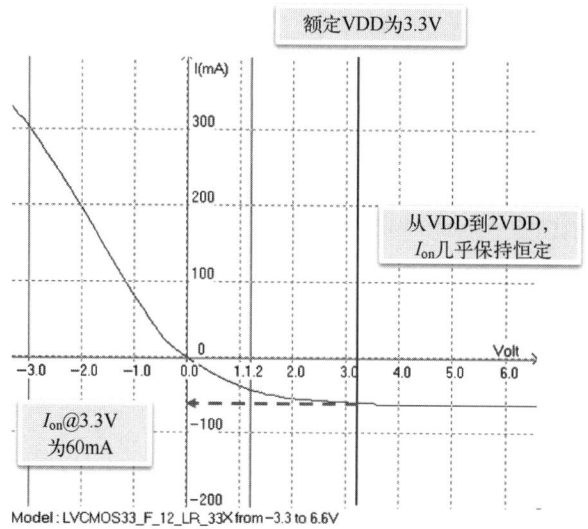

图 10-34 上拉电压从 -VDD 到 2VDD 的 I/V 特性,其 I_{on} 为 60mA
(case study\spartan6\spartan6.ibs)

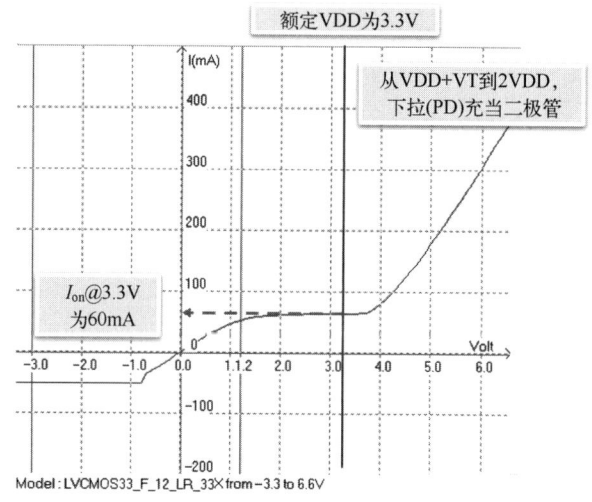

图 10-35 下拉电压从 -VDD 到 2VDD 的 I/V 特性
(case study\spartan6\spartan6.ibs)

- 移至[Pulldown]部分;
- 移动到第一列(电压)中的额定 VDD 值,此处为"3.30";
- 获得典型、最小、最大电流:此处为"63.8400mA　49.6097mA　78.2800mA"。

用 Keithley 2601A I/V 测量单元测量位于 BGA 阵列"T9"中输出缓冲器"IO_L23N_2"的 I/V 性能。其结果是一个表格式的电压-电流文件(IC-EMC 使用".DAT"为后缀名)。IBIS 数据与实测 I/V 特性的比较表明,最大电流接近 IBIS 规范中第 3 个参数所给出的"Max"限值("typ""min""max")。

如何将 IBIS I/V 数据与测量值进行比较:

- 单击"File> Load IBIS File";
- 选择"Models"以显示模型列表;
- 单击"Pull_up"列,显示相应的 I/V 曲线;
- 单击"Add data",选择格式"Data files(* . DAT)";
- 选择文件"LVCMOS33-pullup-IV-measurement. dat";
- 单击"-sign"将测量数据反转,以匹配 IBIS 曲线(图 10-36)。

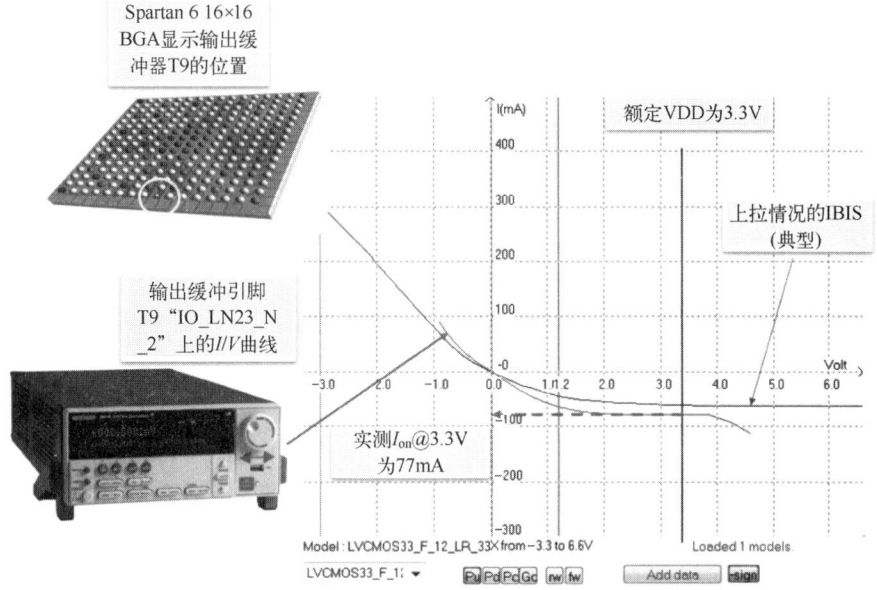

图 10-36　比较上拉情况的 IBIS 和 I/V 测量值(case study\spartan 6 \spartan6. ibs)

IBIS 规范与测量的 I/V 之间存在合理的匹配,尽管测量结果明显高于所有电压的典型数据。测量的 I_{on} 约为 77mA,比图 10-35 中指定的 64mA 高 20%,可能是在制造过程中的一系列变化所影响。

在 IBIS 规范部分,将上升和下降的波形作为列表时间/电压数据。例如,(上升波形)部分通过"R_fixture = 50. 0000"和"V_fixture = 3. 3000"分别表示 50Ω 的负载和 3.3V 的电压。原理图如图 10-37 所示,图中从左到右包括:

- 缓冲器切换为 100MHz;
- 3.3V 电源;
- IBIS 中指定的 C_comp 值约为 6pF;
- IBIS 中[Package]、R_pack、C_pack、L_pack 和 typical values 为指定的 RLC 封装模型;
- 50Ω 负载。

可以比较仿真、IBIS 信息和时域测量。有关上升和下降波形的 IBIS 信息被记录在[Ramp]、[Rising Waveform]和[Falling Waveform]中。修改脉冲参数"TD"以匹配 IBIS 开关时间(这里大约是 0.9ns),并便于波形比较。注意,有关 $V(t)$ 的 IBIS 信息已复制到". tran"数据文件中,可通过"Add Measure"访问。

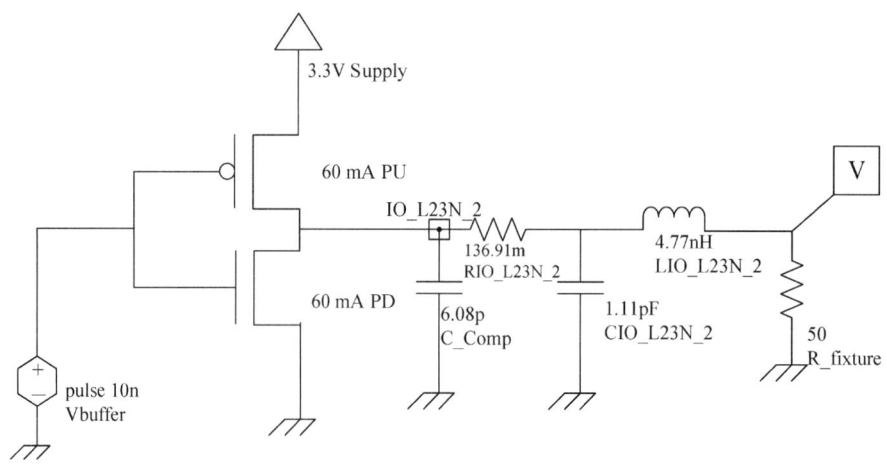

图 10-37 输出缓冲器(负载为 50Ω)的瞬态分析
(case study\spartan6\spartan6-buffer-switching.sch)

图 10-38 展示了 IBIS IV(t)数据和仿真数据的对比案例,具体步骤如下:
- 使用 NotePad 打开"casestudy\spartan6\spartan6.ibs";
- 将[Rising Waveform]数据复制到扩展名为".tran"的文本文件中;
- 在 IC-EMC 中,编辑和仿真"spartan6-buffer-switching.sch";
- 打开"Voltage vs. time"工具,然后单击"Autofit",显示仿真结果;
- 单击"Add measure",选择".tran"文件,即可对比 IBIS 规范和仿真波形。

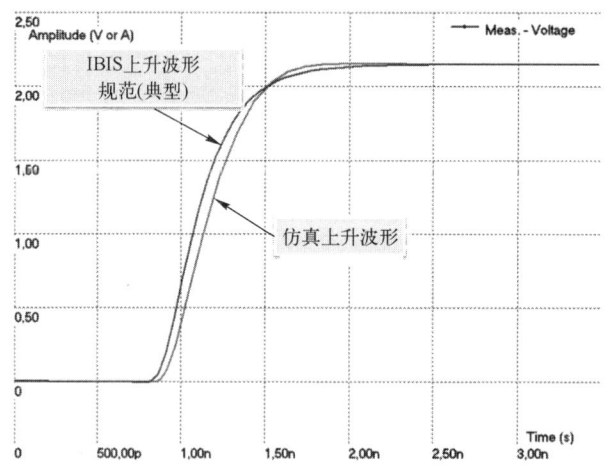

图 10-38 比较 IBIS 规范和 LVCMOS 缓冲器(负载为 50Ω)上升波形的仿真数据
(case study\spartan6\spartan6-buffer-switching.sch)

相同的缓冲器连接到符合 IEC-61967 标准的 150Ω 测量设备上,原理图如图 10-39 所示。该测量的目的是提取由输出产生的传导发射的频谱,并将其与现有标准进行比较。工作频率为 30MHz,因此在仿真中对时钟发生器进行相应的调整。

图 10-39 显示了 150Ω 探头和频谱分析仪输入的模型,它用在数字输出引脚的发射测量上。在 150kHz~1GHz 的频带上,从 I/O 测试(在示意图的左侧)可看到一个 150Ω

的阻抗。由于电阻 R120、R51 和 RSA 的影响,频谱分析仪测量到的电压是输入信号在 IO_DUT 的衰减版本,其因子约为 0.17。

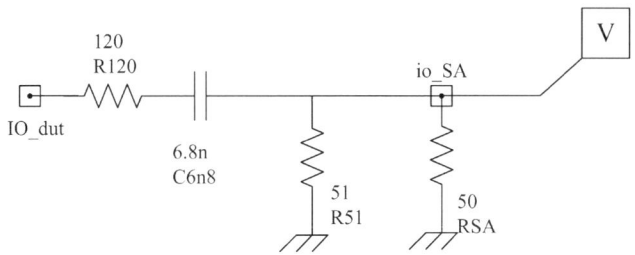

图 10-39　连接到频谱分析仪的 150Ω 探针的示意图
(case study\spartan6\probe-150ohm.sch)

如图 10-40 所示,对 LVCMOS33 缓冲器(pinT9)的测量噪声和传导噪声仿真结果进行了比较,发现两者具有很好的匹配性,但噪声水平远远高于通用 IC-EMC 测试规范中所描述的一般限制,即通过在低于-20dB 斜率"6"和低于水平线"F"的位置使用 150Ω 方法来确定传导噪声的极限[6]。根据这些建议,I/O 引脚的噪声可以被认为是非常嘈杂的,这并不奇怪,因为选择了这个输出引脚,并将其配置了最大驱动器和最大速度,这意味着最糟糕的寄生发射。

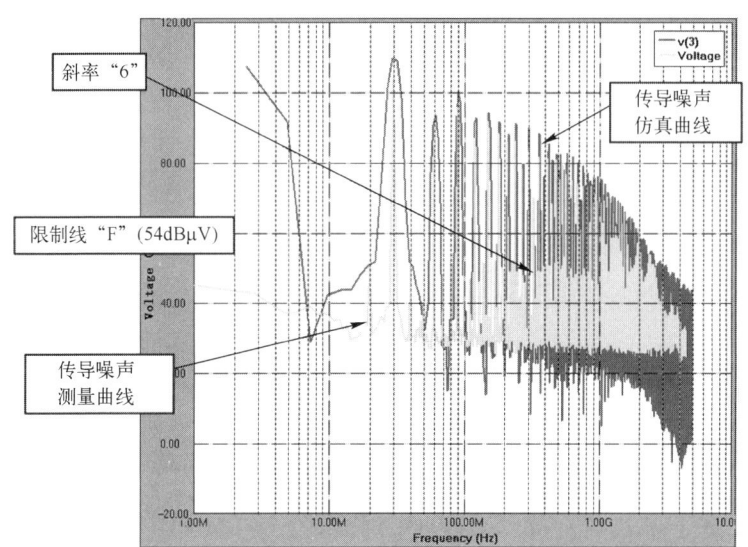

图 10-40　输出缓冲开关在 30MHz 附近产生的测量和频谱仿真,探针为 150Ω
(case study\spartan6\spartan6-buffer-switching-150ohm.sch)

如何在频谱中添加参考值:
- 选择"Add a limit";
- 如果需要参考值,只需输入以 dB 为单位的值;
- 如果需要-20dB 斜率和水平参考,请输入字母,后跟括号中的数字。例如"(E5)"对应于"E"级别(63dBμV)和"5"斜率(63dB at 100MHz)。

注意,所有分立组件在此关系图中都是理想的。此外,通过 RC 网络连接 DUT 和探针的 PCB 布线带来的影响没有考虑在内。通过使用更详细的 PCB 和分立元件模型,以及非理想的电源平面和电源网络,可以实现更好的匹配。

10.7 结　　论

在本章中分析了不同类型的封装,重点是引线和键合线的金属结构,由四方扁平封装和球栅阵列变体加以说明,还分析了芯片与封装的连接及其在寄生效应方面的影响。根据 IBIS 对 I/O 和封装尺寸的描述,提供了封装和 3D IC 封装的图示。还提供了有关 I/O 结构的一些细节,重点介绍了缓冲强度、封装的寄生效应、钳位二极管和非理想电源网络。根据驱动器和二极管的 I/V 特性以及有着典型负载缓冲器的切换,建立了 IBIS 规范与输入/输出缓冲器建模开发之间的联系。根据 150Ω 方法,分析了与 Spartan 6 案例研究相对应的可编程缓冲器,其在静态特性和动态特性上都有很好的匹配,并进行了噪声处理。

10.8 练　　习

练习 1　BGA 420 的 3D 视图

单击"File> Load Ibis",选择"examples\ibis\infineon_tc1796_v2.ibs",单击"3D View"按钮,打开"Draw package"选项以观察包装的内部结构,在这种情况下包含 420 个焊球,间距为 1.0mm。

1. VSS 和 VDD 引脚的大概数量是多少?
2. 数量和版图布局是否针对低发射进行了优化?

练习 2　BGA 64 的 3D 模型

单击"Tools>Advanced Package Model"并选择"examples\package\BGA64_model.geo"。单击"Import GEO model",选择"Model Viewer"标签。IC-EMC 通过过孔、键合线、IC、层等(.GEO 格式)的内部描述,显示了一个真实的封装视图。模具尺寸为 1.4mm×1.4mm,包装尺寸为 8mm×8mm。

1. 每个引脚所用的金属大约长多少?最坏情况下的等效电感是多少?
2. 单击"Compute RLC",选择"Ground Plane"。将相对介电常数设置为 2.5(塑料封装),选择"Extrad L matrix"。单击"[L] Compute",计算部分 L 的最小值、最大值和平均值。单击"Add"以绘制每个引脚的自感。将此与最坏情况评估进行比较。

练习 3　封装体叠层技术(PoP)的 3D 示意图

单击"File> Load Ibis"并选择"Case_study\Pop\Pop-SoC-DDR.ibs"来观察 PoP 的内部结构,在这种情况下,PoP 包含一个片上系统处理器和一个 DDR 内存。单击

"Package",选择内存模具,并定位引脚"VDD",然后定位"VSS"。

1. 引脚是否平衡并成对布线?
2. 10 个 I/O 引脚中是否至少有一对是 VDD/VSS?

练习 4 I(V)模型

创建一个示意图,仿真对应于 Spartan 6 LVCMOS33 的 PU 和 PD 设备的 I/V 特征。

1. NMOS 器件的长度为默认值,在 3.3V, I_{on} = 65mA 时宽度对应的值是多少?
2. 对于 PMOS 器件也有同样的问题。

练习 5 信号完整性

使用[Ramp]部分和 Spartan 6 案例研究的[Falling Waveform]部分包含的 IBIS 信息,将 IBIS 规范与 $V(t)$ 仿真曲线进行比较。

1. 如果检测到不匹配,那么将仿真调整为 IBIS 规范需要采取哪些纠正措施?
2. 使用 IBIS 规范,选择型号 LVCMOS33_F_4_LR_3(Case_study\Spartan\spartan6_v2.ibs)。其 I/V 特性是怎样的?信号传播性能又是怎样的?

练习 6 阻抗失配仿真

在这个练习中,考虑两个 CMOS 十六进制反相器之间的连接。数字反相器由 NXP 提供,型号为 74AHU04。它们的 IBIS 文件在 book/ch10/ahct04.ibs 中。反相器由一条 10cm 长的微带线连接,其横截面用相反的图形描述(图 10-41)。两个组件都安装在相同的 PCB 上,共享相同的 5V 电压传输网络,理想情况下可以解耦。

最初,没有匹配的终端被放置在行的末尾。该练习的目的是建立一个与 SPICE 兼容的反相器和微带线模型,以评估这个数字链的每个终端的信号完整性,然后测试不同的终端。

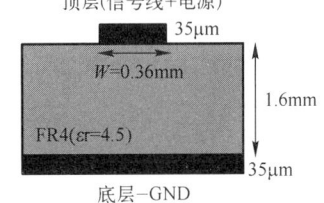

图 10-41 微带线横截面示意图

1. 打开 IBIS 文件 ahct04.ibs。

a. 输出缓冲区的模型是什么?输入缓冲区的模型是什么?

b. 输出缓冲器的等效电容是多少?输入缓冲器的等效电容是多少?

c. 封装的类型是什么?给出封装引脚的 R、L、C 的典型值。

d. 输出缓冲器的结构是什么,推挽式、开管式还是差分式?输入和输出焊盘上是否有保护二极管?

2. 绘制输出缓冲器的下拉和上拉器件的 $I(V)$ 曲线。我们假设制造技术是 CMOS 0.25μm。根据"Spice.fib"中给出的 MOS 模型,提出再现 IBIS 文件中给出的 $I(V)$ 曲线的 NMOS 和 PMOS 器件的宽度和长度。

3. 建立输入和输出缓冲区的 SPICE 模型。

4. 微带线的特征阻抗是多少?构建线路的等效电气模型,有效频率高达 5GHz。

5. 将输入和输出缓冲区连接到线路终端。输出缓冲器以 1MHz 的频率周期性切换,模拟接收端电压的瞬态曲线。将仿真结果与测量结果(book/ch11/rw_in_no_match.tran

和 book/ch11/fw_in_no_match.tran)进行比较。关于线路的阻抗匹配,能得到什么结论?

6. 为改善信号的完整性,我们建议采用两种不同的匹配网络:

- 两个 120Ω 电阻放置在两个线路端子上;
- 在驱动器端放置一个 120Ω 电阻器,在接收端放置一个 120Ω 电阻器和一个 4.7pF 电容,更新逆变器反相器链路模型以添加匹配网络并重复问题 5,描述它们对信号完整性的影响。

参考答案 练习 1

2. 优化将包括为不超过 10 个 I/O 引脚提供 VDD/VSS。

参考答案 练习 5

1. $W=60\mu m$ 时,转换速度的仿真比 IBIS 规范中描述的要快。为了匹配 IBIS 数据,NMOS 宽度应减少到 $30\mu m$。

2. 使用模型"LVCMOS33F_4_LR_33", I_{on} 约为 25mA。驱动减少 60% 导致了下降和上升时间的显著增加。

参考答案 练习 6

1. a. AHC_OUTI_50 和 AHCT_IN_50。
   b. 缓冲器的等效电容由参数 Ccomp 给出,等于 0.9pF 和 0.56pF。
   c. TSSOP14, $L_{typ}=1.83nH$, $R_{typ}=34m\Omega$, $C_{typ}=0.38pF$。
   d. 推挽式。输入焊盘上只有一个电源钳位网络。

4. 120Ω。

参考文献

[1] IBIS I/O Buffer Information Specification-https://ibis.org/ver6.1/ver6-1PDF-Ratified Sep. 11,2015.

[2] E. Rogard, B. Vrignon, J. Shepherd, E. Sicard,"Characterization and Modelling of Parasitic Emission of a 32-bit Automotive Microcontroller Mounted on 2 Types of BGA", IEEE EMC Symp., Austin, Texas, USA, 2009.

[3] E. Sicard, A. Boyer, P. Fernandez Lopez, A. Zhou, N. Marier, F. Lafon,"EMC performance analysis of a Processor/Memory System using PCB and Package-On-Package", EMC Compo 2015, Nov. 10-13, 2015, Edinburgh.

[4] Berkeley Short-channel IGFET Model-http://bsim.berkeley.edu-See BSIM4 for MOS models adaptable to nano-CMOS technologies.

[5] DS160 v2.0-Spartan-6 Family Overview-Product Specifications, Xilinx, Oct. 25, 2011, www.xilinx.com

[6] Generic IC EMC Test Specification version 2.0, Application Group Automotive (APG) Division, 2014, Publisher:ZVEI-http://www.zvei.org/en/assocation/publications

第 11 章 集成电路电磁发射建模

本章介绍集成电路传导和辐射发射的建模。描述了用于预测 IC 级传导发射问题的一般方法,如集成电路发射建模(ICEM-CE)标准(IEC 62433-2)中提出的传导发射模型。详细介绍了用于开发 ICEM-CE 模型的不同步骤,将块结构术语与集成电路结构联系起来。将 ICEM 模型预测的发射值与用于验证目的的测量值进行比较。讨论了如何基于 ICEM-RE(IEC 62433-3)预测集成电路的辐射发射。将 16 位微控制器的测量结果与基于 TEM 小室和近场扫描方法的相关建模方法进行比较。研究了 TEM 小室模型、IC 封装引线与隔膜之间的耦合、小室中电路方向的影响及其相关测量和对某些模型参数的影响。

11.1 使用模型预测 IC 的 EMC 性能

理想状态下,应该使用 IC 模型来评估 IC 生产制造之前的电磁干扰和外部干扰对电磁敏感性的风险,如图 11-1 所示。专用工具、模型和准则应能够通过仿真预测 EMC 性能,但如果后者显示无法实现 EMC 符合性,则应做出设计上的更改,以使寄生辐射和敏感度保持在目标水平以下。因此,模型在帮助分析设计变更的影响方面起着关键作用。

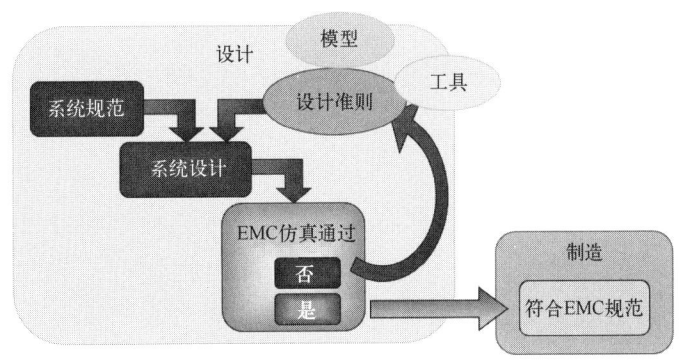

图 11-1 在 IC 生产制造之前,模型在设计迭代中的作用

理想的情况是,不需要昂贵的集成电路制造迭代就可以实现 EMC 符合性。例如,使用纳米级技术,制造成本在 1000 万美元以上,并且需要花费数周的时间。

11.2 IEC 62433

国际电工委员会(IEC)标准 62433 旨在为 IC 的 EMC 建模提供一个通用框架。发射和抗扰度建模分开处理。提出了两个基本模型:

- ICEM——集成电路发射模型,其结构在本章中描述;
- ICIM——集成电路抗扰度模型,在第 12 章中描述。

该标准还区分了传导和辐射模式。因此,已经定义了 4 类主要的 EMC 模型,如图 11-2 所示。

传导发射模型(ICEM-CE)。将 IC 描述为传导 RF 骚扰的来源。该模型在 11.3 节中介绍。

辐射发射模型(ICEM-RE)。描述由 IC 产生的辐射 RF 骚扰。

传导抗扰度模型(ICIM-CI)。将 IC 描述为受外部环境进行 RF 骚扰的对象,详见第 12 章。

辐射抗扰度模型(ICIM-RI)。将 IC 描述为受外部环境辐射的 RF 骚扰的对象。

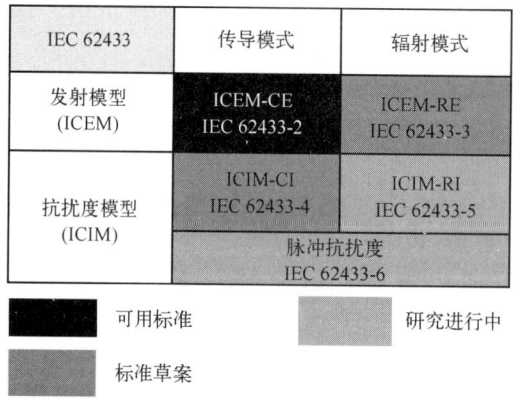

图 11-2　IC 的 EMC 建模 IEC 62433 标准区分了发射和抗扰度,以及传导和辐射模式

图 11-2 中提到的第五个项目涉及脉冲抗扰度,对应标准为 IEC 62433-6。与连续波抗扰度(即注入 IC 的正弦波)相反,脉冲抗扰度处理一些瞬变,这些瞬变可能由电压突变、静电放电或任何类型的寄生脉冲引起。

11.3 ICEM-CE 模型

ICEM-CE 标准(传导发射的集成电路发射模型)的主要目标是提出一个数字或模拟集成电路传导模式下寄生发射建模的通用框架。ICEM-CE 模型主要针对的是逻辑核心

(CPU)的切换,主要关注电源传输网络以及输入/输出缓冲区,这些缓冲区是导致产生噪声的主要因素。

11.3.1 定义

定义了两个主要组件:

无源去耦网络(PDN),它描述了 IC 终端上的阻抗网络。它作为电路开关产生噪声的滤波器,根据频率变化引起谐振和衰减。

内部活动(IA),描述所有 IC 活动,占了数百万个基本同步门开关,并因此实现数百万次内部或外部节点的充放电。该活动可以表示为激发供电网络的周期性电流源。

简而言之,集成电路的传导发射模型由电流源发生器和阻抗网络组成。如图 11-3 所示,我们对封装和核心 PDN 进行了区分,因为互连的材料和尺寸差异显著:封装 PDN 主要是电感性的,而片上 PDN 主要是电容性的。PCB 通常由电源和接地层组成,再加上用于开关噪声外部滤波的去耦电容。

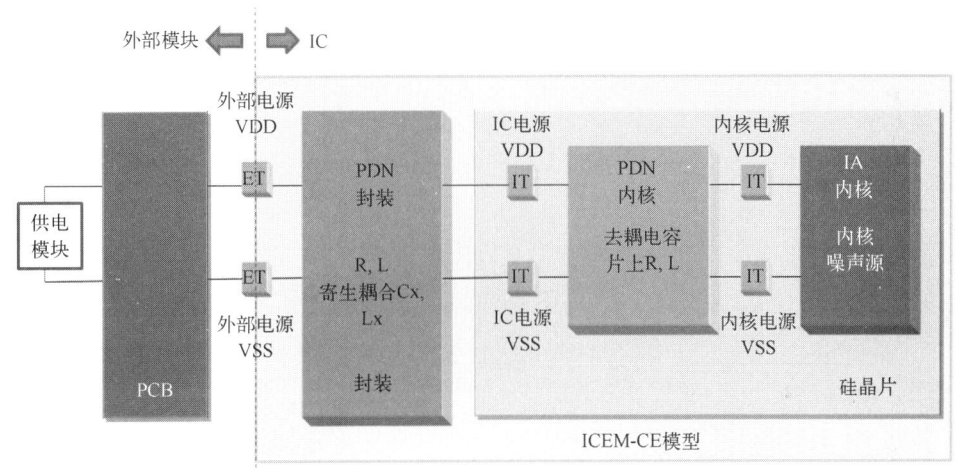

图 11-3 IC 的传导发射模型的基本结构

供电网络是传播内部电流源产生的传导噪声的主要媒介之一。根据 IEC 62433 规范,我们还定义:

- 外部终端(ET),是 IC 和外部世界之间的主要连接点。它们对应于连接到 PCB 的封装终端。
- 内部终端(IT),是内部模块与其他片上组件之间的主要连接点。在图 11-3 中,将 Core 和 IC 电源视为内部终端。

ICEM 模型是更加倾向于 IC 制造商还是 IC 客户的需求?
- IC 制造商不能透露有关其电路内部结构和技术性能的机密信息。由于 IC 极其复杂,因此要为进行噪声模拟提供一个简化的电路模型,就需要将其复杂度降低几个数量级。
- IC 客户希望预测电路板或系统上 IC 产生的噪声。他们需要一个简单的模型,与 PCB 和系统级的电气和电磁仿真工具兼容。他们希望预测最坏情况下的噪声,并预想会做出去耦、滤波、I/O 配置等的选择。

11.3.2 入门

我们在图 11-4 中考虑了一个非常简单的 ICEM-CE 模型,它应用于 32 位内核的内部活动中,其制造工艺为 0.18μm CMOS 封装为 QFP。该模型源自文献[1]中描述的飞思卡尔 32 位微控制器模型。该模型包括:

- 1.8V 电源。PCB 模型被忽略,这意味着电源是完美的。
- 电感作为 PDN 封装。10nH 的值相当于 10mm 的互连,一个用于 VSS,另一个用于 VDD。
- 电容作为核心 PDN。VDD 和 VSS 之间片上微处理器固有去耦电容的值为 1nF。幅度为 1A 的三角形脉冲,频率是电路时钟频率的两倍,因为电流峰值出现在主钟的上升沿和下降沿。上升和下降时间设置为 0.5ns,周期为 10ns。
- 1Ω 探头依据是 1Ω/150Ω 的测试标准 IEC 61967,频谱分析仪的输入阻抗为 50Ω。
- 电压探头,用于监测传导噪声。

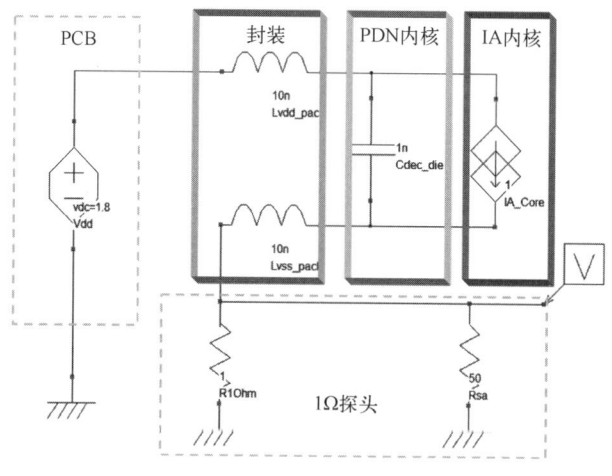

图 11-4 简单 ICEM-CE 模型
(book\ch11\icem-ce-very-simple.sch)

- 单击"File>Open",然后从目录"\book\ch11"中选择"icem-ce-very-simple.sch"。
- 单击"EMC>Generate SPICE file"。SPICE 网表创建为"icem-cevery-simple.CIR"。
- 运行 WinSPICE。单击"File>Open"并选择"icem-ce-very-simple.CIR"。在仿真结束时,单击"EMC>Voltage VS. time"。瞬态波形显示如图 11-5 所示。
- 在"Generate Spice File"窗口中,单击"Emission Window"。也可以单击"EMC>Emission dBuV vs.Frequency"。传导噪声的频谱如图 11-6 所示。

必须运行 WinSPICE 仿真器来计算电压探头的时域波形,并通过 IC-EMC 的"Voltage vs. time"窗口观察。通过时域仿真结果(图 11-5)可以观察到对应于片上去耦电容的电荷噪声的瞬态相位非常大,最后趋于稳态。我们对稳态更感兴趣。可使用 IC-EMC 计算出相应的频谱(图 11-6)。

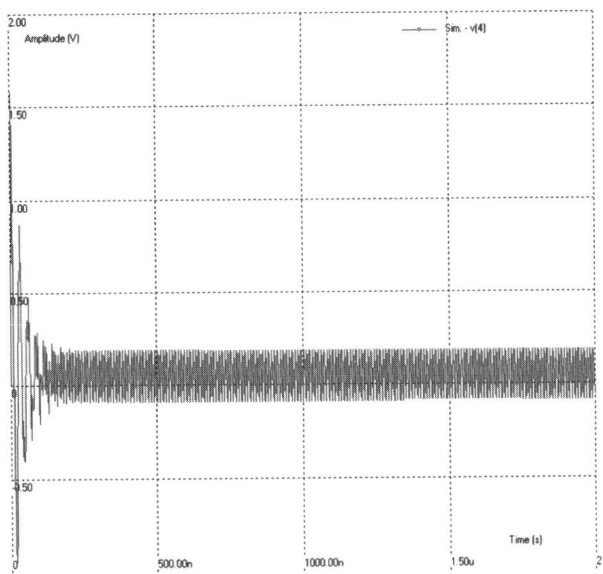

图 11-5　简单 ICEM-CE 模型的时域仿真
（book\ch11\icem-ce-very-simple.sch）

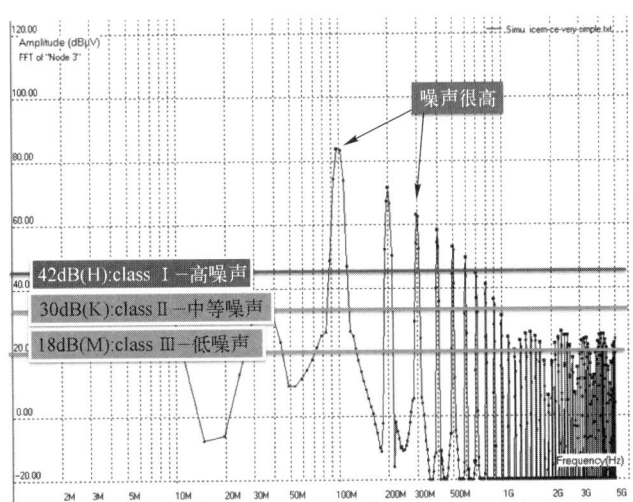

图 11-6　通过简单 ICEM-CE 模型在 VSS 上产生的传导噪声
（book\ch11\icem-ce-very-simple.sch）

IA 会在逻辑模块内部产生剧烈的开关噪声,产生的谐波达到 100MHz,最高可达几吉赫。瞬态噪声通过片上 PDN 传播,然后通过封装 PDN,最终到达外部印制电路板（PCB）布线。这个由 1Ω 探头捕获的外部噪声因此也是一种内部噪声的滤波版本。与 IA 电流脉冲相比,PDN 具有很强的衰减特性。

通过 IC EMC 测试规范[2]中关于 EMC 限值的描述,当使用 1Ω 探头方法时,频率大于 100MHz,高于 42dBμV 的噪声相当于噪声集成电路（class 1）。在 100MHz 的频率下,简单电路产生的传导噪声达到近 90dBμV,远远超过了 42dBμV 的限制。从 100MHz 到 700MHz,噪声仍然非常高,这意味着 IC 的电源引脚会产生非常大的噪声。

11.3.3 应用基本准则

低辐射准则[3]通常涉及在芯片内增加片上电容、优化的时钟树和 RC 滤波[4]。为了说明图 11-1 的迭代循环和对更低发射的追求,我们在这个非常简单的模型中研究了各种参数的影响(图 11-7):

- 增加更多的片内去耦,这导致了 Cdec 的增加,选择 50nF 代替 1nF。
- 通过优化内核的电流消耗来降低电流峰值,选择 50mA 代替 1A。在实际操作中,电流优化非常重要。它包括尽可能降低时钟树的缓冲强度,正如 ST Microelectronics™ STM32 产品上[4]所示。它还可能包括增加诸如 3 态驱动器的待机模式电路,断开未使用模块的电源以限制不需要的切换,或者尽可能减少基本门电路的驱动。

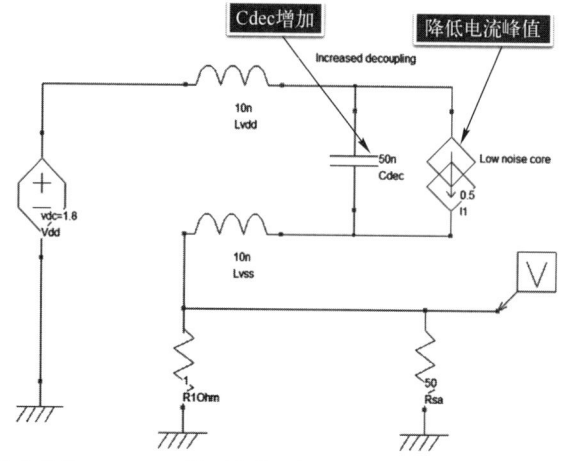

图 11-7 通过修改某些 ICEM-CE 模型参数,应用基本设计规则,得到较低的传导发射值
(book\ch11\icem-ce-very-simple-improved.sch)

传导噪声大幅降低,如图 11-8 所示的预测发射频谱所示,芯片性能接近 ZVEI 规范[2]中定义的 I 类限值。

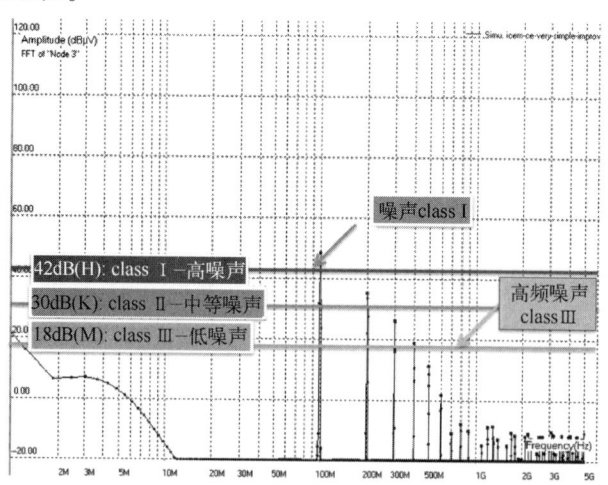

图 11-8 增加片上去耦、串联电阻和减少同步电流切换可大大提高 EMC 性能
(book\ch11\icem-ce-very-simple-improved.sch)

11.3.4 匹配测量

对该组件进行 1Ω 测量并与仿真结果对比(图 11-10)。可以看出,主谐波是 80MHz 的倍数,而不是 100MHz。高频的振幅并不像预测的那么高,这意味着在电源到地的路径上存在一些寄生电感。我们建议将串联电感增加到 1Ω(图 11-9),这个做法是合理的,因为事实上即使电阻尽可能短地接地,也总会有毫米布线,相当于 1~5nH。2nH 的值与测量值很匹配。

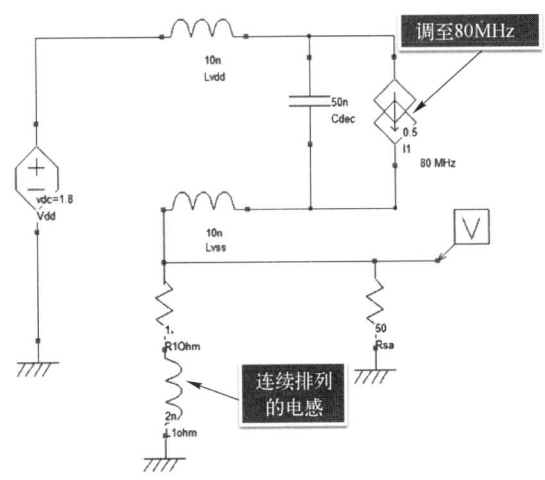

图 11-9　调节基本频率,添加寄生串联电感,以改进测量与仿真之间的匹配
(book\ch11\icem-ce-very-simple-tuned.sch)

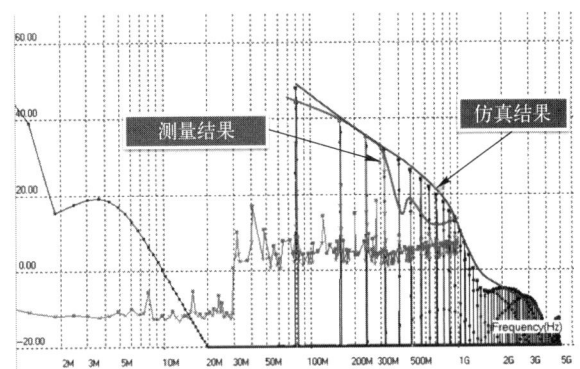

图 11-10　使用非常简单的 ICEM-CE 模型比较其传导发射的测量和仿真
(book\ch11\icem-ce-very-simple-tuned.sch)

将仿真与测量进行比较:
- 单击"File>Open"并从目录"book\ch11"中选择"icem-ce-very-simple-runed.sch"。
- 生成". CIR"文件并运行 WinSPICE。
- 单击"Emission Window",模拟频谱出现。
- 单击"Add measurement"并选择"case_study\mpc5534\mpc5534-324-120ohm-vdd.tab"。
- 单击"Envelope"以便比较谱图结果。

11.3.5 一个更复杂的 ICEM-CE 模型

之前的案例中针对匹配测量和仿真的研究做得比较简单。在很多情况下,涉及多个 VDD/VSS,或者几个不同的模块以非同步方式切换(多核、DDR 存储器总线、超高速 I/O 等)。我们经常使用更多的 RLC 单元来考虑各种次要影响。每个新的 LC 都会在频谱中产生新的谐振。在图 11-11 所示的情况下,我们使用一组两个 LC 系统,一个具有高 L 和 C,产生低谐振频率 f_{r1}(式 11-1);另一个具有较低的 L 和 C,产生高的谐振频率 f_{r2}(式 11-2)。高 L 为主电感 LPackVdd 和 LPackVss 的总和,高 C 为全局去耦电容 C_d。低 L 与片内电感 Lvdd_die 与 Lvss_die 串联,而低 C 与局部块去耦 C_b 相关,靠近电流源。

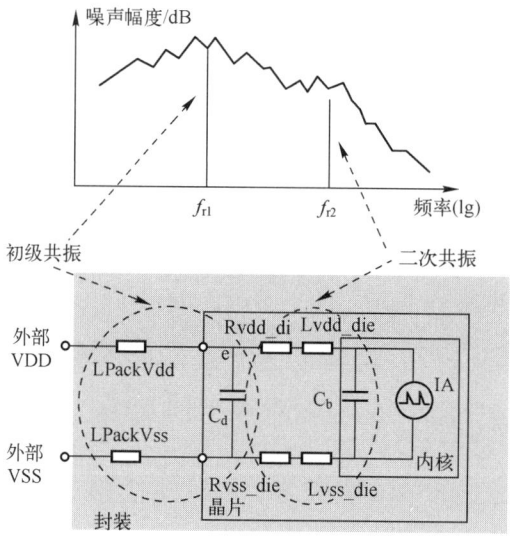

图 11-11 具有双 LC 系统的 IC 模型示例

$$f_{r1} = \frac{1}{2\pi \sqrt{(L_{PackVdd}+L_{PackVss})C_d}} \quad (11-1)$$

$$f_{r2} = \frac{1}{2\pi \sqrt{(L_{Vdddie}+L_{Vssdie})C_b}} \quad (11-2)$$

在忽略外部去耦的影响这一前提下,这些公式是有效的,通常在较低带宽内,外部去耦增加了更多的电容和电感,从而改变了谐振频率 f_{r1} 和 f_{r2},并增加更多的谐振频率。

11.3.6 建模内部活动

内部活动(IA)模型可以用一个电流源来表示,这是因为与基本门开关相关的主要机制是电荷转移。对 IA 时域方面的精确评估需要基于每个有源电路中每个节点的开关活动、电流门模型和 RC 负载条件的特定工具。这些信息通常是保密的,尽管在某些出版物中可以找到 IA 方面的说明[4],测量内部电流也是一项非常困难的任务,因为它需要"片上示波器"[5]。外部电流可以使用 1Ω 方法或第 8 章中描述的近场发射扫描测量,从中可以估算内部电流波形。

这里提出的方法是快速评估 IA 特性,只需要很少的 IC 制造商的信息。其特性的一阶近似可通过图 11-12 所示过程给出,该过程由以下三个阶段组成。

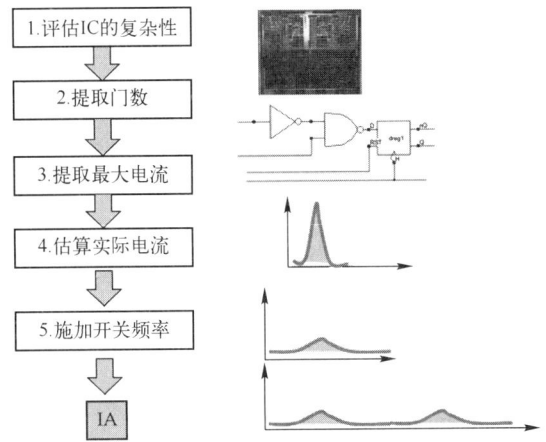

图 11-12　根据数据表和简单规则评估 IA 波形

1. 评估 IC 的复杂性

IC 加工厂或 IC 数据手册很少提供 IC 在晶体管或门电路方面的复杂性。然而,像文献[6]这样的网站提供了关于晶体管计数、技术和数百个组件的模具尺寸的详细信息,从这些组件中可以总结出一般的趋势(图 11-13)。

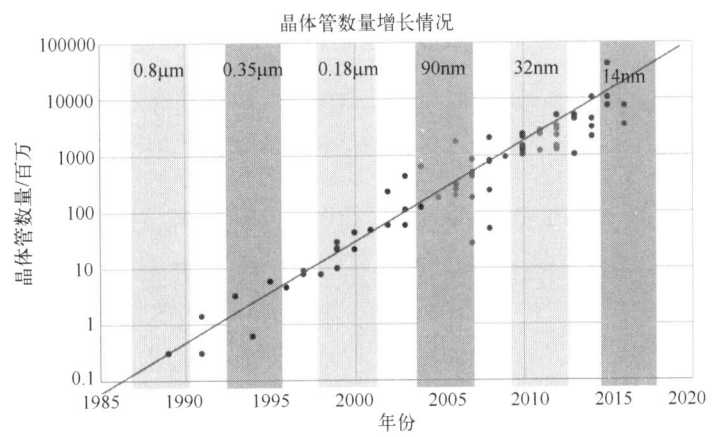

图 11-13　评估 IC 复杂性与年份和技术的关系(改编自文献[6])

晶体管的工艺技术演变过程如图 11-14 所示,显示了在单个组件中集成晶体管的最大数目呈指数增长。基本的逻辑单元复杂度通常从 2 个晶体管(INV)到 12(D-Iatch)。基于对大型嵌入式处理器 IC 的统计分析,对每个门的平均晶体管数进行一阶近似,即考虑每门 5 个晶体管。我们对处理器的类别(8 位,16 位或 32 位)和并行处理器的数量(1,2,…,8)进行了区分,以便推导和近似地得出逻辑门与处理器类型之间的范围,如表 11-1 所示。例如,一个 16 位微处理器平均有 100 个 K-gates,一个 32 位微处理器有 5 个 M-gates,等等。

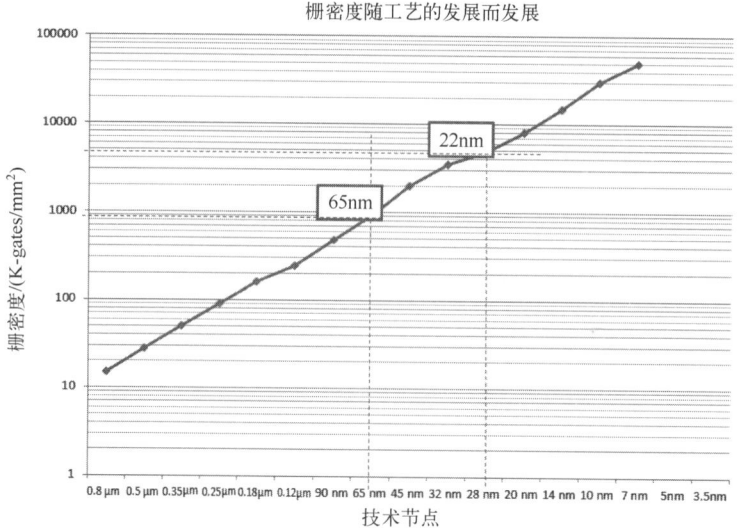

图 11-14 栅极密度与技术节点的关系

表 11-1 CPU 复杂度和门活动

处理器类型	逻辑门总数
8 位	0.5~10K
16 位	10K~0.5M
32 位	0.5~50M
双核处理器	10~100M
八核处理器	50~500M

我们也可以根据模具尺寸和技术来估算逻辑门的总数。图 11-14 显示了每平方毫米硅的栅极密度的变化。了解了芯片的尺寸,并假设约 25% 的表面积用于构成 CPU 的逻辑门,我们可估计 IC 门的复杂性。剩余的 75% 的硅片面积被认为用于 I/O、总线、静态电路或存储器以及模拟块。图 11-15 显示了 3 个不同微处理器和微控制器的示例,其中 10%~30% 用于 CPU。

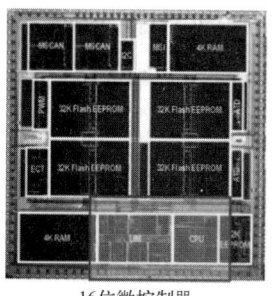

16 位微控制器
飞思卡尔M68HC912DG128
逻辑门10%

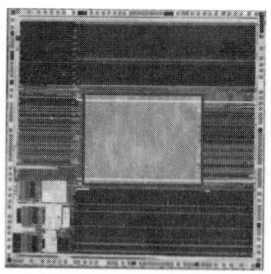

32 位微控制器
意法半导体STM32
逻辑门20%

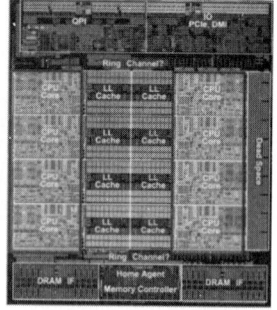

64 位微处理器
英特尔Haswell 8核
逻辑门30%

图 11-15 基于 IC 布局对逻辑门的表面积进行评估

第 11 章 集成电路电磁发射建模

以下过程可用于估计构成数字 IC CPU 的门数：
- 提取硅晶片的 X 轴、Y 轴尺寸；
- 认为 25% 的硅模表面积专用于门电路；
- 采用栅极密度系数；
- 推算出门电路的数量。

> 评估门的数量：
> - 数据表指示使用 65nm 工艺。如图 11-14 所示，这相当于门密度约 1000K-gates/mm²。
> - 工艺分析显示，该模具尺寸为 7.3mm×4.5mm。这相当于大约 33mm²。
> - 考虑到 25% 的芯片是用于逻辑门的，估计门的数量约为 800 万。

在某些情况下，我们可能需要很准确地估算出模具尺寸。一种可能的解决方案是使用 X 射线或 IC 的机械横截面来分析 IC。图 11-16 提供了这种分析的一个例子，且涉及了安装在小型 PCB[7] 上的片上系统。

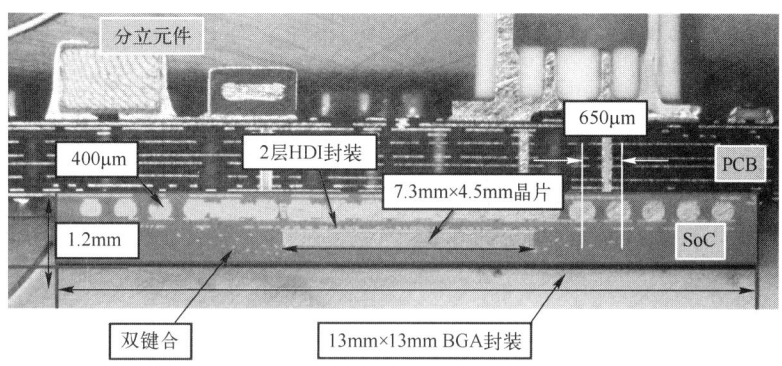

图 11-16 显示封装内芯片的系统芯片技术分析，该芯片与带有离散组件的 PCB 相连[7]

2. 提取最大瞬态电流

通过简单地将逻辑门数乘以每个门的基本峰值电流来提取最大瞬态电流。图 11-17 中显示的这些信息是从第 2 章图 2-14 中"每个门的电流"竖列中提取的。

> 评估峰值电流：
> - 根据第 2 章图 2-14，采用 65nm 工艺的峰值电流约为 50μA/栅极。
> - 考虑有 800 万门，可得到峰值电流为 400A。

"基本峰值电流"的概念并不像看起来那么简单。让我们考虑一个典型门的平均电流，该门具有典型负载。它更像是一个具有广泛假设和近似值的统计值，并且强烈依赖于所考虑技术的内在性能。图 11-17 中报告的数值来自为每个技术节点提供的应用说明(90nm、65nm、45nm、32nm 或 20nm，请参阅文献[8])，可能被视为"通用性能"，术语"通用性能"用于指低功率和高速之间的中间性能，低功耗选项通常意味着比"通用性能"低出一半的电流(图 11-17 中的下方曲线)。与此相反，高速选项会产生比"通用性能"高出 2 倍的电流(上部曲线)。用于建立这一趋势的参考电路在这种情况下是一个双输入与非门，扇出为 4 个门，这意味着 NAND 输出连接到 4 个与非门输入。四扇出门通常用于表征典型的开关条件，但不能被视为标准值。该评估考虑了使用具有典型节距和单元尺寸的较低金属层的栅极输出，与 4 个加载门之间的典型块间互连。请注意，对于

FPGA 或存储器电路,设计风格可能会有很大差异,延迟会显著增加。

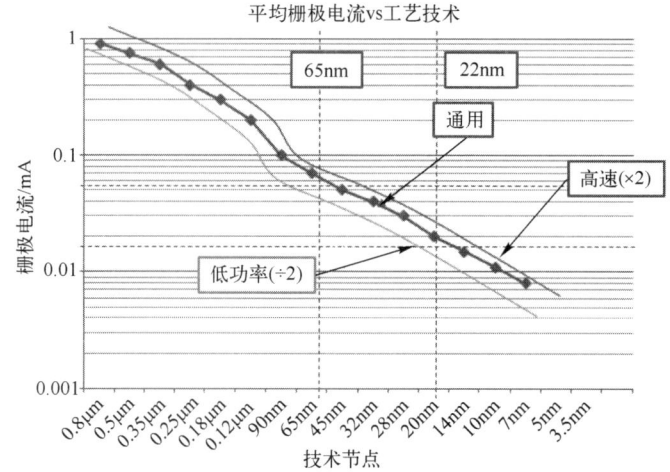

图 11-17　每个门的平均电流取决于技术,基于使用典型技术性能特征的扇出为 4 的 NAND 门[7]

第二个重要的信息是电流峰值的时域方面。我们通常假设一个简单的三角形,其上升和下降时间接近典型的单元延迟。在典型的负载条件下,使用一个与非门,2 个输入和 4 个扇出,再次对此进行评估。图 11-18 清楚地显示了开关速度加快的趋势,尽管对于最终纳米-CMOS 技术(7nm、5nm 和 3.5nm)的开关延迟方面的优点还不清楚。低功耗门的延迟比通用门的延迟时间长 30%,而对于同一节点,高速选项的典型延迟时间缩短了 30%。

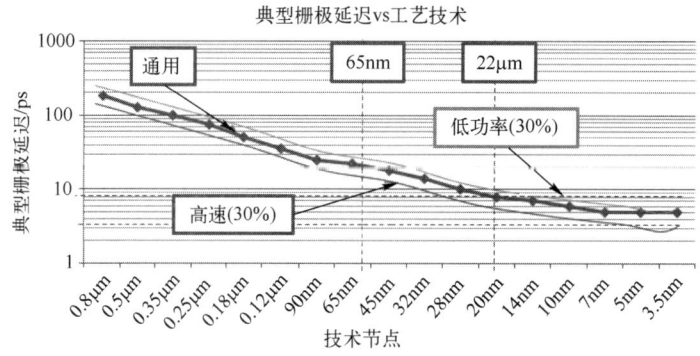

图 11-18　平均开关延迟取决于技术,基于使用典型技术性能特征的扇出为 4 扇出与非门[7]

评估切换延迟:
- 根据第 2 章图 2-14,对于通用选择而言,65nm 技术的典型栅极开关延迟约为 **22ps**。

---

3. 估计实际电流

基本电流乘以门电路数量的简单乘法会导致电流的严重高估(如前一节中的 400A)。为了估计实际的电流,我们应该考虑两个因素。
- 首先,我们应该考虑到并不是所有的门都同时开关。一个合理的因素是考虑最多有 10% 的门将同步开关。在"Firestarter mode"[10]的情况下,当所有处理器都以全速运行并产生接近峰值的功耗时,可以考虑更高的因素(例如 30%),但这是最坏的情况。

- 第二个调整因素是开关切换随时间推移的方式。这需要考虑有效时钟沿期间信号之间的延迟链,这与逻辑电路的"逻辑深度"有关。我们可以认为,在经历了约 10 个基本延迟之后,主动的输入数据修改会带来稳定的数据输出。图 11-19 显示了一个基本门链,它代表了 14 个基本门作为一个整体进行切换。

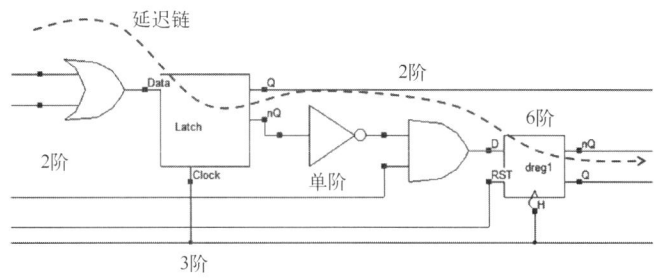

图 11-19 时钟周期包含一系列链式延迟,这些延迟将电流随时间扩展

如图 11-20 所示,基本规则是将延迟乘以 10 并将电流减小 10 以保持电荷全局恒定。图 11-20 中(a.u.)表示任意单位(arbitray unit),数值大小没有实际意义。

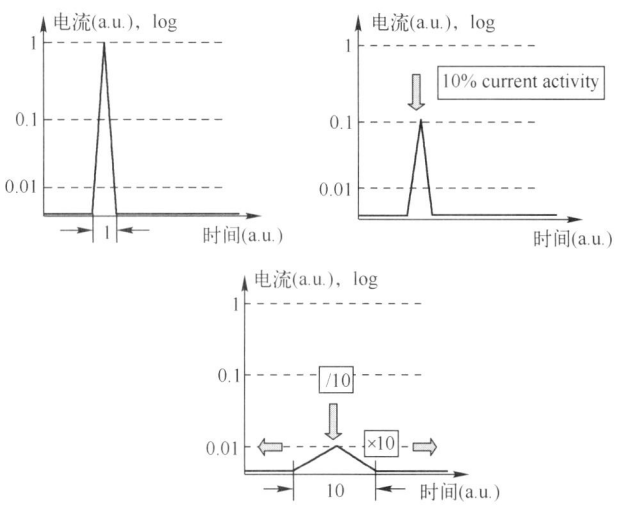

图 11-20 对电流的现实估计

正如阻抗网络可以分成几个子部分以考虑各种电源网络一样,IA 模块也可以由几个电流源组成,每个电流源代表嵌入同一个硅片中的各种开关模块。

> 估算实际电流:
> - 我们考虑使用通用 65nm 技术制造 800 万门的 IC;
> - 如果所有的门都同步开关,这将导致在 22ps 内电流可达 400A;
> - 考虑到 10% 的开关活动,这将在 22ps 内提供 40A;
> - 考虑到扩频因子为 10,这将在 220ps 内给出 4A;
> - 采用 65nm 高速技术,电流峰值将接近 8A;
> - 采用低功耗 65nm 技术,电流峰值约为 2A。

在 J-P. Leca 的博士论文中[4],他提供了几个基于布局提取的电流估算实例,作为预测 STM-32 微控制器发射和评估时钟树优化对低功耗开关好处的初步步骤。在图 11-21

中,在不降低最大工作频率的前提下,减少时钟树上多个缓冲器的驱动,可以显著降低峰值电流。

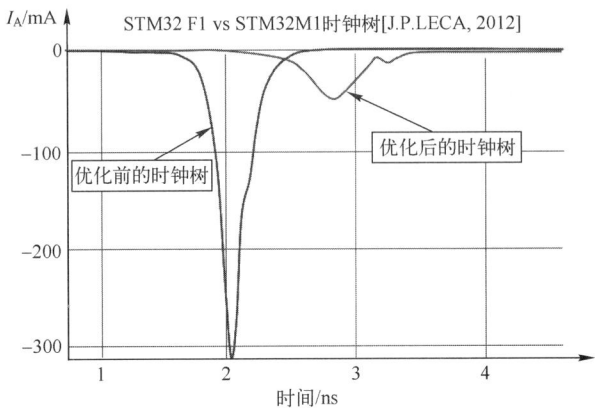

图 11-21　从文献[4]开始的布局驱动电流估计示例

11.4　案例研究——16 位微控制器

本节详细介绍了微芯片 DSPIC 33F 16 位微控制器[10]的传导发射模型的构建,描述了 EMC 测试板,分析了 IBIS 信息,从测量中推导出配电网络,然后从传导模式和辐射模式测量中调整发射模型。

11.4.1　EMC 测试板

由 Laurent GUIBERT 博士设计的测试板作为他博士研究工作[11]的一部分,主要由 DSPIC 33F 和 1 MB SRAM(图 11-22)组成,在"one I/O active"模式下,测试软件以 5.7MHz 的频率同步切换 16 条 ADDR 线路。在"Core only"模式下,DSPIC 处于一个简单的无限循环中。

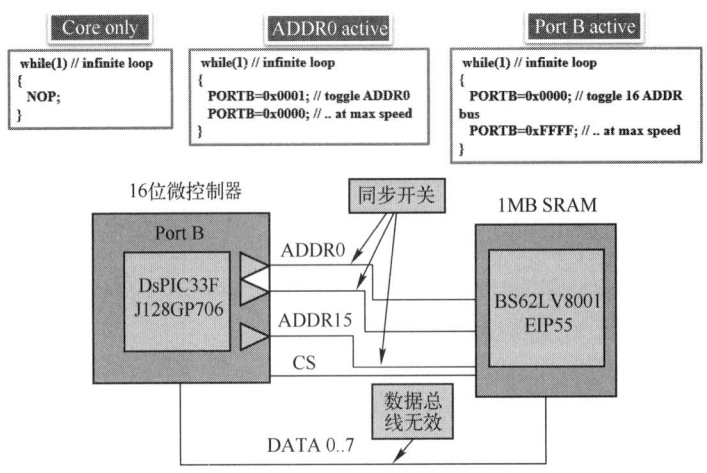

图 11-22　单片机-存储器链接的详细信息

TEM 小室兼容的 EMC 测试板如图 11-23 所示,并且可能只操作"内核",同步切换一个 I/O 端口或全部 16 个地址引脚。最差情况下的发射发生在 16 引脚同步切换的最高速度期间。

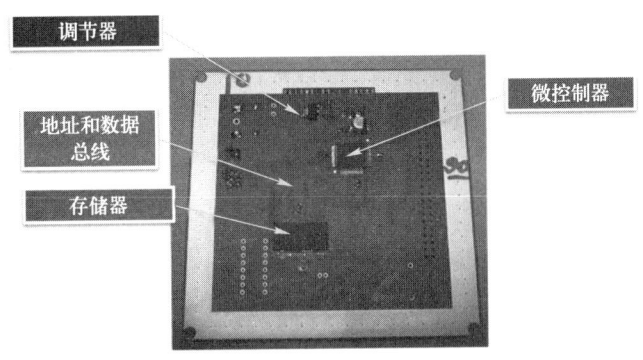

图 11-23　在 TEM 小室兼容的 PCB 上实现微控制器和存储器的内部视图

10cm×10cm 板采用 6 层制造。电压调节器、微控制器和存储器放置在 PCB 的内侧,它们与 TEM 小室的隔膜耦合(图 11-23)。PCB 的 2D 结构的细节如图 11-24 和图 11-25 所示。微控制器和存储器之间的通信总线由 16 位地址总线和 8 位数据总线组成,这些数据总线位于 PCB 接地层之上,通常放置于第一层和第二层,位于 TEM 单元的内侧,可与 TEM 小室隔膜相耦合(图 11-25)。

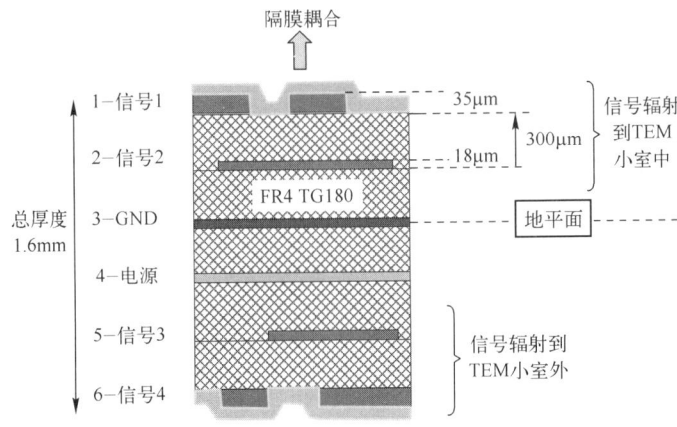

图 11-24　PCB 的 2D 横截面(共 6 层:2 层用于电源,4 层用于信号)

11.4.2　IBIS 信息

微控制器和 SRAM 的 IBIS 模型可从代工厂获得,而 PCB 布线模型则从布线信息中提取。原始 IBIS 文件"dsPIC33F.ibs"已通过在"(package model)"部分中插入隐藏的关键字进行了修改,这些物理参数的目的是使 IC-EMC 能够重建一个精确的 3D 视图,正如图 11-26 所示的 X 射线视图显示的,它与真实 IC 的物理尺寸和整体外观相吻合。

由于"Comment"字符"|",这些隐藏的关键字不会被 IBIS 解析器检测到。但是,IC-EMC 可以识别下面报告的隐藏关键字,这些关键字与封装大小、IC 大小和空间位置有关。数据表中提供了封装的宽度、高度和间距。由于通常不提供 IC 裸片尺寸和引线结

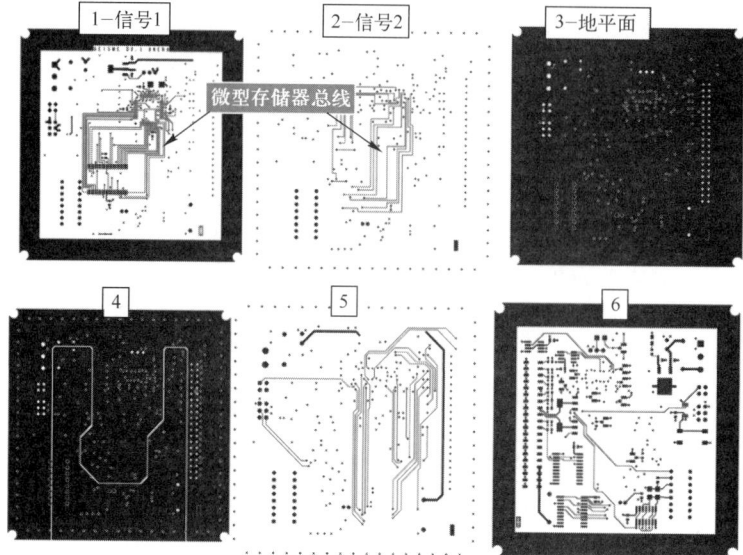

图 11-25　3 个 PCB 层的俯视图

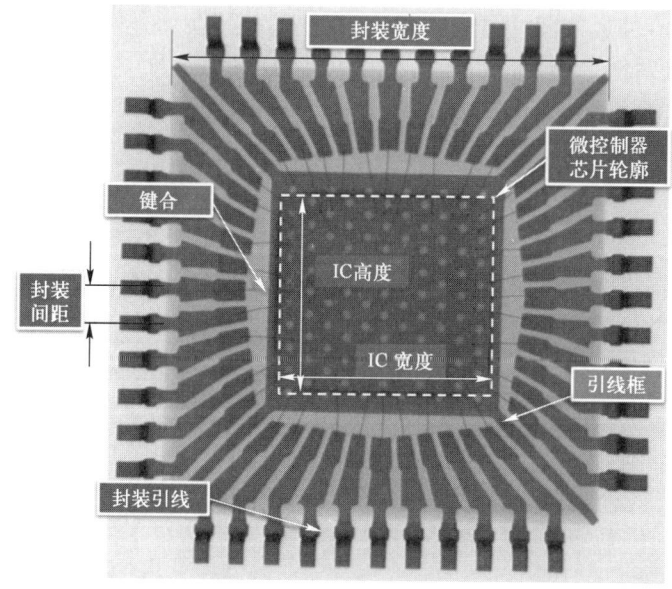

图 11-26　48 引脚 QFP 结构的 X 射线图像,显示了芯片、焊接引线、封装引线和引线框

构,但组件的 X 射线透视图可以提供足够的细节,以精确评估封装内每种互连类型的物理尺寸。

```
[Package model] qfp
| pack_width = 12.0e-3
| pack_height = 12.0e-3
| ic_width = 2.0e-3
| ic_height = 2.0e-3
```

| ic_xstart = 5.0e-3
| ic_ystart = 5.0e-3
| pack_pitch = 0.5e-3
| pack_cavity = 4.0e-3
| ic_altitude = 0.4e-3

找到电源引脚：
- 单击"File>Ibis"；
- 选择文件'book\ch11\dspic33F.ibs'；
- 在"package"菜单中，选择"Locate pins"项中的"all power"；
- 显示以关键字"POWER"声明的引脚位置作为引脚列表的第三个参数(图 11-27,左侧)。

```
[Pin]   signal_name   model_name        1
        cofs          dspic 02
...
9       vss1          GND
10      vdd1          POWER
..
19      vdda          POWER
20      vssa          GND
...
```

可以看出，3 对 VDD/VSS 彼此非常接近，即 VSS1/VDD1、VSS2/VDD2 和 VSS3/VDD3 (图 11-27)，这在 EMC 规范中对于减少的电流循环是常见的。

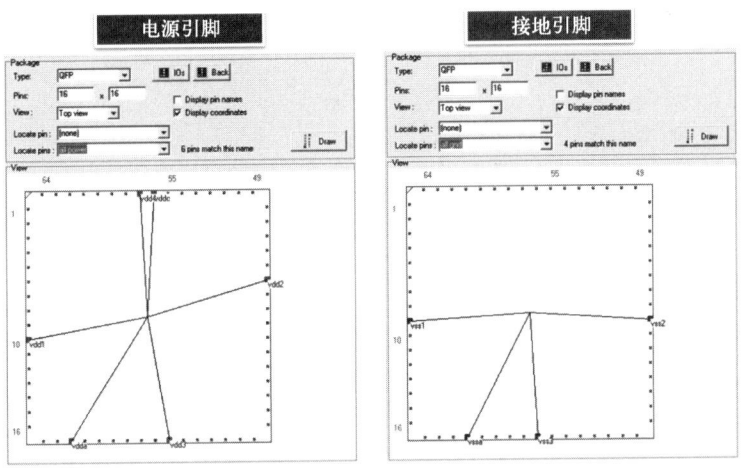

图 11-27　POWER 和 GND 引脚的位置符合 IBIS 引脚列表(book\ch11\dsPIC33F.ibs)

11.4.3　配电网络建模

使用矢量网络分析仪和位于引脚 9(VSS1)和引脚 10(VDD1)上的特定探针测量 DSPIC33F 的配电网络(PDN)的阻抗曲线，测量文件是"z11-dspic-vdd10vss9.s1p"。

图 11-29 所示的 $Z(f)$ 曲线显示出低频电容行为和高频电感行为,这在 10~1000MHz 带宽中是非常常见的趋势。我们确定 C 约 500pF,L 约 3.2nF,R 最小 $Z(f)$ 约 2Ω。

在图 11-28 所示的原理图中,L 分成两个电感,以解决 VDD1 和 VSS1 封装引线(ZofF-VDD10-VSS9.sch)的问题。这个等效的电气模型形成了 DSPIC33F 的 ICEM 模型的 PDN。

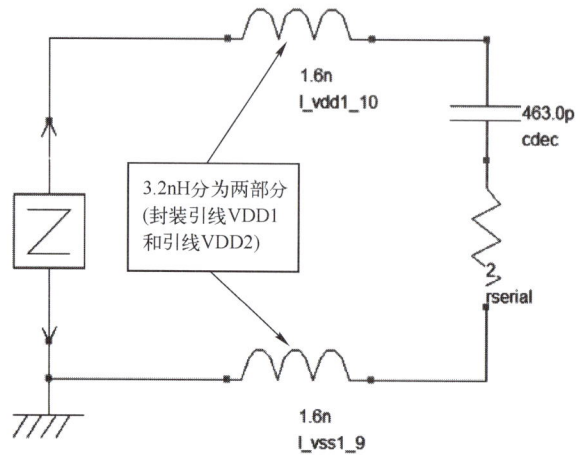

图 11-28　提供引脚 10(VDD1)和引脚 9(VSS1)之间 DSPIC 电源网络的原理图
(book\ch11\ZofF-VDD10-VSS9.sch)

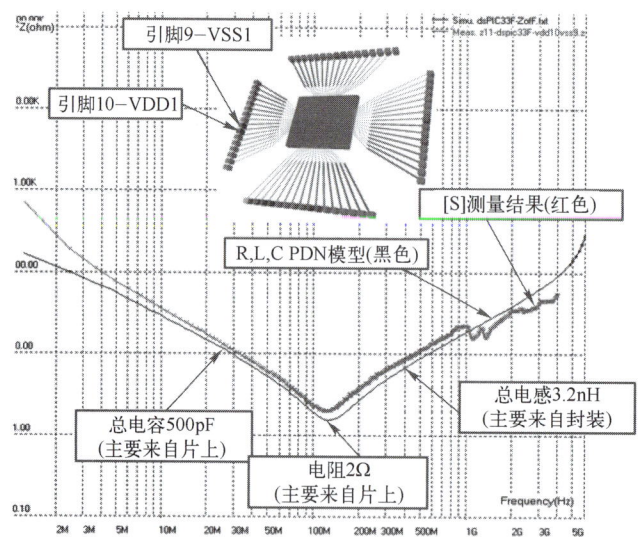

图 11-29　拟合 PDN 模型与从[S]测量中提取的测量 $Z(f)$

11.4.4　传导发射

第 8 章中所述的 1Ω 探针法[12]已被应用于测试板,以确定通过微控制器的接地引脚和地平面传导的发射特征。实施策略包括将 3 个逻辑 VSS 电源(即 VSS1、VSS2 和 VSS3)和模拟 VSS(VSSA)连接到 1Ω 探头。电源引脚 VDD1、VDD2、VDD3 和 AVDD 也连接在一起(图 11-30)。

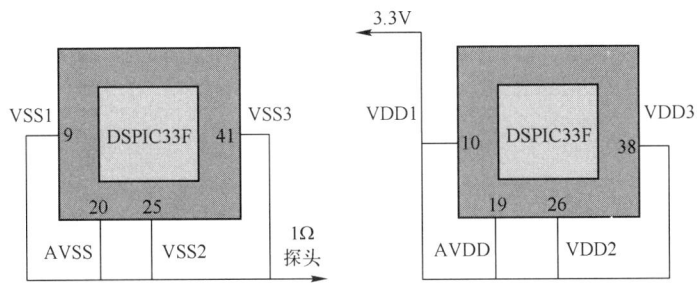

图 11-30 通过将 VSS 和 VDD 引脚分组在一起进行 1Ω 探头测量

1. "Core only"模式下的传导发射模型

在之前的 $Z(f)$ 测量中,已发现每个引脚的寄生串联电感约为 1.2nH。因此,可以考虑接近 0.3nH(L/n,其中 $n=4$ 个引脚)的电感。我们在 VDD1 和 VSS1 之间保持相同的串联电阻和片上电容,如图 11-31 所示。新组件是:

- 理想电源电压(3.3V);
- 内部电流源(三角形,5MHz);
- 1Ω 探头,具有 50Ω 等效输入电阻的频谱分析仪。

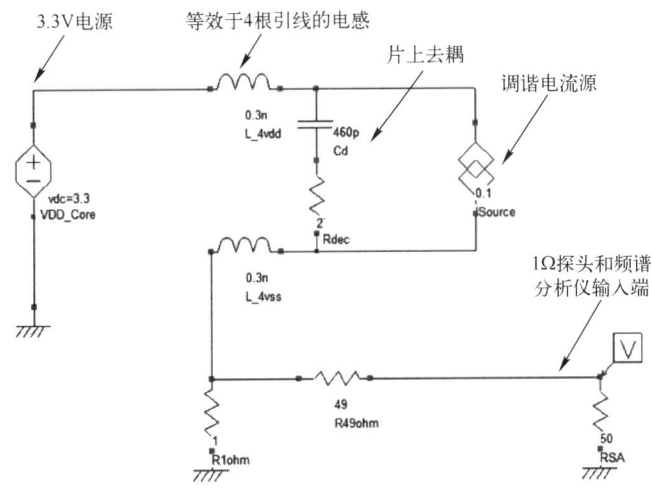

图 11-31 用于预测传导发射的 DSPIC 模型示意图
(book\ch11\Dspic_1ohm_CoreOnly_v1.sch)

IA 的幅值和时域相位是根据元件规范[13]推导出的 16 位微控制器的一阶估计,然后进行微调以匹配传导发射测量值。

尽管原理图非常简单,但测量和模拟之间的匹配是可行的(图 11-32)。然而,低估了 5MHz 谐波,而高估了几个次谐波。可以考虑两种更好的匹配方法:

- 将 PDN 分成几个部分,以考虑片上串联电感和局部去耦;
- 修改电流源的形状、上升/下降时间或在不同的周期内添加不同的电流源,以模拟电路中每个不同部分对整体发射的贡献。

2. "Port B active"模式下的传导发射建模

除了核心噪声之外,DSPIC 的模型现在还必须包括 16 个同步切换的 I/O。这需要分

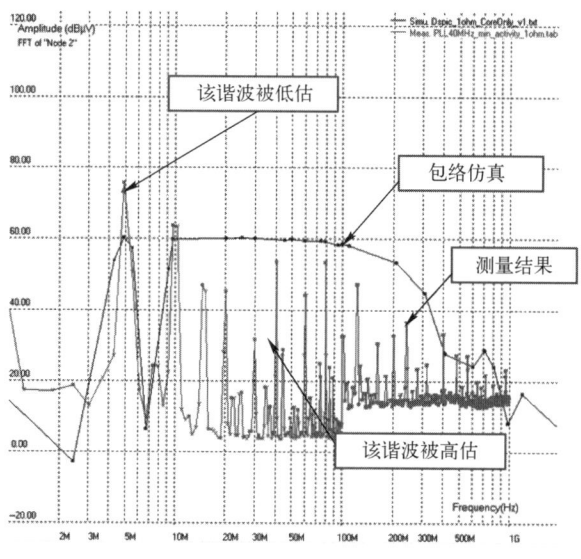

图 11-32 与模拟相比的 1Ω 测量值
(book\ch11\Dspic_1ohm_Coreonly_v1.sch)

析切换性能并基于 IBIS 信息对一个 I/O 建模,然后将性能外推到 16 个 I/O。尽管 IBIS 规范的主要目标是模拟信号完整性,它包含的关键信息可用于精确地模拟噪声,此噪声由连接到 PCB 并端接负载的 I/O 开关产生。

1) 缓冲特性

Port Bare 的 16 个引脚在 IBIS 中称为"anxx"。从引脚列表中可见,除了 2 个引脚(AN0 和 AN1)之外,相关的模型是"dspic_an02"。引脚位于封装的西南方向,如图 11-33 所示。大多数互连电路在 PCB 的第一层上布线。

```
[Pin]    signal_name    model_name
...
 11       an5           dapic_an02
 12       an4           dapic_an02
...
 15       an1           dapic_vref104
 16       an0           dapic_vrefh04
 17       an6           dapic_an02
...
 22       an9           dapic_an02
 30       an15          dapic_an02
...
```

"dspic_an02"模型包含了几项信息,但最重要的是上拉和下拉电流驱动(图 11-34)。在额定 VDD(3V)时,上拉为 11mA,下拉为 15mA(图 11-34)。请注意,在型号"dspic_vrefh04"中,AN0 和 AN1 引脚具有更强的驱动:上拉为 21mA,下拉为 50mA。

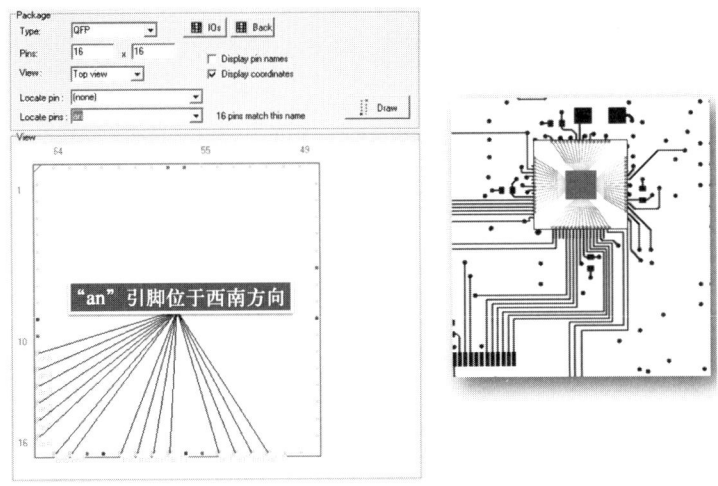

图 11-33 封装中端口 B 引脚的位置(book\ch11\dsPIC33F.ibs)

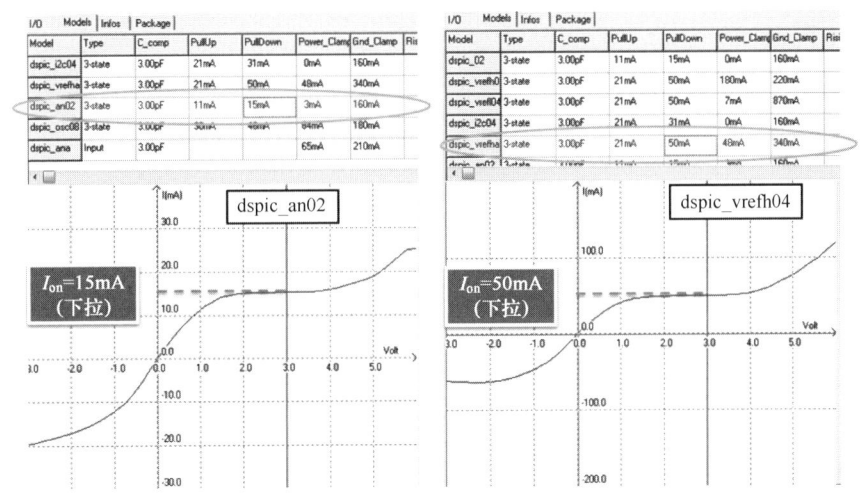

图 11-34 从 IBIS(book\ch11\dsPIC33F.ibs)中描述的上拉和下拉器件特性中提取离子

为了再现 IBIS 中描述的 I/V 曲线,应该使用可从 IC-EMC 的符号面板访问的 MOS 器件。默认工艺尺寸是 $0.25\mu m$。n 沟道 MOS 用作下拉器件,p 沟道 MOS 用作上拉器件。通过调整 MOS 通道宽度以匹配标准 VDD 下的离子(图 11-35),保持默认长度值 $(0.25\mu m)$。

乍一看,这种方法似乎不符合逻辑,因为我们试图使用可能与实际情况非常不同的技术参数来模拟缓冲性能,然而,该方法的优点是在事先不了解 IC 技术和设计参数的情况下拟合 I/V 曲线。为了接近真实的 IC 性能,我们需要 IC 特定的 SPICE 库、器件尺寸和开关缓冲器的激励模式,尽可能接近驱动程序的实际物理模式。不幸的是,IC 制造商几乎从不披露这些信息。

图 11-35 提供了 n 沟道 MOS(下拉)和 p 沟道 MOS(上拉)的原理图。当 $W=18\mu m$,电压 = 3V 时,下拉模式下的电流为 15mA;当 $W=20\mu m$,电压 = 3V 时,上拉模式下的电流为 15mA。

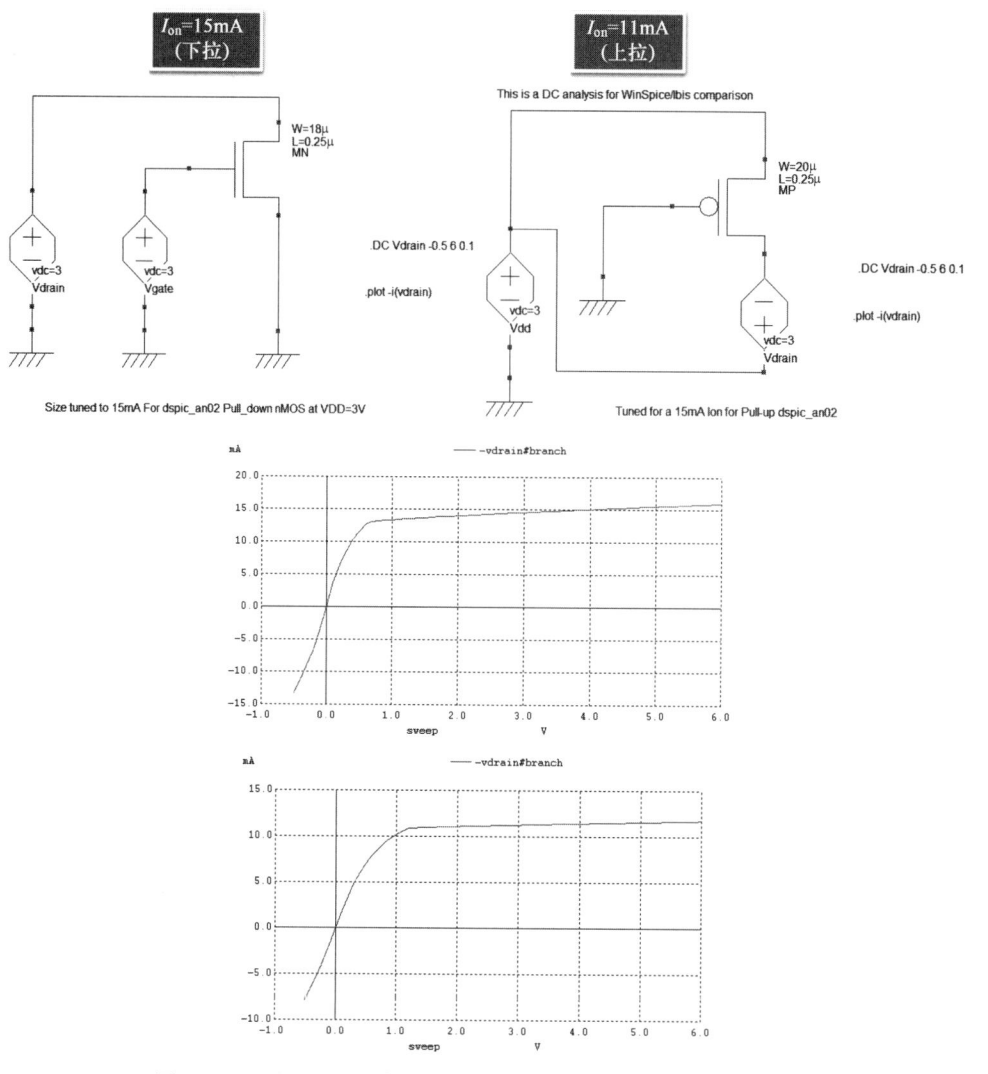

图 11-35 通过调整晶体管宽度调整上拉和下拉电阻到 IBIS 规范
(Dspic_an02_Pullup. sch,Dspic_an02_Pulldown. sch)

"AN02"模型的完整缓冲原理图如图 11-36 所示。它还包括"C_comp"片上电容和封装引线电感,其值与用于 QFP 电源引脚的值相同,即 1.2nH。我们添加 5pF 的"最小负载"以考虑连接到缓冲器的阻抗(通常是负载的输入电容 C_comp 和相关的寄生封装 RLC)。

2) PCB 模型

现在必须考虑从微控制器到存储器的 PCB 布线阻抗。这些布线主要由 200μm 宽、35μm 粗的铜线和接地平面上方约 600μm 的铜线组成(图 11-37),因为大多数布线布局在第 1 层。

平均互连长度为 5cm,终端是存储器的输入电容,即"C_comp",在原理图中设置为 5pF,这是从存储器上的 IBIS 规范中提取的值。我们在地址总线上应用模型简化技术,以便用等效模型(图 11-38)替换 16 根"AN"线,该模型具有相同的开关性能和传导噪声频

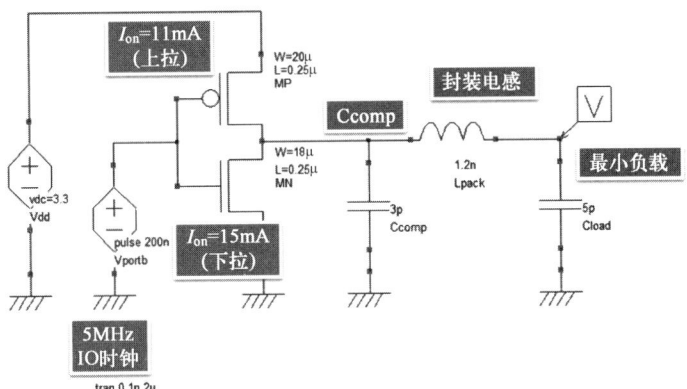

图 11-36 与 AN02 性能匹配的完整缓冲模型(book\ch11\\Dspic_an02_buffer.sch)

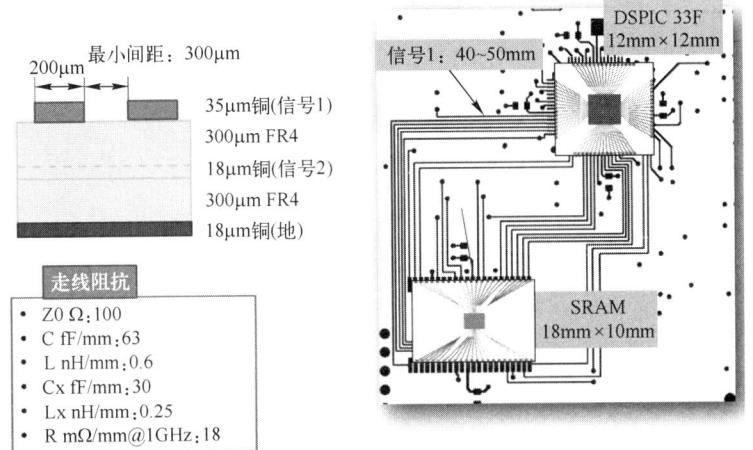

图 11-37 使用 IC-EMC 互连参数工具评估互连参数

谱(式(11-3)~式(11-6))。

$$W_{eq} = nW \quad (11\text{-}3)$$

$$C_{eq} = nC \quad (11\text{-}4)$$

$$R_{eq} = \frac{n}{R} \quad (11\text{-}5)$$

$$L_{eq} = \frac{n}{L} \quad (11\text{-}6)$$

这大大简化了原理图,如图 11-39 所示。
- 缓冲宽度为 $16 \times W$($W_n = 288\mu m$, $W_p = 320\mu m$,式(11-3));
- 缓冲区负载为 $16 \times C$comp(48pF,式(11-4));
- PCB 线具有 $16 \times C$, $L/16$ 和 $R/16$(式(11-4)~式(11-6));
- 终端为 $16 \times C$comp(80pF,式(11-4))。

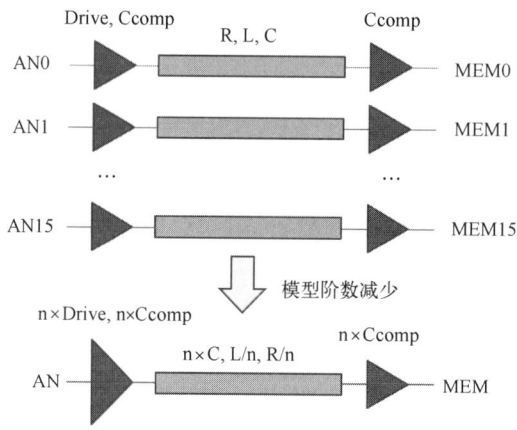

图 11-38 应用于 AN 总线的模型阶数减少,以简化传导发射模拟

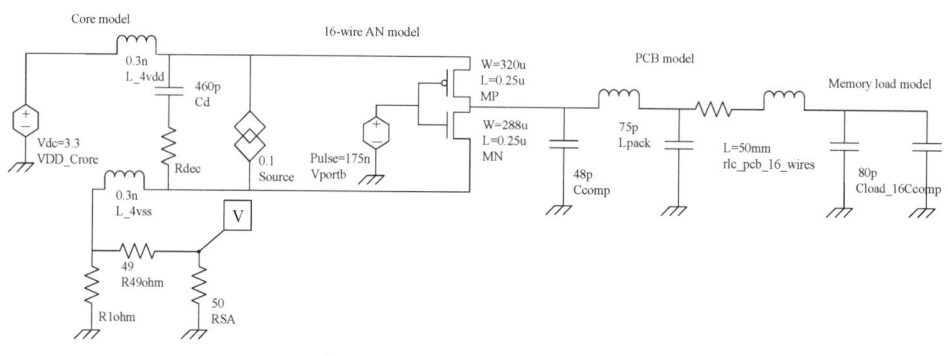

图 11-39 具有内核、AN 总线、PCB 和存储器负载的 DSPIC 模型示意图
(book\ch11\Dspic_1ohm_PortBActive.sch)

匹配模拟和测量:
- 单击 File>加载"book\ch11\"中的文件"Dspic_1ohm_PortBActive.sch";
- 生成 SPICE 网表;
- 使用 WinSpice 运行网表;
- 单击"EMC simulation";
- 单击"Add measurement"并选择"Dspic_1ohm_16bits.tab"。

---

3) 传导发射模拟与测量

可以将预测的传导发射与在 EMC 测试板上的测量进行比较(图 11-40)。这种匹配对于核心活动(40MHz 谐波)和 I/O 开关(5.7MHz 谐波)都非常有利。请注意,该模型低估了 20~80MHz 谐波,并高估了 200MHz~1GHz 谐波。

为了调整模型,我们可以:
- 增加缓冲区的等效宽度(AN0 和 AN1 具有强大的驱动器);
- 在核心模型和总线模型之间添加寄生元件(RLC),以解决 I/O 的物理传播

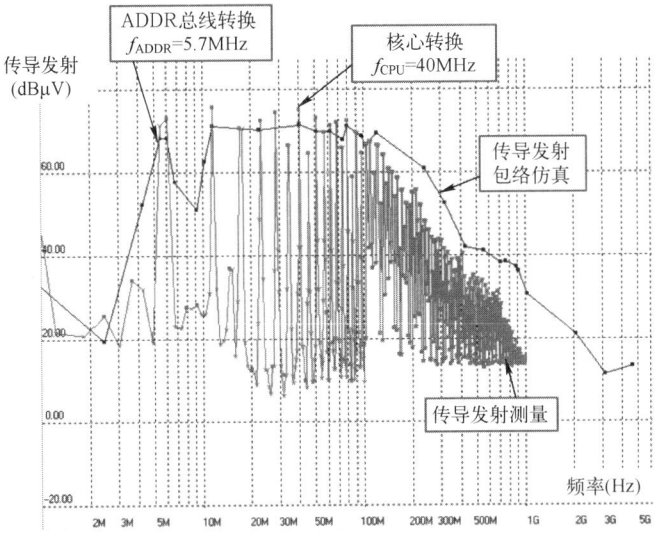

图 11-40 在"PortB_Active"模式下比较测量和模拟
(book\ch11\Dspic_1ohm_PortBActive. sch, Dspic_1 ohm_16bits. tab)

问题;
- 将 Cd 分为两部分:一部分用于核心去耦,一部分用于 I/O 去耦;
- 增加 Lpack 值以考虑比 VDD1 和 VSS1 引线更长的引线。

3. TEM 小室中的辐射发射建模

最终目的是利用第 8 章和第 9 章中开发的模型,预测 TEM 小室中的辐射发射。TEM 小室通过电感和电容效应将 IC 产生的 RF 噪声耦合到隔膜。IC、PCB 布线和隔垫之间的耦合电容对 TEM 小室中的电路板方向不敏感。另一方面,当电路板的方向与 TEM 小室的方向不匹配时,耦合电感会衰减 20dB。5cm 的布线在层 1 上布线,层 1 暴露于 TEM 小室的内侧并且很容易耦合到隔膜上。因此,我们需要评估:

- 微控制器与隔膜的耦合;
- PCB 与隔膜的电容耦合;
- PCB 与隔膜的电感耦合。

1) TEM 小室模型

IC-EMC 库中提出的低频常规 TEM 小室模型由 2 个电感器、1 个电容器和 2 个电阻器组成,如图 11-41 所示,LC 系统采用 50Ω 调制,50Ω 终端的一侧对应的是频谱分析仪输入阻抗,另一侧对应的是匹配电阻。

验证 50Ω 匹配:
- 单击"Tools>Resonant Frequency";
- 输入 22.8n 作为电感值(Ltem1+Ltem2);

- 输入 9.3p 作为电容值；
- 单击"Z,fr",Z0 的评估值为 49.5Ω。

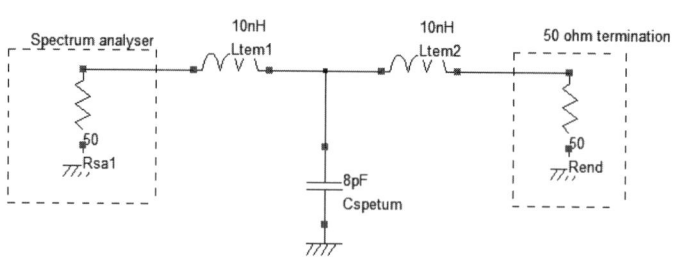

图 11-41　TEM 小室模型（examples\EMC_lib\tem_model.Sch）

2）辐射发射模拟与测量

使用名为 Cx 的小电容将微控制器和 PCB 连接到隔膜,以解决串扰问题。可以从 3D EM 求解器中获得对这些电容的精确估计,这些求解器需要以 3D 描述 IC 封装、隔膜、测试板和接地平面。当芯片很小时,微控制器芯片和隔膜之间的耦合设置为 200fF。PCB 耦合较大(2pF),因为有许多长 PCB 布线将微控制器连接到存储器。我们还在主 AN 总线电感和隔膜之间增加了电感耦合(图 11-42)。

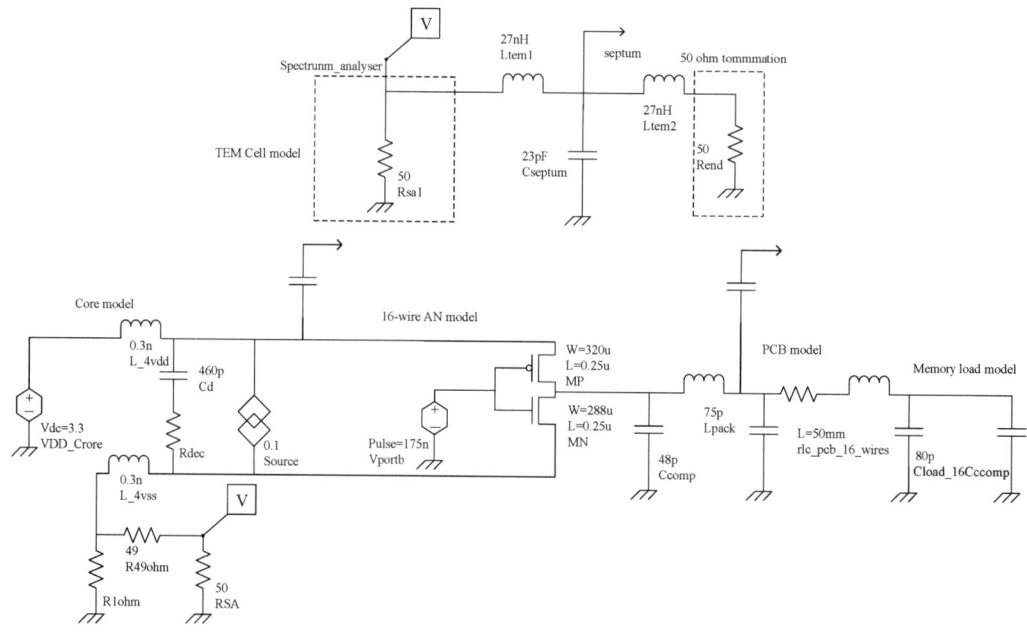

图 11-42　TEM 小室中 DUT 的模型（book\ch11\Dspic_TEM_PortBActive.sch）

测量和仿真之间的匹配(图 11-43)非常好,因为在整个频率范围内仿真结果仅比测量值高几个分贝。

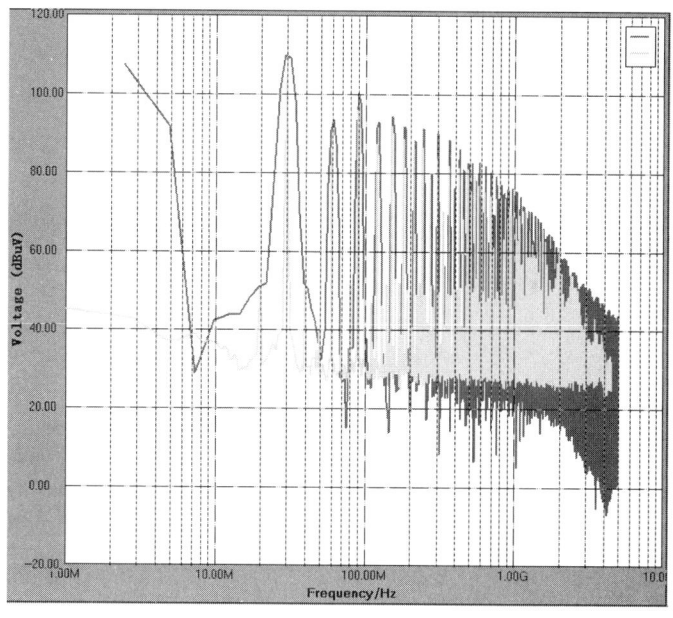

图 11-43 测量到的 TEM 小室发射与模型之间良好匹配
(Dspic_TEM_PortBActive.sch, Dspic_TEM_16bits.tab)

11.5 结 论

本章阐述了 IC 传导和辐射发射建模的基本介绍。以无源去耦网络(PDN)和内部活动(IA)模型为例,介绍了基于 ICEM 方法的一般方法。本章主要使用 LC 谐振器来描述 PDN,尽量保持尽可能接近封装体和硅芯片的物理特性。对于 IA,本章提出了一种从最小信息和简单规则来评估其波形的一阶方法,该方法已在本章中有了详细的说明。以 DSPIC 为例,对每个建模步骤进行了更详细的研究,包括 TEM 小室中的传导发射和辐射发射。

11.6 练 习

练习 1 评估 IA

考虑到有关 Intel 的 8 核 Haswell 处理器[6]的在线信息,评估总电流波形。对具有 50 个 M-gate,45nm,工作频率为 1GHz,供电电压 1.5V 的 ARM Cortex-AB 处理器重复此练习。

练习2　PDN 的影响

从图 11-4 所示的原理图开始，添加一个电压探头，来比较内部电压波动与 1Ω 探头上传导的噪声。PDN 对 IA 电流切换的主要影响是什么？

练习3　总线模型

让我们考虑一个 4 层 PCB，其每层的信息在表 11-2 中给出。布线在第 1 层上布线，其默认宽度等于 100μm。

1. 使用互连参数工具，计算单位长度在 1Ghz 的 RLC。信号 1 的特征阻抗是多少？层 2 被认为是接地平面。
2. 如何获得 50Ω？
3. 构建在第 1 层布线的长度为 50mm 的 8 位总线的等效模型。

表 11-2　PCB 信息列表

层	尺寸/μm	最大面积	用　　途
铜层 1	17	10cm×10cm	信号路由
FR4 绝缘层	35		
铜层 2	17	10cm×10cm	接地层
FR4 绝缘层	150		
铜层 3	17	10cm×10cm	供电层
FR4 绝缘层	35		
铜层 4	17	10cm×10cm	信号路由

练习4　在 TEM 小室中的 32 位微控制器发射

加载 MPC5534 的原理图用于 TEM 小室预测（case_study\mpc5534\mpc5534-324-tem.sch）。

1. 此模型是否包含 I/O 切换？
2. IC 和 TEM 小室之间的耦合是如何建模的？
3. 模拟微控制器在 TEM 小室中产生的辐射发射，将其与测量值进行比较（mpc5534-324-tem.tab）。
4. 使用 IBIS 文件"mpc5534-bga324.ibs"中的"Pad_fc_01"模型添加一个 16 位同步总线，负载 15pF 电容。添加一个 TEM 小室耦合到模型并模拟辐射发射。
5. 对噪声的增加进行评估，并得出有关 I/O 对辐射发射贡献的结论。

练习5　硅芯的解耦预算

SilentCore 微控制器专用于要求极低电磁噪声的高可靠性应用。该电路采用 CMOS 65nm 低功耗技术设计。它包括一个 32 位微处理器，片上 PLL 提供从外部 16MHz 晶体振荡器以 80MHz 运行的内部操作基座。微控制器包括 SRAM 和闪存、几个外围设备和 8 条 I/O 线的 3 个端口。

该电路采用 TQFP64 封装。该电路的额定电源电压为 2.5V,由几个电源和接地引脚提供:

CPU 的 Vdd1Nss1 和 Vdd2Nss2;

I/O 缓冲区的 VddIO1/VssIO1 和 VddIO2/VssIO2;

内部振荡器和 PLL 的 VddPLL/VssPLL;

模拟块的 VddA/VssA。

任务是帮助开发包含 SilentCore 微控制器的电路板。该电路板是为满足以下 EMC 要求的客户开发的:

要求 1:电源电压波动不得超过额定电源电压的 5%。

要求 2:使用 150Ω 探头在电路板电源平面上测量的传导发射不得超过文献[2]中定义的本地引脚的限值(参见图 8-8)。

2.5V 电源是由安装在电路板边缘的一个板上稳压器提供。其模型在 Model_LDO.sym 文件中提供。在调节器输出端放置一个 10μF 的钽电容,它的等效电阻为 80mΩ,等效电感为 5nH。该板是矩形的,尺寸为 80mm×70mm。它包括 4 个路由层,如表 11-3 所示,微控制器应放置在电路板中心附近。

表 11-3 路由层信息列表

层	信号	材料	厚度/mm	电导率/tan d	介电常数
顶层	接地和信号	铜	0.035	$57×10^6$S/_	—
绝缘层		FR4	0.4	_/0.02	4.5
地层	地	铜	0.035	$57×10^6$S/_	—
绝缘层		FR4	0.7	_/0.02	4.5
电源层	电源	铜	0.035	$57×10^6$S/_	—
绝缘层		FR4	0.4	_/0.02	4.5
底层	信号和地	铜	0.035	$57×10^6$S/_	—

本练习的目的是提供去耦电容器预算以达到这些要求(去耦电容器的数量和值)。为此,开发了 StarCore 的 ICEM 模型。模型的不同部分在目录 book\ch11\SilentCore 下的以下文件中提供:

- ICEM_core.sym/.sch:CPU 的 ICEM;
- ICEM_PLL.sym/.sch:PLL 和内部振荡器的 ICEM;
- ICEM_ANALOG.sym/.sch:模块的 ICEMC;
- ICEM_IO.sym/sch:I/O 端口的 ICEM。每个 I/O 将加载 10pF。

将使用安装在 0603 封装中的 25V X7R 陶瓷电容器。可以使用 Murate SimSurfing 工具(http://ds.murata.com/software/simsurfinq/en-us/index.html)在线找到这些电容器的型号。用于将去耦电容器连接到电路板的焊盘和过孔,假设增加 1.5nH。

1. 打开文件 ICEM_core.sch 并分析电路图。
   a. CPU 的片上电容是多少?
   b. 封装互连产生的寄生电感是多少?
   c. CPU 产生的瞬态电流幅值是多少?

2. 构建微控制器的完整 ICEM 模型,包括 CPU、PLL、内部振荡器、模拟模块和 1 个 I/O 端口的贡献。使用命令"Insert>User symbol(.SYM)"来囊括模型的不同部分。

3. 电路板的供电网络(PDN)由电源和接地平面对组成,如表 11-3 所述。

构建该结构的低频等效模型。

为什么这个模型在高频下不成立?

使用工具"Tools > PG Plane Model";模拟电源和接地层之间的阻抗曲线,无论是从微控制器引脚还是调节器输出。

构建电路板供电网络(PDN)的等效模型。

4. 在没有任何去耦电容的情况下构建电路板的发射模型:插入微控制器的 ICEM 模型,以及电路板供电网络(PDN)和稳压器的模型。

提出一种验证需求 Req 1 的方法,修改发射模型。

提出一种验证需求 Req 2 的方法,修改发射模型。

5. 模拟电源电压纹波和电路板电源平面上的传导发射。

观察传导发射频谱,选择具有最高发射水平的频率。哪些微控制器部件是产生传导发射的主要因子?

板上去耦电容器是必要的吗?

6. 为了满足客户要求,在之前的型号上添加去耦电容,并尽量优化去耦电容的数量。

7. 在设计阶段是否可以减少微控制器的电磁辐射? 如果可以,请给出指导方针。

参考答案 练习1

8 核 Core i7 Haswell-E:177ps,80ps。

ARM Cortex A8:20ps 时为 20A。

参考答案 练习3

1. $Z_0 = 36\Omega$。
2. 宽度应调整为 $60\mu m$,以匹配 50Ω。
3. $R = 41m\Omega/mm, C = 175fF/mm, L = 0.22nH/mm$。

参考答案 练习4

1. 所提出的模型只考虑内核活动。
2. 电容耦合($C_x = 0.5pF$)和电感耦合(K1 和 K2)约为 1%,是 BGA 封装中的常见值。

参考答案 练习5

1. 2nF,5nH 和 1A 分散在 0.8ns 左右。

参考文献

[1] E. Rogard, B. Vrignon, J. Shepherd, E. Sicard, "Characterization and Modelling of Parasitic Emission of a 32-bit Automotive Microcontroller Mounted on 2 Types of BGA", IEEE EMC Symp., Austin, Texas,

USA, Aug. 2009.

[2] Generic IC EMC Test Specification version 2.0, Application Group Automotive (APG) Division, 2014, Publisher: ZVEI-http://www.zvei.org/en/association/publications.

[3] M. Ramdani, E. Sicard, A. Boyer, S. Ben Dhia, J. J. Whalen, T. Hubing, M. Coenen, O. Wada, "The Electromagnetic Compatibility of Integrated Circuits-Past, Present and Future", IEEE Trans. on EMC, Vol. 51, no 1, pp 78-100, Feb. 2009.

[4] J-P. Leca "Microcontrollers Electromagnetic Interferences Modeling and Reduction", PhD report, Univ of Nice, France, 2012.

[5] S. Ben Dhia, A. Boyer, B. Vrignon, M. Deobarro, T. Vinh Dinh, "On-Chip Noise Sensor for Integrated Circuit Susceptibility Investigations", IEEE Trans. Instrum. and Meas., Vol. 61, no. 3, Mar. 2012.

[6] https://en.wikipedia.org/wiki/Transistor_count

[7] E. Sicard, A. Boyer, P. Fernandez Lopez, A. Zhou, N. Marier, F. Lafon "EMC performance analysis of a Processor/Memory System using PCB and Package-On-Package", EMC Compo 2015, Edinburgh, Nov. 10-13 2015.

[8] www.microwind.org > Application notes.

[9] D. Hackenberg, R. Oldenburg, D. Molka and R. SchÖne, "Introducing FIRESTARTER: A processor stress test utility," 2013 Int. Green Computing Cont. Proc., Arlington, VA, 2013, pp. 1-9.

[10] E. Sicard, Wu Jian-fei, Li Jian-cheng, "Signal integrity and EMC performance enhancement using 3D Integrated Circuits-A Case Study", EMC Compo 2013, Nara, Japan.

[11] L. Guibert, "Study of non-linear effects and the susceptibility of the electronic systems", PhD University of Toulouse, 2014.

[12] IEC 61967-4 - edition 1.1: Integrated circuits-Measurement of electromagnetic emissions, 150kHz to 1GHz-Part 4: Measurement of conducted emissions-1/150 direct coupling method, 2006-07.

[13] "DsPIC33FJXXXGPX06/X08/X10, High-Performance, 16-Bit Digital Signal Controllers", Microchip Technology Inc., Ref. DS70286C, 2009, http://www.microchip.com.

第 12 章 IC 敏感度建模——基本概念

本章讨论了 IC 对射频干扰(RFI)敏感度的建模和预测。第一节描述了电路抗扰度的一般结构及其基本构建模块,即无源配电网络和内部行为模块。无源配电网络描述了外部电磁干扰如何在电路内部耦合,而内部行为模块则描述了电路对耦合的干扰作出的反应。12.2 节介绍了一个拟议的标准——传导抗扰度建模集成电路抗扰度模型(ICIM-CI,IEC 62433-4),该模型等效于 ICEM 用于 IC 抗扰度建模。

12.3 节介绍了用于敏感度仿真的 IC-EMC 配套工具中提出的仿真流程。本章仅考虑谐波干扰。最后,12.4 节和 12.5 节提出了使用 IC-EMC 进行 IC 敏感度建模和仿真的两个基本示例。第一个示例仿真了电路内传导干扰的传播,而第二个示例针对数字输入缓冲器对 RF 干扰的敏感度进行了建模。这两种情况下,敏感度预测不仅仅依赖于电路的精确模型,还依赖于其周围环境的正确模型(如 PCB、无源器件、电缆、测量设备等)。有关这些问题的更多详细信息,读者应参考第 5~9 章。

12.1 集成电路敏感度模型的一般结构

如图 12-1 中所示的电子系统,高达数百兆赫的辐射干扰主要耦合到长电缆线束并传导到连接的电路引脚。在高频时,辐射干扰可以有效地耦合到 PCB 布线,然后耦合到 IC 封装。干扰也可以在系统内部产生,例如,由安装在同一 PCB 上的器件所产生,甚至可以由电路内部的模块产生。

电子系统的敏感度不仅取决于电缆线束、PCB 和管壳等电路的环境,还取决于电路的滤波能力及其对输入干扰的敏感性。

干扰耦合到系统并通过 PCB 互连传播到电路封装一直到达敏感功能部分,干扰在这条耦合路径上被部分滤波并到达电路的内部节点。它可以使性能软失效,甚至破坏电路来影响电路的正常工作,可以通过一个观察点来监测电路功能上的失效。

电路的敏感度完全取决于电路失效或失效标准的定义。

IC 的敏感度模型是插入整个系统模型中的一个模块,是为了预测:

第 12 章 IC 敏感度建模——基本概念

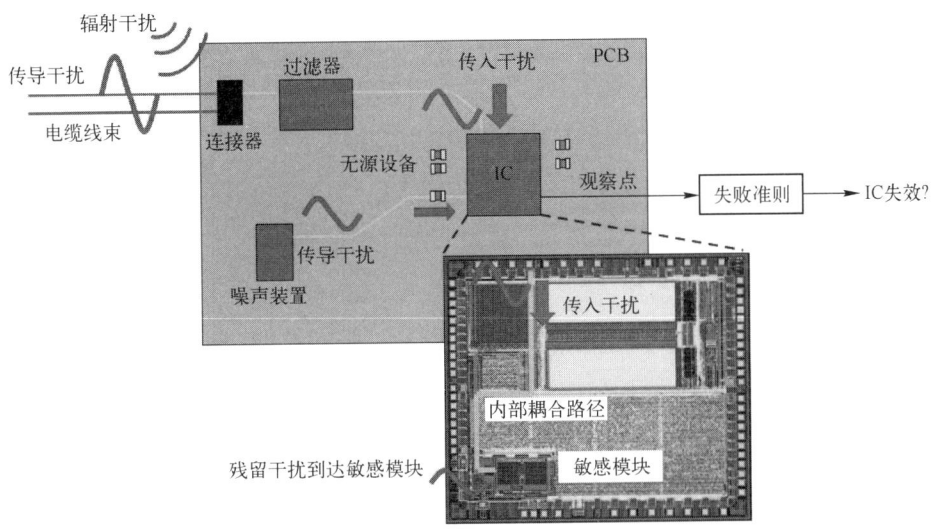

图 12-1 集成电路在敏感度问题中的关键作用

- 到达电路引脚的输入电磁干扰；
- 电路对输入电磁干扰的响应。

该模型涵盖了各种需求：它可以提出电路的准确描述以仿真电路设计中的变化所产生的影响，或者它可以是一个黑盒子模型，这个模型专用于仿真嵌入到该电路中的应用的敏感度。

根据需要，预测电路对电磁干扰的响应意味着：
- 预测 I/O 引脚的阻抗（输入干扰取决于终端阻抗）。
- 预测耦合到 IC 引脚的干扰电压，甚至包括那些没有直接暴露于干扰的引脚。预测干扰在电路内的传播和耦合到电路中其他引脚的干扰的传播。
- 根据耦合干扰（例如信号失真、时钟抖动等）的量预测电路的行为。
- 根据预定义的敏感度标准来检测失效的触发。

IC 敏感度模型依赖于两个功能块：第一部分描述了外部输入干扰在 IC 内部的传播，并预测了到达电路敏感功能部分的残余干扰；第二部分描述了电路敏感功能部分对残余干扰的耦合所作出的反应。

模型结构可以满足最终用户的需求。在下一节中，使用了第二部分中描述的 ICIM 标准提出的术语。第一个模块称为无源配电网络（PDN），第二个模块称为内部行为（IB）块。然而，涉及敏感度时，电路可能暴露在大幅度干扰下，这可能触发许多非线性器件，例如 ESD 保护结构。由于它们在正常工作时未被激活，因此在发射模型建模中往往被忽略。但是，它们可以极大地影响敏感度问题[1-2]，因为它们具有非线性特性，所以不易于表征和建模。PDN 块中必须包含非线性部分。接下来介绍了 IB，线性和非线性 PDN 块的建模方法。

12.1.1 PDN 建模

1. 定义和构建

PDN 代表了封装线、片上互连以及等效电阻和电容的滤波效应。
PDN 本质上是无源电路网络，为传导发射仿真开发的电源网络模型也可以应用于敏感度仿真。与用于发射仿真的 PDN 相比,用于抗扰度建模的 PDN 还包括了输入和输出引脚。如果干扰幅度足够大以至于触发了 ESD 保护电路,就有必要建立 ESD 保护模型。可以通过对现有设备进行仿真或测量来创建 PDN 模型。

片上互连和电容可以从 CAD 工具的 RC 提取器中获得。可以通过 3D 电磁仿真来确定封装互连的等效模型。由矢量网络分析仪(VNA)提供的测量数据可用于提取等效模型。有一种基本方法是提取出集总模型,其结构可以根据电路的物理结构和测量结果进行选择,然后调整集总元件的值以拟合测量和仿真的结果,这种基本方法的拟合阶段相当烦琐。另一种方法是使用矢量拟合方法[3-4]生成宏模型,这个模型可以导入电子仿真器,例如 SPICE。

为了说明用于传导干扰传播建模的 PDN 的一般结构,考虑了一个带有模拟和数字部分的复杂电路的例子(图 12-2)。

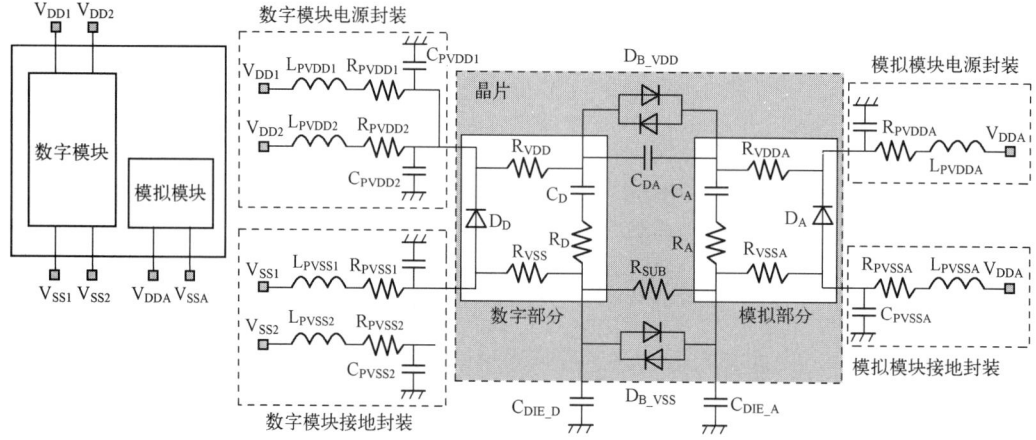

图 12-2　复杂电路非线性配电网络的通用电气模型

我们推导出了该配电网络的等效电路的简化版本。电源和接地引脚在模型中显示为通过无源阻抗网络连接的端子。阻抗网络包括封装、裸片互连、有源部件和 ESD 保护的等效阻抗,以及 IC 不同部分之间的耦合元件。表 12-1 总结了模型中每个元件的作用,文献[5]描述了用于提取这种等效阻抗网络的元件的值的实验方法,根据有效频率范围,该模型可以是分布式的。

表 12-1　复杂电路配电网络的电学元件的描述

名称	作用	名称	作用
LPVDDX,LPVSSX	封装引脚的等效电感	C_{DIE_D}, C_{DIE_A}	芯片到 PCB 的电容(用于数字和模拟部分)
RPVDDX,RPVSSX	封装引脚的等效电阻	R_{SUB}	数字和模拟部分之间通过芯片衬底的等效耦合电阻
CPVDDX,CPVSSX	封装引脚的等效电容	C_{DA}	数字和模拟电源域之间的耦合
RVDD,RVSS,RVDDA,RVSSA	片上数字和模拟电网的等效电阻	D_{B_VDD}, D_{B_VSS}	电源域之间的背对背二极管
C_D, C_A	数字和模拟块的等效电容(取决于电压)	D_D	数字电源域的 ESD 保护
R_D, R_A	数字和模拟块的等效电阻	D_A	模拟电源域的 ESD 保护

2. 评估电路敏感度的一种简单方法

如果你知道 PDN，那么你就可以确定传导干扰如何在电路中传播，可以推导出简单的公式来评估外部干扰从 PDN 模型耦合到片上从而引起的电压波动。虽然这种方法不能预测电路在输入干扰作用下的实际特性，但它可能有助于识别敏感频率，在敏感频率作用下电路可能会发生谐振。

该方法将在 12.4 节介绍的案例研究中进行说明。在以下的简单案例中，考虑了一个线性双端口器件，如图 12-3 所示。这种方法应用于频域，并且可以扩展到多端口电路，根据双端口阻抗矩阵来表征 PDN。

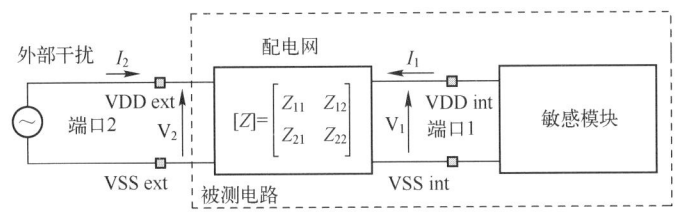

图 12-3 基于 PDN 的特性来分析外部传导干扰对电路内部节点的耦合

敏感度模型的目的之一是根据外部干扰的幅度确定施加到电路中的敏感功能的电压（例如，模拟模块的电源和地之间的电压）。为了简化问题，外部干扰被描述为戴维宁等效发生器，这里不考虑由电路活动产生的电流 I_1。片上电压波动 V_1 通过传输阻抗参数 Z_{12} 与 RF 电流 I_2 相关联，如式（12-1）所示。通过等式（12-2），它还与外部电压波动 V_2 有关。比率 V_1/V_2 表示外部噪声对敏感功能部分的耦合。该表达式表明，使 Z_{12}/Z_{22} 的比率最小化可提高电路的抗扰度，因为在这种情况下，相同的外部电磁干扰会引起更小的片上电压波动。

$$Z_{12} = \frac{v_1}{i_2} \bigg|_{i_1=0} \tag{12-1}$$

$$Z_{22} = \frac{v_2}{i_2} \bigg|_{i_1=0} \rightarrow \frac{v_1}{v_2} \bigg|_{i_1=0} = \frac{Z_{12}}{Z_{22}} \tag{12-2}$$

在传导抗扰度测试中，例如直接功率注入（DPI）[6]抗扰度水平通常用前向波的功率来表示。分别根据式（12-3）和式（12-4），电压（V_{forw}）和前向波的功率（P_{forw}）与 V_1 相关，其中 Z_c 是注入系统的特性阻抗（通常为 50Ω）。这两种比率都量化了外部干扰耦合的效率。如果 V_1/V_{forw} 或 V_1/P_{forw} 的比率降低，则抗扰度特性会得到改善。这可以通过使参数 Z_{12} 最小化和/或增大参数 Z_{22} 来实现。

$$\frac{v_1}{v_{forw}} \bigg|_{i_1=0} = \frac{2 \cdot Z_{12}}{Z_c + Z_{22}} \tag{12-3}$$

$$\frac{v_1}{p_{forw}} \bigg|_{i_1=0} = \frac{4 \cdot Z_{12}^2 Z_c}{(Z_c + Z_{22})^2} \tag{12-4}$$

12.1.2 对 PDN 的非线性部分进行建模

IC 敏感度建模的困难之一是，当大幅度干扰耦合到电路时，可能会激活电路中所有的非线性结构。这些结构有意地放置在电路中以防止由静电放电（ESD）和/或电过应力（EOS）引起的过电压。它们构成了一个复杂的保护网络，专门用于钳位承受过压或欠压条件的内部节点和排空电流。ESD 保护直接放置在 I/O 焊盘上，并连接到电源和参考地之间。

此外，ESD 保护放置在每个电源/接地对之间，以及电路的不同电源和接地轨之间（背对背二极管），如图 10-14 所示。设计这些结构需要严格的工程设计，这超出了本书的范围。感兴趣的读者可以参考文献[7-8]了解有关该主题的更多细节。ESD 保护器件有很多种，包括二极管、双极结型晶体管（BJT）、栅极接地 NMOS 器件、栅极耦合或 RC 触发 NMOS 器件、电压触发 MOS 器件或可控硅整流器（SCR）。

非线性结构还与寄生结构相关联，例如在标准条件下保留偏置的 PN 结（由 CMOS 器件中的 N 阱和 P 衬底形成的 PN 结，或 MOS 器件的漏极和周围的 N 阱或 P 衬底之间形成的 PN 结）。在过压情况下，可以在附近的器件之间激活寄生的 BJT 或晶闸管。这可能导致严重故障，例如闩锁[9]。

图 12-4 说明了 CMOS 器件中不同的非线性结构。在该示例中，呈现了 CMOS 电路的简化横截面。在图中可以看到一个 CMOS 工艺的反相器，在其附近的 N 阱中有一个敏感模拟块，还可以看到一些不同的 I/O 焊盘及其 ESD 保护结构。ESD 保护类型和策略因电路而异。在这里，大多数 ESD 保护结构都用简单的二极管表示，即使实际使用的是更复杂的器件。在 CMOS 反向器漏极处添加了两个互补的寄生 BJT，以说明本征非线性器件的影响，这些器件可以在异常偏置条件期间被激活，如 EMI、ESD 或 EOS 的耦合。在反相器 PMOS 漏极，PMOS N 阱和衬底之间形成了寄生的 PNP 晶体管。如果过电压条件施加到反相器的输出端，则会触发该 BJT，从而产生多数载流子注入到衬底中，并且衬底电压中的局部电压偏移可能干扰周围的模块。在反相器 NMOS 漏极、衬底和任何周围的 N 阱结构（例如属于敏感模拟电路）之间会形成寄生的 NPN 晶体管。如果欠压条件应用于反相器的输出端，则会触发 NPN 晶体管，从而将少数载流子注入到衬底中，并且一些载流子会被周围的 N 阱收集，可能导致附近电路发生故障。

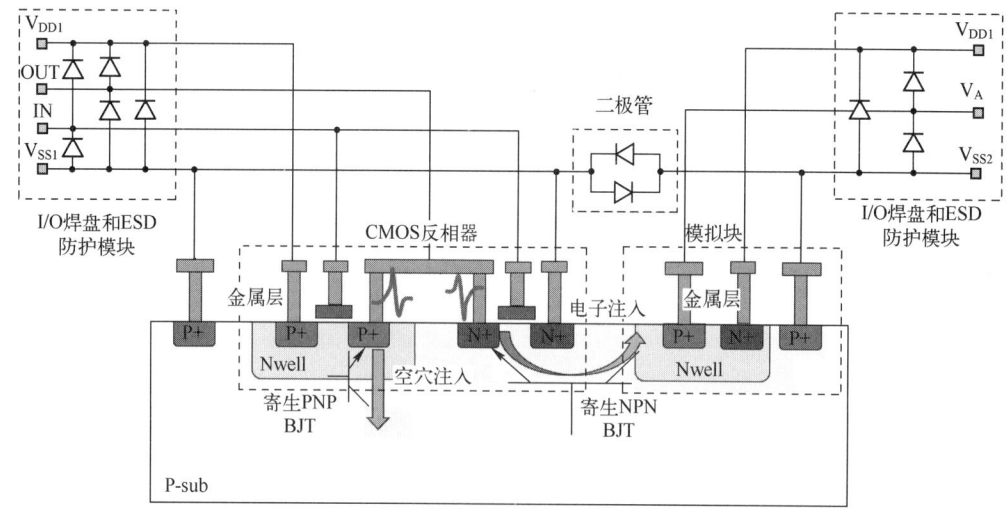

图 12-4 CMOS 器件中的非线性器件：
在 I/O 焊盘上的 ESD 保护结构和衬底级的寄生双极晶体管

由于它们具有非线性响应,因此不易进行建模,特别是对于具有转折特性的 SCR,栅极接地 NMOS 或 BJT。例如,图 12-5 给出了 ESD 保护器件的理想转折 $I(V)$ 特性。

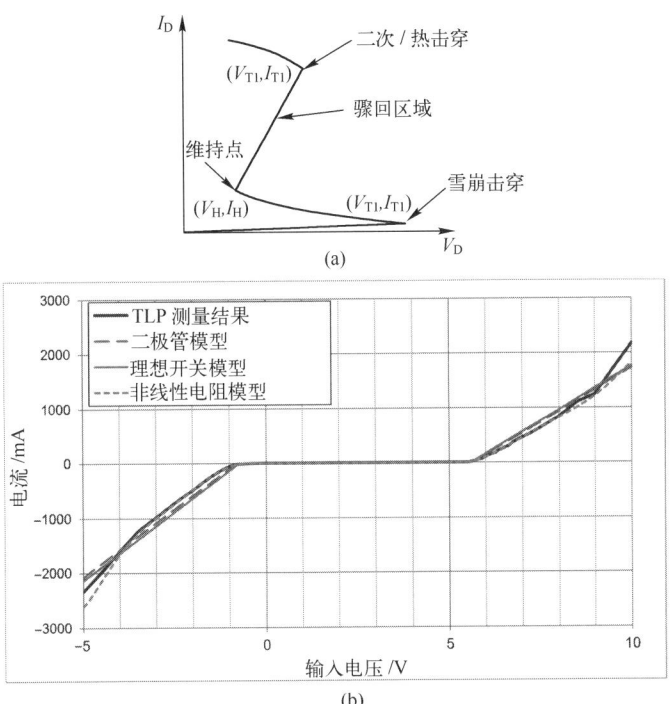

图 12-5　用 TLP 提取的微控制器输入焊盘的 $I(V)$ 曲线
(a) ESD 保护器件的理想转折 $I(V)$ 特性;(b) I/O 焊盘上 ESD 保护的测量和仿真之间的比较。

此外,有关保护电路的拓扑和结构的信息是高度机密的。IBIS 文件提供了一些信息,它给出了保护电路在每个 I/O 的 $I(V)$ 曲线,以便重建保护二极管的等效模型。然而,在仿真大干扰的注入时,精度非常有限,因为 IBIS 专用于信号完整性仿真。此外,IBIS 不提供有关保护结构拓扑的完整信息。例如,没有关于电源和接地轨之间的保护结构的信息。最后,除非使用 TCAD 或版图相关的工具,否则难以提取寄生双极器件的精确模型。但是这种类型的工具非常耗时,并且需要对 IC 终端用户保密的技术信息。

对于 IC 终端用户,测量是获得 PDN 非线性部分的足够精确模型的唯一方法。测量包括获取静态特性,例如连接在电路的两个端子之间的器件的 $I(V)$ 曲线,以便得出等效模型。可以提取触发阈值和动态电阻的值。毫无疑问,传输线脉冲(TLP)是用于此目的的最佳测量设备[10]。然而,其中一个限制是没有确定时序特性,这仍然是上升时间触发保护的必要参数。$I(V)$ 曲线可用于不同的方法来构建 ESD 保护结构的等效模型:

- 由一个开关和一个恒定电阻器,或一个开关和一个多项式表达的电阻组成的简单非线性电阻器模型;
- SPICE 二极管模型;调整二极管模型参数(饱和电流、发射系数、串联电阻)以拟合测量结果;
- 基于具有转折 $I(V)$ 特性的 MOSFET 和寄生 BJT 的 SPICE 模型[11];
- 基于 VHDL-AMS 或 Verilog-A 语言的行为建模[12-13]。

图 12-5 显示了用 TLP 提取的微控制器输入焊盘的 $I(V)$ 曲线。测量显示输入和电源之间(输入电压超过 5.6V 时触发电源钳位)以及输入和接地之间(当输入电压低于 -0.6V 时触发接地钳位)连接了两个保护器件。ESD 保护器件具有简单的导通 $I(V)$ 特性,因此与转折装置相比,它的建模更简单。根据以下方法,为电源和接地钳位构建了 3 种不同的模型:

- 一个具有串联电阻的通断开关;
- 一个使用多项式进行描述的非线性电阻;
- 一个 SPICE 二极管模型。

把 book\ch12\carac_ESD_protection_IOpad.sch 中的原理图生成出来,以仿真具有不同 ESD 保护模型的输入焊盘的 $I(V)$ 曲线。不同模型的仿真结果都叠加在了显示的测量曲线上。理想的开关为非线性电阻建模提供了一种非常简单的方法,但这种方法缺乏精度。根据多项式的阶数,非线性电阻可以准确地拟合测量结果,但仅在测量电压范围内。二极管模型提供了一个相当准确的结果和对结果的物理解释。

12.1.3 建立电路对电磁干扰响应特性的模型

我们很难将电路对用于 IC 敏感度仿真的输入电磁干扰的响应进行建模,尤其是因为受到这种干扰下的电路所表现出的非线性行为。这仍然是一个悬而未决的问题。许多研究工作已经解决了这个问题,并且提出了各种方法,我们将在接下来的几段中进行简要评论。建模方法的选择取决于:

- 有哪些数据可用于构建模型;
- 可接受的仿真时间;
- 精度,通常需要对仿真时间进行权衡;
- 模型中包含的信息的机密性,需要和终端用户进行交换。

根据可用信息,将建模的方法分为 3 个级别。

1. "白盒子"方法

白盒子电路模型包含有关电路内部组件、结构和设计的精确信息。

例如,它包含使用受干扰的功能部分的完整或简化的网表来仿真电路对电磁干扰的响应。添加 PDN 块以说明对输入干扰的过滤作用。虽然这是最准确和直接的用于敏感度预测的方法,但它需要许多机密信息,例如只有 IC 制造商才具备的器件模型和电路设计。而且,生成这种复杂模型需要很长的仿真时间。这个缺点促使 IC 制造商使用更快的仿真方法(例如谐波平衡或周期性稳态分析)或简化的等效模型(灰盒子或黑盒子方法)来加速仿真。

2. "灰盒子"方法

第二级被称为"灰盒子"方法。这是介于"白盒子"方法和"黑盒子"方法这两者中间的建模方法。它需要较少的关于电路结构或器件模型的信息来预测受干扰电路的特性。在文献[14]中,数字功能部分的 CMOS 门被行为宏观模型取代了,以加速敏感度仿真并保持足够的精度。在文献[15]中,运算放大器(OPA)中的一些晶体管被基于轨迹的宏观模型取代,而不是 BSIM3 模型,以便预测 EMI 引起的整流。在这两种情况下,都需要完整的电路网表。对失效机制的理论分析也可以得到一些解析表达式,这些表达式描述了受干扰的功能部分的非线性特性。这种方法已被广泛用于建立对施加到 CMOS 运算放大器的电磁干扰的整流作用的模型,例如,文献[16-17]中,只需要某些 MOS 参数,例如跨导、阈值电压和栅极-源极电容。然而这种方法仍局限于基本功能,特别是出于分析目的。

3. "黑盒子"方法

最后一级被称为"黑盒子"方法。黑盒子电路模型表示了输入激励与电路输出响应之间的关系,而不公开其内部结构的机密信息。它包括使用一个只专用于敏感度预测的等效模型来完全替换电路,从而防止泄露任何机密信息。最直接的方法是对受干扰的功能端子上感应的电压设定一个限值。这些电压限值可能随频率而变化。它们可以基于实验或先前的 SPICE 仿真来定义。文献[18]提出了一种基于频域测量的模型,这种模型能够检测失效条件并预测传输到电路不同引脚的干扰电平。等效模型由敏感引脚上的传导抗扰度测量(例如 DPI)和被测器件的不同引脚的 S 参数表征构成。该模型假设电路的失效与传输到引脚的功率有关,并假设电路具有接近线性的特性。该方法适用于预测嵌入该组件的设备项目的敏感度。它为耦合到数字或模拟接口设备的输入引脚的传导干扰提供了良好的结果。大多数黑盒建模方法都是指"替代模型",通常是根据受干扰电路的实验或仿真数据构建的。它们可以基于曲线拟合方法、响应面方法或人工神经网络方法(ANN)建立。例如,在文献[19]中,使用替代建模来预测线性电压调节器对谐波干扰的敏感度。由电磁干扰引起的输出电压偏移以及输入和输出阻抗对干扰的频率和幅度的依赖性用 ANN 建模。文献[20]中介绍了相同类型的方法,用于对本地互连网络(LIN)接口设备建立敏感度模型。

虽然黑盒子建模方法是一种非常有效的方法,在其用于仿真复杂 IC 的敏感度的同时还保护了机密信息,但它是一个受数据驱动的模型,即模型有效范围取决于用于构建模型的数据。黑盒子建模不适合研究 IC 失效的根本原因或设计改进所造成的影响。这种方法对于希望预测整个设备的响应并在设备级测试不同的 EMC 故障排除解决方案的 IC 终端用户是有利的。在本章中,将使用"白盒子"或"灰盒子"方法,因为本书侧重于研究 IC 的 EMC 问题。

12.2 IEC 62433-4-ICIM-CI 模型

ICIM-CI(集成电路抗扰度模型-传导抗扰度),被称为 IEC 62433-4,为模拟或数字集成电路对传导干扰的抗扰度建模提供了一个总体结构。

ICIM-CI 提议是基于前面描述的电路敏感度的理论分析。简而言之,一个集成电路的传导抗扰度模型由不同外部电路端子之间的阻抗网络和一个或多个内部模块组成,这些内部模块检测失效条件和/或描述电路对输入干扰的响应。可以结合不同的 ICIM-CI 模型来描述整个电子系统,例如一个包含多个 IC 的电子板。

模型的结构基于电路自身的组织。在干扰耦合和失效观察中起主要作用的电路终端包含在模型中。为了说明 ICIM-CI 模型及其构建模块的一般结构,考虑了一个具有模拟和数字部分的复杂电路的示例,如图 12-6(a)所示。虽然两个模块都有独立的电源域和不同的 I/O 引脚,但它们能够通过多个路径耦合,例如封装引脚间的串扰或衬底耦合。一个模块的存在可能会影响另一个模块的敏感度,因此不能独立地构建每个部分的敏感度模型。图 12-6(b)给出了这个复杂电路的 ICIM-CI 结构,它实际上是数字和模拟部分的 ICIM-CI 模型的结合。

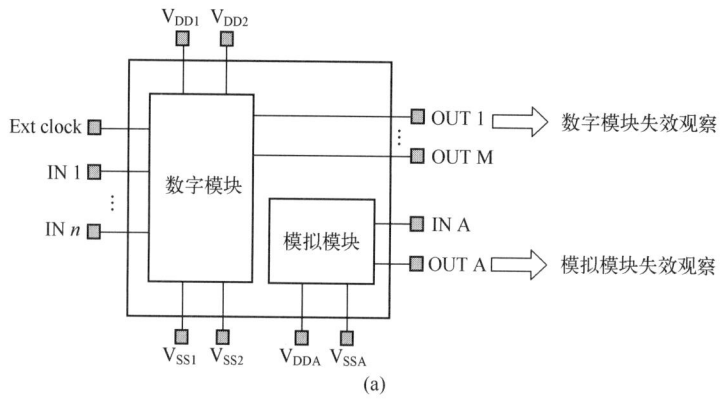

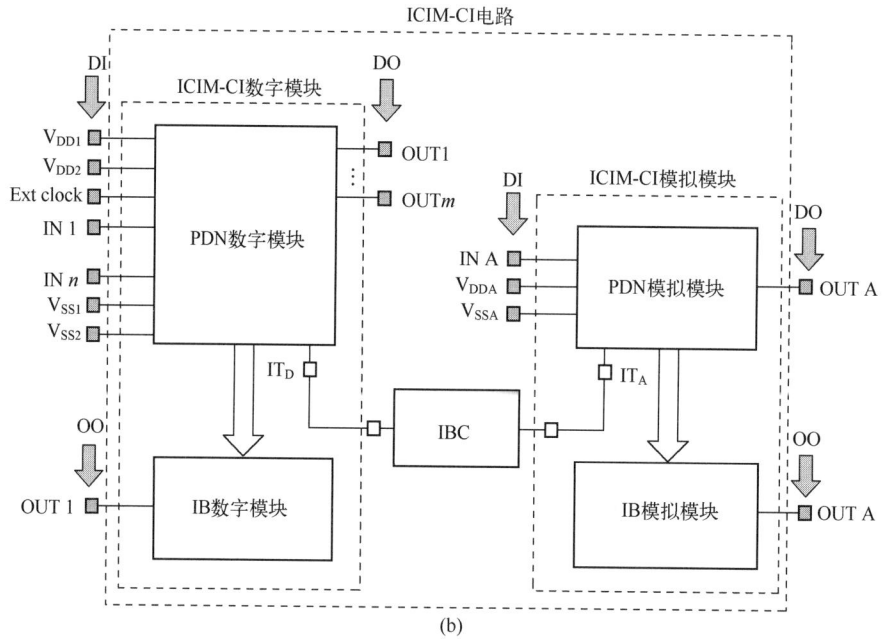

图 12-6　复杂电路的示例和复杂电路的 ICIM-CI 模型的结构

ICIM-CI 模型的不同模块在表 12-2 中进行了定义。

表 12-2　ICIM-CI 模型中使用的术语

模块名称	定义	描述
PDN	无源去耦网络	PDN 表征了 RF 骚扰的耦合路径,而且可以过滤 RF 骚扰并使其失真
DI	干扰输入	DI 是 PDN 的端子,在该端子上施加骚扰
DO	干扰输出	DO 是 PDN 的一个端子,它会影响从 DI 端子所看到的阻抗。它还接收施加在 DI 端子上的部分干扰

(续)

模块名称	定义	描述
IBC	块间耦合	IBC 是一个无源器件的网络,它呈现出了不同 PDN 块之间的耦合效应
IT	接口端子	IT 是一个 PDN 或 IBC 的端子,它在建模后电路的内部
IB	内部行为	IB 组件描述了 IC 如何对所施加的骚扰作出反应
OO	可观测输出	OO 是 IB 块的输出。根据 IC 配置,该 OO 可以与各种 DI 或 DO 相关联,也可以不与之相关联

ICIM-CI 模型的两个最重要的模块是 PDN 和 IB。PDN 是一个多极网络,由用于封装、键合和片上互连的无源元件所组成,还包括了诸如 ESD 保护的非线性器件。PDN 的数据是针对非线性组件未被激活的条件所定义的。PDN 可以根据 $Z(f)$、$Y(f)$、$S(f)$ 或基于 RLC 元素的等效电学表示来定义。在复杂的 IC 中,电路不同部分的 PDN 通过 IBC 块来连接。它们专用于耦合现象(可以是不同的 IC 接地端子之间的耦合)、衬底损耗、裸片级的互感或内部地与电源端子之间的绝缘的建模。

通过基于 PDN 和外部环境的仿真,可以计算进入 DI 的功率。IB 组件将进入 DI 的功率与 OO 端子监控的抗扰度标准相关联起来。在 IB 块中会考虑到引起失效的固有非线性。根据 OO 的测试方式,可以使用通过/失败或非通过/失败测试标准获得 IB 数据。

在通过/失败测试中,OO 的状态给出了失效状态,该状态是针对用户指定的限值进行直接测试的。因此,每个敏感度标准都有专用的 IB 子模型。

在非通过/失败测试中,OO 是一个函数,这个函数取决于施加到 IB 端子的干扰的发送功率和频率。IB 模型更通用,IC 模型用户可以在模型仿真或使用期间的后期阶段将抗扰度标准应用到 OO。应该强调的是,IB 块的定义和构造仍然是一个研究问题。

IB 可以通过抗扰度测量或仿真获得,并根据 12.1.3 节中列出的方法之一来建立。

12.3 用 IC-EMC 进行敏感度仿真

可以通过频域或时域这两种类型的仿真来预测敏感度。由于频域仿真基于小信号假设,因此仿真只需要很少的时间。如果能够确保线性条件,则这种类型的仿真适用于预测电路内的电磁干扰。如 12.1.1 节中所述,可以有效地检测例如谐振频率(在谐振频率下耦合电压最大)之类的临界频率。如果失效条件是根据耦合电压给出的,则可以容易地检测到电路失效。然而,当不能确保线性时(例如,由于 ESD 保护结构被激活),频域仿真会达到其极限。此外,如果敏感度模型的目的是确定信号的失真和性能损失确切的量,则有必要进行时域仿真。

本部分将介绍 IC-EMC 配套工具中提出的"Susceptibility analysis"工具,用于仿真敏感度测试。它具有双重功能:首先,它是一个预处理工具,用于设置电路网格的参数并配置 SPICE 仿真。其次,它是一种后处理工具,它从 SPICE 仿真结果中提取模型化的被测设备的敏感度水平。仿真流程基于在 WinSPICE 中完成的时域仿真。正如 IEC 62132 的敏感度测试标准中所提出的,该流程旨在预测 IC 对 RF 干扰(谐波干扰)的敏感度。在本章中,所有示例均参考 DPI 测试[6]。

12.3.1 仿真流程整体介绍

图 12-7 给出了 IC-EMC 中提出的仿真流程,用于预测 DPI 测试中电路的敏感度水平。必须事先构建电路的等效电学模型及其测试环境,包括 PCB、DPI 测试平台、电源和负载。在连续波(CW)抗扰度测试中,使用干扰幅度逐步增加的方式来确定每个频率引起失效的干扰条件。在整个仿真过程中,由射频干扰(RF)源在给定频率下产生的干扰电平在两个电压范围之间线性增加。在仿真之后,后处理工具检测是否发生失效并且提取在失效时的正向功率的值。

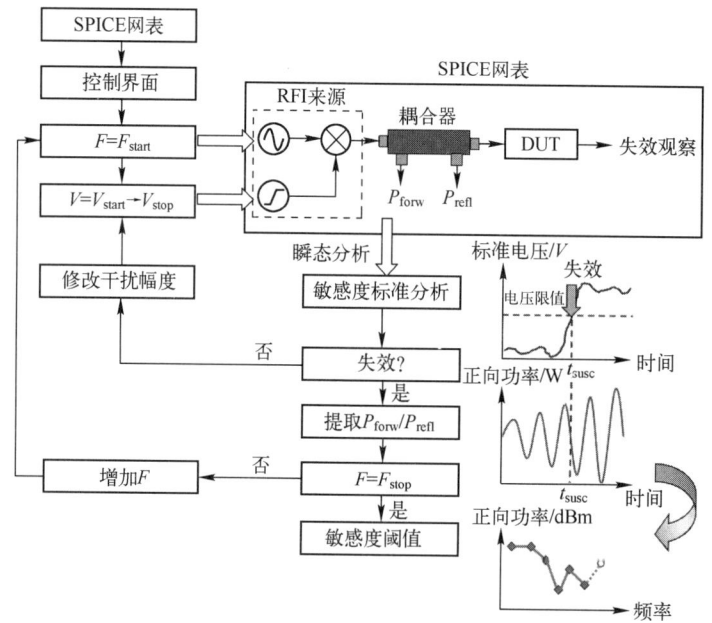

图 12-7 用于提取电路的敏感度阈值的仿真流程

SPICE 网格不是直接从 IC-EMC 的主窗口生成的,而是从"Susceptibilixy analysis"工具生成的。通过单击"EMC>Susceptibility analysis"或单击图标 来运行该工具。运行该工具后会显示如图 12-8 所示的窗口。该工具包含两个界面:一个用于控制仿真,另一个用于显示提取的敏感度阈值。使用该窗口配置干扰源、敏感度标准和瞬态仿真。

敏感度工具提供了 3 种仿真模式,这些模式与所选择的 RFI 频率扫描方式相关。
- 手动仿真模式:用户在一个 RFI 频率下配置瞬态仿真。用户手动扫描频率。
- 自动仿真模式(默认模式):用户为 N 个 RFI 频率点配置 N 个瞬态仿真。RFI 频率以线性或对数方式进行扫描。
- 列表仿真模式:它使用与自动模式相同的原理,但频率扫描在文本文件中定义。

然后,用户定义 RFI 幅度扫描和瞬态仿真的持续时间,其中瞬态仿真的时间以绝对时间或根据给定数量的 RFI 周期来定义。必须仔细选择瞬态仿真的持续时间,以准确确

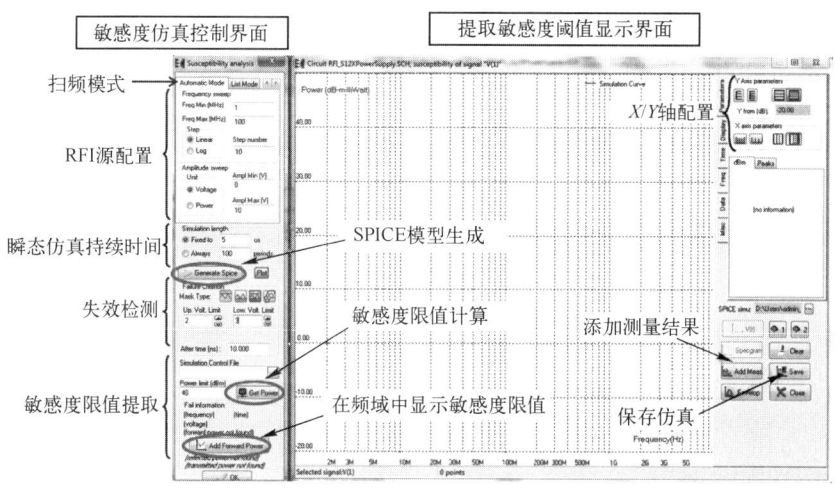

图 12-8 敏感度仿真界面

定敏感度水平。单击"Generate SPICE"按钮,在不同频率上运行瞬态仿真。在仿真结束时,通过单击"Get Power"按钮来提取敏感度水平。该工具分析瞬态域中的每条仿真曲线,以检测所有的失效点,然后通过单击"Add forward power"来显示敏感度水平。必须在该操作之前根据 12.3 节中的描述来定义敏感度标准。干扰幅度以两种形式给出:如果有耦合器插入到 SPICE 原理图中,则根据正向功率 P_forw(式(12-5))来给出,如果原理图中没有放置耦合器,则根据源的最大可用功率 P_AVmax(式(12-6))来给出。第一种计算方法符合典型的 DPI 测试。

$$P_\text{forw} = \frac{(V_\text{coupl} + Z_c I_\text{coupl})^2}{4Z_c} \tag{12-5}$$

$$P_\text{AVmax} = \frac{V_\text{RFI}^2}{4Z_c} \tag{12-6}$$

其中,V_coupl 和 I_coupl 是在耦合器中测量的电压和电流;Z_c 表示耦合器的特征阻抗(默认为 50Ω);V_RFI 表示干扰源的电压幅度。

12.3.2 射频干扰源

IC-EMC 提出了一种称为射频干扰(RFI)源的特定源,以建立一个用于敏感度测试的谐波干扰源的模型。它为 RF 敏感度测试平台中使用的信号发生器和功率放大器建立了模型。图 12-9 给出了该干扰源及其输出波形的参数。RFI 源是一个正弦波,其可编程电压在给定的持续时间 T_0 内从 V_0 增加到 V_1。源的默认输出电阻为 50Ω。输出电压幅度的增加速率必须适中,以准确地提取使电路失效的干扰水平。连续输出的两个正弦波形最大值之间的差异越大,则干扰电平误差越大。根据式(12-7),可以凭经验评估最大电压误差。此外,一些设备诸如模拟电路需要相对长的时间来达到稳定状态,因此检测到的失效水平的幅度可能比实际更大。

$$\text{error max}(V) = \frac{S}{F_\text{RFI}} = \frac{V_1 - V_0}{T_0 F_\text{RFI}} \tag{12-7}$$

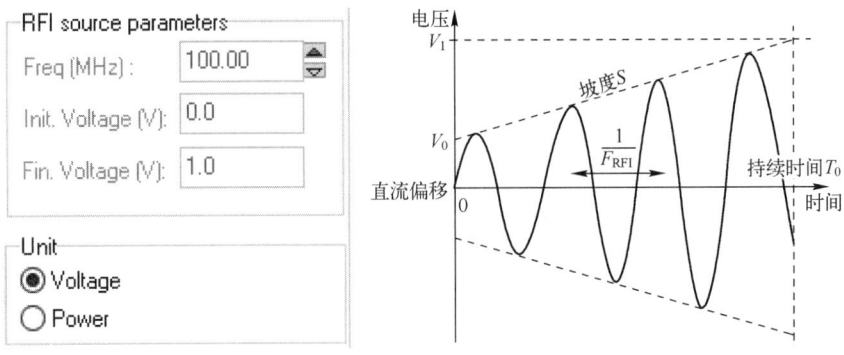

图 12-9 RFI 源的参数和输出电压波形

12.3.3 失效检测

在瞬态仿真期间不会直接检测到失效,而是通过对仿真结果进行后处理来检测失效。该方法包括分析电信号(电压或电流)并检测其超过预定义限值或不符合预定义限值的瞬间。如图 12-10 所示,最简单的方法是检查信号是否超过给定的幅度余量。该方法适用于监测稳定的信号,例如电源。在图 12-10 所示的示例中,如果电源纹波超过标称电源电压(被认为等于 2.5V)的 20%,则会检测到失效。

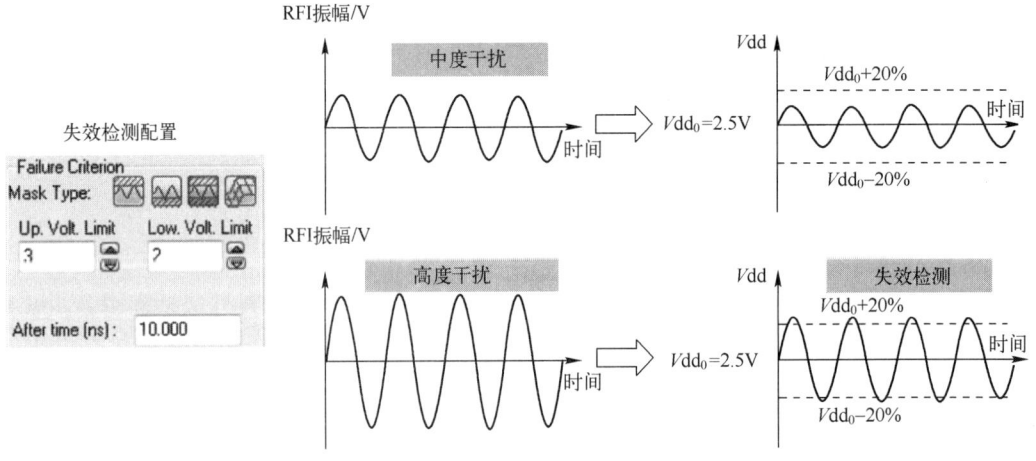

图 12-10 RFI 幅度增加,直到地弹幅度超过敏感度率阈值(20%电源电压)

数字信号需要一个更复杂的失效检测方法来进行监测。数字信号可能出现两种失效类型:幅度偏离过大或过渡时间偏移过大。在这两种情况下,这些信号失真都可能导致错误的位检测。一种常见的检测方法是导出一个掩膜,该掩模的上限和下限由参考信号加上或减去幅度和时间的余量来构成。如果在注入电磁干扰时被监控的信号超出了掩膜的范围,则检测到失效。图 12-11 描述了掩膜的生成方法和失效检测。在左侧,将周期为 500kHz 的数字信号作为参考信号。它有两个稳定的幅度电平:0 和 2.5V,当电磁干扰叠加到该信号上时,如果该信号的幅度变化超过 1V 和/或周期变化大于标称周期的 20%,则认为它已被损坏。如图 12-11(a)所示,这两个条件定义了检测掩膜的界限。使用"Tools/Mask generator"生成掩膜,并通过单击按钮▨以及导入定义掩膜两个边界的文本文件来将掩膜输入到敏感度分析工具。

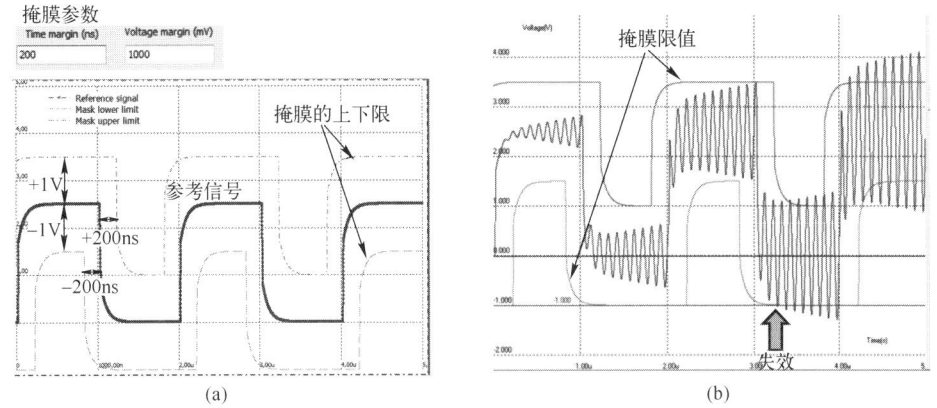

图 12-11　掩膜生成和失效检测
(a)掩膜生成;(b)失效检测。

12.3.4 示例:对固定负载传导注入

本节介绍了一个简单的案例研究,本案例使用了直接功率注入(DPI)的方式进行测量,负载电阻为 330Ω。将 DPI 测量结果与仿真结果进行比较,从而对抗扰度仿真模块进行验证。实验布置细节见图 12-12。

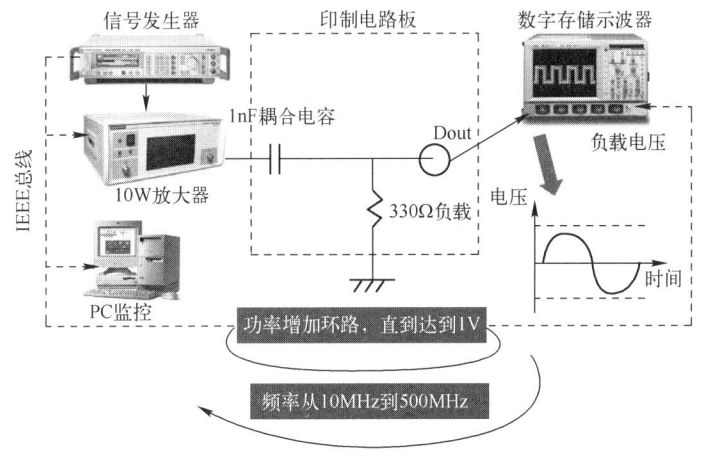

图 12-12　通过 1nF 电容向 330Ω 负载电阻注入功率的布置图

当电阻两端的电压波动幅度超过 1V 时,认为达到了敏感度的失效标准。第一个循环包括增加功率,直到达到 1V 的电压阈值;第二个循环与谐波干扰的频率有关。通常,从 10MHz 到 500MHz 每十倍频测量 10 个点。负载电阻两端的电压通过数字存储示波器(DSO)的有源探头来进行测量。DSO 采样率为 500MSamples/s,探头带宽为 1GHz。图 12-13 显示了对 330Ω 负载进行传导注入的简化电学模型,以及负载两端感应电压的监测结果。谐波干扰由 RFI 源产生,它通过双向耦合器和 1nF 电容耦合到负载电阻。在这个简单的例子中,忽略了与电容、负载电阻和 PCB 布线相关的寄生元件。有源探头是通过 RC 滤波器形成的等效阻抗来建模的。与有源探针的连接相关联的寄生元件也被忽略了。仿真是瞬态的,需要在后处理工具中进行配置。注意".fail 1.0V"这条命令行的存在,它定义了失效标准。如果电阻两端的电压超过 1V,则检测到失效。

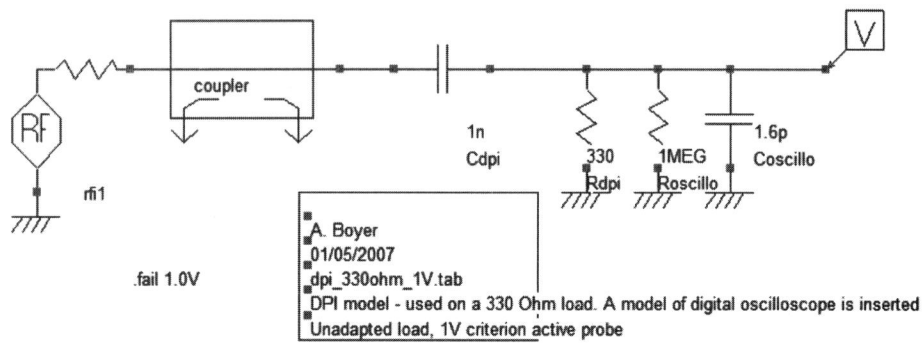

图 12-13　用于仿真通过 1nF 电容器对 330Ω 负载进行传导注入的电学模型
(book\ch12\dpi_330ohms_1V.sch)

通过单击"EMC>Suscepibility(dbm) vs frequency"运行敏感度仿真。敏感度仿真界面默认处于自动模式,按照表 12-3 所示步骤提取敏感度阈值。

表 12-3　提取敏感度阈值步骤

步　骤	详　　述
设置 RFI 源参数	将频率范围设置为 10~500MHz,采用线性扫描,取 20 个频率点,电压扫描范围为 0~5V
设置瞬态仿真持续时间	将仿真持续时间设置为 100 个周期。在"Simulation Length"栏中选择"Always"并输入"100"周期。在 10MHz 时,仿真持续时间等于 10μs,而在 100MHz 时为 1000ns
设置敏感度标准	在 RFI 控制界面的"Fail Criterion"部分的"Up volt limit"栏中输入值"1.0V",然后单击按钮
仿真	单击"Generate Spice"启动 WinSPICE 并打开文件 rfi_dpi_330_1V.cir
提取功率	确保在"Simulation Control File"栏中出现了"RFIcontrol_dpi_330ohms_1v.ctl"文件。在"Power Limit(dBm)"栏中输入"30"。在"After time(ns)"中键入"10"以从敏感度水平提取过程中移除瞬态仿真的前 10 个 ns。 单击"Get Power"以提取在每个频率步进中的前向、反射和发射功率
显示功率	单击"Add Forward Power",以在"dBm vs frequency"图中显示提取的敏感度阈值。正向功率以 RMS 值给出

图 12-14 显示了此仿真的后处理工具的配置,并比较了测量和仿真的敏感度阈值。该结果根据干扰频率,提供了使负载两端引起 1V 电压波动的正向功率。通过单击"Add Meas"按钮并选择 book\ch12\dpi_330ohm_1V.tab 来加载测量结果。仿真的敏感度阈值与测量结果在 200MHz 内拟合。所需的正向功率几乎是恒定的。在 200MHz 以上,测得的正向功率增加了,但这种趋势没有在仿真中重现。仿真和实际测量之间的差异是由模型的简单性所造成的,其没有考虑印制电路板的寄生元件或安装在电路板上的分立元件。另一个原因是示波器在采样频率方面存在限制,这也没有在模型中考虑到。

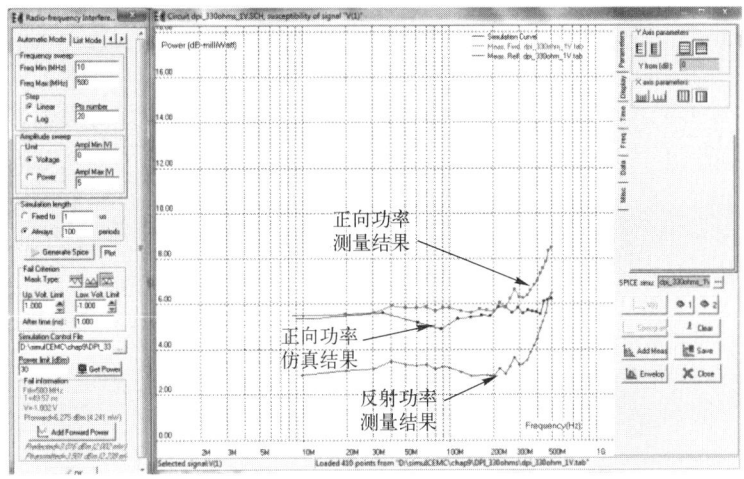

图 12-14 使用 330Ω 负载进行的 DPI 测量结果和仿真结果之间的比较
（book\ch12\dpi330ohm dpi_330_1V.sch）

12.4 案例研究 1——建立外部干扰在集成电路内部传播的模型

本部分介绍了如何为模拟设备建立 PDN 模型。这对于仿真耦合到电路敏感节点的干扰的量来说是必要的。尽管仿真电路对输入干扰的响应来说是不够的，但该模型提供了一种有效的方法，用于识别敏感频率，在敏感频率干扰的作用下，干扰能够大量地耦合到电路。本部分研究主要集中在采用 0.25μm CMOS 工艺设计的锁相环（PLL），其目的是对配电网络建立板级和电路级的模型，以再现 DPI 测试期间引起的片上电压的变化过程。

12.4.1 案例研究介绍

图 12-15 给出了 PLL 的原理图。PLL 基于一阶滤波器，由 3 个子模块组成（鉴相器、压控振荡器（VCO）和分频器）。VCO 是一种延迟控制的环形振荡器，被设计为在标称值 112MHz 的频率下工作。分频器将 VCO 的频率除以 4。在实验测试期间，外部施加到 PLL 输入端的参考信号的频率为 24MHz。

PLL 是用于数字电路和 RF 电路中的频率合成的通用电路。它对耦合到电源、地和/或衬底的电磁干扰特别敏感。例如，VCO 对电源波动非常敏感，因为它们会增加相位噪声水平。它们可能会使 PLL 的输出频率产生瞬时偏差，如图 12-15 所示。PLL 相位噪声不仅取决于 VCO 特性，还取决于 PLL 的闭环频率响应。

该 PLL 的每个模块都有独立的电源对，以说明对到达 PLL 配电网络的传导干扰的敏感度以及每个模块在 PLL 失效中的作用。

3 个子模块采用 2.5V 供电：

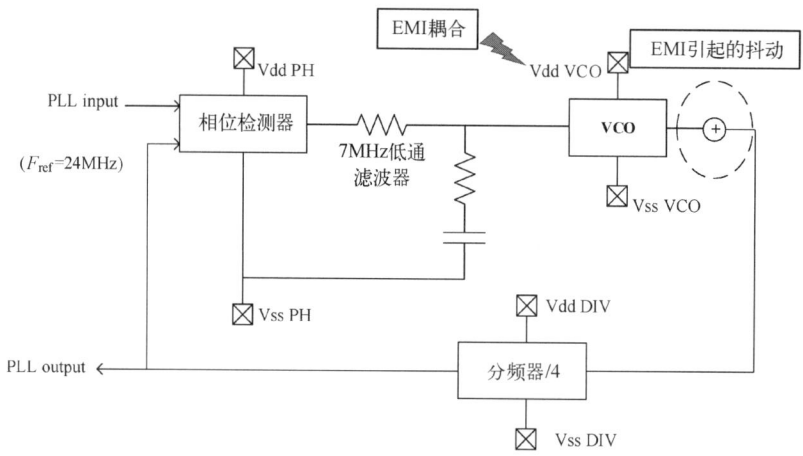

图 12-15 锁相环原理图和耦合到 VCO 电源端口的电磁干扰的影响

V_{DDVCO}/V_{SSVCO} 给 VCO 供电；

V_{DDPh}/V_{SSPh} 给鉴相器供电；

V_{DDDiv}/V_{SSDiv} 给分频器供电。

被测电路安装在一个 4 层的 FR4 TEM 板上。图 12-16 给出了 3 个 PLL 子模块的电源上的传导干扰的耦合路径。在测试板上，它们共享一个共同的 2.5V 内部电源层。该层通过 1 个 47μF 铝电容和 8 个 100nF 陶瓷电容的组合进行去耦，这些电容遍布测试板。在本研究的其余部分，将假设 2.5V 电源层是一个等电位参考，以简化分析。放置在 2.5V 电源层和各个电源封装引脚之间的 1.5μH 扼流电感隔离了各个 PLL 子模块的电源。封装引脚通过相同的微带线连接到扼流圈，其尺寸如图 12-16 所示。每个电源引脚附近增加一个 100nF 的陶瓷电容，用于局部去耦；SMA 连接器放置在微带线的输入端，用于传导干扰注入，这基于直接功率注入标准[6]。一个 6.8nF X7R 电容用作隔直器。

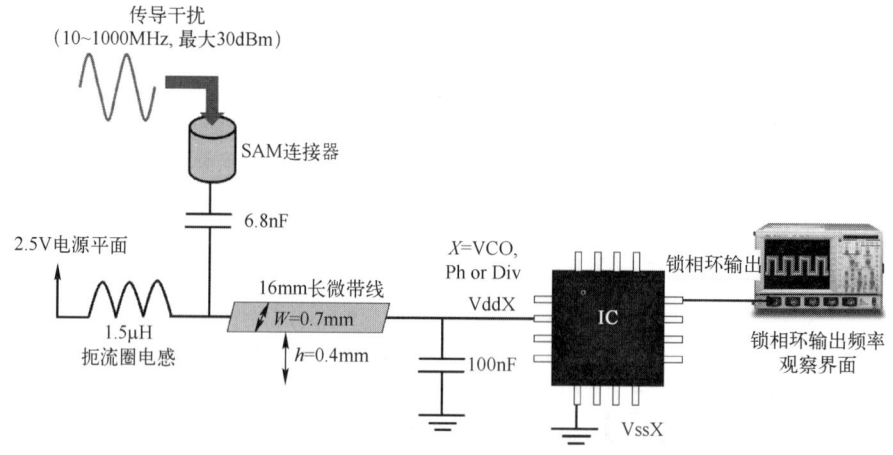

图 12-16 传导干扰在板级电源上的耦合路径

对于敏感度测试，敏感度标准定义为 PLL 输出频率的最大偏差达到标称频率的 ±5%，即最大偏差为 2ns，或 PLL 的解锁。图 12-17 给出了分别在 VCO、鉴相器和分频器的电源引脚上进行的 DPI 测试获得的 PLL 的敏感度水平,正向功率限制为 30dBm。该结果表明,VCO 显然是 PLL 中对电源电压波动最为敏感的部分。PLL 对 200~900MHz 范围内的传导骚扰也很敏感。PLL 在 3 个特定频率解锁:288MHz、576MHz 和 864MHz,分别是 VCO 工作频率(96MHz)的第 3 次、第 6 次和第 9 次谐波。PLL 在这些频率下的敏感度明显增加是由于 VCO 的结构所造成的。对这种机制的解释超出了本案例研究的范围,但更多细节可以在文献[21]中找到。

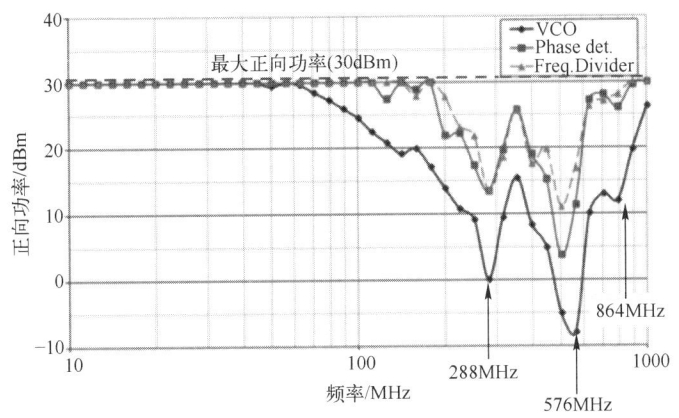

图 12-17　在 VCO、鉴相器或分频器的电源引脚注入传导干扰后 PLL 的敏感度水平

虽然 PLL 的敏感度受到 PLL 子模块对电压波动响应的影响,但它也取决于电路板和电路配电网络。为了验证电路的 PDN 模型,在 PLL 中安装了片上电压传感器,以监控影响 VCO、鉴相器和分频器电源的电压波动。与外部测量相比,这些传感器提供了一个大带宽,并且不受电路和封装互连所提供的滤波特性的影响。为了在传导干扰注入测试期间使传感器产生的干扰最小化,传感器具有单独的电源,并且通过每一侧掩埋的 N 注入和电介质填充的沟槽隔离。有关此传感器的更多详细信息,请参见文献[21]。在以下部分中,利用 VCO 电源域中的传感器测量结果来验证电路板和电路的 PDN 建模。

12.4.2　测试板建模

第一步是对耦合路径进行建模,传导干扰通过该路径到达 V_{DDVCO} 封装引脚。根据有关电路板布线的信息,可以提取耦合到 VCO 电源引脚的注入耦合路径的电学等效模型,例如使用 IC-EMC 工具"Tools > Interconnect Parameters"。我们已经对每个无源器件(去耦和隔直电容器、扼流电感器)进行了 S 参数测量,以提取等效的电学模型。图 12-18 给出了在电路板级耦合到 V_{DDVCO} 引脚的传导干扰耦合路径的等效电气模型。

12.4.3　建立 PLL 的 PDN 模型

PLL 的配电网络(PDN)模型是一个阻抗网络,其连接了 PLL 子模块的电源和接地引脚,即总共 6 个封装引脚。出于敏感度建模的目的,PDN 模型还应包括连接在不同电源域之间的 ESD 保护结构。但是,VCO 对电源电压波动非常敏感,因此在没有触发 ESD 保护器件的情况下 PLL 就可能会出现故障。实验验证证实了这一假设,因此省略了 ESD 保护模型。

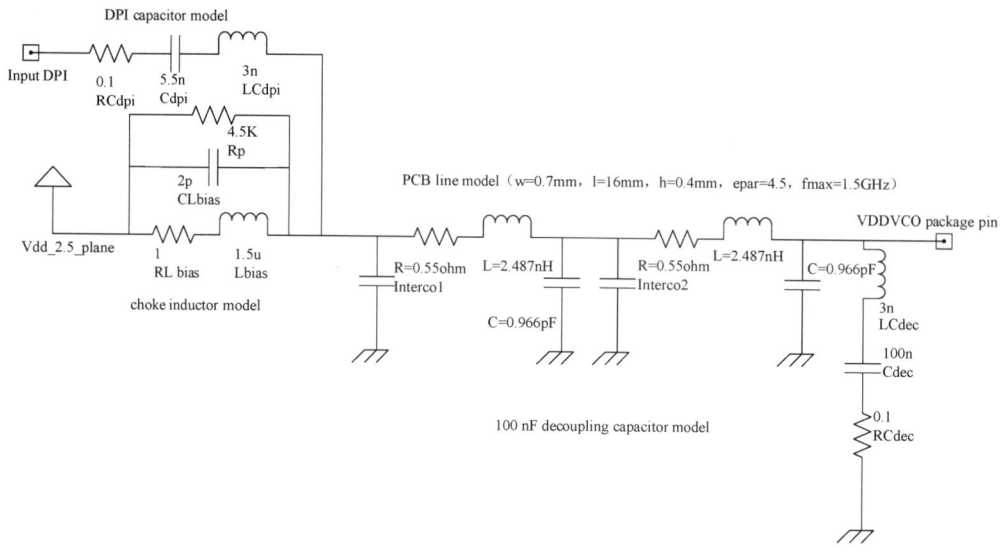

图 12-18 在电路板级耦合到 V_{DDVCO} 引脚的传导干扰耦合路径的电学模型
(book\ch12\VDDVCO_PCB_injection_path.sch)

虽然可以使用 PLL 原理图从版图后仿真中提取电路 PDN 模型,但这些信息仍然保密,只有 IC 设计人员才知道。但是,可以从封装上的 S 参数测量中提取等效模型。这需要使用矢量网络分析仪(VNA)通过将高频接地信号(GS)探头放置在尽可能靠近封装引脚的地方进行双端口测量。需要在 PLL 的 PDN 的 6 个封装引脚之间进行许多测量,以便提取它们之间所有的相互作用。测量结果表明:

电源和一个模块(VCO、分频器或鉴相器)的地之间的等效阻抗是容性的,该等效电容与封装电感会发生谐振。等效电容几乎完全独立于电源电压,因此假设 PDN 是完全线性的。

不同的接地引脚可以通过电路 P+衬底的电阻进行耦合。在每个模块的接地引脚之间,可以测量到一个 $17\sim20\Omega$ 的电阻。

每个接地引脚和测试板接地之间也有电容耦合,这是由于衬底和印制电路板之间的直接耦合。

虽然不同子模块的电源轨在内部是分开的,但它们并不是完全隔离的。由于电源域之间存在 ESD 结构及串扰的作用,因此我们可以在 V_{DDVCO}、V_{DDDiv} 和 V_{DDPh} 之间测量到弱电容耦合。

等效 PDN 模型的结构基于这些观察结果并在图 12-19 中进行了描述,然后参考测量值来拟合电子元件及其数值,提出了一种集总模型来仿真不同引脚之间的相互作用。可以从测量结果推导出集总模型的配置,然后调整这些数值以拟合仿真和测量的 S 参数或 Z 参数。

仿真结果与 S 参数工具中标准格式的测量结果进行了比较,表示为 ■。此后提出了 3 个测量和仿真之间的比较来验证模型的准确性。图 12-20 显示了从 VCO 电源引脚(V_{DDVCO})看到的 Z_{11} 参数的仿真和测量之间的比较。由于 VCO 等效片上电容的存在,输入阻抗主要是电容性的。封装电感与 VCO 的片上电容之间的谐振出现在约 600MHz。

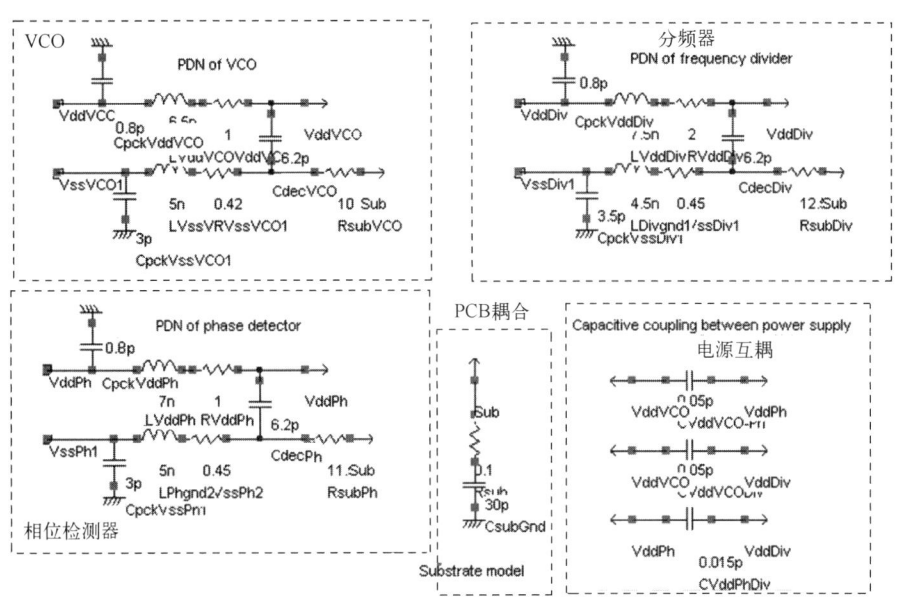

图 12-19 通过 S 参数测量提取的 PLL 的 PDN 的等效电学模型
（book\ch12\PDN_PLL_model.sch）

在低频时,噪声是由与单端口测量相关的测量不确定性所引起的(参考第 5 章)。

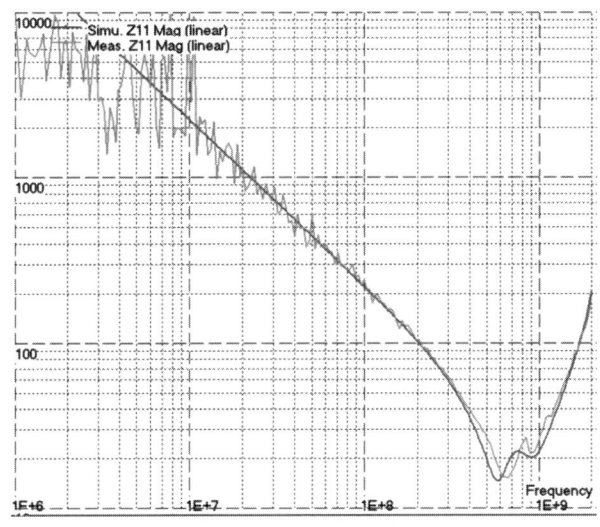

图 12-20 从 V_{DDVCO} 看到的 Z_{11} 参数的仿真和测量之间的比较

（book\ch12\S2P_VddVCO_VddPh_gnd_0ohms.sch and book\ch12\s2p_VddVCO_VddPh_gnd0ohm.s2p）

图 12-21 比较了 V_{DDVCO} 和 V_{DDPh} 引脚之间传输系数 S_{12} 的仿真和测量结果。两个电源域之间的隔离在 200MHz 以上是不可忽略的,耦合到 VCO 电源的部分噪声传播到鉴相器的电源。虽然测量和仿真之间的相关性并不完美,但该模型成功地以相同的数量级表示这种耦合。

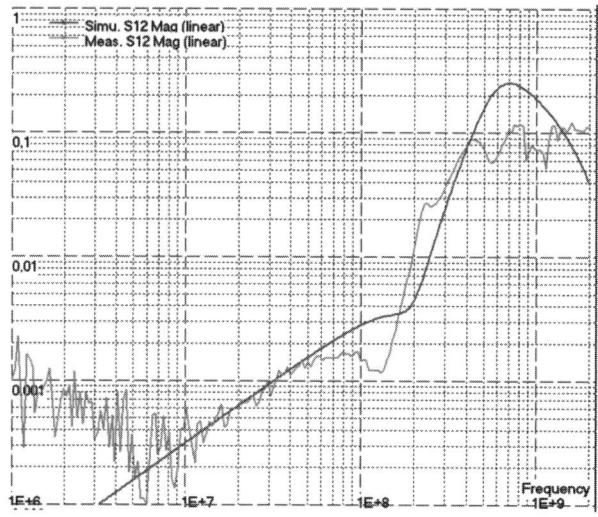

图 12-21 V_{DDVCO} 和 V_{DDPh} 之间 S_{12} 参数的仿真和测量之间的比较

(book\ch12\S2P_VddVCO_VddPh_gnd_0ohms.sch)(book\ch12\s2p_VddVCO_VddPh_gnd0ohm.s2p)

图 12-22 比较了 V_{SSDiv} 引脚悬空时 V_{SSVCO} 和 V_{SSPh} 引脚之间传输阻抗 Z_{12} 的测量和仿真结果。该测量旨在提取这两个接地引脚之间的等效并联阻抗,该阻抗呈容性是由于裸片和测试板之间的耦合造成的。

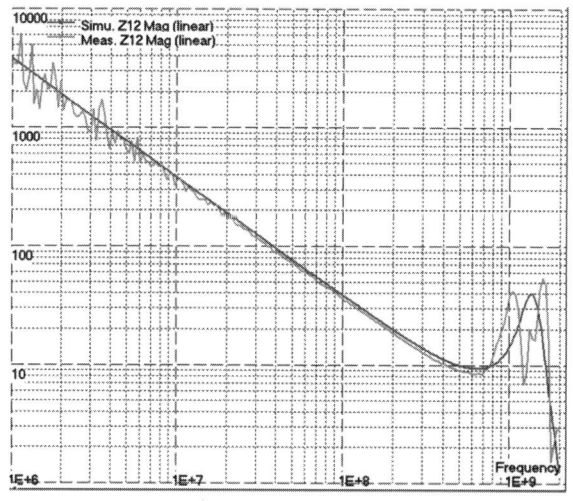

图 12-22 V_{SSVCO} 和 V_{SSPh} 之间的 Z_{12} 参数的仿真和测量之间的比较

(book\ch12\S2P_VssVCO_VssPh_gndOpen.sch 和 book\ch12\s2p_VssVCO_VssPh_gndOpen.s2p)

衬底电阻网络和该 die-PCB 电容形成了一个共模阻抗,用于向 VCO 电源进行传导注入,因为通过 V_{DDVCO} 引脚输入的 RF 电流不仅通过 V_{SSVCO} 引脚返回,还通过 V_{SSPh} 和 V_{SSDiv} 引脚以及通过 die-PCB 寄生电容的位移电流返回。

12.4.4 耦合到 VCO 电源的电压仿真

现在将电路板耦合路径和 PLL 的 PDN 模型与 DPI 测试平台的等效模型相结合,其中包括一个 RFI 发生器和一个定向耦合器。完整的模型如图 12-23 所示。该模型用于通过小信号仿真(AC)来确定 RF 发生器和片上 VCO 电源域(原理图上的电压探头)之间的传输函数。或者,该模型还可用于确定所需的干扰水平(例如,通过定向耦合器测量的传导干扰的正向功率),以在片上 VCO 电源域中感应出给定的电压波动。通过在 VCO 电源域中设置一个最大允许的电压波动,可以将通过仿真获得的干扰电平与 DPI 敏感度阈值进行比较,以便说明敏感频率的存在。下面使用第二种方法:将仿真结果与传感器的测量结果进行比较。传感器的测量过程是,先对 V_{DDVCO} 引脚施加谐波干扰,然后测量 VCO 电源上感应的电压波动幅度以及确定引起 0.25V 幅度的电压波动所需的传导干扰电平。实际上,这样的电平可能足以引起该 PLL 的失效。

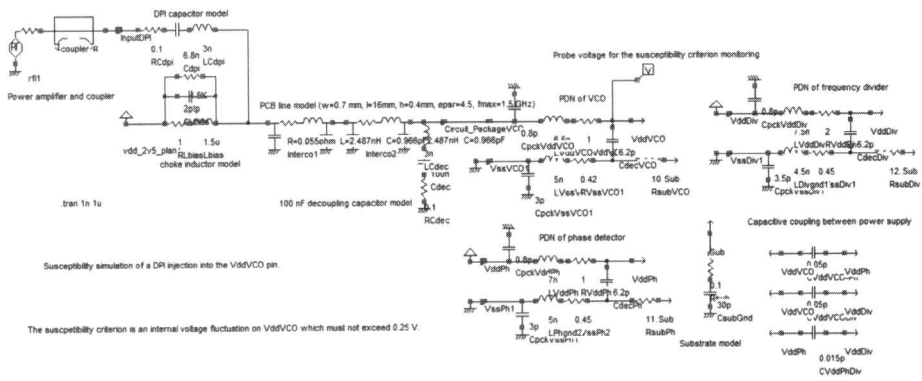

图 12-23 基于敏感度仿真的传导干扰耦合的传递函数的模型
(book\ch12\DPI_VCO_Vdd.sch)

IC-EMC 的敏感度后处理工具已用于此仿真。图 12-24 描述了 1~10MHz 频率范围的敏感度仿真配置。该仿真的大致参数如下:

在 1~1000MHz 之间频率以对数形式进行扫描(每十倍频取 15 个点)。
- 最大正向功率设置为 50dBm。

如果电压 V_{DDVCO} 超出[2.25V,2.75V]的范围,则检测到失效(选择☒)。
- 忽略前 10ns 期间的仿真结果。
- 仿真控制文件名为"RFIcontrol_DPI_VCO_Vdd.ctl"。

然而,为了准确提取敏感度阈值,配置 RFI 源振幅扫描和瞬态模拟持续时间是有讲究的。如 12.3.2 节所述,这依赖于干扰水平的缓慢增加。

图 12-17 中显示的 PLL 传导敏感度的测量结果表明,电路的敏感度阈值随频率变化非常快。用于敏感度仿真的单一固定的配置无法确保在整个频率范围内具有足够的精度。为了克服这个问题,频率范围被分成了几个区间,例如每十倍频一个区间,每个区间定义了单独的配置。表 12-4 给出了 RFI 源的扫描幅度和瞬态仿真持续时间的配置。振幅扫描已经过优化,以便减少其偏移。仿真持续时间根据 RFI 的周期来指定,以便优化其持续时间和敏感度水平提取的准确性。

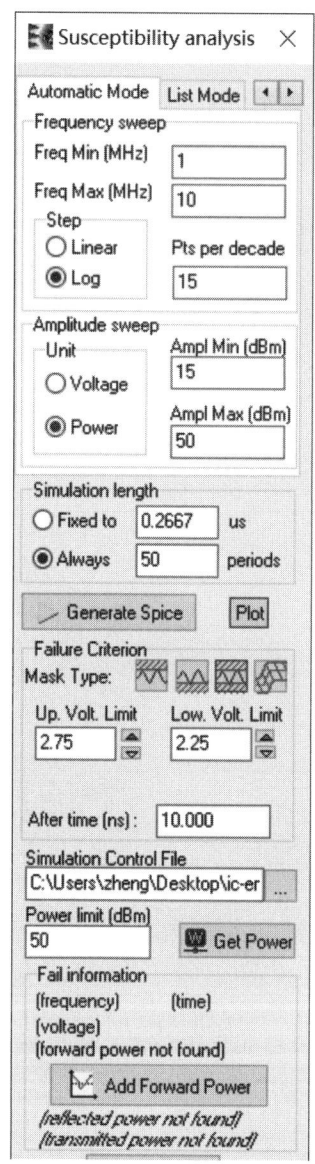

图 12-24 在 1~10MHz 频率范围内敏感度仿真的配置

表 12-4 根据频率提出的 RFI 源的扫描幅度和瞬态仿真持续时间的配置

频率范围/MHz	RFI 源的扫描幅度/dBm	瞬态仿真的持续时间/周期个数
1~10	20~50	50
10~100	20~50	100
100~1000	-15~25	200

图 12-25 将 PLL 的 V_{DDVCO} 引脚对传导干扰的敏感度阈值的测量和仿真结果进行了比较。通过单击按钮 ![Add Meas] 并选择文件 PLL_internal_PDN_0.25V_coupling.tab 来添加测量结果。测量和仿真之间的相关性非常好,除了 1MHz(因为在低频的敏感度阈值提取的精度较低)和 600MHz(因为电路模型有一些简化)附近。然而,这种比较证明了 PDN 模

型能正确地预测传导干扰在 VCO 电源上的组件内的传播。此外,该仿真结果可与图 12-17 中显示的 DPI 测试结果进行比较。除了 288MHz 和 576MHz 附近之外,该仿真结果对测量的敏感度阈值提供了非常好的评估,因为 VCO 和 PLL 在这两个频率下对电源电压的波动变得非常敏感。但是,它们对 600MHz 以上的电源电压波动不太敏感。这证明仅考虑 PDN 模型是一种用于估计组件的敏感度阈值的快速且简单的方法。

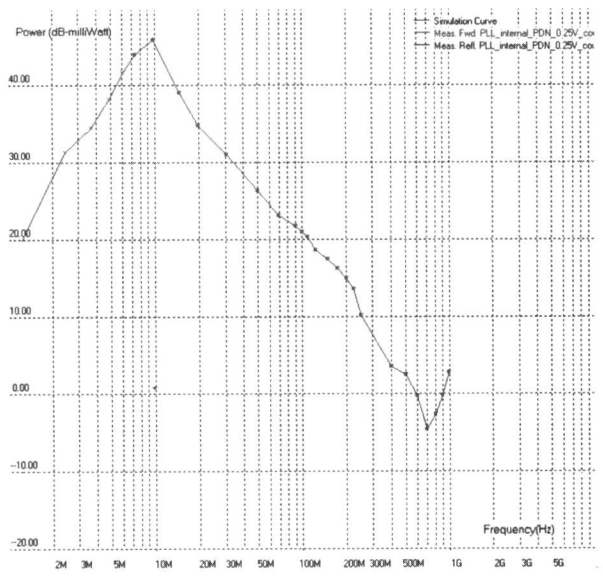

图 12-25　PLL 对传导干扰的敏感度的测量结果(book\ch12\PLL_internai_PDN_0.25V_coupling.tab)
和仿真结果(book\ch12\DPI_VCO_Vdd.sch)之间的比较
(criterion:0.25V voltage fluctuation induced across VDDVCO)

因为可以耦合许多电压波动,该模型在 200~1000MHz 范围内更为敏感。对该模型的分析解释了所观察到的频率趋势。由于 100nF 去耦电容的滤波作用的存在,且该作用在 10MHz 时是最佳的,所以该电路在 1~100MHz 范围内不容易受干扰影响。400MHz~1GHz 范围内的耦合特性不仅受到外部扼流电感的影响,该电感在 100MHz 附近谐振,而且还受到电路复杂的接地和衬底网络的影响。改变与电路接地和衬底相关的模型组件会修改 VCO 电源的阻抗,从而影响耦合到该节点的噪声量。

12.5　案例研究 2——数字 I/O 端口敏感度的仿真

在本节中,比较 16 位微控制器的数字 I/O 端口在 DPI 测试期间的传导敏感度的测量和仿真结果。微控制器参考的是飞思卡尔半导体为汽车应用开发的 HCS12XDP512 或 S12X。传导干扰注入 I/O 引脚的耦合路径的模型和电路的 PDN 模型的构建已经在前面进行了描述。将一个简单的输入缓冲器等效模型添加到敏感度模型中,以考虑 I/O 缓冲器对输入干扰的响应。

12.5.1 设置 I/O 端口施加的干扰

将 I/O 端口之一配置为微控制器的输入,对其施加骚扰并表征其传导敏感度。图 12-26 描述了测试的布置图。将 6.8nF 的隔直电容放置在尽可能靠近被测 I/O(称为 PT3)的位置。RF 谐波干扰由一个连接到 10W 功率放大器的信号合成器产生。RF 干扰通过一个定向耦合器、一个 50Ω 匹配的 SMA 连接器和隔直电容来施加到 I/O 输入。

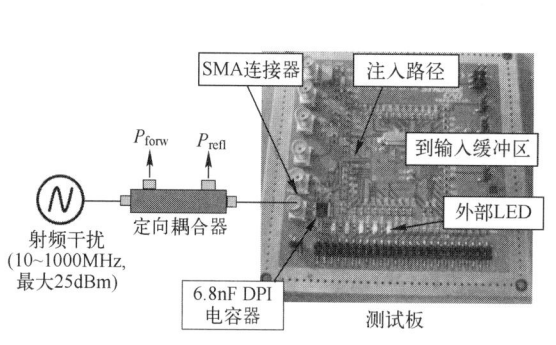
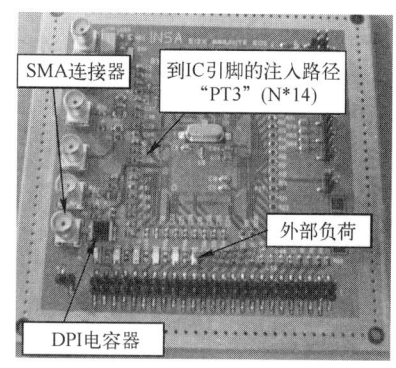

图 12-26 应用于微控制器 I/O 端口的 DPI 测试布置图

我们已在微控制器的可编程存储器中应用了测试软件,以定期读取引脚状态,并将逻辑状态复制到另一个配置为输出的 I/O 引脚。连接到输出端口的 LED 显示了采样信息的逻辑状态,以便检测状态的变化。示波器也连接到了此输出缓冲器,以便监测输入缓冲器逻辑状态的变化。输入缓冲器的正常状态为"0",由 LED 的关闭状态来识别。当施加的干扰足以将逻辑状态切换为错误的"1"时,LED 亮,这和我们的敏感度标准一致。正如后面将要解释的那样,这种功能模块的敏感度取决于微控制器的供电网络。图 12-27 显示了 PT3、电源和接地引脚的位置,同时也描述了不同电源对的作用。两个电源域专用于 I/O:$VddXi/VssXi$ 和 $VddRi/VssRi$,其中 i 等于 1 或 2。PT3 焊盘由 VddX/VssX 电源域供电。

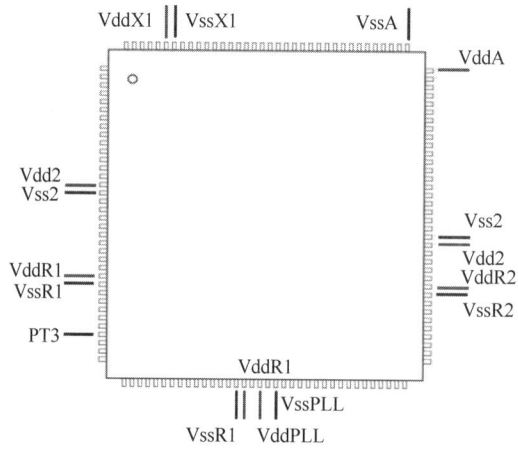

电源对	电压	描述
Vdd1,Vss1 Vdd2,Vss2	2.5V	内部逻辑
VddR1,VssR1 VddR2,VssR2	5V	I/O 和内部稳压器
VddX1,VssX1 VddX2,VssX2	5V	I/O
VddPLL,VssPLL	2.5V	PLL
VddA,VssA	5V	模拟板块

图 12-27 微控制器的 PT3、电源和接地引脚的位置

12.5.2 测试结果

图 12-28 显示了对应于 I/O 端口敏感度的测量结果,以正向功率 vs 频率的形式来表示。这些结果可以在 book\ch12\s12x_dpi_pt3.tab 中找到。最大注入功率限制为 25dBm。敏感度阈值随频率而增加(特别是在 800MHz 以上),并在 1.4GHz 以上达到最大正向功率。

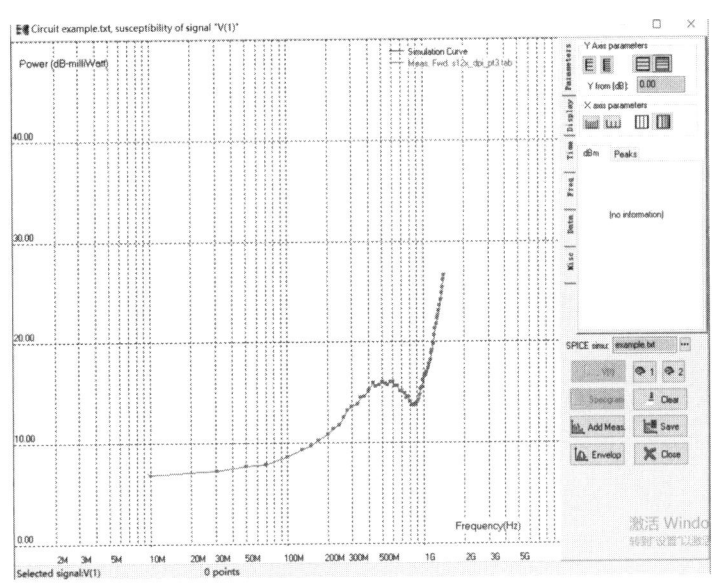

图 12-28 对数字输入缓冲区进行传导注入的测量结果(book\ch12\s12x_dpi_pt3.tab)

12.5.3 I/O 敏感度模型结构

为了准确地对 I/O 敏感度进行建模,有几个组件是必不可少的。图 12-29 的示意图显示了对敏感度有重大影响的不同块。第一个是 RF 信号合成器、功率放大器和耦合器。耦合器模型用于仿真正向功率。RF 干扰从 RF 源流向放大器,然后继续通过耦合器、DPI 电容器和 PCB 布线,其中 PCB 布线形成的块称为耦合路径。它继续通过封装引线,键合并最终到达缓冲区。片上缓冲器连接到其自己的供电网络,这也影响了注入的干扰在电

路内的传播。为了清楚地显示该模型的不同部分的影响,我们将在以下部分中提出两个模型,这两个模型对应于两个不同的复杂程度。第一个版本是一个非常简单的模型,它只包括耦合路径和输入缓冲器的等效输入阻抗。第二个版本更现实但更复杂,其中包括输入焊盘上的 ESD 保护结构和输入缓冲器的电源网络。

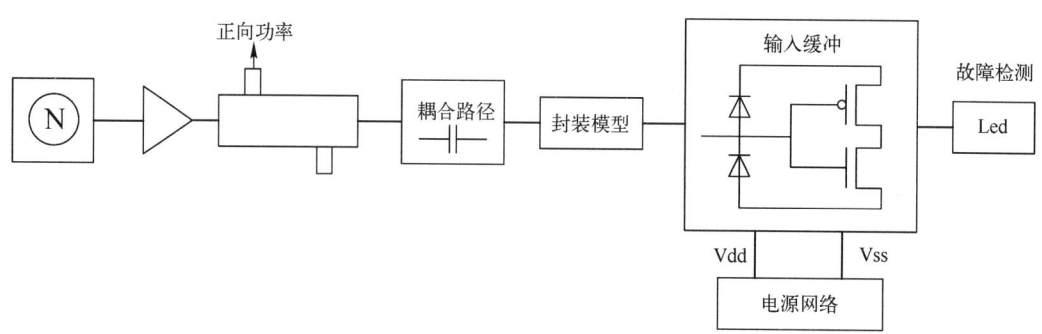

图 12-29 I/O 敏感度模型结构

12.5.4 简单模型:耦合路径模型

第一个版本是纯粹的无源模型,其仅包括电路板级的耦合路径和测试缓冲器的等效输入阻抗。该模型中提出的集总模型基于对耦合路径的物理分析和使用 VNA 测量得到的 S 参数。图 12-30 中详述的模型包括 SMA 连接器、DPI 电容、PCB 布线、封装模型和输入缓冲器阻抗。从 SMA 连接器看到的输入阻抗曲线如图 12-31 所示。SMA 连接器模型包括一个 R、L 和 C 器件的组合。DPI 模型只是一个 6.8nF 的分立器件。PCB 布线的值使用 Delorme 公式计算(35μm 铜线,350μm 宽和 25mm 长)。等效输入缓冲器阻抗由用于封装(RPT3、LPT3、CPT3)的 RLC 集总模型形成,后面再加上等效输入焊盘电容(C_{comp_in})。封装的电气模型可以从 IBIS 文件信息(参见第 10 章)或 3D 电磁计算器中获得。根据数据表和 IBIS 模型,输入缓冲器的等效电容(称为 C_{comp_in})设置为 6pF。出于简化的目的,在该版本的模型中忽略了电路的供电网络。

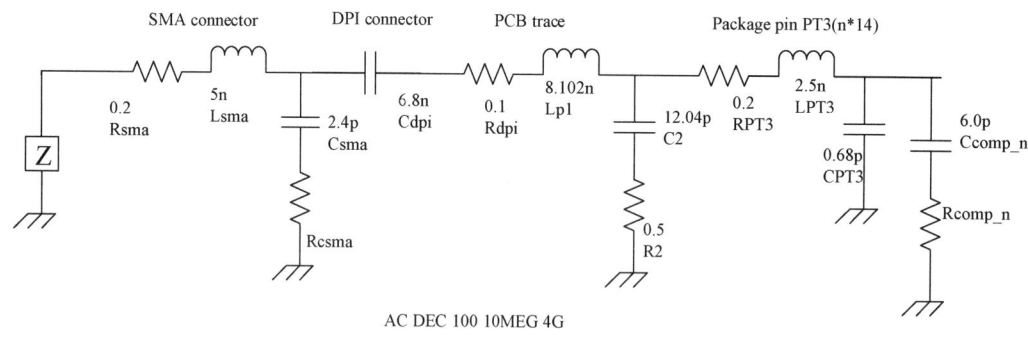

图 12-30 DPI 注入路径的阻抗(book\ch12\s12x_dpi_path.sch)

图 12-31 比较了从板上 SMA 连接器看到的 DPI 注入路径的输入阻抗的测量和仿真的结果。仿真结果与测量结果在高达 4.0GHz 的频率范围内相当吻合。在仿真中不会出现一些共振和反共振。电容效应对应于所有对地电容(C_{sma}、C2、CPT3、C_{comp_in})的总

和,而从 300MHz 开始的电感效应对应于 PCB 上 DPI 路径的所有串联电感之和(Lsma、Lp1、LPT3)。

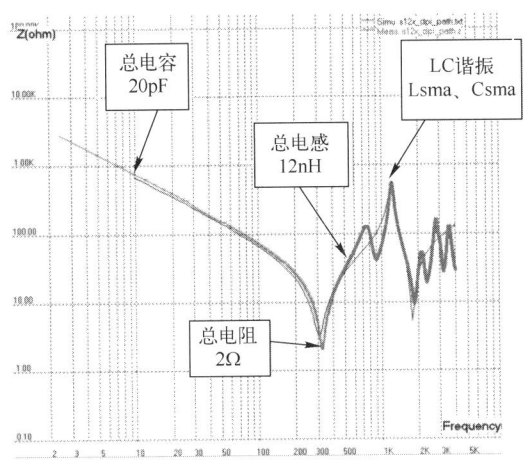

图 12-31　输入阻抗的测量结果(book\ch12\s12X_dpi_path. z)和仿真结果之间的比较
(s12x_dpi_path. sch)

受骚扰的功能模块是数字输入缓冲器,其中包括一个施密特触发器以提高对噪声的抗扰度。实验特征确认了施密特触发器的下阈值和上阈值(分别为 2.3V 和 2.7V),如电路数据表中所述。出于简化的目的,假设输入缓冲器具有单个逻辑阈值,等于 2.5V:如果输入信号小于 2.5V,则输入缓冲器将"0"逻辑状态与该信号相关联;否则,它关联一个"1"逻辑状态。因此该模型中的内部特性和失效检测非常明确,包括检测施加到输入焊盘的电压并检测该电压是否超过 2.5V。

图 12-32 描述了所提出模型的原理图。在 DPI 测试台的耦合路径输入端添加了 RFI 源和定向耦合器。失效标准由标签". fail 2.5"声明(位于原理图右侧的电压探头的 2.5V)。必须仔细选择 RFI 源的配置(幅度扫描和瞬态仿真持续时间),以便确保准确提取敏感度阈值。

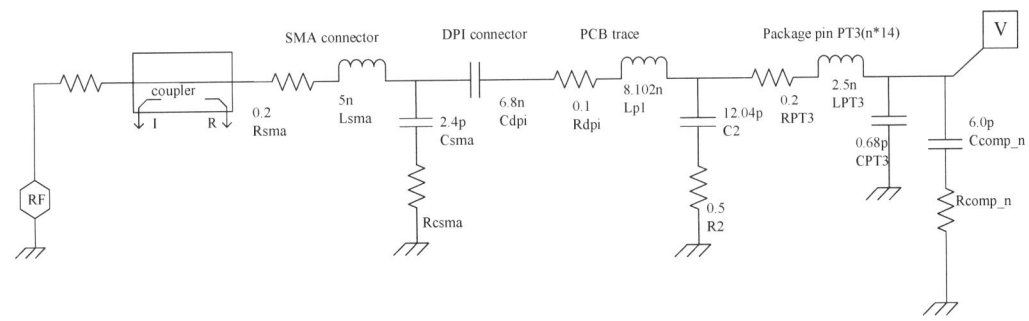

图 12-32　用于仿真 S12X 输入缓冲器对 DPI 的敏感度的简单模型(book\ch12\s12X_DPI_pt3. sch)

在 S12X 引脚 PT3 中测量的引起逻辑故障所需的正向功率显著低于仿真中预测的值,如图 12-33 所示。虽然在各个频点下的敏感度阈值的一般趋势与测量结果相当类似,但是仿真仍然是不准确的,因为它与测量值相差 5~15dB。这主要是由于输入缓冲器仅被建模为等效电容 Ccomp_in。

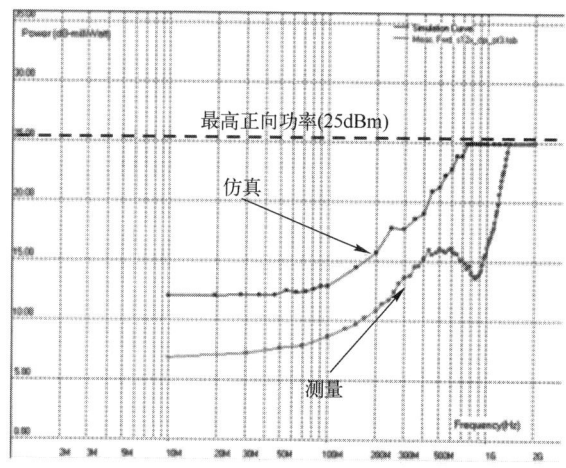

图 12-33 将测量结果与简单模型的仿真结果进行比较
（book\ch12\S12X_dpi_pt3.sch andS12X_dpi_pt3.tab）

12.5.5 复杂模型：IC 模型

该模型的第二个版本包括两个改进：
- 更好的输入缓冲器模型，以及输入焊板上有 ESD 保护。在 DPI 测试期间，输入干扰达到了 2.5V 的幅度。这足以触发 ESD 保护，其典型阈值约为 0.6V。
- 电源网络的现实模型。在之前的模型中，I/O 的等效阻抗连接到理想的地。实际上，I/O 焊盘通过相对复杂的电源网络来偏置，其阻抗是频率相关的。

1. 输入缓冲器模型

输入缓冲器模型如图 12-34 所示。它包括 1 个封装引脚的集总 RLC 模型，1 个输入焊盘的等效电容 Ccomp_in，2 个等效二极管，这两个二极管称为电源和接地钳位，用于输入焊盘上的 ESD 保护，以及一个施密特触发器的 SPICE 宏模型。二极管模型（PWRCLAMP 和 GNDCLAMP）在 12.1.2 节中进行了介绍。数字输入缓冲器的内部行为块由施密特触发器的组件来确保，该组件经过调整可以拟合测量的开关阈值。输出端 LOGIC_STATE 是一个专用于 pass/fail 测试的可观察输出。如果缓冲器的逻辑状态为"0"，则其电压等于 0V；在任何其他情况下，其为 5V。VDDIO 和 VSSIO 的端子连接到了电路的电源网络，如下一部分所示。

当输入信号的幅度足够大以至于触发其中一个输入钳位时，ESD 保护级对输入缓冲器电压曲线具有重大影响。为了突出它们的影响，施加到输入缓冲器的信号的时域曲线是在没有 ESD 保护的情况下仿真的。重复使用图 12-32 中所示的模型，仅添加电源和接地钳位。RFI 源提供 1MHz 正弦激励信号，幅度为 2.5V。图 12-35 比较了有无 ESD 保护情况下的输入信号波形。在没有 ESD 保护的情况下，正弦信号被施加到输入缓冲器而没有任何衰减或失真。其幅度刚好低于缓冲器切换阈值，因此逻辑状态不应发生变化。但是，如果将 ESD 保护级引入模型，则当激励信号幅度超过 0.6V 时会触发接地钳位。然后，所施加的信号通过整流产生非线性失真。此外，ESD 保护钳位和 DPI 电容的结合产

第 12 章 IC 敏感度建模——基本概念

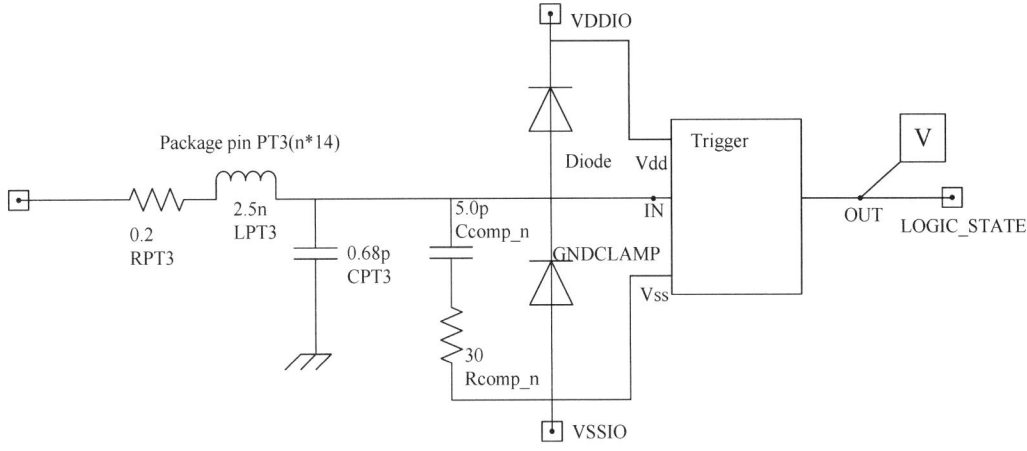

图 12-34　数字输入缓冲器的模型（book\ch12\S12X_io_pt3.sch）

生电荷泵效应,造成了正偏移,如图 12-35 所示。偏移量几乎与 RFI 幅度减去 ESD 保护钳位阈值的结果相同。

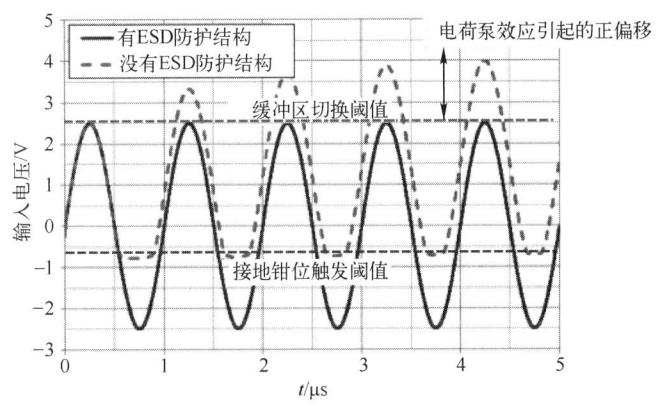

图 12-35　ESD 保护级对 I/O 输入电压曲线的影响

与没有 ESD 保护级的模型相比,在使用相同激励信号的情况下,施加到输入缓冲器的信号会超过缓冲器的开关阈值,从而导致逻辑状态发生改变。还可以观察到 EMI 引起的偏移会在几微秒后稳定。在敏感度仿真期间必须考虑这个相对长的时间常数。RFI 源的幅度必须缓慢增加,以便能够准确地提取敏感度水平。

2. 电源网络模型

HCS12X 微控制器的电源网络非常复杂,因为它由各种模块(数字内核、模拟块、内部 PLL 和 I/O 缓冲器)共享。我们已经从 S 参数测量中提取了等效的电学模型。测量的布置图和测量与仿真结果之间的比较在文献[22]中进行了描述。该模型可以在高达 10GHz 的范围内与测量结果拟合。图 12-36 显示了根据这些测量结果建立的一个电源网络的简化版本。并非所有的微控制器的电源和地线都显示出来,只有 I/O 的电源和地线引脚被考虑在内。端子 VddPT3 和 VssPT3 是专门用于 PT3 输入缓冲器的内部连接。其他端子为电源网络的封装引脚建立了模型。该原理图包含在 S12X_PDN_full.sym 的子电路中。

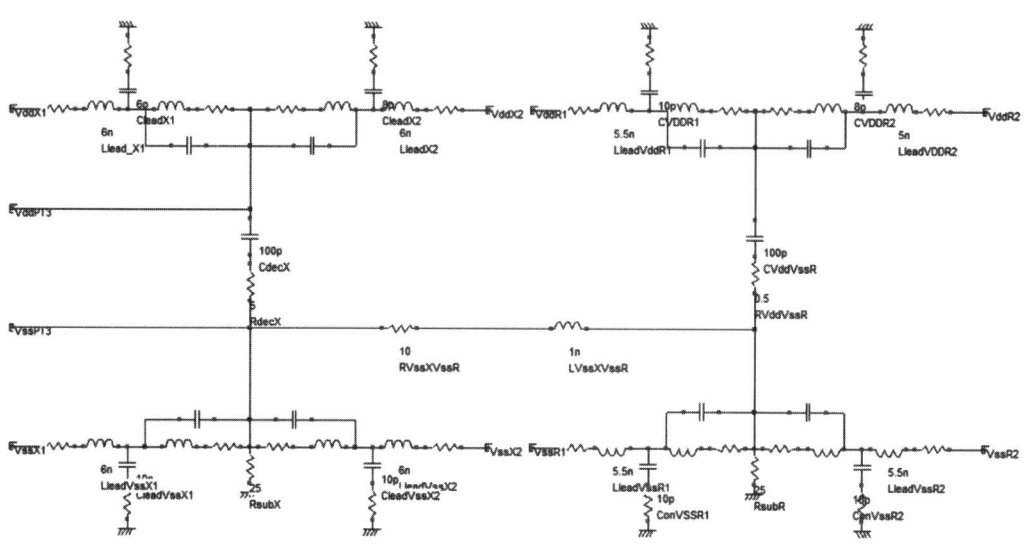

图 12-36 微控制器电源网络的模型（book\ch12\S12X_PDN_full.sch）

3. I/O 敏感度仿真

首先仿真了 DPI 注入路径的输入阻抗并与测量值进行比较，电学模型如图 12-37 所示，电路的电源网络包含在 S12X_PDN_full 子电路中。板上去耦电容连接到电源引脚，在高达 1.7GHz 的频率范围内测量和仿真之间的相关性非常好，如图 12-38 所示。与第一个模型相比，第二个模型更好地建模了 600MHz~1.2GHz 频率范围内的敏感度与测量结果的差异。I/O 口与电路的接地网络相连，引入了额外的谐振。由于设备的敏感度水平与其阻抗有关，因此这种改进还将导致我们能够更准确地估计该频率范围内的敏感度水平。

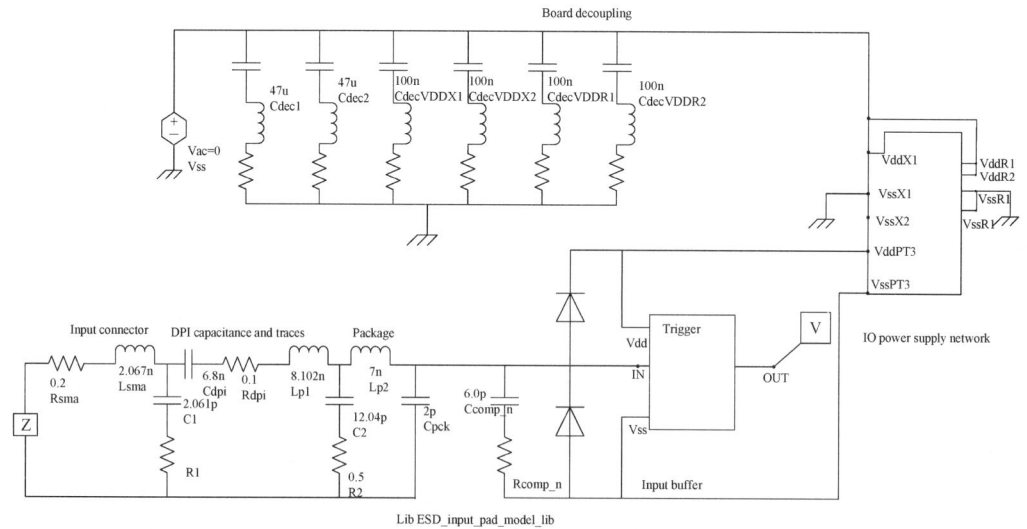

图 12-37 有着复杂电源网络模型的 DPI 注入路径的阻抗
（book\ch12\s12x_dpi_path_complex.sch）

第 12 章 IC 敏感度建模——基本概念

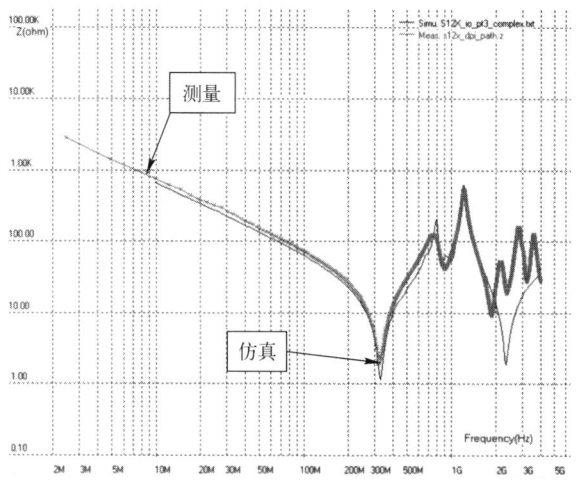

图 12-38 输入阻抗的测量值（book\ch12\s12X_dpi_path.z）和仿真结果之间的比较
（book\ch12\s12x_dpi_path_complex.sch）

然后使用这个新模型仿真输入缓冲器的传导敏感度。RFI 源和耦合器被添加到先前的模型 s12x_complex_dpi_pt3.sch 中。考虑敏感度后处理工具的相同失效准则和参数配置。图 12-39 将 I/O 敏感度阈值的测量值和仿真结果进行了比较。测量和仿真之间的相关性比之前的模型要好得多。与图 12-32 所示的之前的模型相比，ESD 保护级的引入降低了由于整流效应所需的正向功率水平。此外，把 I/O 地网络考虑在内，改善了 600~1200MHz 范围内的相关性。

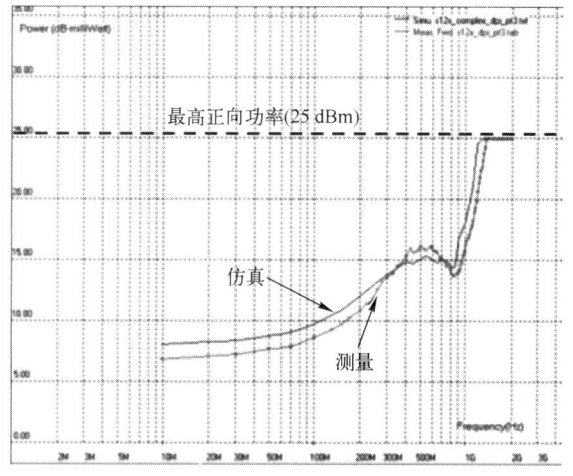

图 12-39 使用完整 IC 模型的 S12X I/O 的敏感度的仿真与测量结果之间的比较
（book\ch12\S12X_complex_dpil_pt3.sch and S12X_dpi_pt3.tab）

12.6 总　　结

电子系统的敏感度不仅取决于电缆线束、外壳或 PCB，还取决于电路的特性。
- IC 的敏感度模型旨在预测到达 IC 引脚的输入电磁干扰水平和电路对该干扰的响应。

IC 敏感度模型通常依赖于两个基本模块。第一个是无源配电网络（PDN），它描述了外部电磁骚扰如何耦合到电路内部。它代表了由封装、片上互连和结构引起的滤波效应。第二个块描述了电路如何对输入骚扰作出反应。
- 提议的标准 IEC 62433-4，称为 ICIM-CI，是基于此结构。
- 如果知道 PDN，则可以确定电路中电磁骚扰的传播，并识别可能发生共振的敏感频率。

在大幅度骚扰的情况下，PDN 可能包括非线性结构（例如，ESD 保护或寄生 PN 结）的特性，这种特性可能在过电压条件下激活。
- 电路响应建模是 IC 敏感度建模的一个严峻挑战，特别是当电路在受到电磁骚扰表现为非线性时。建模方法的选择是仿真时间、准确性和可用信息之间权衡的结果。

12.7 练　　习

练习 1　注入到电路焊盘的 DPI

用矢量网络分析仪表征了集成电路中的两个焊盘（Pad1 和 Pad2）的输入阻抗。测量结果如图 12-40 所示，可在文件 book\ch12\Zin_pad1.s1p 和 Zin_pad2.s1p 中找到。IC 的供电电压为 3.3V。Pad1 是一个数字输入，其高低电平输入电压的限制分别等于 2.6V 和 0.7V。Pad2 是 10 位模数转换器（ADC）的输入。根据 IEC 62132-4 测试了电路的传导敏感度。根据表 9-1，两个焊盘应该是局部引脚，其敏感度水平必须符合严重性级别 3。忽略 ESD 保护的影响。

1. 构建两个焊盘的等效电学模型。
2. 构建 DPI 注入测试平台模型。确定测试所用的组件，精确频率范围和干扰的最大幅度。
3. 对 Pad1 上感应的 RF 电压提出一个敏感度标准。仿真该焊盘对 RF 干扰的传导敏感度。
4. 如果耦合的干扰引入的误差大于一个最低有效位（LSB），则认为 ADC 转换已损坏。

  a. 提出 Pad2 上感应的 RF 电压的敏感度标准。

b. 仿真 Pad2 对 RF 干扰的传导敏感度。

c. 如果我们认为当误差达到 2LSB 时 ADC 转换被破坏,那么在不做任何仿真的情况下,请推导出 Pad2 的敏感度水平是多少。在 3LSB 的情况下,敏感度又是多少?

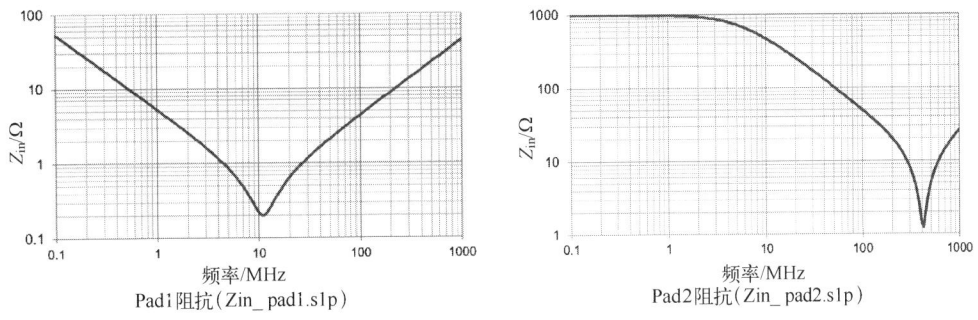

图 12-40　Pad1 和 Pad2 的输入阻抗测量结果

练习 2　CAN 收发器的敏感度

这个练习基于 M. Fontana 和 T. H. Hubbing 的论文"Characterization of CAN Network Susceptibility to EFT Transient Noise",IEEE Trans. on EMC,Vol. 57,no. 2,April 2015.

控制器局域网(CAN)总线是广泛用于汽车应用的串行总线,专用于车辆电子设备的各种部件之间的通信。该总线由 Bosch 开发,旨在提出专用于分布式系统的实时通信协议,并满足众多要求(对电磁干扰和错误的鲁棒性、可靠性等)。它于 1991 年标准化,现在称为 IEC 11898。

图 12-41 说明了两个节点之间 CAN 总线的硬件架构,它由 3 种不同的设备组成:
- CAN 控制器负责管理对介质的访问、消息构造和错误检测,这只是它的一些功能。控制器通常是嵌入微控制器的外围设备。两个物理引脚 TxD 和 RxD 专用于发送或接收数字消息。
- CAN 收发器。充当 CAN 控制器和传输介质之间的物理接口。
- 传输介质。通常为 120Ω 双绞线(TWP)。这两条线传播的信号称为 CANH 和 CANL,并形成差分对。沿总线传输的逻辑状态取决于差分电压 $V_{Diff} = V_{CANH} - V_{CANL}$。

为了防止由于多个节点试图同时发送而导致的不必要冲突,总线访问基于载波侦听多路访问/按位仲裁(CSMAIBA)。在仲裁过程中为每条消息分配优先级。优先级基于二进制状态的加权差异;级别"0"是显性状态(即它主导总线的电学状态),而级别"1"是隐性状态,其没有优先级。这是处于默认或空闲模式时的总线状态。

在仲裁过程中,如果节点监听到总线上的显性状态,则节点不能进行传输。其 CAN 收发器的输出处于隐性模式,并保持接收模式。在隐性状态下,V_{Diff} 小于 0.5V;在显性状态下,V_{Diff} 必须大于 0.9V。通常,V_{Diff} 在显性状态下等于 2V,在隐性状态下等于 0V。

由于 CAN 收发器直接连接到长电缆束,因此它们必须满足严格的 RF 敏感度要求。图 12-41 显示了基于 DPI 标准的 CAN 总线的常见传导注入的配置。在传导敏感性测试期间,CAN 通信必须不受 150kHz 和 1GHz 之间的谐波干扰的影响,正向功率限制设置为 30dBm。

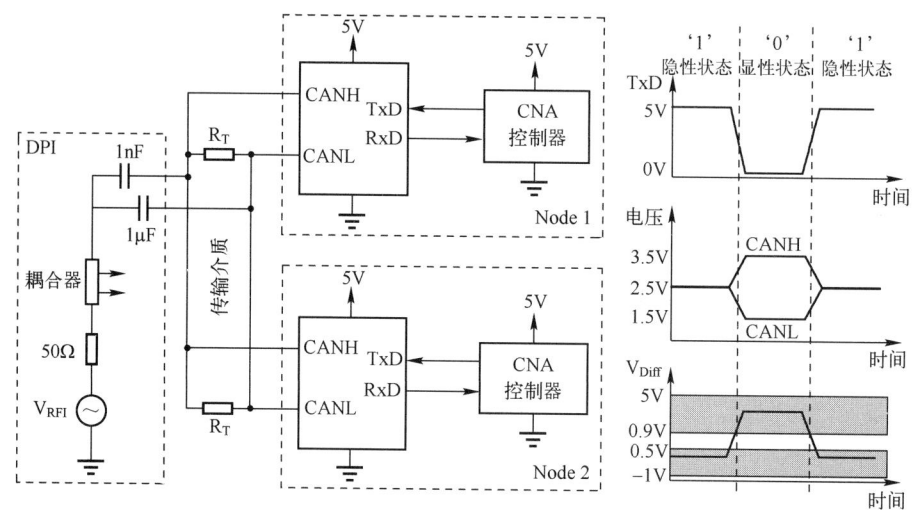

图 12-41 两个节点之间 CAN 总线的硬件架构

本练习的目的是对 CAN 总线中的传导 RF 注入进行建模,并预测其敏感度水平,该 CAN 总线是由两个不同版本的 CAN 收发器驱动的。这两个版本称为版本 A 和版本 B,它们的输入阻抗已针对两种逻辑状态进行了表征。测量结果如图 12-42 所示。此外,CANH 和 CANL 引脚由内部的二极管保护,该二极管的触发电压为±30V。在传导敏感度测试期间,该二极管不应该被触发。

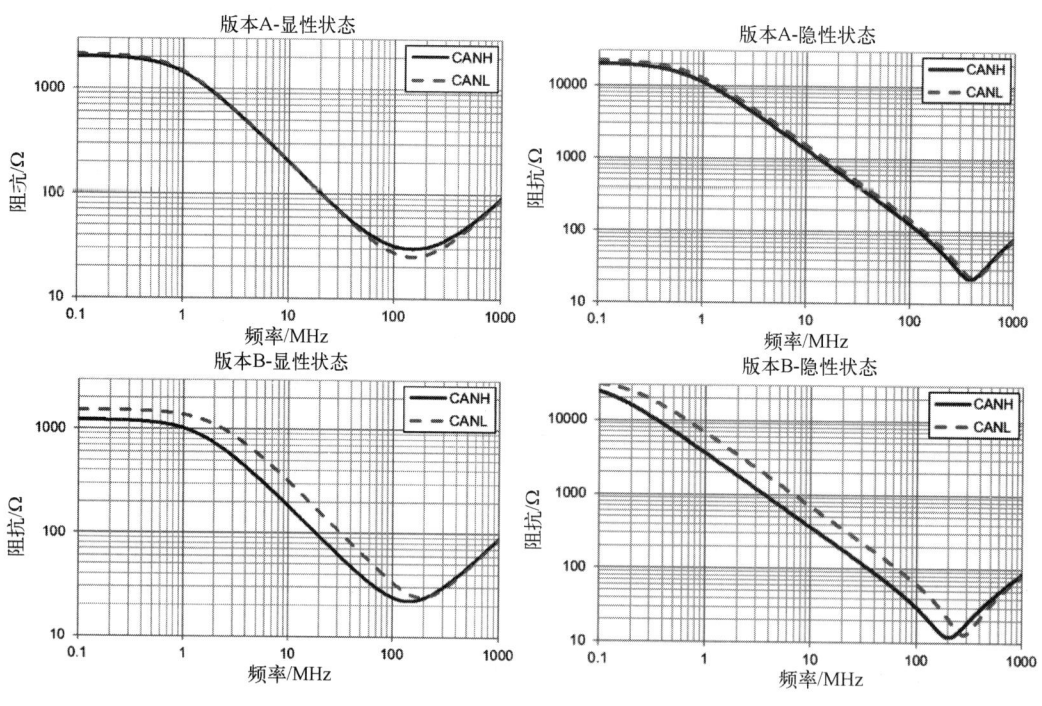

图 12-42 版本 A 和版本 B 输入阻抗测量结果

1. 传导注入是在共模还是差模下进行?为什么它是实际情况下的代表性注入模式?

2. 电阻器 RT 的作用是什么？提出一个适当的值。

3. 连接到同一总线的两个节点的输出是否可能处于相同的逻辑状态？

4. 如果在敏感度测试期间耦合到 CANH 或 CANL 引脚的电压达到 30V,会发生什么？如果由 RF 干扰引起的差分电压达到 0.4V 会发生什么？

5. 根据 CAN 收发器(版本 A 和版本 B)上的阻抗测量结果,在隐性和显性状态下构建 CANH 和 CANL 引脚的等效电学模型。

6. 敏感度测试是在两个相同版本的收发器上进行的,这两个收发器通过短 TWP 连接。考虑传递隐性状态的情况。

构建传导注入到 CAN 总线的电学模型,这个 CAN 总线的两端连接着两个收发器(版本 A 或版本 B)。忽略 TWP 和内部保护二极管。

7. 该模型最初用于预测内部保护二极管是否会在传导注入测试期间触发。

a. 修改以前的电学模型以检测此类故障。

b. 仿真两种收发器此类故障的敏感度级别。保护二极管是否可能在传导敏感性测试期间触发？

8. 将模型用于预测由于位翻转引起的传输错误(接收节点对二进制状态的错误解释)。

a. 修改以前的电学模型以检测此类故障。

b. 仿真两种收发器此类故障的敏感度级别。对于收发器版本 A 和版本 B,由于电磁干扰导致的通信错误风险是否可以忽略不计？

9. 解释两个版本的 CAN 收发器之间的敏感度差异。对于希望制造出能够承受电磁干扰的稳健的 CAN 收发器的设计人员,您有什么建议？

参考答案 练习1

2. 6.8nF,150kHz~1GHz,10~17dBm max。

4. a. 3.22mV。

c. +6dB,+9dB。

参考答案 练习2

1. 共模注入。

2. 阻抗匹配,120Ω。

3. 是的,但只是在隐性状态。

参考文献

[1] K. Abouda,P. Besse,E. Rolland,"Impact of ESD Strategy on EMC Performances",8th lnt. Workshop on EMC of ICs,Dubrovnik,Nov. 2011.

[2] D. Maier,B. Weiss,R. Minixhofer,"EMI behavior of active triggered ESD protection for automotive applications",7th lnt. Workshop on EMC of ICs,EMC Compo 2009,Toulouse,Nov. 2009.

[3] B. Gustavsen,"Computer Code for Rational Approximation of Frequency Dependent Admittance Matrices",IEEE Trans. on Power Delivery,Vol. 17,no. 4,Oct. 2002.

[4] IDEM v10,user friendly tool for the generation of macromodels of linear lumped multiport structures,

more information on http://www.idemworks.com.

[5] J. Koo, L. Han, S. Herrin, R. Moseley, R. Carlton, D. G. Beetner, D. Pommerenke, "A Nonlinear Microcontroller Power Distribution Network Model for the Characterization of Immunity to Electrical Fast Transients", IEEE Trans. on EMC, Vol. 51, no. 3, Aug. 2009.

[6] IEC 62132-4, 2003, "Direct RF power injection to measure the immunity against conducted RF-disturbances of integrated circuits upto 1GHz", IEC, Geneva, Switzerland, 2003.

[7] A. Z. H. Wang, "On-Chip ESD Protection for Integrated Circuits-An IC Design Perspective", Kluwer, 2002.

[8] S. H. Voldman, "ESD: Analog Circuits and Design", Wiley, 2014.

[9] M. D. Ker, S. F. Hsu, "Transient-Induced Latchup in CMOS Integrated Circuits", Wiley, 2009.

[10] T. Maloney, N. Khurana, "Transmission line pulsing techniques for circuit modelling of ESD-Phenomena", Proceeding of the 7th-EOS/ESD Symposium, Minneapolis, Minnesota, EOS-7, 1985, pp. 49-54.

[11] A. Ramanujan, M. Kadi, J. Tremembert, F. Lafon, B. Mazari, "Modeling IC Snapback Characteristics under Electrostatic Discharge Stress", IEEE Trans. on EMC, Vol. 51, no. 4, Nov. 2009.

[12] N. Monnereau, F. Caignet, D. Tremouilles, "Building-up of system level ESD modeling: Impact of a decoupling capacitance on ESD propagation," Electrical Overstress/Eiectrostatic Discharge Symp. (EOS/ESD), 3-8 Oct. 20 10.

[13] J. P. Di Sarro, E. Rosenbaum, "A Scalable SCR Compact Model for ESD Circuit Simulation", IEEE Trans. on Electron Devices, Vol. 57, no. 12, December 2010.

[14] J. Loeckx, G. G. E. Gielen, "Generic and Accurate Whitebox Behavioral Model for Fast Simulation of Analog Effects in Nanometer CMOS Digital Logic Circuits", IEEE Trans. on EMC, Vol. 51, no. 2, May 2009.

[15] G. Gielen, D. De Jonghe, J. Loeckx, "Towards Automated Extraction of EMC-Aware Trajectory-Based Macromodels for Analog Circuits", European Cont. on Circuit Theory and Design (ECCTD2009), 2009.

[16] F. Fiori, "A New Nonlinear Model of EMI-Induced Distorsion Phenomena in Feedback CMOS Operational Amplifiers", IEEE Trans. on EMC, Vol. 44, no. 4, Nov. 2002.

[17] J. M. Redoute, M. Steyaert, "EMC of Analog Integrated Circuits", Springer, 2010.

[18] F. Lafon, M. Ramdani, R. Perdriau, M. Drissi, F. de Daran, "An Industry-Compliant Immunity Modeling Technique for Integrated Circuits", 2009 Int. Symp. on EMC, Kyoto, EMC'09 Kyoto.

[19] C. Gazda, et. al., "Harmonic Balance Surrogate-Based Immunity Modeling of a Nonlinear Analog Circuit", IEEE Trans. on EMC, Vol. 55, no 6, Dec. 2013.

[20] V. Ceperic, A. Baric, "Modelling of Electromagnetic Immunity of Integrated Circuits by Artificial Neural Networks", 20th lnt. Zurich Symp. on EMC, 2009.

[21] A. Boyer, S. Ben Dhia, C. Lemoine, B. Vrignon, "Construction and Evaluation of the Susceptibility Model of an Integrated Phase-Locked Loop", 8th lnt. Workshop on EMC of ICs, Dubrovnik, Nov. 2011.

[22] C. Labussiere, E. Sicard, C. Lochot, G. Bouisse, J. W. Tao, "Characterization and modeling of the supply network from an integrated circuit up to 12GHz", EMC Europe 2006, Barcelona, Sep. 2006.

附录A 词 汇 表

缩 写	英 文	中 文
BCI	Bulk Current Injection	大电流注入
BGA	Ball Grid Array	球栅阵列
CE	Conducted Emission	传导发射
CI	Conducted Immunity	传导抗扰度
CM	Common-Mode	共模
CMOS	Complementary Metal Oxyde Silicon	互补金属氧化物半导体
CPU	Central Processing Unit	中央处理器
DM	Differential-Mode	差模
DPI	Direct Power Injection	直接功率注入
DSP	Digital Signal Processor	数字信号处理器
DUT	Device Under Test	被测设备
EFT	Electrical Fast Transient	电快速瞬变脉冲群
EMC	Electromagnetic Compatibility	电磁兼容性
EME	Electromagnetic Emission	电磁发射
EMI	Electromagnetic Interference	电磁干扰
EMS	Electromagnetic Susceptibility	电磁敏感度
ESD	Electrostatic Discharge	静电放电
FEXT	Far-End Crosstalk	远端串扰
FFT	Fast Fourier Transform	快速傅里叶变换
GPU	Graphics Processing Unit	图形处理器
GTEM	Gigahertz Transverse Electromagnetic	千兆赫兹横电磁波
I/O	Input/Output	输入/输出
IA	Internal Activity	内部活动
IB	Internal Behavior	内部行为
IBIS	Input/Output Buffer Specification	输入/输出缓冲器规范
IC	Integrated Circuit	集成电路
ICEM	Integrated Circuit Emission Model	集成电路发射模型
ICIM	Integrated Circuit Immunity Model	集成电路抗扰度模型
IEC	International Electrotechnical Commission	国际电工委员会
IoT	Internet of Things	物联网

(续)

缩　写	英　文	中　文
Mbps	Megabits per second	兆比特每秒
MCU	Microcontroller Unit	微控制器
MPU	Microprocessor Unit	微处理器
NEXT	Near-End Crosstalk	近端串扰
PCB	Printed Circuit Board	印制电路板
PDN	Power Distribution Network or Passive Distribution Network(ICEM and ICIM)	配电网络或无源配电网络(ICEM 和 ICIM)
PI	Power Integrity	电源完整性
PoP	Package on Package	封装体叠层技术
PUL	Per-Unit Length	单位长度
QFP	Quad Flat Package	方形扁平式封装
RE	Radiated Emission	辐射发射
RFI	Radio Frequency Interference	射频干扰
RI	Radiated Immunity	辐射抗扰度
SI	Signal Integrity	信号完整性
SMPS	Switched-Mode Power Supply	开关模式电源
SMT	Surface Mounted Technology	表面贴装技术
SOP	Small Outline Package	小外形封装
SPICE	Simulation Program with Integrated Circuit Emphasis	通用模拟电路仿真器
SSN	Simultaneous Switching Noise	同时开关噪声
TEM	Transverse Electromagnetic	横电磁波
TL	Transmission Line	传输线
TSV	Through Silicon Via	硅通孔技术
VNA	Vector Network Analyzer	矢量网络分析仪

附录 B IC-EMC 仿真软件介绍

本附录提供了有关下载 IC-EMC 配套软件的信息,以及一个关于界面、主要工具和基本实例的简要说明,这个实例讲解了标准的建模和仿真流程。有关该软件的更多信息可在配套网站 www.ic-emc.org(图 B-1)上找到。还可以从本网站下载练习题的详细答案、最新版本的软件以及用户手册。

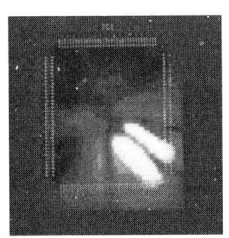

图 B-1 配套网站 www.ic-emc.org

B.1 IC-EMC 概述

IC-EMC 是完全致力于集成电路 EMC 问题的免费仿真软件包。它仅在 Windows 下运行。打开软件时,IC-EMC 显示为与模拟仿真器 WinSPICE 相交互的原理图编辑器。通过利用 WinSPICE 提供的仿真结果,IC-EMC 提供了一套后处理工具来提取相关的 EMC 信息。如图 B-2 所示,IC-EMC 能够比较传导、辐射或近场发射、信号完整性、阻抗和抗扰度的测量和仿真结果。

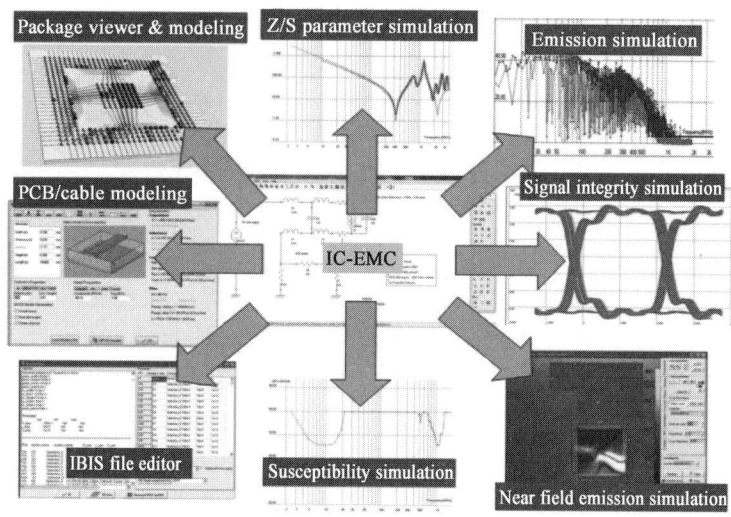

图 B-2　IC-EMC 的主要功能

B.2　安装和运行 IC-EMC

以下对 IC-EMC 的安装与运行进行详细介绍。

B.2.1　下载原理图编辑器

该软件可以从 www.ic-emc.org 下载。该 zip 文件包含一个可执行文件(icemc.exe)，以及库和示例的文件夹。下载并解压缩 IC-EMC 软件包后，会显示一个名为"IC-EMC-2v9"的目录，该目录的内容如图 B-3 所示。

该目录包含 IC-EMC 可执行文件和一系列子目录。如表 B-1 所示，其中一些目录包含示例和案例研究，而另一些包含组件库。

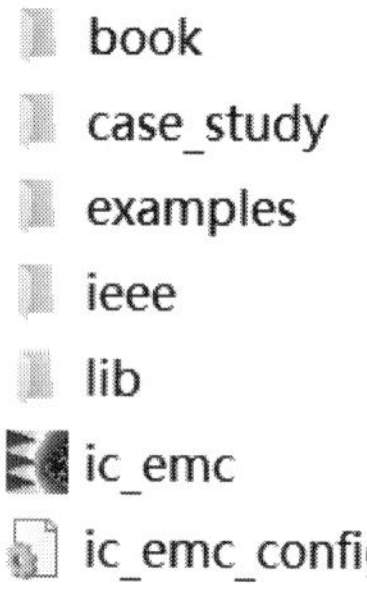

图 B-3　IC-EMC 软件根目录的文件

表 B-1　IC-EMC v2.9 根目录的内容

子目录名称	内容
book	所有仿真和测试文件都在此目录中呈现
case_study	您可以在配套网站上找到几个真实的案例研究
examples	IC-EMC 目录包含仿真和测试文件的各种示例。其中一些示例对 IC-EMC 用户手册的内容进行了说明
ieee	此目录为 IC-EMC 使用的符号库(*.sym)。一些可以从符号面板中获得，而其他可以通过单击"Insert>User Symbol (.SYM)"来下载
lib	此目录包含 .tec 文件和默认的非线性器件 SPICE 库(.lib)(例如二极管、晶体管和非线性电容器)

B.2.2 下载 WinSPICE

WinSPICE 模拟仿真工具可以从 www.WinSPICE.com 下载。单击图标 运行 WINSPICE 程序 wspice3.exe。

B.2.3 初始界面

双击根目录中的可执行文件 icemc.exe 来启动 IC-EMC。图 B-4 显示了软件打开时的界面,该编辑器包含一个符号面板(位于屏幕右侧的窗口"器件库")和一些基本的编辑图标,这些图标用于构建电路原理图并控制主 EMC 界面。

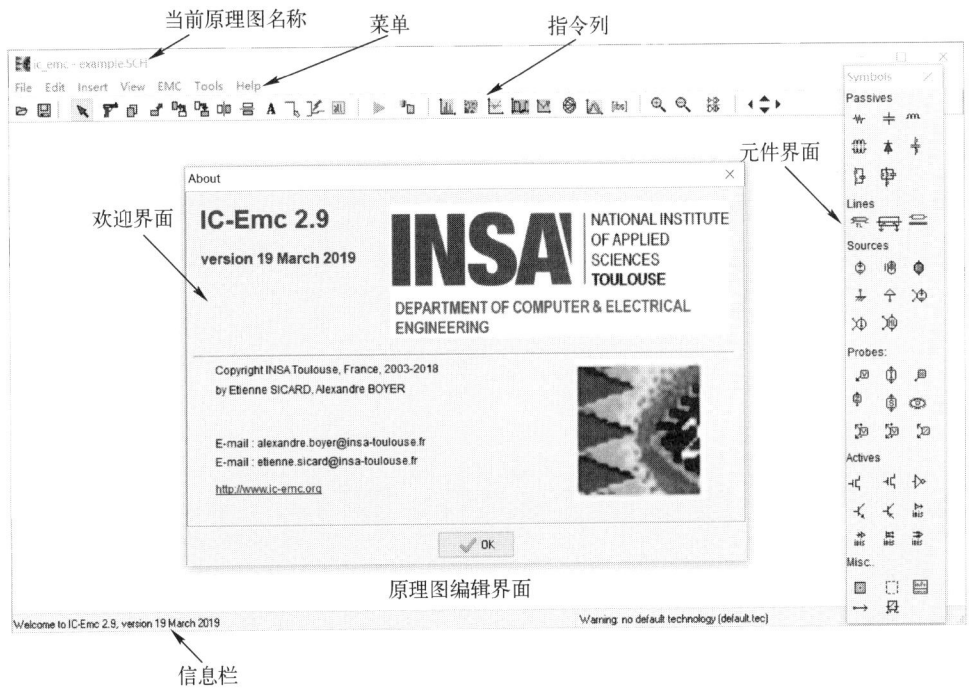

图 B-4　IC-EMC 用户界面

B.2.4 关闭 WinSPICE

输入"quit"命令并通过"yes"确认。

B.2.5 关闭 IC-EMC

单击"File> Exit IC-EMC"关闭软件。

B.3 菜单和组件面板的演示

B.3.1 菜单概述

图 B-5~图 B-10 显示了 IC-EMC 不同的菜单,其中一些命令也可以通过命令栏中的图标访问。文件菜单用于保存和打开 IC-EMC 电路图、打开 IBIS 文件(.ibs)、打开工艺文件(.tec)、保存子电路文件(.sym)、打印或退出 IC-EMC。

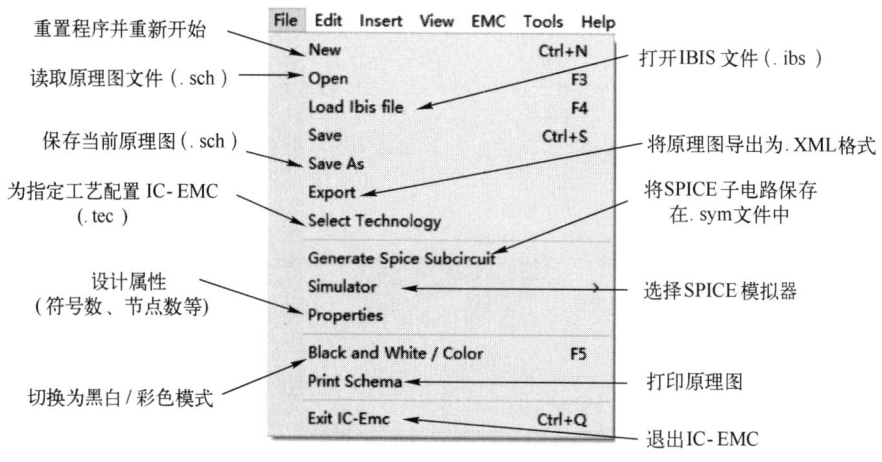

图 B-5 文件菜单

编辑菜单用于创建示意图。

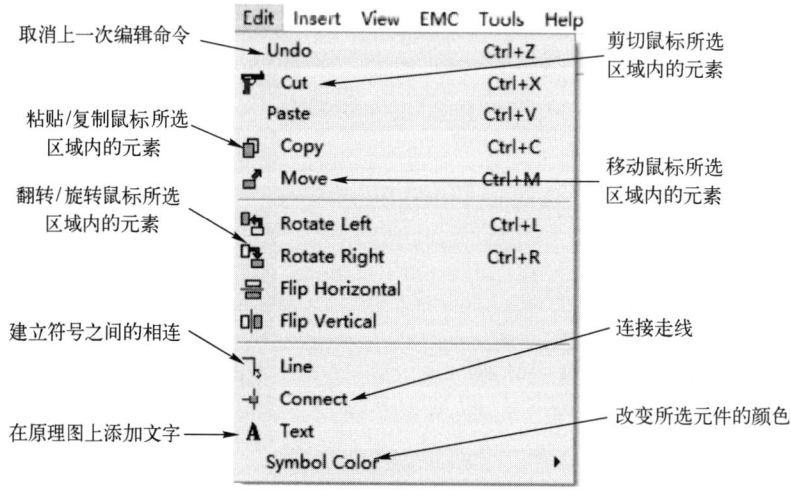

图 B-6 编辑菜单

插入菜单包含用于插入用户或库符号(.sym)的命令,这些用户或库符号通常包含用户定义的 SPICE 子电路、其他逻辑示意图(.sch)、组件库(.lib)或 SPICE 分析线。

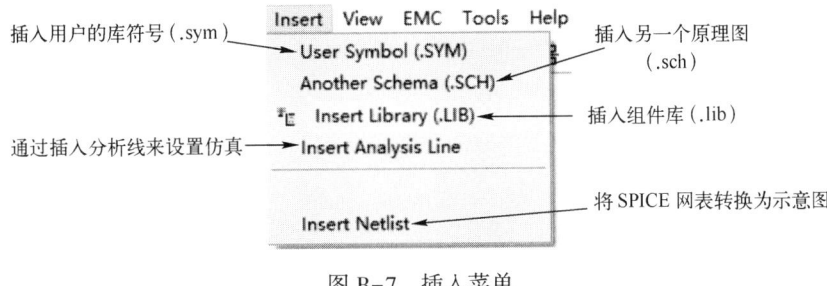

图 B-7 插入菜单

视图菜单用于放大或缩小原理图。它还提供了一个用于显示构成原理图组件之间节点连接情况的工具。

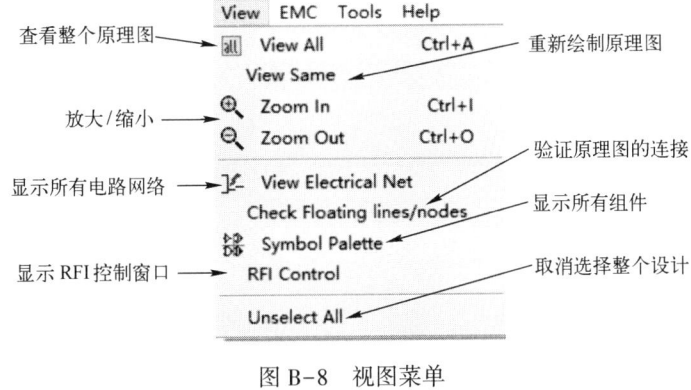

图 B-8 视图菜单

EMC 菜单提供了 IC-EMC 的主要仿真和后处理的界面,第 B.3.3 节对这些界面进行了简要总结。

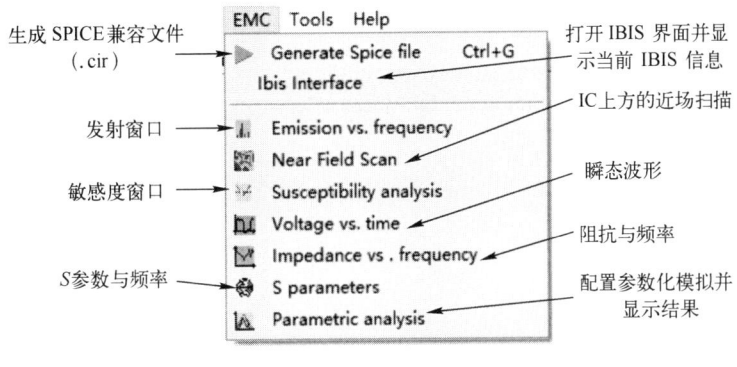

图 B-9 EMC 菜单

工具菜单提供了各种用于生成模型、构建封装、构建 PCB 互连或电缆模型、分析信号、执行转换或对 EMC 有用的简单评估(线性单位至 dB,L-C 谐振频率……)工具,其中的一些工具会在本书中进行介绍。关于这些不同工具的更多详细信息,请参阅配套网站上提供的 IC-EMC 参考手册。

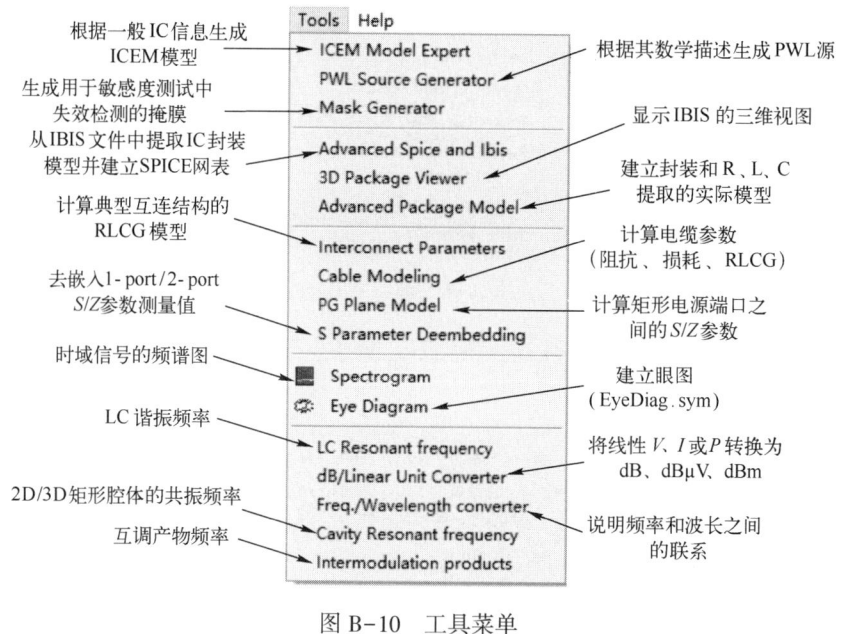

图 B-10 工具菜单

B.3.2 符号面板

符号面板可以访问电路原理图中最常见的器件,例如无源器件、电压和电流源、传输线和互连,以及电压、电流、阻抗、功率、S 参数等测量探针,此外还有二极管、MOS 器件、双极结型晶体管以及从 IBIS 提取的输入/输出缓冲器模型。图 B-11 描述了符号面板的各种组件,只要 IC-EMC 保持运行状态,这个界面就可以看到,如果这个界面意外关闭,可以通过单击"View > Symbol Palette"或单击命令栏中的图标重新打开。

放置在 IC-EMC 原理图上的所有组件都在一个 .sym 文件中描述,该文件描述了原理图中组件的视觉外观和组件的 SPICE 模型。并非所有 IC-EMC 支持的组件都位于符号面板中,IC-EMC 提供了一些额外的组件,可以通过"Insert→User Symbol(.SYM)"命令来将它们插入到电路图中。它们可以由用户构建为 SPICE 子电路(使用命令"File→Generate SPICE Subcircuit"),也可以在 ieee 子目录中的符号列表中找到。关于 system/ieee 目录中包含的符号的更多信息,可以在 IC-EMC 配套网站上找到。

B.3.3 主要的 EMC 命令

关于 EMC 和后处理的主要命令可以在 EMC 菜单或命令栏中找到,如图 B-12 所示。编辑原理图并设置仿真参数后,单击"Generate SPICE netlist"▶按钮将原理图转换为与 SPICE 兼容的文本文件。在进行任何新的 SPICE 仿真或结果后处理之前,此步骤是必需的。图 B-12 中所示图标可以访问主要的后处理工具(例如发射窗口、近场仿真、抗扰度仿真、Z 和 S 参数等)。

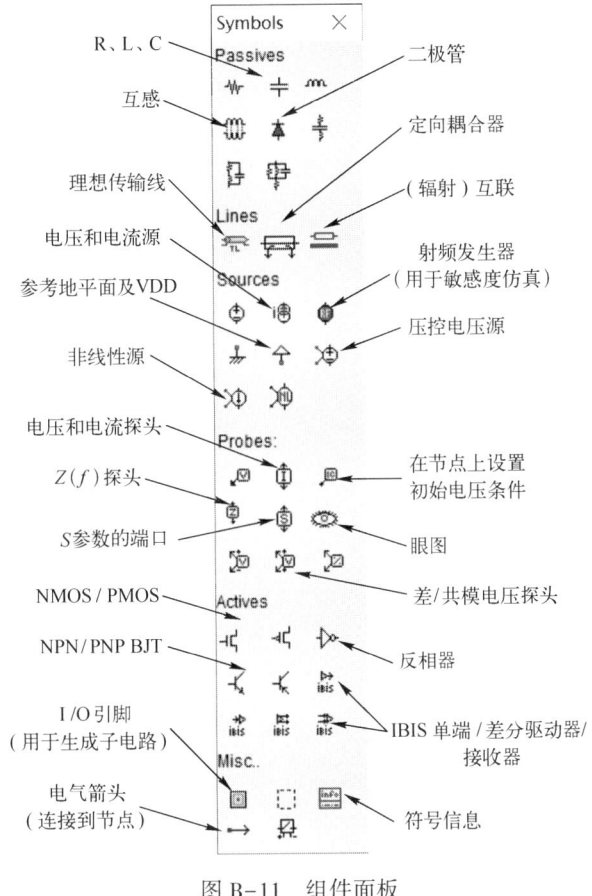

图 B-11　组件面板

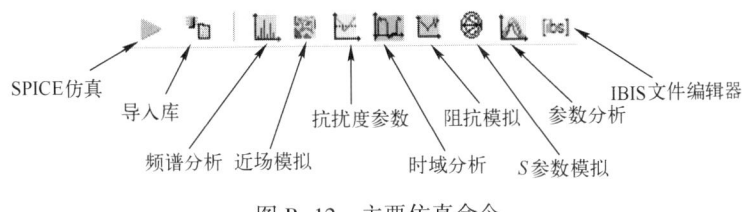

图 B-12　主要仿真命令

B.4　使用 IC-EMC

这部分提供了一个简单的例子,说明如何创建一个简单的电路模型并仿真其传导发射。还介绍了编辑原理图、生成 SPICE 网表、后处理结果,以及将仿真与测量结果进行比较的主要步骤。

B.4.1　建模和仿真流程概述

图 B-13 描述了 IC-EMC 中的一般建模和仿真流程,该过程从编辑电路原理图(文件扩展名.sch)开始。

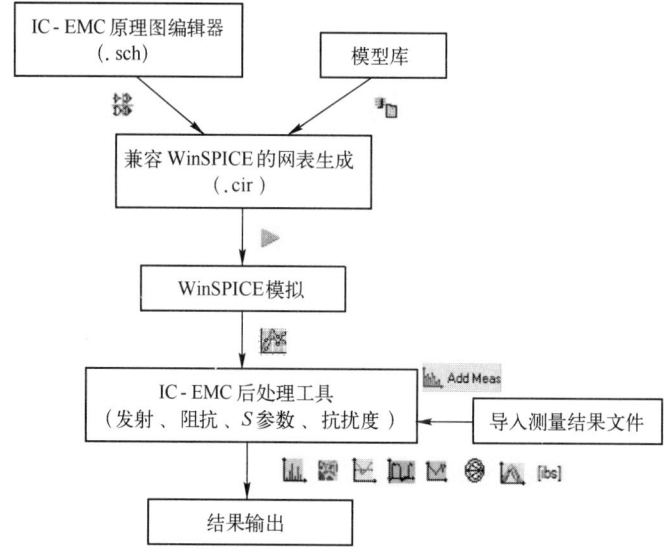

图 B-13　IC-EMC 的一般建模和仿真流程

组件模型由 IC-EMC 或兼容的模型库提供，由 IC-EMC 生成的网表文件充当 WinSPICE 仿真器(文件扩展名.cir)的输入文件。在仿真结束时，WinSPICE 的仿真结果会被 IC-EMC 的后处理工具利用。可以导入不同格式的测量文件，以比较仿真和测量结果并调整仿真模型。

B.4.2　实例——微控制器的传导发射的仿真

本示例介绍了使用简化的微控制器模型来呈现微控制器传导发射的仿真流程。仿真的传导发射测量与第 8 章中提出的 IEC 61967-4 标准的 1/150Ω 方法有关。

1. 打开示例

打开文件"examples\emission\mpc_vde.sch"(图 B-14)。该模型包含一个微控制器的描述，这个描述基于一组 RLC 元件和 ICEM 模型格式的电流源（参见第 11 章）。此外，电阻 R_{vde}、R_{49} 和 R_{sa} 是作为电流测量探头的等效模型添加的，这个探头是由 IEC 61967-4 标准的 1/150Ω 方法定义的。ICEM 和 IBIS 模型分别是专用于发射和 I/O 建模的 IEC 标准，它们广泛用于 IC-EMC 提供的不同案例研究中，表 B-2 给出了构成电路模型的组件的含义。

表 B-2　电路模型中各个电子器件的详细信息(examples\emission\mpc_vde.SCH)

参　　数	描　　述	备　　注
Ib	电流源 单位:安培 描述:分段线性	Ib 为一个周期性三角形电流(最大值为 1.2A)
Cd	去耦电容 单位:法拉 描述:分立电容	由于片上附加电容的存在,Cb 很大,有 4nF

(续)

参　数	描　述	备　注
Lvdd_die, Lvss_die	串联内部电感 单位:亨利 描述:分立电感	串联电感调整为 5nH,和 Cb 相互作用,从而在 300MHz 引起谐振效应
Rvdd_die, Rvss_die	串联内部电阻 单位:欧姆 描述:分立电阻	由于片上的金属布线较长,所以串联电阻大约为 1Ω
Cb	阻断去耦电容 单位:法拉 描述:分立电容	本地阻断电容大约 200pF
R_{vde}, R_{49}, Rsa	分别为电流探头电阻、匹配电阻和频谱分析仪的输入阻抗	电流探头电阻等于 1Ω。为了减小在这个电阻上的压降,这个电阻已经被替换成了 0.1Ω 的电阻

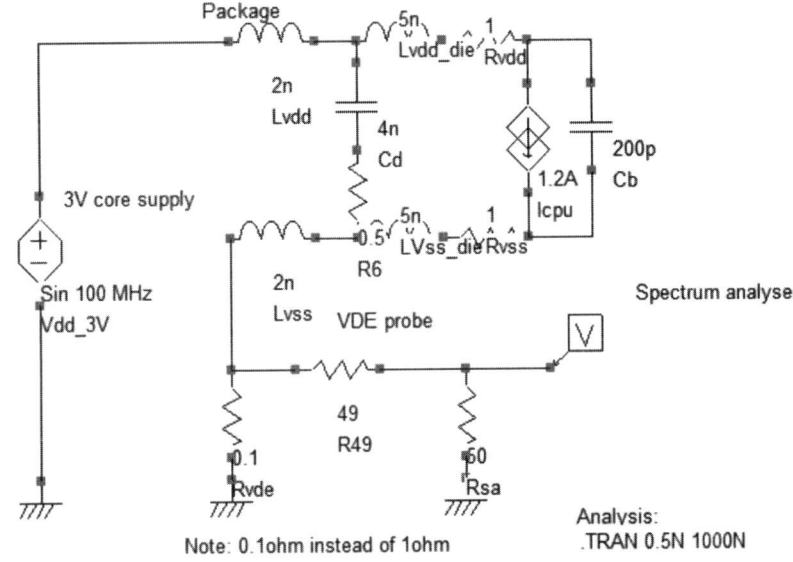

图 B-14　32 位微控制器的 ICEM 模型(examples\emission\mpc_vde.SCH)

Lvdd 和 Lvss 与封装有关,并定义了从 IC 硅片到物理电源和 VDE 探头的串联等效电感。请注意,由于 IC 内流动的电流很大,所以串联电阻为 0.1Ω 而不是 1Ω。如果放置一个 1Ω 串联电阻会消耗 1W 的功率,并导致 1V 左右的电压降,这是不可接受的。由频谱分析仪测量的电压 V_{sa} 与通过电阻返回到地的 IC 的电流 I_{GND} 有关,且具有式(B-1)所示的关系(如果 PCB 和无源器件的干扰被忽略)

$$V_{sa} = 1/2 R_{vde} I_{GND} \tag{B-1}$$

2. 电流源描述

电路的内部活动对应多个充电/放电周期,这些充放电周期可以由一个或多个电流源建模,最基本的描述是脉冲波形,如第 11 章所述,这种建模方法已被 ICEM 标准所采用。我们将一个随时间变化的波形分配给电流源用于瞬态分析,一共有 5 个独立的源函数:脉冲、指数、正弦、分段线性和单频调频。如图 B-15 所示,在原理图编辑器中,对脉冲进行了描述。脉冲函数的描述将 Ib 的形状限制为一个周期性脉冲,如果脉冲宽度参数设置为零,则脉冲的形状为三角形。表 B-3 为 SPICE 下的电流源描述。

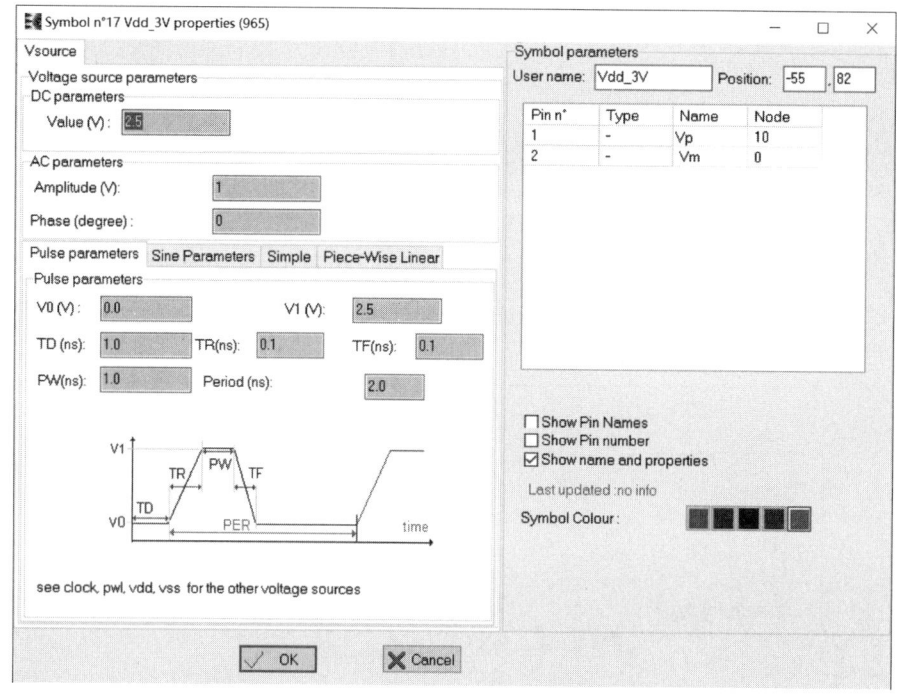

图 B-15　原理图编辑器中的电流脉冲参数

PULSE（I0 I1 TD TR TF PW PER）

Example：IIcpu 5 7 PULSE（0 1. 2A 1. 0n 1n 1n 0. 5n 50n）

表 B-3　SPICE 下的电流源描述

参　　数	描　　述	单　　位
I1	脉冲值	安培
TD	上升时间	秒
TF	下降时间	秒
PW	脉冲宽度	秒
PER	周期	秒

3. 电压源描述

电源由恒压源建模。在图 B-16 中,恒压源具有 3.0V 的 DC 值。

4. 分析描述

在编辑窗口中,添加文本以设置所需的分析。文本必须以". TRAN"（瞬态分析）、". AC"（小信号频率分析）或". DC"（静态特性）开始。在图 B-17 中,时域分析设置为 1000ns,仿真步长为 0.1ns。

两种方法用于在原理图上插入分析线:

附录 B　IC-EMC 仿真软件介绍

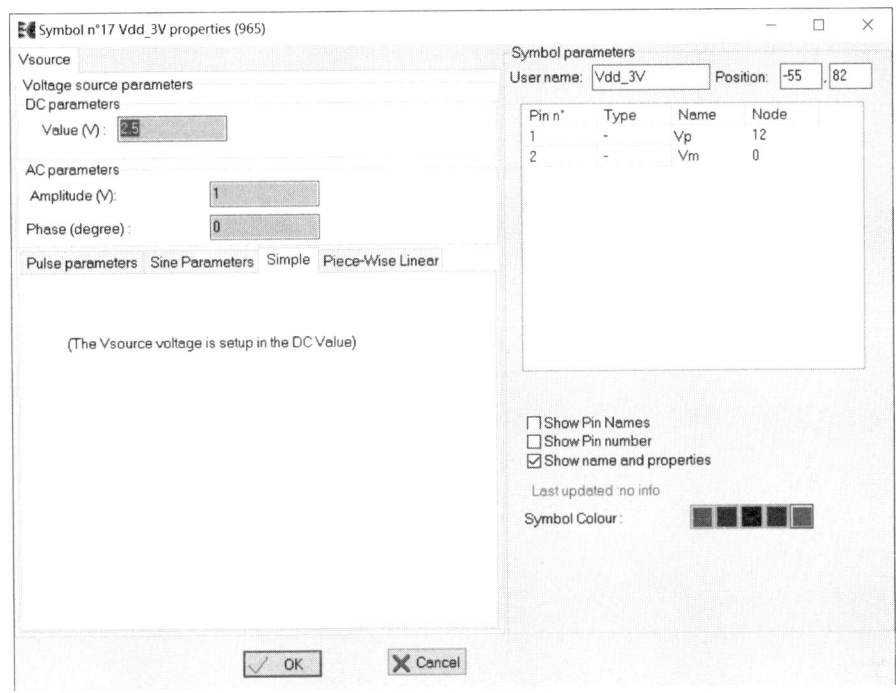

图 B-16　恒压源(getting-started\mpc\mpc-vde,SCH)

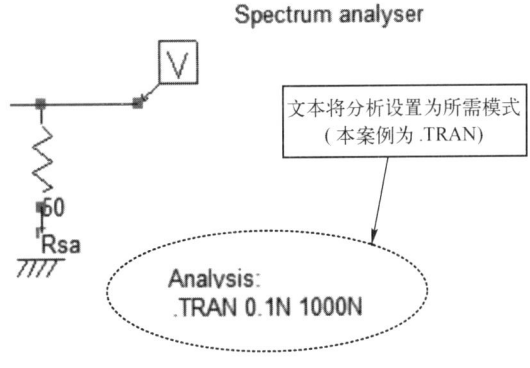

图 B-17　定义 SPICE 仿真参数

单击按钮 **A** 或在"Edit >Text"菜单中直接输入 SPICE 分析命令。

在插入菜单中,单击"Insert analysis line",将打开一个专用于配置 SPICE 仿真的接口,分析线将使用正确的语法自动插入到原理图中。

5. 创建 spice 文件

使用命令"File→Generate Spice file"或按 Ctrl+G 组合键,会出现以下界面(图 B-18)。这将创建一个名为"mpc_vde.cir"的文件,其中包含电路的网表描述。这个文件是 WinSPICE 仿真器的输入文件。

6. 运行 spice 仿真

启动 WinSPICE 程序(这里我们使用版本 1.05.01,然后执行 File→Open 命令(图 B-19)。选择所需的.CIR 文件,即上一步中由 IC-EMC 生成的文件("examples\emission\mpc_

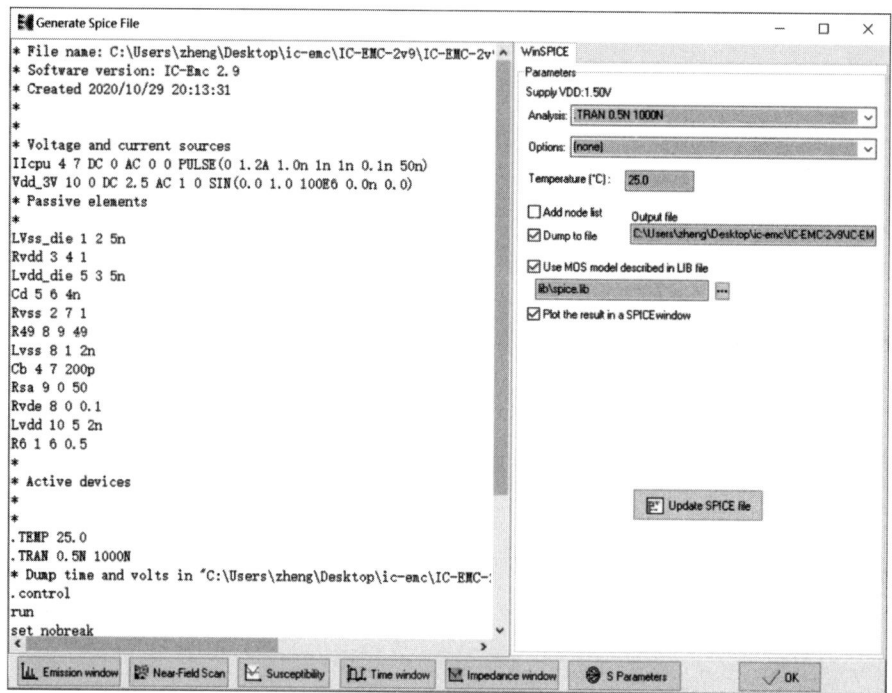

图 B-18　从原理图中生成的 SPICE 文件（examples\emission\mpc_vde.SCH）

vde.CIR"）。仿真在时域中进行，并会出现以下界面。TRAN 分析的仿真时间为 1000ns，仿真结果存储在一个名为"mpc_vde.txt"的文件中。瞬态仿真的曲线出现在图 B-19 所示的新窗口中。

(a)

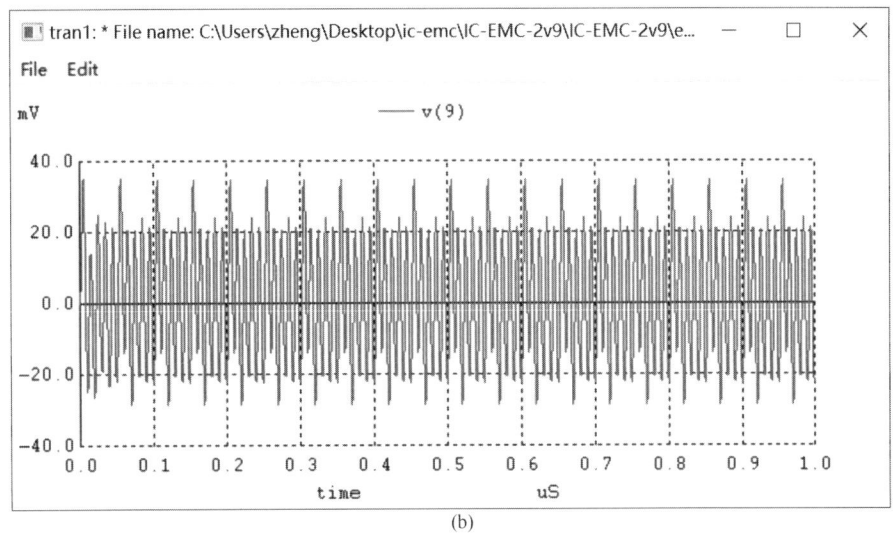

图 B-19　初始 WinSPICE 界面和 WinSPICE 进行瞬态仿真的界面
(a) 初始 WinSPICE 界面；(b) WinSPICE 进行瞬态仿真的界面。

7. 发射仿真

由模拟仿真器所计算的电压波形通过快速傅里叶变换（FFT）转换到了频域。x 轴应该以对数形式覆盖 1~5000MHz 刻度的范围。沿 y 轴的单位是 dBμv。在命令栏中，单击按钮，或执行"EMC→Emission dBμv vs. Frequency"命令。如图 B-20 所示，我们打开了一个特定的界面，这个界面通过设置 Log/Log 单位的形式来显示能量 Vs 频率的结果图。

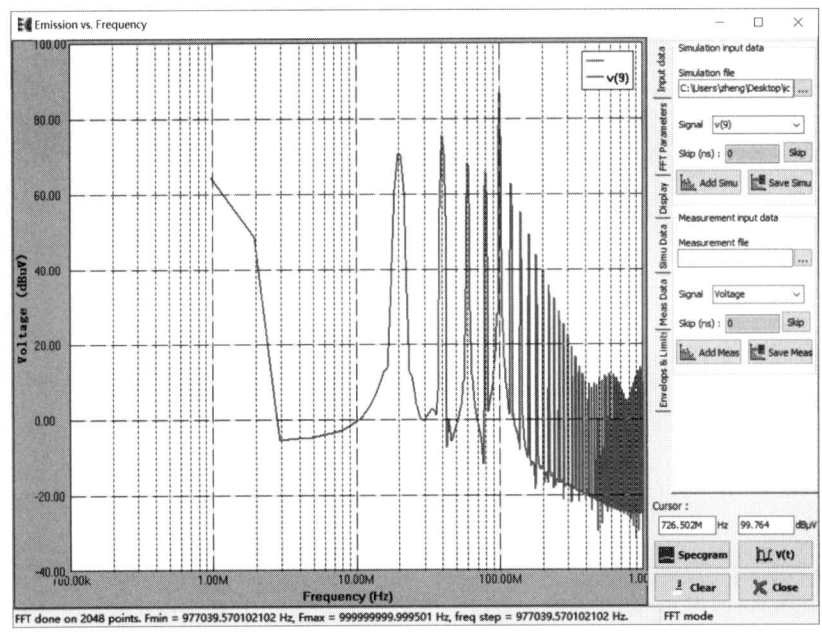

图 B-20　微控制器的传导发射的仿真（examples\emission\mpc_vde.SCH）

如果结果没有显示,单击"SPICE simu"右边的按钮并选择文件"mpc_vde.txt"来显示结果。频谱图如图 B-20 所示。FFT 的取点数能够拟合仿真中包含的信息。

8. 与测量结果进行比较

在 EMC 窗口中,单击"Add Measurements"按钮以显示叠加在仿真结果上的测量结果,以便进行比较。图 B-21 显示了与使用 VDE 1/150Ω 方法测量的结果进行比较的示例(文件"examples emission mpc vde.tab")。仿真结果与测量数据在 260MHz 内一致(120MHz 除外,在此点仿真比测量高 10dB)。尽管在 260MHz 这个频率附近存在差异,但是我们可以用一个非常简单的模型获得一个可接受的相关性,通过修改电流的设置、IC 内部电源网络和电路板模型,特别是在高频率时可以提高与测量值的相关性。

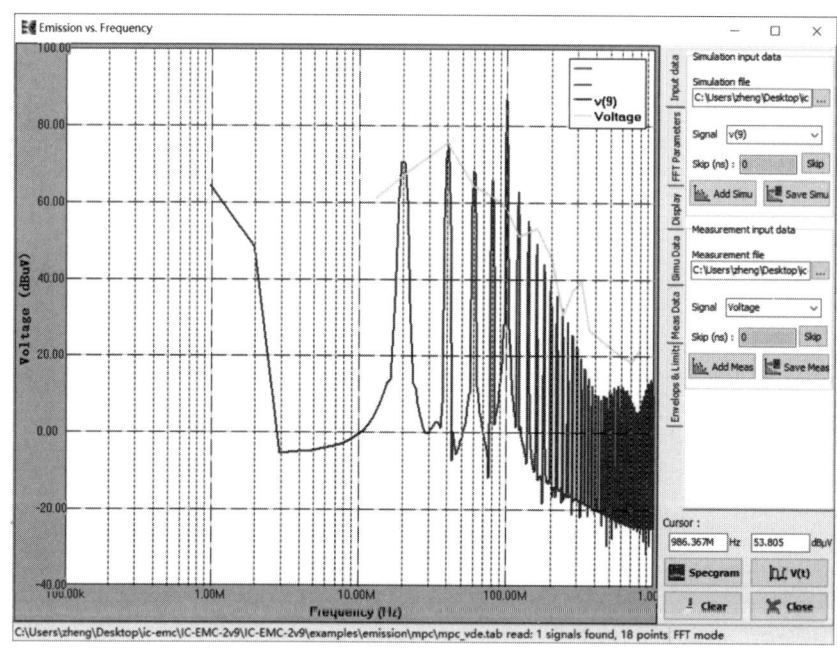

图 B-21　微控制器的传导发射值的仿真与测试结果之间的比较
(mpc_vde.sch,mpe_vde.tab)

B.5　在 线 文 件

有关 IC-EMC 中的菜单、命令和工具的更多信息,请参阅 www.ic-emc.org 上的用户手册。

内 容 简 介

本书涵盖了学习如何在发射、抗扰度和信号完整性问题上对电路及其周围环境（PCB）进行建模的基本概念，提出了在 IC 级理解电磁问题的基本理论概念及建模特点。本书基于一款免费的仿真软件——IC-EMC，该软件致力于集成电路的电磁兼容研究，利用这款软件分析电磁问题的根本原因、预测 EMC 性能、优化验证可减轻 EMC 问题的有效方案。通过各种案例及 IC-EMC 软件的演示学习给出了详细的建模方法、测试方法以及仿真与测量结果分析，有助于为读者建立起芯片电磁兼容设计的基本框架，熟练运用所学的知识进行芯片电磁兼容的分析与设计。

本书适用于电子设计专业的本科生、研究生以及已熟悉 EMC 基本概念且希望学习更多关于 IC EMC 知识的工程师。